台灣的植物

The Flora and Vegetation of Taiwan

台灣植物的發源、形成與特色
生物多樣性保育及資源永續開發利用

賴明洲 ◎編著

Ming-Jou Lai, Ph. D.

2003

晨星出版

山櫻花

保護台灣的肺——序賴明洲博士著《台灣的植物》

植物是動物的生命所寄，自然更是人類生命的依靠！如果沒有植物，試問我們的食物從何而來？何況、假設地球上沒有植物，人類呼吸必需的氧氣從何而得？因此、學者專家們說：植物是人類的肺。缺乏植物的環境，人們的正常呼吸便會受到重大的影響。

植物與其他生物、甚至與整個地球「共存」了上億年之久。在日常生活中，只要睜開眼睛、一定可以看到某些植物，每日三餐的飯桌上很少的時候是沒有植物的。事實上，我們被植物所環繞、所供奉、所保護；可是，我們人類對植物有甚麼回饋呢？我們只看到莊嚴的森林被無情地砍伐，美麗的花草植生被任意摧殘破壞；人類總以為植物是會再生的，是取之不盡、用之不竭的！我們任意的踐踏它、使用它、損毀它；於是大地反撲了：水災、旱災、土石流、山崩等等災禍層出不窮！人類與植物已經到了必須嚴肅面對和從根調整的時候了！

要把人類和植物的關係回復到共存共榮、共同生命體的和諧境界，最基本的辦法在於徹底認識植物，徹底瞭解它的種源、分布、生態、功能和保育。從真正認識瞭解，晉昇到愛護培植，再晉昇到永續利用。這一序列的措施，都要從對植物的精深研究起步。

台灣是一個美麗的寶島，它的美麗固然包括雄奇的山巒，秀麗的河湖；但其最具吸引力之處，還是在於台灣植物的多樣化，無論林木、花草、植被都很豐富而美好。一年四季，綠油油地、五色繽紛地擁抱台灣三萬六千平方公里的土地。從平原到山區，從海岸到雪峰，台灣植物從不缺席展示它的媚力。植物供給了我們的食衣住行之需，美化了我們的視覺，保護了我們的呼吸。從我們整個生態系生命體來看，植物不僅是我們的「肺」，甚至可以說是我們的「母親」，何等的慈祥！何等的美麗！難怪《台灣的植物》一書的作者——賴明洲博士在他的「自序」中說，他深深被台灣「各類不同的植物所散發出來的無限生命力和那致命的吸引力」所牽引，無怨無悔，挑燈夜戰來寫成這本鉅著。

我和賴博士交往已超過二十年，他是一個真正的植物愛戀者，他的生命和植物的保育緊密的結合在一起。他研究植物、寫作植物，培養植物，並為植物的保育大聲疾呼。他不僅是一個植物學家，也是一位生態學家，更是一位正直的保護植物的勇敢戰士，極端鄙視那些假藉保育為名的虛偽煽動者。他對台灣植物的豐富而多樣性深深著迷，立志要把台灣的「肺」、人類的「母親」的一切寫出來，呼籲所有的台灣人、乃至全世界的人，重視台灣植物的特色，瞭解台灣植物的豐富多樣，大家一齊起來愛護培育台灣美麗的植物；使台灣的植物更加豐富、更加多樣、更加美好！

這是賴明洲博士的雄心壯志，也是他的赤心和真情！

作為賴博士多年來的朋友，我為他的壯志而激動；我為他的《台灣的植物》鉅著出版而歡呼！讓我們齊心協力保護台灣的「肺」！保護台灣的「母親」！

梅可望

序於台灣發展研究院

九十二年五月十日

杉為水杉──傲立於池球上達十億年的古老孑遺植物

曹 序

與明洲博士結緣、共事及共同授課，轉瞬間已二十餘載。這些年來，明洲兄對專業的熱愛與執著爲我們樹立了優良的典範。爲了撰寫這本《台灣的植物》，十多年來，明洲兄訪遍台灣的周邊地區包括日本、大陸和東南亞各國，並與當地知名的植物學者深入交換心得或共同從事研究，嘗試爲台灣的植物與周邊地區在地理親緣上的關係尋根。此外，著者更廣泛收集分析相關理論與資料，從時間的序列上分析推論台灣植物特色。宏觀的《台灣的植物》，在時間的縱軸和空間的橫軸，以及兩軸相互間的交叉分析上發揮得淋漓盡致，這亦是本著作衆多特色中的特色。

著書立說是學者們終生的職志，但能完成心願者卻寥寥可數，除了要有克己的毅力和持之以恆，同時更要不斷的思索，由小悟、頓悟到大悟。明洲兄完成《台灣的植物》的大著，實是人生一大樂事，除了在此表達申賀之忱，更獻上我們由衷的敬佩。

曹正

序於台灣發展研究院

2003年孟夏

自 序

　　回憶年輕時代，奔波於課業、工作、圖書館、野外考察，及四處採集植物標本的忙碌生活中，有令人快樂無窮的時光，也有各種酸甜苦辣。隨後比別人幸運地得到機會接觸歐美西方的植物學教育，和自由理想主義追求學術真理的研究傳統洗禮。數年間往來美國華盛頓史密森國立植物標本館和芬蘭赫爾辛基大學植物博物館，盡情地享用濃縮時間和空間集中在一處的來自世界各地的研究材料，腦海裡一切忘我地把自己完全融入於植物標本堆之中，深覺一天24小時委實太不夠用；而最深刻的是，屢屢於冬天獨自一人深夜踏雪緩步返家。在當年移民居留外國為時尚的潮流中，毅然選擇返台，繼續研究那終生熱愛、發誓永遠絕不放棄的台灣令人著迷的高低等植物。

　　這十多年來我陸續訪問了許多大陸著名的植物學研究機構，也多次前往日本和東南亞熱帶國家像泰國和越南。這一本書的內容就是在這些地方從事講學、考察和研究的過程中長期思考構思出來的。書中內容集結了筆者多年來的教學經驗，以及參加各項國際學術研討會及參與各種課題研究的心得，和無數次的訪問交流及請益的收獲，舉凡如受邀到故王戰教授（瀋陽）家中吃西瓜，傾聽他發現水杉的經過，還贈送書籍給我；總是集結了與人不同的植物學觀點和智慧的張宏達教授（廣州）；來信鼓勵並為我另一本新書《台灣的植被景觀》賜序的台灣植被權威黃威廉教授（貴陽）；提供我許多寶貴資料的華南自然地理資深教授曾昭璇（廣州）；中國植物的活字典吳征鎰教授（昆明）；對我在植物區系學、古植物學獲益良多的應俊生教授和李承森教授（北京）；植物地理學權威路安民教授（北京），路教授是筆者第一次訪問大陸時接待我的長輩；一同在北大燕京校園散步高談闊論的崔海亭教授；在一起一談就是數小時的王獻溥教授（北京）；在地衣學提攜我最多的魏江春教授（北京）；每次到北京，一定去拜訪請教的園林植物專家北京林業大學蘇雪痕教授；一起合作研究苔蘚類多年、待我像自己孩子的高謙教授（瀋陽）；中國當代苔蘚學最權威的吳鵬程教授（北京）；在他面前我絕不敢忘記自己仍是學生的宋永昌教授（上海）；中國殼斗科權威的老前輩故黃成就教授（廣州）和張永田教授（廈門）；和靄可親待人親切的張美珍教授和華東苔蘚類老前輩胡人亮教授（上海）等。向這些老前輩請益時，他們總是知無不言、言無不盡、滔滔不絕地恨不得一股腦兒傾囊相授，令人終生難忘！

　　沒有上面所提到的這些資深植物學前輩們無私地熱心提供資料和各種論點的啟發，與其他不及一一具名的學者專家的協助，我便無法對擁有這麼豐富多樣的台灣植物和植被像現在這樣深入瞭解及體會。他們這些前輩栽培後進的熱忱絕不亞於那一位後輩當年的碩、博士論文指導教授。我在這裡也要向芬蘭赫爾辛基大學分類暨生態系Dr. Teuvo Ahti教授，以及美國前Smithsonian Institution故Dr. Mason E. Hale, Jr.致謝，他們當年的諄諄教導，使我今日長大成熟。跟他們學習與共事的快樂時光令人終身難忘。

　　需要感謝的人實在很多。最後，我要向前東海大學校長，台灣發展研究院董事長梅可望博士和院長曹正博士，以及農委會林業試驗所楊政川所長，感謝他們多年來的不斷鼓勵。同

時也要特別向廣州中山大學生命科學學院的王伯蓀教授、內政部營建署陽明山國家公園管理處呂理昌先生、農委會特有生物研究保育中心植物學組彭仁傑組長及曾彥學先生、國立台灣大學實驗林管理處劉儒淵博士、吳建業博士及葉永廉主任、國立台灣大學植物學系謝長富教授、農委會農業藥物毒物試驗所徐玲明女士、國立台灣師範大學生物系徐育峰教授、台南昆山科技大學張穗蘋博士等諸賢達，對其熱心提供我相關寶貴資料，在此衷心表達我的感謝。本書中部份有關台灣種子植物區系的性質、特點和區系關係的內容，我很榮幸得到北京中國科學院植物研究所應俊生教授應允同意改寫其文後納入本書內容，與讀者一起分享。

　　本書多年的撰述過程中，我非常榮幸獲得財團法人台灣樹木種源保育基金會、台灣省自然保育文教基金會和波錠文教基金會，以及中國芬蘭植物學研究基金會不斷的經費支持，我也要在此向這些基金會的負責人陳蒼興先生、江德龍先生和Dr. Timo Koponen，以及企業界熱心贊助者黃慶賢先生等，表達我內心最誠摯的謝意。還有晨星陳銘民社長的熱心支持，使得本書最後終於順利出版。

　　研究室的曾家琳先生和薛怡珍準博士不辭勞苦地協助資料文稿整理，我亦在此一併致謝。

　　這本書是我在工作餘暇之時，利用斷斷續續組接起來的時間，長期堅持有恆地執筆完成。揮筆執書時，難忘的各地人、事、物就像人生中所有喜悅的回憶一般，正好可以將人生多少難免的不痛快或令人痛恨的憾事，都化作激勵自己不斷工作和著述的原動力。每每匆忙用過晚飯後，便立即再返回研究室繼續查閱資料，不斷地思考歸納後，便急於敲打電腦鍵盤，恨不得將一切想法立刻轉化成文字呈現！埋頭苦幹之際，抬頭不覺天色已漸明；而往往陪伴自己挑燈夜戰的，就是那由各類不同的植物所散放出來的無限生命力和那致命的吸引力，特別是我那些心愛的苔蘚地衣和所有的植物。

　　市面上到處充斥各種花花草草的植物圖鑑，也是激起我寫一本正確綜論台灣植物與植被全貌的書的動機。那些印刷精美的植物圖鑑當然足堪欣賞，但總以見樹不見林為憾。

　　盼望本書的問世對有興趣於台灣植物的各界人士，有助於他們進一步瞭解台灣植物資源的生物多樣性，和正確明辨台灣植物區系的起源、形成和發展分化，以及台灣植物區系的特徵和親緣關係。亦由衷盼望各界人士對本書內容有所欠缺和不妥之處提出批評指教或建議。

東海大學教授

趙明洲

植物熱愛者
於台中大度山下
2003年春

C ontents

圖 目 次

表 目 次

壹。

台灣植物區系的起源與發展

（Origin and Development of Taiwan Flora）

壹、台灣植物區系的起源與發展

（Origin and Development of Taiwan Flora）

　　台灣島位於中國大陸之東南緣，在面積僅36,000平方公里的土地上卻孕育出4,303種台灣原生維管束植物，其中包括特有種1,119種，特有率達26%。從島嶼生態學的角度來看，島嶼上的物種種數取決於新遷入的機率與滅絕機率之差，再者因島嶼的地理隔離因素使得特有種比率提升。這反映出長久以來陸續有植物遷入台灣島，補充了台灣的植物種源；而海洋的隔離使得遷入台灣島的植物種類因地理的隔離而逐漸次生分化成新種（新特有種）。此外，台灣地處熱帶與亞熱帶的過渡區，又位於大陸、東亞島弧與菲律賓群島的交界處，得以匯聚南來北往的各類型植物成分；同時由於長久以來受到菲律賓板塊的擠壓所形成的造山運動影響，台灣全境多山，提供了完整的植物垂直分布條件。

　　綜合上述的地理特性，在地理上台灣可以說是位於東亞海上的植物藏寶箱，而歷史上的地質事件則為打開這個藏寶箱的鑰匙，讓原本分布在台灣島上的植物種類得以與鄰近大陸或島嶼交流。本文以下就台灣地理位置，地質年代事件以及植物的遷徙路徑等因素，嘗試說明台灣豐富植物多樣性的起源和形成的問題。

一、東亞島弧的形成

　　包括台灣在內的東亞島弧形成於第三紀約一千萬年前，坐落於歐亞板塊、太平洋板塊與菲律賓板塊的交界帶，從日本向南延伸，經過北琉球（包含屋九島、種子島、吐克拉群島）、中琉球（包含奄美大島、德之島、沖繩島）與南琉球（包含宮古島、西表島、石垣島嶼那國島），再延伸至台灣（林思民等，2002）。此系列島嶼位於大陸與太平洋的接觸線，因為板塊碰撞發生劇烈的變動。陷落處形成海溝，露出海面部分則為島嶼，因此各島實為一脈。由於該區地盤尚未穩定，火山活動頻繁，以致於地勢陡峭、地形崎嶇而破碎（何春蓀，1986；Ho, 1982；陳文山，2000）。

　　台灣位於東亞島弧南側末端島嶼，亞洲大陸東南緣，與中國大陸之間以台灣海峽相隔。台灣地質的誕生可能發生於古生代後期至中生代，後來因造山運動於中生代後期第一次露出海面。到了第三紀初期，台灣島陸地開始下沈，再度沒入海中，直到第三紀約三千八百萬年前，由於菲律賓板塊對歐亞大陸板塊的擠壓，再次引發造山運動，起先中央山脈受到擠壓而逐漸抬升，露出海面後將原來的地槽分為東西兩個地槽盆地，直到上新世、更新世後由於更劇烈的造山運動，才逐漸使得台灣全區有廣泛的陸地抬升。由於更新世喜馬拉雅造山運動的影響，福建與台灣曾經相連，旋即於更新世中期，福建海岸下降，台灣又與大陸分開。東南亞漸新世中期至上新世早期（即約三千萬年前至五百萬年前）的陸海變遷，參見圖1～圖4（Hall, 1998）。

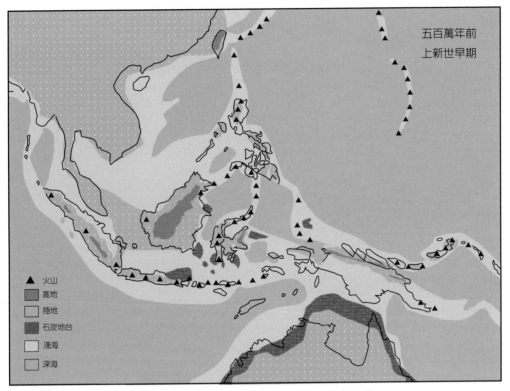

圖1. 東南亞五百萬年前海陸分布假想圖

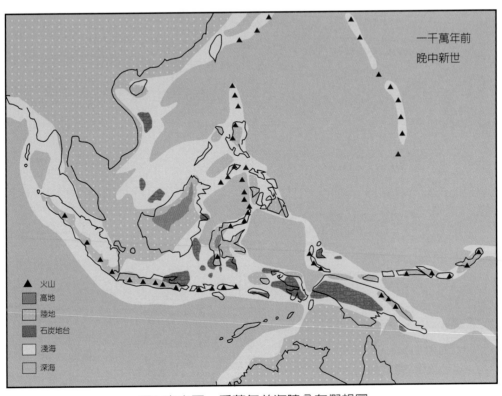

圖2.東南亞一千萬年前海陸分布假想圖

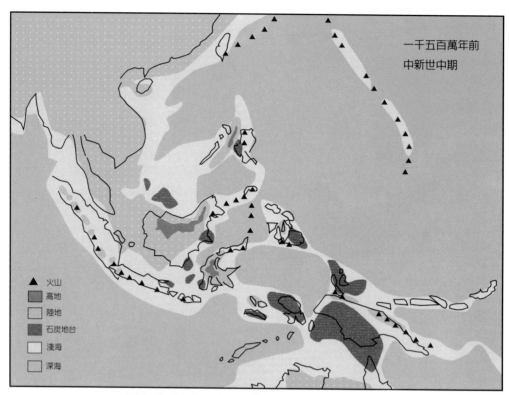

圖3. 東南亞一千五百萬年前海陸分布假想圖

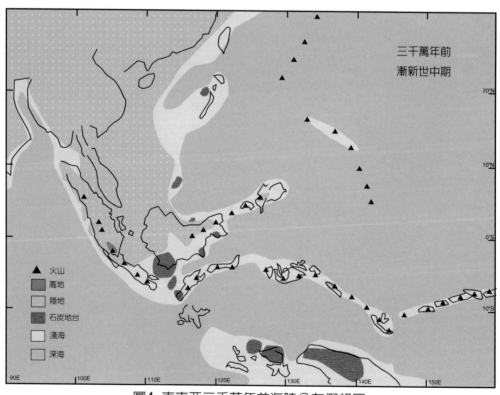

圖4. 東南亞三千萬年前海陸分布假想圖

二、冰河時期陸橋的形成

在地質變遷的歷史中，包括台灣在內的東亞島弧地區曾經發生過數次與亞洲大陸連結與分離之變動。在第三紀中新世（約兩千萬年前），東亞島弧之日本列島、琉球群島與台灣間形成一環狀陸橋並與亞洲大陸相連結。至上新世時（約六百萬年前），日本列島與台灣分別與亞洲大陸相連（Hikida & Ota, 1997）。除了地質作用的因素外，第三紀末期之後，多次的冰河作用使得海平面產生了波動性的變化，各島嶼間或島嶼與大陸間因海退後大陸棚的露出而得以連結。

冰河時期對地球環境的反覆作用主要發生在新生代的第三紀末與第四紀，其中尤以第四紀冰河作用的頻率更高，全球氣候呈最不穩定狀態。冰河作用除了影響氣候環境之外，同時也使得海平面急遽下降，在許多原本分離的陸塊間形成陸橋，提供了植物更多元的遷徙管道，也使得各陸塊間的物種基因得以交流。此一概念的探索將有助於解釋台灣島植被與大陸和鄰近島嶼之間植物區系親緣性的因果關係。

（一）冰河作用的成因

冰河作用的起源主要來自於全球氣溫的下降，漸次於極地、高山產生冰帽的累積，逐漸向低緯度及低海拔地區蔓延，揭開了每次冰河時期的序幕，直到下一次全球氣溫回升，冰河消退為止。關於引發冰河時期的因素，目前尚未有定論，但仍可從下列幾個因素探討：

1、Milankovitch理論：Milankovitch（1941）認為地球軌道參數的變化所引起太陽輻射增溫作用減弱的週期性出現，造成了氣溫的下降，此一效應在北半球高緯度地區尤為明顯。在氣溫下降的同時，夏季積雪不易消退，積雪面積的增大，亦同時使地面對太陽輻射的反射率增加，又進一步使氣候變冷。如此反覆回饋作用下，冰覆區的範圍持續擴大，逐漸進入冰河時期。Milankovitch的理論在第四紀中可以由地球軌道參數變化週期與環境變化週期的一致性獲得理論上的支持（劉東生，1997）。唯此一現象在第四紀之前並不明顯。

2、山脈與高原的隆起：板塊運動的擠壓與抬升作用使得高海拔陸地出現，如青康藏高原、科羅拉多高原、喜馬拉雅山、阿爾卑斯山系等為北半球提供了許多積雪場所，進而透過對太陽輻射的反射率提升而使大氣溫度下降；此外高山高原還使全球大氣環流中的主要氣流發生偏轉而影響氣候變化。模型實驗表明，青康藏高原和北美西部的山系確實能將極地冷空氣帶至南方，限制夏季冰雪融化而使氣溫降低（Ruddiman & Raymo, 1988；Molnar & England, 1990）。

3、植被在氣候變遷中的作用：與常綠針葉樹相比，以被子植物為主的落葉闊葉林生態系統中，每年都有葉和花的更替，同時也自土壤中吸取更多養分，因此更能促進風化過程的進行。第三紀時，落葉闊葉林生態系統呈多樣化發展，使得土壤化學風化速度在大範圍區域內快速增加，大氣中CO_2含量降低，導致全球變冷（Volk, 1989）。但這幾個機制對第三紀降溫作用影響至何種程度目前仍不清楚。在整個第四紀多次的冰河時期中，或許植物對氣候的影響更為顯著。冰河時期溫度降低，陸地氣候發生變化，陸地面積也因海平面下降而增加15%。因此也可以推測地球上的植物帶必然發生移動。冰雪覆蓋的廣大區域完全沒有植被著生，但新裸露的大陸棚則可能為植物所覆蓋，也因此大氣中大量的CO_2將為這些新生成的植物群落所吸收，使得大氣中CO_2含量更低，氣溫下降趨勢愈強。對於末次冰河時期的盛冰期（約一萬八千年前）的植物群落分布變化的估算

結果顯示，雖然不能確定它對氣候影響的程度，但它確實是氣候變化的一個重要因素（Prentice & Fung, 1990）。

4、火山活動：氣候變冷與火山活動間的關係長久以來一直受到研究者的重視。火山噴發過程中釋放出大量火山灰至大氣中，使得地表接受太陽輻射減少而引起氣候變冷。根據第四紀火山活動記錄與冰河時期發生的週期相比對，發現兩者出現時間大致吻合（Bray, 1977）。但是也有人認為火山活動是冰河作用的結果（劉東生，1997）。

綜觀上述冰河時期的成因，或許尚有部分可議之處，但整體而言，仍可歸納出冰河作用是由於地球表面接受太陽輻射降低（地球軌道參數變化、大氣中CO_2濃度降低）促進冰帽的形成與擴張，誘發冰河作用的開始，緊接著地表反射率的降低與冰帽持續擴張的雙重回饋作用下，冰河時期逐漸展開。

（二）冰河時期陸橋的形成

在一般人眼中，海平面是穩定而不變的，在短暫的時間尺度中或許如此，但是從古生代至今這樣漫長的時間尺度來看，海平面卻是處於經常性的波動。引發海平面波動的第一個主要原因便是由於海盆本身的體積或容量改變所引起的（Williams et al., 1993），其中牽涉到長時間的的海底擴張、板塊的上升下沈等因素，這樣的過程通常是緩慢持久的。

影響海平面波動的第二個主因則是陸冰的增長與消融。冰河時期除了全球氣溫的下降外，也明顯的影響了海平面的升降。如第四紀冰河時期之時，冰帽厚度曾達4,000公尺，如此大量的陸冰來自於海洋水氣的凝結，也因此使得海水日益減少，在盛冰期時，地球上的水有大約5.5%以冰的形式貯存，海平面可下降150公尺以上（Williams et

al., 1993），此時陸地面積增大，許多島嶼間也因陸橋的形成而得以連接。

與地質作用的因素下島嶼與大陸塊的連接相比較，冰河時期所形成的陸橋除了同樣提供基因交流的功能外，冰河期的溫度下降以及間冰期的氣溫回暖過程更是驅策植物通過陸橋南來北往的重要因素。儘管如此，隨著冰河時期冰原擴張程度、冰河時期週期長短以及當時地質特徵差異，每次冰河時期海平面下降程度不同，形成陸橋連接的範圍也不同。

（三）冰河時期植物的遷徙

中國大陸東緣的沿海大陸棚可區分為東海陸棚、台灣海峽陸棚與南海陸棚（晶頌平、彭慧，1989），分別與台灣北部、西部接壤。此一系列大陸棚北寬南窄，深度範圍大部分在200公尺以內，因此每次冰河時期的盛冰期之時，幾乎大部分的陸棚區域皆會露出海面形成陸橋並連接了台灣、大陸、日本三地（圖5，引自王鑫，1987）。據此推算，離今約一萬八千年的最後一次冰河時期結束前，台灣與大陸仍是相連的，這也是兩地最後一次相連。因此，每當冰河時期來臨，隨著氣溫的下降，大陸北方植物的分布逐漸南移，日本的植物也有機會沿著逐漸露出的大陸棚遷移至台灣。

東亞島弧至呂宋島間，由於長久地質作用的影響，各島嶼間存在著陷落的海溝或海槽地形。以現今海底地形觀之，台灣與琉球群島、呂宋島間海底最淺處亦達1,000公尺左右。因此在一般的冰河時期所引起的海平面下降程度恐不足以形成島嶼間的陸橋來串連東亞島弧與呂宋島。目前已確知約在七百～八百萬年前，也就是中新世與上新世交替過程的嚴重冰期中，陸塊曾經有機會連接到沖繩島（Hikida & Motokawa, 1999；Kimura, 2000），此時台灣與呂宋島間也可能因陸橋

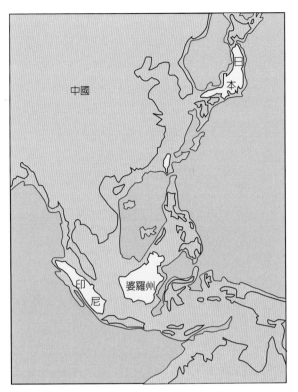

圖5. 超過今日海水面以下200公尺的海域（淺
藍色部份）

（引自王鑫，1987）

的形成而相連。然而在更新世早期另一次嚴
重的冰期中，形成的陸塊是否能連接到沖繩
島仍然有所爭議（Hikida & Motokawa, 1999）
。若從現今台灣島四周海域地形來看，從宜
蘭出海到沖繩海槽與南澳海盆間有一狹長而
平坦海脊地形延伸到琉球島弧末端，應當為
台灣與琉球群島相連的陸徑。相同的情形在
台東外海到綠島一帶有一狹長洋脊地形向南
延伸至呂宋島。因此從琉球島弧末端→台灣
宜蘭→台灣台東、綠島一帶→呂宋島可能為
當時冰河時期東亞島弧南端植物遷徙的路
徑。在台灣西部海域方面，高雄、屏東一處
外海存在著開闊的海底斜坡，向南延伸至南
中國海北方的深海海盆（俞何興，1997），
海底深度陡降至4,000公尺以上。因此，間冰

壹 台灣植物區系的起源與發展

期陸橋消失前，呂宋島與中南半島熱帶植物
成分得以透過台灣與呂宋島間的陸橋以及台
灣海峽陸棚形成的陸橋到達台灣，甚而向琉
球挺進，直到陸冰融化，陸橋消失為止。但
是當間冰期結束，冰河時期再次來臨時，熱
帶區系的植物成分再依原路往南移動，此時
高雄、台東一線以南至恆春半島由於海域較
深，無法形成陸橋，因此形成口袋狀地形承
接了部分熱帶植物成分，其中一部份可能因
氣候適應問題而消失（如龍腦香科、豬籠草
科），另一部份可能保留至今演化成亞種或
新種。這或許可對恆春半島複雜的植物區系
中的熱帶成分的由來提供了另一個新的解
釋，這個從地質歷史與地理特徵的觀點與謝
長富（2002）分析台灣維管束植物結論中提
及「源自南方熱帶（特別是菲律賓地區）的
物種目前主要分布於蘭嶼、恆春半島以及台
灣南部之低海拔地區」之觀點不謀而合。

三、台灣植物區系的生成與親緣關係

（一）植物群的遷徙與台灣植物區系的起源和現生植物群的晚近形成

植物區系的差異反映出現今氣候帶下植
物分布的特性，而共通種的存在與地理區位
上的關係則顯示出過去這些植物在地理分區
間的交流情形。第三紀地質年代時，環繞於
北極圈的北美洲、亞洲及歐洲的北溫帶地區
的氣候，較現在氣溫要溫暖，當時分布的植
物群稱為「北極（寒帶）第三紀古植物群
（Arcto-Tertiary geoflora）」。台灣現生植物群
的晚近形成主因，是受第三紀末期世界氣候
變化影響所產生。更新世冰期時，地球上氣
溫普遍降低，不但使多數植物之分布開始南
移，並且使一些原來為高山寒帶性植物遷徙
到較低及較南之地區，所以其分布十分廣
泛。是以，當時有些純溫帶性及高山性的植

21

物得以衍生在今日大部分的太平洋島弧上，形成一個自北向南遷徙至台灣、菲律賓群島的大道。同時，在中國大陸上又沒有重要地形障礙橫阻北方植物之南徙，當全部東亞之氣溫降低時，這些北方極高山性植物能廣泛分布在較低海拔的地區。隨後氣溫升高，迫使這類植物又遷徙至較高之山區。而今地球氣候漸趨溫暖，使得這些寒帶極高山性植物僅能適存於地理上的高山或高地，如菲律賓呂宋島北部、台灣、日本及中國大陸西南喜馬拉雅山區等。

以現今的角度來看，台灣四面環海，除了少部分海漂植物藉由洋流的漂送到達台灣外，一般的植物實在無法自身渡海來台；因此，台灣現存的植物群必是過去由於陸塊的相連得以由別的地區傳播過來者。這從後面即將詳論的台灣地區地層孢粉分析和植物化石的探討結果可以取得佐證。檢討過去台灣與鄰近陸地或島嶼相連的因素，大致可分為地質因素與冰河時期氣候因素，這兩個因素雖然都使台灣與鄰近地區相連，但是在植物的分布遷徙上卻具有著大相逕庭的意義。

更新世時，由於受到喜馬拉雅造山運動的影響，福建與台灣曾經相連，之後又因福建沿海下沈而分開，這是地質因素上台灣與大陸最後一次分離。這段期間，中國大陸的植物隨機地散播至台灣，散播路徑並沒有一定的方向性。但是自第三紀末開始的一連串冰河時期，除了形成陸橋使得陸地與島嶼之間得以相連外，逐漸寒冷的氣候迫使植物由高海拔或高緯度向低海拔或低緯度地區移動，這樣的氣候變遷因素拉大了植物遷移的距離，而且遷徙路徑也具有明確的方向性，這時日本和中國大陸地區合併上一次間冰期來自中南半島的熱帶植物成分便能透過陸橋南遷至台灣。如果冰河時期經歷時間更長，溫度下降情形更為嚴重，台灣與琉球群島之間以及台灣與菲律賓之間也能形成陸橋，同

時更大的驅使力迫使溫帶植物成分進入菲律賓群島。直到冰河時期結束以及間冰期的到來，溫度逐漸回暖，原本南遷的植物逐漸回歸北方，這中間有些植物也向高海拔地區遷移而孑遺下來，例如薔薇科雙蘋梅屬之松田氏雙瓶梅（*Anemone vitifolia* Buch.-Ham. subsp. *matsudai*（Yamamoto）Lai）（賴明洲，1982）分別於喜馬拉雅、雲南、台灣及菲律賓呂宋島山地以不同亞種存在，顯示出過去喜馬拉雅地區的植物路經台灣南遷至呂宋島，相同的例子亦不勝枚舉〔參考王文采（1992）；郝日明等（1996）〕。

綜觀整個冰河時期與間冰期的循環中，台灣成為中南半島、中國大陸、日本、琉球群島與菲律賓群島等地植物成分交流的中繼站，匯聚了豐富的熱帶、溫帶成分，加上台灣多樣化的的生境類型，提供了保存過去南來北往的大部分植物種類的條件，形成了今日豐富的植物相。

在探討冰河時期陸橋的形成與消失過程中，還有一個可能影響植物遷徙的因素但鮮為過去學者所探討。根據劉東生等（1997）說明了第四紀最後一次冰河時期中，從冰期的開始到盛冰期歷經了9萬年的時間，而間冰期來臨時陸冰卻僅在短短的8,000年內消溶完畢，這樣的結果顯示大陸南遷的植物是歷經漫長的時間配合陸橋的形成緩慢南移至台灣，但是進入間冰期後，迅速消溶的陸冰可能在很短的時間內回歸海洋阻斷了陸橋，同時也阻斷了冰河時期已南遷的溫帶植物群回歸北方的路徑，也因此於冰河時期遷徙至台灣的溫帶植物成分在間冰期來到之時，選擇了向上（海拔高處）遷徙形成孑遺比透過陸橋回歸大陸容易得多。這樣的觀點或許可以從一些古老的裸子植物中可以獲得一些印證。松柏類植物開始出現於晚石炭紀，在中生代或至老第三紀非常茂盛，廣布於南北半球低緯度至高緯度地區，到第三紀古新世或

始新世時開始衰退，在第四紀冰河時期分布區更強烈縮小，有些甚至滅絕，現存的7科中有6科在台灣地區分布，其中有些種類僅分布於台灣或其他少數區域而未見於中國大陸，例如扁柏屬植物在東亞僅分布於台灣、日本兩個海島地區。

說明：1.圖中綠色部份為冰河時期海退後，海床較淺露出後所形成陸橋的範圍。

2.大陸沿海路棚較淺，一般冰河時期極易形成陸橋，其植物遷徙路徑以紅色虛線表示。

3.台灣與菲律賓、琉球群島間海域較深，只有在極嚴重的冰河事件中才會形成陸橋，其植物遷徙路徑以藍色虛線表示。

4.台灣南部恆春半島形同口袋，冰河時期來臨時程接了部份因尖冰期北移的熱帶植物成份，相對於溫帶區系植物於間冰期時向高海拔遷徙形成孑遺，本區實屬冰河時期熱帶區系植物成分向氣候熱帶的半島南端孑遺的典型例子，詳見黃色虛線部分。

圖6. 冰河時期陸橋範圍與植物遷徙路徑

（二）台灣植物區系位置與鄰近地區植物分布的親緣關係（詳見第參章七、八節）

一般學者均贊成將生物學上著名的「新華里斯線」延長通過台灣、菲律賓與蘭嶼之間，可見該線兩邊的地區之間，生物相的起源與差異極大。有的學者認爲連接海南島、台灣之恆春、蘭嶼、綠島和琉球群島三個地區的一條長線，可以當作南、北方向不同植物銜接的一個介面或過渡地帶。台灣恰好位在此一帶上，這正足以說明植物種類豐富的原因。

考慮台灣植物區系的形成和發展，需要認識台灣植物區系與大陸、日本和菲律賓植物區系之間的關係。與三者比較，台灣植物區系與大陸植物區系關係最緊密，因爲台灣與菲律賓，特別是與呂宋島的分離在上新世（五百萬年）以前，與日本分離也早於與大陸分離。

台灣所產的植物種數大多與中國大陸相同，大部分在台灣可以找到的植物屬亦見於中國大陸，而在大陸上許多分布極其廣泛的種類，在台灣也常常可見到和其爲同種或型態上稍有變異的變種。這種植物區系關係之密切性，是因爲在過去地質史上台灣島係與中國大陸相連。後來台灣地形在上新世時，隨著歐亞大陸自阿爾卑斯以至喜馬拉雅之大山脈隆起而逐漸升高。約在同一時候或者隨後不久，台灣海峽形成而台灣島始與大陸分離（推測距今約二百萬年前，即第三紀末之上新世後期或第四紀更新世之初期）。

台灣與菲律賓群島在地理學上極爲相近，然而兩地區之植物區系則大相迥異。因爲台灣之植物區系源自中國大陸，菲島則爲源自馬來南方地區。台灣之植物區系位置，一般來說可以納入舊熱帶區系的東南亞區系區內，包括華南、海南島、中南半島及琉球群島等地。此一結論之依據可以分析如下（編著者與北京李承森教授私人通信）：

（1）生長在台灣和大陸的17個針葉樹屬中有3個屬〔油杉屬（*Keteleeria*）、杉木屬（*Cunninghamia*）和台灣杉屬（*Taiwania*）〕和3個種完全是共同特有的；木本被子植物中有5個屬〔伯樂樹屬（*Bretschneidera*）、假欒樹屬（傘花木屬）（*Eurycorymbus*）、泡桐屬（*Paulownia*）、秀柱花屬（*Eustigma*）和通脫木屬（*Tetrapanax*）〕只在台灣和大陸分布；只分布於台灣和大陸的種與變種約有205種。

（2）台灣植物區系與日本之間的琉球群島的植物區系的聯繫較少，只有唇形科的鈴木草屬（台錢草屬）（*Suzukia*）和其它17個種是僅僅兩地共有的。

（3）台灣植物區系與菲律賓植物區系有顯著區別。台灣植物區系中的1,185個屬中有265個屬不存在於菲律賓；相反的，菲律賓植物區系中1,305個屬中有660個屬不存在於台灣。兩地植物區系中沒有一個共有的特有屬。亞洲熱帶特徵科——龍腦香科在台灣沒有一個代表，而在菲律賓卻有9個屬。台灣植物區系中特有現象爲具有1,067種裸子植物和被子植物，約爲全部種數的29%；而在菲律賓植物區系中有76.5%爲特有種。

台灣植物區系顯然是中國植物區系的一部分，至於台灣的檜木（*Chamaecyparis*）林爲台灣與大陸分離後，在台灣特殊氣候條件下保存下來的特有類群。

王文采. 1992. 東亞植物區系的一些分散式樣和遷移路線. 植物分類學報. 30(1)：1-24, (2)：97-117.

王鑫. 1987. 從古植物古氣候討論冰河時代的地形作用. 台灣植物資源與保育論文集：229-238.

何春蓀. 1986. 台灣地質概論. 經濟部中央地質調查所.

林思民、江友中、韓中梅、黃生. 2002. 島嶼物種的形成、流動與演變. 二○○二年生物多樣性保育研討會論文集：143-155. 行政院農委會特有生物研究保育中心.

俞何興. 1997. 台灣海域地質區之特徵. 地質17(1-2)：47-68.

施雅風（主編）. 2000. 中國冰川與環境－現在過去和未來. 科學出版社.

郝日明、劉昉勛、楊志斌、劉守爐、姚淦. 1996. 華東植物區系成分與日本植物間的聯繫. 雲南植物研究18(3)：269-276.

劉東生（主編）. 1997. 第四紀環境. 科學出版社.

陳文山. 2000. 台灣1億5000萬年之迷. 遠流出版公司.

賴明洲. 1982. 一種雙瓶梅在東亞之分布的探討. 自然雜誌6(7)：45-46.

轟頌平、彭慧. 1989. 台灣海峽西部石油地質地球物理調查研究. 海洋出版社.

Bray, J. R. 1977. Pleistocene volcanism and glacial initiation. Science 197：251-254.

Hall, R. & J. D. Holloway 1998. Biogeography and Geological Evolution of SE Asia. Backhuys Publishers, Leiden.

Hall, R. 1998. The plate tectonics of Cenozoic SE Asia and the distribution of land and sea. In Hall, R. & J. D. Holloway（eds.）：Biogeography and geological evolution of SE Asia. pp. 99-124.

Hikida, T. & H. Ota 1997. Biogeography of reptiles in the subtropical East Asian Island. Symposium on the Phylogeny, Biogeography and Conservation of Fauna and Flora of East Asian Region：11-18. National Taiwan Normal University. Taipei.

Hikida, T. & J. Motokawa 1999. Phylogeographical relationships of the skinks of the genus Eumeces（Reptilia：Scicidae）. In H. Ota（ed.）： East Asia. Tropical Island Herpetofauna －Origin, Current Diversity, and Conservation. pp. 231-247.

Ho, C. S. 1982. Tectonic Evolution of Taiwan－Explanatory Text of the Tectonic Map of Taiwan. The Ministry of Economic Affairs. Taiwan.

Kimura, M. 2000. Paleogeography of the Ryukyu Island. Tropics 10：5-24.

Milankovitch, M. M. 1941. Kanon der Erdbestrahlung, Beagrod Kohinglich Serbisch Akademie, 100-484.

Molnar, P. & P. England 1990. Late Cenozoic uplift of mountain ranges and global climate change：chicken or egg?. Natural 346： 29-34.

Ota, H. 1998. Geographic patterns of endemism and speciation in amphibians and reptiles of the Ryukyu Archipelago, Japan, with special reference to their paleogeographical implications. Res. Popul. Ecol. 40： 189-204.

Ota, H. 2000. The current geographic faunal pattern of reptiles and amphibians of the Ryukyu

Archipelago and adjacent regions. Tropics 10：51-62.

Prentice, M. L. & I. Y. Fung 1990. The sensitivity of terrestrial carbon storage to climate change. Nature 346：48-51.

Ruddiman, W. F. & M. E. Raymo 1988. Northern hemisphere climate regimes during the past 3 Ma. Philos. Trans. Roy. Soc. London 318： 411-430.

Verstappen, H. T. 1975. On paleoclimates and landform development in Malesia. In Bartstra, G. J. & Casparie, W. A. (eds.). Modern Quaternary Research in SE Asia. Balkema.

Verstappen, H. T. 1980. Quaternary climatic changes and natural environment in SE Asia. GeoJournal 1 4(1)： 45-54.

Volk, T. 1989. Rise of angiosperms as a factor in long-term climatic cooling. Geology 17：107-110.

Williams, M. A. J., Dunkerley D. L., De Deckker P., Kershaw A. P. & T. J. Stokes 1993. Quaternary environments. Edward Arnold.

貳。 台灣植物的調查研究簡史
（History of Botanization of Taiwan Flora）

貳、台灣植物的調查研究簡史

（History of Botanization of Taiwan Flora）

一、維管束植物之調查史略

關於台灣植物之採集調查，有記錄可考者始自清咸豐4年4月20日（1854），英國園藝學家福秦（Robert Fortune）由福州乘輪抵淡水登陸，在海岸附近採集一日即返，其後陸續有許多位英籍植物學者與採集家來台，偶有少數德國，日本及美國人參與其事，所採集之標本多送至英國的邱皇家植物園（Kew Garden）由當時的權威分類學者研究，踵福秦之後，重要的人士有：

（一）**韋爾福特**（Charles Wilford），邱皇家植物園之採集家，於1857年來台；

（二）**史文荷**（Robert Swinhoe），廈門領事館譯員，1856年來台，翌年又隨韋爾福特來台，於1861年復來台採集研究，其採集以動物爲主，但所採之植物亦極多，曾於1863年發表《台灣植物目錄（List of plants of the Island of Formosa or Taiwan）》，記錄台灣植物246種（包括蕨類33種），實爲第一篇研究台灣植物的文獻；

（三）**俄德罕**（Richard Oldham），爲淡水英國領事館館員，受託採集台灣之植物，時爲1864年；

（四）**漢克考**（William Hancock），1881年任職淡水海關，主要採集蕨類；

（五）**福特**（Charles Ford），爲香港植物園主任，於1884年來台採集；

（六）**亨利**（Augustine Henry），1892年來台，任職高雄海關醫官而兼職採集植物標本，所採極豐，均寄回邱園研究，副份標本則分贈世界各大標本館。亨利曾於1896年著有《台灣植物目錄（A List of Plants from Formosa）》一書，記載台灣之植物共計被子植物1,279種（包括81種栽培植物及20種歸化植物），蕨類149種及海藻7種，爲研究台灣植物重要的文獻之一。

約在同一時期，英國的福伯斯及漢鉧斯萊二人（F. B. Forbes & W. B. Hemsley）於1886至1905年間陸續發表《中國植物目錄（Index Florae Sinensis）》，包羅了中國大陸、台灣、海南島、朝鮮、琉球及香港各地所產之植物，而其內所記載之台灣植物約達二千種左右。彼時其他研究東方的中國大陸，日本及台灣的植物權威尚有虎克（J. D. Hooker）、勞爾夫（A. R. Rolfe）、漢斯（H. F. Hance）、貝克（J. G. Baker）、奧利佛（D. Oliver）、勃朗（N. E. Brown）及馬克思茂維茲（C. J. Maximowicz）等當代第一流的植物分類學者（見吳永華，1999）。

1895年日本佔據台灣以後，即由東京帝國大學派遣採集人員來台採集，所採集的標本則均送回東京研究。日本東京帝國大學植物學者早田文藏博士亦因受委任研究台灣植物而享譽世界。此一時期中來台採集的日籍人士有栗田萬次郎（1874）、牧野富太郎和大渡忠太郎（1896）、田代安定和大渡忠太郎（1896～1898）、三宅驥一、川上廣衛、永澤定一和河合鈰太郎（1899～1900）等人。日本植物學家松村任三乃就上述所採集之標本加以研究。早田文藏乃繼其後從事台灣植物之研究者，並於1903年初次渡台採集。1906年松村及早田二氏聯合出版《台灣植物

彙誌（Enumeratio Plantarum Formosae）》一書。其時，因受早田之建議，台灣總督府設立植物調查課並任命川上瀧彌為主任，在台北帝國大學成立之前，專司植物資源之調查工作，由中恒治、森丑之助，島田彌市及佐佐木舜一等從事台灣全島各地植物之採集。此外尚有小西成章，澤田兼吉及伊藤篤太郎等諸亦作一部份之採集調查，故此一時期實為台灣植物調查之最盛時代；然最完整之標本及模式標本等重要材料，均被送回日本收藏。1908年早田發表《台灣山地植物誌（Flora Montana Formosae）》一書，記載台灣海拔800公尺以上山地所產之植物凡266屬、392種，其中包括了新種約90種。1910年川上瀧彌著有《台灣植物目錄》一書。1911年早田發表《台灣植物誌資料（Materials for a Flora of Formosa）》。1913～1915年法國採集家豪里（U. Faurie）亦在台作大規模之採集（其曾於1903年首次渡台），除了種子植

日治時代，阿里山的檜木末伐採前（Price攝於1912年）

日治時代，阿里山檜木林伐採（Price攝於1912年）

物外，餘如蕨類，苔蘚類及地衣類等無不採集，不幸於1915年6月4日客死於台灣，其採集品均寄往世界各大標本館，一部份則寄至東京帝國大學供早田研究。豪里對台灣植物之研究可謂貢獻甚多。1911～1921年早田陸續發表了共有十卷的《台灣植物圖譜（Icones Plantarum Formosanarum）》，為研究台灣植物的重要史料，亦為日本學術界中可炫耀於世界之輝煌鉅著之一，記載了台灣原產的植物共計170科、1,197屬、3,658種及79變種。該書為根據川上瀧彌、島田彌市、佐佐木舜一、澤田兼吉及松田英二等諸人，不避艱險深入蠻荒山地所採集之無數標本所研究之成果。

金平亮三於接掌台灣總督府中央研究所林業部之後，林業部之標本館（現台北植物園內林業試驗所臘葉標本館）逐漸充實，而台灣植物之研究中心亦逐漸自東京轉移至台北。1917年金平著有《台灣樹木誌》，並於1936年改訂新版。1918年英籍採集家威爾遜（E. H. Wilson）受美國阿諾德樹木園等機構之託，來台蒐集花木材料及採集植物標本；另外派萊斯（W. R. Price）（圖7）及巴特雷（H. H. Bartlett）等人亦前來台灣採集。1925至1932年山本由松（為早田研究台灣植物之繼承人）著有《續台灣植物圖譜》五卷。1928年佐佐木舜一編著《台灣植物名彙》，並於1930年輯成《林業部臘葉館目錄》。1928年台北帝國大學創立，由工藤佑舜主持植物分類生態學講座，並建立臘葉館（即今台灣大學植物系植物標本館），植物分類之研究逐漸於此興盛活耀，而成為另一研究台灣植物的中心。工藤不幸早逝，由正宗嚴敬及山本由松繼承遺志從事研究，並指導許多高材繼續致力調查，如福山伯明、細川隆英、鈴木時夫、富谷十三雄及中村泰造等人。1936年正宗主編之《最新台灣植物總目錄》出版，共收錄當時已知的蕨類及種子植

物共188科、1,174屬、3,841種，12亞種及396變種。當時的台北帝國大學亦負責海南島及南洋群島之植物資源調查。其時，在日本的植物學者於作專論性研究之時，台灣的植物亦列入其研究範圍，並各前後數次來台採集，如北村四郎、大井次三郎、佐竹義甫、吉澤潔夫、田川基二及伊藤洋等人，後二者對台灣蕨類植物研究上之貢獻頗大。

台灣光復後，民國36年冬李惠林來台主持台灣大學植物系，接替日本學者的未完工作。木本植物的研究因當局對林業的提倡與重視而較有進展，先後有劉棠瑞教授（1960～1962）的《台灣木本植物圖誌》，李惠林（1963）《台灣樹木誌（Woody Flora of Taiwan）》以及劉業經教授（1972）的《台灣木本植物誌》等鉅著發表。蕨類植物的研究有日人岩槻邦男、倉田悟及大悟法滋等，和中學大學植物學系的謝萬權教授、蔡進來教授與台灣大學植物學系的美籍教授棣慕華博士（1989年逝世）和郭城孟教授。

圖7. R.Price首度阿里山之旅（1912年），
　　與日本警察及高砂族合照

二、低等隱花植物之調查史略

有關台灣藻類的研究極為缺乏，尚有待進一步調查與整理。淡水藻類除了輪藻類有今崛宏三（1951～1953, 1954）的研究外，

僅有沈毓鳳及張蒼碧的部份初步研究。海水藻類則有崛川芳雄於1919年發表的〈台灣的海藻〉一文，以及山田幸男於1950年發表的〈台灣琉球嶼的海藻目錄〉；台灣光復之後，有沈毓鳳與樊恭炬於1950年發表的〈台灣海洋藻類〉，樊恭炬於1953年發表的「台灣食用海藻目錄」，以及江永棉於1960年及1962年發表的〈台灣北部的海藻〉和1973年發表的〈台灣南部的海藻〉等。有關台灣海藻類之迄今研究成果，見於國立海洋大學美籍教授Jane Lewis（1987）的英文著作《台灣地區底棲海藻類的歷史回顧與種類之總論》之中。

台灣菌類的研究首推日人澤田兼吉於1919～1944年間發表的「台灣產菌類調查報告」共計10篇，另於1959年發表第11篇。澤田並於1931年出版《台灣產菌類目錄》一書。另外白井光太郎（1917）的《日本菌類目錄》中亦包括了若干分布於台灣的菌類種類。（目前行政院農委會正積極發起菌類資源調查，自1997年起由相關學者開始推動編輯《台灣地區菌類名錄索引》。）

早期研究台灣產地衣類的日本學者有笹岡久彥、安田篤及朝比奈泰彥等人。笹岡首於1919年發表〈台灣產地衣類〉一文，記載台灣的地衣類15種。朝比奈的地衣類採集品則送往奧國當代的地衣學泰斗查爾布魯克（A. Zahlbruckner）鑑定。1933年查爾布魯克便根據朝比奈泰彥、佐佐木舜一、緒方正資以及法國採集家豪里（U. Faurie）等人在台灣採集的地衣標本發表〈台灣的地衣類（Flechten der Insel Formosa）〉一文，記載共計81屬、260種，其中半數為新種之地衣。其後朝比奈泰彥及佐藤正己，犬丸愨等人陸續有零星之報告發表。光復之後，1963年日本神戶大學台灣山岳學術調查隊抵台採集三週，隊員中西哲負責苔蘚類及地衣類的採集，並將地衣類的標本送回日本供當代的日本地衣類學者加以研究。日本國立科學博物館的黑川逍亦於1963年12月及1965年元月兩度來台採集地衣類標本，並發表若干有關台灣地衣類的報告。當時任教台大植物系的莊清漳曾陪同黑川採集了一些地衣類標本。其後，本書編著者於台大碩士班就學期間，在全島各地採集大量地衣類標本，並根據日據時代鈴木時夫，中村泰造及島田彌市等人的採集品加以研究鑑定，而於1973年與王貞容共同發表「台灣地衣類目錄」一文，另於1976年再發表「台灣地衣類補遺」。另外，1993年奉邀赴日本國立科學博物館與黑川逍共同完成了台灣梅衣科（約100種）之專論研究。

台灣苔蘚類植物的研究，始於早期的植物採集者俄德罕（Richard Oldham）、亨利（Augustine Henry）、三宅驥一及豪里（U. Faurie）等人，於採集高等植物之時，附帶採得一些苔蘚類。惟所採得之標本均送往歐洲，俾供當時日內瓦的德國苔類學斯特法尼（F. Stephani）及法國的蘚類學者卡爾豆（J. Cardot）從事鑑定與研究。1905年卡爾豆根據豪里所採集之蘚類標本加以研究，發表了「台灣島之蘚類植物（Mousses de l'ile Formose）」一文，記載台灣產蘚類共計130種。1900～1924年間斯特法尼陸續出版的數冊《苔類種誌（Species Hepaticarum）》中，根據豪里、三宅驥一及亨利等人的採集品研究而發表了24種台灣產苔類植物，其中19種為新種。日本菌類學澤田兼吉亦於1914年發表「台灣的蘚類」一文，臚列台灣產蘚類共計130種。其後東京帝國大學的岡村周諦乃根據了島田彌市，早田文藏及笹岡久彥等人在台灣調查植物時，順便採集的苔蘚類標本（主要為蘚類），由獨自研究或送往芬蘭赫爾辛基大學蘚類學者布勞特魯斯（V. F. Brotherus）鑑定，於1915～1916年共發表〈日本苔蘚類考察資料〉二篇，將台灣產的

苔蘚類收錄其中，但其內有7種為台灣的苔類。

在台灣總督府設立植物調查課專司台灣植物資源的採集與調查之時，日本植物採集家所採的標本均以蘚類為主，且大部份送往芬蘭的布勞特魯斯處鑑定，笹岡久彥除了於1915～1918及1920～1928年陸續零星發表了有關台灣產的蘚類新記錄種類外，並於1928年發表〈台灣蘚類植物目錄〉一文，所根據者為卡爾豆之後，崛川安市、佐佐木舜一、鈴木重良、島田彌市及松田英二等人所採的蘚類植物標本，分別請布勞特魯斯及岡村周諦研究鑑定者，共列出台灣產蘚類277種。布勞特魯斯於1926年及1928年發表有關日本產蘚類的研究報告中，亦根據日本採集者採自台灣的標本描述了許多新種蘚類。1935年飯柴永吉發表〈台灣產蘚類目錄〉一文，列出了當時已知的蘚類植物共許275種，18變種及3個型。迨後日本苔蘚類學者野口彰及崛川芳雄於1928至1935年間數度前來台灣採集研究。野口並於1934至1936年間發表〈台灣產蘚類植物考察〉，以及於1937年發表〈日台產蘚類植物考察〉等共計八篇。崛川曾於1932年8月9日至25日、12月28日至31日、1933年元月1日至5日及1934年4月10、11日在台灣各地廣泛採集苔類，並於1934年在廣島大學發表〈南日本苔類植物誌〉一文，其中記載了台灣產苔類共計246種，內包括新種達207種。

1928年台北帝國大學成立之後，鈴木時夫、中村泰造及島田彌市等亦採集若干苔蘚類標本送往崛川處鑑定。1946～1947年間，台北帝國大學的德籍藻類學家許瓦培（G. H. Schwabe）曾在台灣各地及蘭嶼、綠島等處附帶採集苔蘚類標本，分別送往野口及德國苔類學者黑爾柔（T. Herzog）研究鑑定，並於1955年由後二聯合發表〈台灣，紅頭嶼及び火燒島の蘚苔類〉一文。野口及崛川二對

台灣苔蘚類植物研究上的貢獻實不分軒輊。崛川的重要研究材料及標本不幸毀於二次世界大戰美軍原子彈轟炸廣島之時，誠為學術界之一大損失。彼即從此悶默迄至1976年3月18日去世。戰後，野口仍在日本繼續研究並陸續發表有關日本及其鄰近地區的蘚類研究報告，逝於1988年（參考賴明洲，1989）。

台灣光復之後，陸續有日本及歐美的苔蘚學者前來台灣採集研究。1963年及1965年日本地衣學者黑川逍兩度抵台灣採集地衣類標本時，亦附帶採集了一些苔蘚類標本。1963年3月日本神戶大學台灣山岳學術調查隊的中西哲亦在台灣採集了大量的地衣類與苔蘚類標本。1965年3月日本服部植物研究所的岩月善之助及其美籍業師田納西大學夏普（A. J. Sharp）聯袂前往菲律賓及印境喜馬拉山區採集時，曾取道台灣乘便採集台灣的苔蘚類標本。日本國立東京科學博物館的井上浩亦曾於1966年4月及10月和1967年的3月中三度專程來台採集苔類。當時於台灣大學植物系任教的莊清漳亦曾陪同採集。1968年7～8月間，日本廣島大學的安藤久次亦前來台灣採集苔蘚類。1968年5月加拿大籍苔蘚類學者史可飛德（Wilfred B. Schofield）抵台，亦由莊清漳陪同採集苔蘚類。其後莊清漳乃於台灣各地進行採集，並將標本寄往加拿大，隨後復辭去台大之教職遠赴加國攻讀博士學位，其博士論文「台灣頂蒴蘚類」發表於1973年。莊氏不幸英年早逝，痛於1976年11月22日腦血管破裂在加拿大去世，其生前英文著作《台灣豆科牧草及綠肥》（1965）幾乎完全被無恥抄襲於《台灣植物誌》第3卷（1977）pp. 148～421之中。

1970年10月間，芬蘭赫爾辛基大學隱花植物標本館（原Brotherus布勞特魯斯標本館）館長暨蘚類學者柯伯年（Timo Koponen）來台採集研究，當時即由本書編著者陪同前往

各地從事採集工作，並承其在野外多方教導訓練；迨後即在全島各地辛勤跋涉進行採集調查，除了發現無數新記錄種苔蘚類外，並從事浩瀚之資料搜集纂輯工作，於1976年發表「台灣苔蘚類目錄」一文，包羅了近百年來台灣苔蘚類植物的研究成果，並詳細臚列了共計達92科、359屬及1,129種的台灣產苔蘚類植物。

三、早田文藏博士與台灣的植物

自英籍學者Robert Fortune（1854）抵台採集植物標本之後，揭開了台灣植物研究序幕，其後100多年間，亦陸續分別有各國學者來台加入了植物調查與研究工作，間或有專著文獻流傳於世，對台灣近代植物學的研究功不可沒 （見吳永華，2003）。然而在諸多學者巨擘中，又以日籍早田文藏博士貢獻最為卓越。早田博士35年的研究身涯中，有20年的時間集中心力貢獻於台灣的植物學研究，先後完成了《台灣植物彙誌》、《台灣山地植物誌》、《台灣植物誌資料》和《台灣植物圖譜全十卷》等巨著，相關期刊發表不勝枚舉，新發現命名的新種植物種類亦達1,200多種，也因此早田博士的學術成果與台灣植物學的研究發展密不可分。故本書於台灣地區植物調查歷史回顧中，特增篇幅撰述早田博士的生平與學術成就。

早田文藏博士生於明治7年12月2日（1874），父名早田新吉，在家中排行老二，世居日本新潟縣加茂町。明治20年4月（1887）於町立加茂小學畢業，即入學於私立長岡學校就讀。僅兩年後，即退學離校，暫時留於家中協助料理家事。其時，彼即對自然科學，尤其是植物學，已發生極濃厚之興趣。遂開始自行採集植物標本，並熱心從事觀察研究。明治25年（1892），當18歲之時，即已決意投入探研植物的志趣並申請加

入於「東京植物學會」，且每以通信方式，寫信遙寄至東京，向學會的有關專家們請教問題。由早田此等於早年時期便對植物學習發生濃厚興趣之事實，可知後來其孜孜植物分類學潛心研究精神之一斑。

明治28年（1895），早田離鄉初抵東京，就讀郁文館中學。於兩年畢業後，隨即進入第一高等學校大學預料。33年7月（1900）畢業後，終得進入當時赫赫有名的東京帝國大學，就讀於植物學科。36年（1903）以〈日本產大戟科植物考〉的畢業論文，完成大學課程。隨即進入同校之大學院（研究院）攻讀。翌年9月（1904）以成績優秀，受聘為植物學科助教。

在此之前，於明治30年7月（1897）之時，早田博士因結識川上浩二郎工學博士之緣故，得以首次航渡台灣，並因此興起獻身鑽研台灣植物之宏志。殆自明治38年5月（1905）正式奉台灣總督府委任從事台灣植物之調查起，迄至大正13年（1924）退休，其間共約19年時間，披荊斬棘，篳路襤褸，時刻備嘗辛酸，在山林中與瘴癘相搏鬥，辛勤獻身於從事台灣產植物之採集調查與研究工作。明治40年11月（1907）提出〈台灣菊科植物〉、〈日本大戟科並に黃楊科植物考〉，以及與松村任三博士共著之〈台灣植物彙誌〉、〈台灣產松柏科植物の一新屬 *Taiwania* ニ就て〉等諸篇論文，獲頒東京帝國大學理學博士學位。並於次年8月榮獲升在任為植物學科講師。

翌年，於明治42年12月（1909），早田自行籌集旅費，前往英國Kew皇家植物園從事考察研究，並順道赴法國、德國及蘇聯等國遊學訪問。明治43年（1910）參加比利時首都布魯塞爾第三屆國際植物學會議時，曾以「台灣植物之資源調查與分布」為題，在會中發表演說。同年10月載譽返回日本。此後，除指導學生論文研究外，均一直從事台

灣植物之調查研究工作。大正6年5月（1917），奉台灣總督府之命，前往法屬印度支那採集考察當地所產植物。逾兩年後，於大正8年9月（1919），榮獲升任爲東京帝國大學助教授。其間，早田博士曾於明治37～39（1904～1906）年間，擔任東京植物學會之編輯幹事，而後繼於大正7～9（1918～1920）年間，被委任爲其主編之職務。大正10年5月（1921）再度啓程前往法屬印度支那、越南及暹邏，而於當時從事採集旅行極端困難之際，迄至翌年（1922）之3月爲止，竟得採集大量研究材料、標本歸返日本。同年5月（1922），得以繼松村任三博士之後，受任命爲東京帝國大學教授，主持理學部植物學第一講座，擔任植物分類學課程。其後，又於大正13年4月（1924）至昭和5年5月（1930）之間兼任爲理學部所屬植物園之主任。

昭和5年8月（1930），第四屆國際植物學會議即於英國劍橋召開之際，早田博士受邀出任準備委員會副會長要職。值彼正束裝航渡行前，突於昭和4年9月因心臟病急劇發作，一時竟危篤萬分，以至赴英之旅終不得成行。自此之後，雖病勢稍起，然殆至昭和5年夏起，僅得於有課時登校在課堂講述，其餘時間均幾臥病自宅，而偶於病榻從事著述寫作。昭和9年1月13日（1934）晨，不幸心臟病宿疾再度發作，在東京市小石川區白山御殿町自宅溘然長逝。享年61歲。

早田博士於植物學之研究貢獻業績不勝枚舉。在世從事研究生涯約35年期間，著作論述超過一百五十餘篇（詳見正宗嚴敬（1934）及Merrill & Walker（1938））。由其所發現而命名記述之新種植物據統計約達一千二百餘種之多。其研究若舉其重要者，首推彼自早年仍爲學生時代即極其熱衷之有關富士山之植物群落、植物帶及生態景觀等諸問題之研究論文數篇，其次則爲費時約二十

年心血之有關台灣植物之長期研究。所完成之辛勞結晶包括《台灣植物彙誌（Enumeratio Plantarum Formosanarum 1906）》、《台灣山地植物誌（Flora Montana Formosae 1908）》、《台灣植物誌資料（Materials for a Flora of Formosa 1911）》和《台灣植物圖譜全十卷（Icones Plantarum Formosanarum 1911～1921）》等不朽鉅著，實足以炫耀於學術界之中。各書中記述台灣原產植物共達約三千六百餘種之多（其中有約二千三百餘種爲日人佔領台灣後所發現之新記錄種或新種）。台灣原產高等植物之調查研究得有今日之豐碩成果，實應大部分歸功於早田博士當年不辭辛勞、長期努力研究之賜。彼因研究台灣植物之傑出功勞與加致於學術之偉大貢獻，於大正九年（1920）榮獲頒日本帝國學士院桂賞嘉獎榮譽。

早田博士對台灣所產植物之長期研究觀察心得，加上對印度支那等地之植物研究結果，殆爲構成其首創而聞名於植物學界之所謂「動態的植物分類系統（Natural classification of plants according to dynamic system）」之基礎。此一學說頃自大正十年（1921）發表於所述《台灣植物圖譜》第十冊之中後，初尚未有如原所期待之反響，然未久即獲得歐洲各植物學者之熱烈推崇與支持，此後遂於各專門學術性雜誌撰文推倡此一學說。爾後更擬執筆著述「植物分類書學」專書，企圖證明其所主張學說之正確性；不幸僅於第一卷「裸子植物篇」付梓不久即長眠不起。

另外，早田博士亦特別重視且苦心多年研究有關蕨類中心柱構造之諸項問題。曾於1918～1931十數年之間著述專文數篇，就中心柱之構造與分類學之價值提出其獨創之見解。

早田博士終其生篤信佛教法華經。爲人熱忱，信念彌堅，待己樸薄而孜孜勤學，素

圖8. 早田文藏博士

有殉學獻身之精神。其教學數十年生涯中，又每以溫情誘導門弟諄諄向學。門弟者每追憶及此，均深切感恩，永生難以忘懷（見本田正次（1934）早田師追思文）。其身後遺有一男三女。逝後蒙日本天皇特旨褒獎追陞餘榮。

於早田博士病逝三週年之際，台灣各界特立其紀念碑於現今台北植物園內，以資紀念其生前業蹟。該碑座落日據時代當時總督府中央研究所林業部臘葉標本館前。於昭和11年1月13日（1936）其忌日當日由台灣博物學會及台灣山林會舉辦紀念碑除幕式。在場觀禮者有知名之士，社會顯達一百數十人列席參加，均一致哀悼敬仰早田生前鞠躬盡瘁之堅毅研究精神，及對學術及產業資源開發調查之傑出貢獻。

本書編著者熱愛植物學研究，素仰早田博士之研究精神及學術貢獻。雖為異國異時，然於教學之時，每引以之為諸賢棣楷模。多年來即思搜集其生平事蹟、筆墨，擬為文成傳記一篇以資紀念之。1978年赴美京華盛頓美國國立植物標本館研究期間，奉派匹茲堡卡內基博物館協助整理該館苔蘚地衣類標本之際，專程拜訪Hunt Institute for Botanical Documentation，停留竟日，翻尋早田博士之資料及照片，草成本文追憶之。有關日據時代日本植物學者在台的調查研究事蹟，可參考吳永華（1997）的近作《被遺忘的日籍台灣植物學者》（台中晨星出版社）。

表 1. 台灣的植物調查研究大事記表

植物採集家、學者	年 代	重 要 記 事
R. Fortune	1854	第一位來台灣採集學者。
R. Swinhoe	1856	於1856、1857、1861三度來台採集動植物。
C. Wilford	1857	英國邱皇家植物園之採集家。
R. Swinhoe	1863	發表《台灣植物目錄》,為第一篇研究台灣植物的文獻。
R. Oldham	1864	英國領事館館員,受託於淡水基隆一帶採集。
粟田萬次郎	1874	主要於恆春半島採集植物,為日籍第一位來台採集者。
W. Hancock	1881	英籍淡水海關關員,主要以採集蕨類為主。
C. Ford	1884	英籍香港植物園主任,於基隆、淡水一帶採集。
F. B. Forbes & W. B. Hemsley	1886-1905	期間陸續發表《中國植物目錄》,其內包含台灣植物約2,000種左右。
A. Henry	1892	任職高雄海關醫官並受託採集植物標本寄回邱皇家植物園研究,主要採集地於高雄、恆春一帶。
牧野富太郎、大忠渡太郎、松村任三、田代安定、三宅驥一、川上廣衛、永澤定一和河合鈰太郎等人	1896-1900	此一時期先後來台採集,為日本佔據台灣後第一批來台採集者。
A. Henry	1896	著有《台灣植物目錄》一書,共計被子植物1,279種,蕨類植物149種及海藻7種。
F. Stephani	1900-1924	於著作中陸續發表24種台灣產苔類植物。
早田文藏	1903	早田文藏首次登台採集。
U. Faurie	1903	法籍U. Faurie首度登台。
J. Cardot	1905	發表《台灣島之蘚類植物》一文,記載台灣產蘚類130種。
松村任三、早田文藏	1906	兩人合著《台灣植物彙誌》一書。
早田文藏	1908	發表《台灣山地植物誌》一書,記載台灣海拔800公尺以上植物266屬392種,其中包括新種約90種。
川上瀧彌	1910	著有《台灣植物目錄》一書,共紀錄155科、934屬2199種。
早田文藏	1911	發表《台灣植物誌資料》一書。
早田文藏	1911-1921	此一期間,早田文藏陸續發表《台灣植物圖譜》10卷,記載了台灣原產植物共計170科、1,197屬、3658種及79變種。
R. Price	1912	來台採集植物標本送回英國邱皇家植物園。
U. Faurie	1913-1915	除了採集種子植物外,尚採集蕨類、苔蘚與地衣等。不幸於1915年逝於台北,身後留下數萬份植物標本(現存日本京都大學),對台灣植物研究的貢獻頗大。
澤田兼吉	1914	發表《台灣的蘚類》一文,計台灣產蘚類130種。
金平亮三	1917	著有《台灣樹木誌》一書,並於1936年改訂新版。
E. H. Wilson	1918	來台採集花木材料送回美國阿諾德樹木園。
笹岡久彥	1919	發表《台灣產地衣類》一文,記載台灣地衣類15種。
堀川芳雄	1919	發表《台灣的海藻》一文。
澤田兼吉	1919-1959	編著《台灣產菌類調查報告》(1-11冊)。

左側時間軸標記:1854、萌、芽、期、1895、日、據、時、代

山本由松	1925-1932	山本繼承早田之研究，其間陸續著有《續台灣植物圖譜》五卷。
工藤佑舜	1928	台北帝國大學創立，主持植物分類生態學講座，並建立植物標本館。
伊藤武夫	1928	出版《續台灣植物圖說》，蕨類植物繪圖400種。
笹岡久彥	1928	發表《台灣蘚類植物目錄》，共列出台灣產蘚類277種。
佐佐木舜一	1928	編著《台灣植物名彙》。
佐佐木舜一	1930	編輯《林業部臘葉館目錄》。
A. Zahlbruckner	1933	根據朝比奈泰彥、佐佐木舜一、Faurie等人在台灣採集之地衣標本發表《台灣的地衣類》一文，共記載地衣81屬260種。
堀川芳雄	1934	於廣島大學發表《南日本苔類植物誌》一文，其中記錄台灣產苔類246種，其中包括207種新種。
堀川芳雄	1934-1937	其間陸續發表《台灣產蘚類植物考察》、《日台產蘚類植物考察》等共計8篇。
野口彰	1934-1937	發表《台灣蘚類研究》及無數有關亞洲蘚類之重要文獻。
飯柴永吉	1935	發表《台灣產蘚類目錄》一文，共計蘚類植物275種、18變種及3個型。
正宗嚴敬	1936	主編《最新台灣植物總目錄》共計蕨類植物、種子植物188科、1,174屬、3,841種，12亞種及396變種。
田川基二	1940-1949	陸續發表《台灣蕨類之研究》(1-7)。
李惠林、蔣英、林渭訪、傅書遐	1947	先後由大陸來台，主持林業試驗所和台灣大學植物系的植物分類研究工作。
沈毓鳳、樊恭炬	1950	發表《台灣海洋藻類》。
耿煊	1950-1969	發表台灣茶科、大戟科、野牡丹科、台灣穗花杉等研究報告。
金崛宏三	1951-1954	研究台灣淡水輪藻類。
樊恭炬	1953	發表《台灣食用海藻目錄》。
T. Herzog & G. H. Schwabe	1955	發表《台灣，紅頭嶼及び火燒島の苔蘚》一文。
高木村	1955-	熟悉台灣植物鑑定，整理台大標本館內日據時代山本由松教授未定名標本，參與眾多植物調查研究之元老級植物學者。
廖日京	1956-	長期致力鑽研樹木學之教學、採集、研究，著述豐碩。
井上浩	1958-	1966-1967年之間由日本來台採集數次，並發表不少有關台灣苔類的重要報告。
黃守先	1958-1959	發表台北地區植被調查初步報告及台灣毛茛科研究報告。
隸慕華（C. E. DeVol）	1959	致力台灣蕨類研究，其後主持《台灣植物誌》第一冊蕨類之編寫。
劉棠瑞	1960-1962	陸續出版《台灣木本植物圖誌》，其後主持《台灣植物誌》(1975-1976) 編寫工作。
江永錦	1960-	陸續發表有關台灣海藻論文報告。
莊燦暘	1960	發表台灣北部大屯山之植被初步調查報告。
王忠魁	1960-1970	陸續發表台灣蘚類名錄及《台灣蘚類植物地理》(1970)。
林維治	1961	出版《台灣竹類分類研究》。
柳榾	1961-1991	致力植物地理及植物群落生態研究，發表《台灣植物群落分類之研究1-4》(1968-1971)。1992年過世。

1945

台灣光復後至一九七〇年代

黑川逍	1963、1965	兩度由日本來台採集地衣標本。
李惠林	1963	出版《台灣樹木誌（Woody Flora of Taiwan）》一書，其後與劉棠瑞主編《台灣植物誌》。
謝萬權	1966-1979	致力台灣蕨類植物之調查研究，並出版《蕨類植物》（1969）一書及《台灣蕨類名錄》（1-7, 1972-1974）。
張慶恩	1967	發表《蘭嶼之森林植物》一文。
呂福原	1967-1972	與劉棠瑞共同發表台灣山茶科（1967），其後發表台灣槙楠屬（1969）、旋花科（1972）研究報告。
謝阿才	1969	出版《新撰台灣植物名彙》。
蘇鴻傑	1970-	致力鑽研蘭科及森林生態學，著有《台灣石斛蘭訂正》，（碩士論文，1970）及《台灣野生蘭》（1974）。
T. Koponen	1970	由日本抵台採集苔蘚地衣類標本，此後長期陸續發表有關台灣及亞洲蘚類的報告。
初島住彦	1970	發表《蘭嶼植物採集名錄》
許建昌	1971	陸續出版《台灣常見植物圖鑑》3冊。
劉業經	1972	出版《台灣木本植物誌》一書。
莊清漳	1973	於加拿大完成博士學位，發表博士論文《台灣頂蒴蘚類》並多次陪同外國學者採集苔蘚類標本。
林善雄	1973	發表《台灣苔蘚類植物科屬檢索表》。
賴明洲	1973-1978	發表《台灣地衣類目錄》（1973）、《台灣苔蘚類目錄》（1976）。出版《台灣植物總攬》（1975），圓葉澤瀉之新發現（1976），《圓葉澤瀉之生育環境與種內形態變異之研究》（1976），《台灣孔雀蘚科之研究》（1976），《鴛鴦湖苔蘚群落之研究》（1977），《台灣檜蘚屬之研究》（1978），《數種台灣秋海棠之商榷》（1979）。1978年赴美國華盛頓Smithsonian Institution下轄美國國立植物標本館擔任研究員，後赴北歐芬蘭赫爾辛基大學博物館研究。
歐辰雄	1973-1975	與劉業經共同發表台灣夾竹桃科及茄科研究報告。
郭城孟	1974	完成《台灣金星蕨科植物》碩士論文，後赴瑞士攻讀博士學位。

1980 —— （一九八〇年代以後的大事記略）

吳永華. 1997. 被遺忘的日籍台灣植物學者. 晨星出版有限公司.

吳永華. 1999. 台灣植物探險——十九世紀西方人在台灣採集植物的故事. 晨星出版有限公司

吳永華. 2003. 台灣森林探險——日治時期西方人來台採集植物的故事. 晨星出版有限公司

賴明洲. 1981. 早田文藏與台灣的植物. 台灣省立博物館科學年刊24：157～162.

賴明洲. 1989. 追憶野口彰教授台灣蘚類採集記. 亞洲苔蘚地衣學報1：65～66.

賴明洲. 1989. 亞洲苔類權威日本東京國立科學博物館井上浩博士不幸病逝. 亞洲苔蘚地衣學
　　報1：68～69.

八田吉平. 1960. 盟友理學博士早田文藏君追憶. 植物研究雜誌35(1)：12～17.

本田正次. 1934. アノ頃ノ思出（早田先生卜高尾山卜私）. 植物學研究雜誌10(4)：266～268.

木村陽二郎. 1960a. 早田文藏先生訪問記. 植物學雜誌35(1)：21～22.

木村陽二郎. 1960b. 早田文藏博士の分類學說. 植物研究雜誌35(1)：23～29.

正宗嚴敬. 1934. 早田文藏博士の著書及論文. 台灣博物學會會報24：478～485.

正宗嚴敬. 1934. A brief biography of Dr. Bunzo Hayata. 台灣博物學會會報24：3.

佐竹義輔. 1960. 早田先生を思ぶ. 植物研究雜誌35(1)：18～20.

津山尚. 1960. 早田文藏先生のタイ國及び舊領印度支那旅行. 植物研究雜誌35(1)：30～32.

山田幸男. 1934. 故早田文藏先生小傳. 植物學雜誌48：493～503.

山本由松、佐佐木舜一. 1936. 故早田文藏博士の紀念碑除幕式に就いて. 台灣博物學會會報
　　26：149～156.

Merril, E. D. 1934. To the memory of Dr. Bunzo Hayata. 台灣博物學會會報24：389～390.

參。台灣植物區系概述

（Remarks on the Floristics of Taiwan）

參、台灣植物區系概述
（Remarks on the Floristics of Taiwan）

應俊生、徐國士（2002）〈台灣種子植物區系的性質、特點及其與大陸植物區系的關係〉一文，根據台灣植物區系中種子植物各大科、主要植物群落優勢種和中國特有種的地理分布，以及熱帶屬在整個植物區系中的主導地位，得到台灣地區的植物區系主體具有明顯的亞熱帶性質的結論。台灣的本地種子植物特有種十分豐富，約佔全台種子植物種類總數的29%，其比例遠高於中國特有種的比例。因此可以顯示台灣植物區系是一個古老區系在多次地質事件侵襲後又起活化的歷史演變的結果。新老成分並存、共同發展是台灣植物區系的重要特點。通過台灣全部屬和非特有種在鄰近地區地理分布的分析，得到台灣植物區系與中國大陸的關係最為密切，是東亞植物區系的重要組成部分。因此在植物分區上應屬於泛北極植物區的東亞植物區系。下面部分有關台灣種子植物區系（特別是被子植物部份）的性質、特點和區系關係的內容，編著者榮幸得到北京中國科學院植物研究所應俊生教授應允，同意改寫上文後納入本書內容，與讀者一起分享。編著者與應教授認識、相交十多年，受他許多指導與啟發，在此再度致謝。

一、台灣氣候特性對植物分布的影響

台灣地處熱帶和亞熱帶地區的交界地帶，是季風氣候強烈影響的地區之一。除高山地區外，各地年平均溫度在21℃以上，北部的台北為21.6℃，南部的台南為23.2℃，南端的恒春達24.4℃，由對應的溫量指數亦

可看出全台氣候類型由亞熱帶至熱帶的過渡特性。台灣冬季受大陸冷氣團的影響，最低月平均溫度台北1月為15.2℃，台南為17.0℃，恒春為20.3℃，全島有4分之3的地區在16℃以上。由於海拔增高氣溫逐漸降低，高山地區如玉山有5個月（11月至4月）在0℃以下，極端最低溫為-12.1℃。台灣夏季6～8月因受熱帶氣團控制，全台氣溫達最高期。7月氣溫台北為28.2℃，台南為27.8℃，高雄為28℃，恒春為27.5℃，花蓮為27.2℃。

由於季風和地形因素的相互作用，台灣雨量充沛，但地區差異十分明顯。一般年降雨量都在1,500公釐以上，如基隆2,910.7公釐、台中1,750公釐、屏東2,443公釐、台東1,840公釐。但高山區降雨量明顯增多，如阿里山4,246公釐、能高山4,679公釐，最大可達8,093公釐。總而言之，台灣氣候條件是熱量豐富，雨量豐沛，乾濕季明顯，為台灣擁有一個極其豐富的島嶼和山區植物區系，提供了極佳條件。

從圖9可以看出，熱帶多雨氣候區、季風降雨氣候區和雨綠林氣候區的最冷月平均溫度在18℃以上，年降水量在1,840～2,443公釐，10℃積溫達8,000～9,000℃，其中熱帶多雨氣候區為典型熱帶氣候，發育的植被為熱帶雨林—季雨林，大致在台東、台南旗山和台南一線以南的廣大地區。最冷月平均溫度低於18℃，而高於-3℃，年降雨量1,750～2,108公釐，10℃積溫7,500℃以上，為亞熱帶氣候，發育的植被為常綠闊葉林，是台灣地區最具代表性、分布面積最大的植被類型。但在山地海拔較高地區，最冷月平均溫

度在～3℃以下，最熱月平均溫度在10℃以上，年平均溫度11～17℃，全年都有降雨，分布比較均勻，為暖濕帶或溫帶氣候。發育的植被為溫帶針葉林，針闊葉混交林、常綠落葉闊葉混交林和落葉闊葉林。在海拔3,000公尺以上為亞寒帶常濕氣候區，發育的植被為台灣雲杉、冷杉林（黃威廉，1993；Su, 1984）。

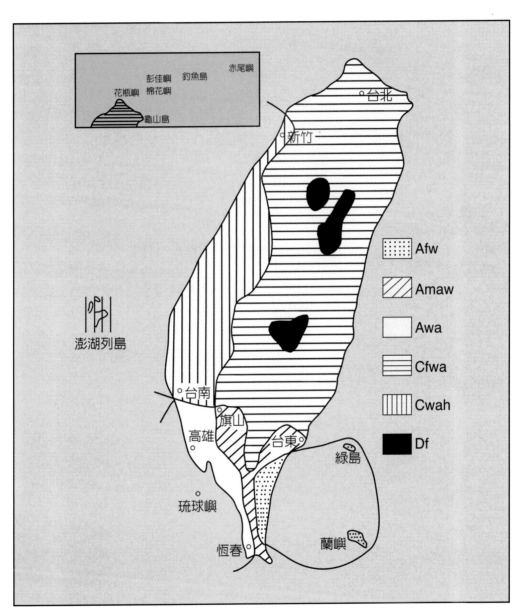

Afw 熱帶多雨氣候：Amwa 季風降雨氣候：Awa 雨綠林氣候
Cfwa 溫帶常濕氣候：Cwah 溫帶夏雨氣候：Df 亞寒帶常濕氣後

圖9. 台灣氣候分區圖（按柯本氣候分類）

（引自Hosokawa,1958;黃威廉，1993）

二、台灣的地質形成歷史與植物分布的關聯（參見第壹章）

晚第三紀，由於青藏高原以及廣闊的西北地區隆起上升，印度洋的海風不能長驅直入，東部的季風亦不能到達，故在西北地區轉向更為乾旱的氣候，中國東部的東海、黃海和日本海及南海開始出現，台灣和海南島上升成島嶼。直到晚上新世，中國西都的很多山脈進一步抬升，喜馬拉雅和唐古拉山系抬升至3,000公尺以上。

到第四紀，中國地區的地形幾乎與現在一致或稍有不同。在冰期時，中國北部出現了渤海灣，南部的海南島又一次與大陸相連，後來由於地槽沉降而形成海峽，中國東部的大興安嶺和小興安嶺已升起，北都的太行山和內蒙古高原及黃土高原已形成。此時，喜馬拉雅和西藏高原迅速抬升。到早更新世，西藏高原上升至3,000公尺，晚更新世已達到4,000公尺，全新世上升至4,500～5,500公尺。與此同時，中國北都的山東進一步抬升，內蒙古、山西、陝西和甘肅的部分地區成為高原。日本南部的島嶼和亞洲大陸彼此相連，台灣和海南與主要大陸相連。

在晚白堊紀時，中國主要位於熱帶和亞熱帶地區，大約在5°～40°N的位置，中國最北部亦是暖溫帶氣候。到晚第三紀時，年平均溫度下降了7～10℃左右，中國西南部一系列山系升起更高，如喜馬拉雅山（此時至少有2,500～3,000公尺高）、崑崙山和橫斷山等，阻擋了來自印度洋的季風，使青海地區的氣候變得更乾更涼，而中國東部暖且潮濕。在中部從西至東有祁連山和秦嶺橫貫，阻隔了來自西伯利亞的冷氣流，致使中國南部暖而潮濕。根據近年對中國更新世地質的研究結果，除秦嶺太白山外，中國大陸東部山區沒有可靠的冰河證據。中國東北部的氣候變得更冷且更乾，屬溫帶氣候，南部和西南部及沿海地區的年平均溫度和降雨量較高，均屬熱帶氣候。進入第四紀時，溫度明顯下降（陶君容，1992）。

台灣位於歐亞大陸東南緣的海洋中，約坐落於北緯21°45′～25°56′，東經119°18′～124°34′。台灣除本島外尚有澎湖群島、新南群島、蘭嶼和綠島等81個大小不等的附屬島嶼，其中大多數都是1平方公里以下的小島。台灣本島外形呈紡錘形，南北長約385公里，東西最大寬度為143公里。總面積35,989.76平方公里。中央山脈把全島分為東西兩部，西斜面的寬度是東斜面的一倍，所以自中央山脈東下的河流都很徒急。中央山脈約有25個以上海拔在3,000公尺以上的主峰，最高峰玉山可達海拔3,997公尺。在海拔3,000公尺以上的高地均受到過第四紀冰河的作用（王鑫，1987；楊建夫等，2001）。

從板塊構造上看來，台灣位於歐亞板塊和菲律賓板塊的聚合和擠壓的界線上，目前這兩塊板塊的聚合仍以每年7公分的速度由東南向西北方向移進。因此，台灣主要在這兩塊板塊的聚合和碰撞的作用下，經由中生代晚期的南澳造山運動和新生代至今的蓬萊造山運動而造就了台灣今天的風貌，尤其是新生代更新世（Pleistocene，為繼第三紀之後的冰河期Ice Age和冰河後期，大約由二百萬年前持續至一萬年前的一段地質年代）的蓬萊造山運動導致台灣全島陸地廣泛的上升並持續至今。

在地質史上，台灣地區屬於震旦紀華南地台的一部份。經過多次的地質運動，本區因受影響而逐漸隆起。至早第三紀的末期喜馬拉雅造山運動本區才整個褶皺隆起成為陸地，福建海岸和台灣海峽也上升，此時大陸和台灣是相連的。到了晚第三紀的中新世末期（約一千萬年前），台灣海峽發生斷陷，海水侵入，本區開始與大陸分離，形成島嶼。此後經過多次的海侵海退，本區與大陸

多次相連、分離（在第四紀早更新世的鄱陽冰期，中更新世的大姑冰期，晚更新世的廬山冰期，以及晚更新世後期的大理冰期，台灣海峽由於海退而上升，台灣與大陸連成一片，而在這四次冰期之間的間冰期，由於海進台灣與大陸又分離）。台灣海峽最後一次海進發生在第四紀最後一次冰期結束後（全新世中期以後），距今約一萬一千年，海面又回升，台灣與大陸才最後分離至今。台灣與大陸分離又相連，使得兩岸植物的遷移與分布能在相連時不斷進行，相互間的關係與聯繫密切。由於島嶼孤立的環境及地形和氣候條件的多樣化，島上原有植物種類不斷演化和發展，形成了大量的新種與變種，這些新種與變種又成為本區的特有種。因此，本區不僅擁有大量的古老成分和孑遺植物，而且還擁有豐富的特有種類。但因本區在地質歷史上真正孤立的時間不長，植物區系的特有屬並不多見（方碧眞、卓大正，1995）。

三、台灣的古植被變遷

台灣具有極其豐富的島嶼和山區植物區系，是研究整個東亞植物區系的起源與形成，演化與分化的重要地區（Li, H. L., 1948, 1957；Thorne, 1999）。

（一）華夏植物區系理論

欲對台灣植物區系的發源、形成與發展分化（包括現生植被的晚近形成和冰期－間冰期的變遷）全盤掌握瞭解，唯有從探究整個東亞及中國大陸盤古迄今的植被生成背景和聯繫過程著手。中國新生代植物編寫組（1978）的《中國新生代植物》，宋之琛、李浩敏等（1983）的《我國中新世植物區系》，李星學主編（1995）的《中國地質時期植物群》，陶君容（1992）有關中國第三紀植被的論述和《中國晚白堊世至新生代植物區

系發展演變》（2000），劉裕生、鄭亞惠（1995）的《晚第三紀植物群》，以及李文漪（1998）的《中國第四紀植被與環境》等可以說是這方面的經典之作。另外，逐漸形成理論體系的張宏達教授的「華夏植物區系」理論和與此一脈相連的中生代「華夏古陸」的植物區系，主張其起源應當追溯至古生代的二疊紀或晚石炭紀（張宏達，1994, 1995, 1998, 1999；謝永泉，1993；廖文波等，1995, 1995），尤其是上世紀末及本世紀初在中國大陸陸續新發現的最原始被子植物古果屬和古果科，已經改寫了被子植物白堊紀起源說。

被子植物的起源（地點及時間）和早期演化，一直是國際植物和古植物學界長期爭論的重大科學問題之一。張宏達教授創新研究地球及各大陸有花植物的起源、發展分化及相互聯繫，自六〇年代開始發展「華夏植物區系」理論。該理論根據中國為主體的古華夏植物區的種子植物的發展，尤其是以它的有花植物區系的發展為根據，來論證中生代華夏植物區系裡的有花植物是當地起源的，而不是傳統上所說的從泛北極區或古熱帶區傳播來的。並否定了有花植物第三紀或晚白堊紀起源的說法，論證地球有花植物起源不是傳統上說的晚白堊紀。他首倡地球有花植物三疊——侏羅紀起源說，起源地點及時間是在聯合古陸分裂之前的三疊紀已經存在。進而論證華夏有花植物區系是在二疊－三疊紀，從大羽羊齒類（Cleal, 1999；王祺、高天剛（譯），2003）演化出來的（Chang 1993; 張宏達，1995, 1999）。張宏達教授十多年來對編著者多次提起，並強調他的觀點。

他也致力於由植物系統學來論證他的假說，從種子蕨開始，把種子蕨類劃分為狹義的種子蕨肉籽類及松柏類三大發展方向，從狹義種子蕨分化出前有花植物——大羽羊齒

類，再發展出原始有花植物及現存的次生有花植物，這一系統由於在美國大羽羊齒找到常見於有花植物體中的齊墩果烷，而獲得初步的證實。近年來，他的研究團隊也展開了有花植物分子系統進化的研究。

經過數十年的爭論，最近驚動全世界的有關原始被子植物化石新類群——古果科的發現，肯定有花植物在侏羅紀或三疊紀就已經出現。目前最受國際植物學界重視的「中華古果」的發現和原始的被子植物化石新類群——古果科的建立，終於證實了張宏達教授古華夏植物區系的論斷和地球有花植物三疊——侏羅紀起源說是正確的。

2002年5月3日出版的美國《科學》（Science）雜誌報導「古果科：一個新的基礎被子植物類群」，由吉林大學教授孫革和中國地質科學院地質研究所研究員季強博士領導的研究小組，在遼寧西部地區再次發現了迄今世界上最古老的被子植物化石中華古果，並建立了一個原始被子植物的新科——古果科（Archaefructaceae）。這是近年來全球被子植物起源和早期演化研究的重大突破，也是自1998年以來，該雜誌上發表的第2篇有關被子植物起源研究的重要文章。1998年11月27日，美國《科學》雜誌以封面文章發表了孫革等撰寫的「追索最早的花——中國東北侏羅紀被子植物：古果」。地球上最古老的有花植物被發現於中國，也最終證實了張宏達教授之前的論斷。

這一「迄今最早的花」的時代是距今1.45億年的侏羅紀晚期，較之以往認為的全球被子植物起源時間（白堊紀早期）至少早一千五百萬年以上。在起源地方面，以往歐美學者多流行「熱帶起源說」，而「遼寧古果」的發現卻表明，包括中國東北、蒙古和俄羅斯外貝加爾及南濱海等在內的東亞地區，可能是全球最早的被子植物的起源中心或起源中心之一。在有關被子植物起源的祖先類群方面，古植物學界以往多流行「真花說」或「假花說」，而「遼寧古果」的發現卻表明，被子植物的祖先類群可能是現已滅絕的種子蕨類植物。這在全球被子植物起源研究方面是一個新的、重要突破。「遼寧古果」的發現，為破解達爾文的「討厭之謎」邁出重要的一步，並為最終揭開這個謎團提供了重要根據。一百多年前，英國生物學家達爾文曾對被子植物突然在白堊紀中晚期大量出現、但卻找不到它們的祖先類群和早期演化的線索而感到困惑不解，稱之為「討厭之謎」。

發現「遼寧古果」的過程可以追溯到1990年。孫革等在黑龍江雞西地區首次發現了距今約1.3億年（早白堊世）重要早期被子植物化石和原位元花粉。他們從雞西採集的80多塊早期被子化石的分析中得出結論：東北地區還會有更早的被子植物化石。以孫革教授為首的課題組因此決定向遼西挺進，尤其特別關注遼西的北票地區。該區接近蒙古，在晚侏羅世（距今約1.45億年）時期氣候乾燥、火山頻繁爆發，可能易為生新的物種。他們在那裏踏勘採樣，從1990年到1996年，在遼西先後採集了600多塊植物化石，從中發現了一些「似被子植物」化石，後來就形成「遼寧古果」的根據。

在1996年到1998年這兩年時間裏，孫革等對這一新發現進行了更加詳盡研究和考證。1997年初春，他們再到遼西發現化石的遼寧北票黃半吉溝，先後採集到8塊「遼寧古果」化石，進一步提供了分類根據。這期間，得到了美國科學院院士、佛羅里達大學教授迪切（Dilcher）的許多幫助。

1998年，孫革等首次以在遼西中生代熱河生物群中發現的包藏種子果實和生殖枝條的化石取名遼寧古果（*Archaefructus liaoningensis* Sun, Dilcher, Zheng et Zhou, sp. nov.），是目前出土化石中最直接、古老的

被子植物的證據。化石上有一株形似蕨類的、呈叉裝的枝條，其似葉子的部分顯凸起狀，顯然不同於常見的蕨類植物。在主枝和側枝呈螺旋狀排列著40多枚類似豆莢的果實，每枚果實內有2至4粒種子，可以清晰地看到種子被包藏在果實之中。後又發現了其成對著生的雄蕊和原位花粉，使「古果屬」生殖生物學研究取得很大進展。但當時由於受化石材料所限，對於「古果屬」的整體形態與結構的瞭解仍十分有限。

1999年年底，中國地質科學院季強博士在遼寧淩源市宋杖子鄉大王杖子剖面義縣組下部地層中，發現了一塊保存有莖、枝、葉、雄性和雌性生殖器官近乎完整的植株化石，且石面尚有一條魚狀似在吃水草。2000年7月20日孫革教授接獲季強研究員的電話，提到他在遼西淩源新發現的奇特的植物化石標本，孫革教授立即派他的助手趕赴北京，並於第二天下午乘飛機將兩塊標本帶回南京。孫革教授發現這兩塊標本的幾個枝條上都生著密集的果實（心皮）、雄蕊和葉子；除未見根部外，其餘部分保存相當完整。這一化石在特徵上與「遼寧古果」十分相似，只是果實（心皮）細長而又密集，每枚所含的種子（胚珠）達8～10粒之多；此外，葉子的保存也是相當完整。因此孫革認定這兩塊化石沒有超出「古果屬」，但相信它是一個新種，而且從葉部推測它是草本的水生植物。按植物學傳統理論，被子植物是從類似於現生木蘭植物的一類灌木演化而來的，然而，「中華古果」卻是一种小的、細嫩的水生植物，更像是草本植物。這种被子植物雖具有花的繁殖器官，卻沒有色彩奪目的花瓣。

季強博士後與孫革教授和迪切院士合作研究，將其歸於」古果屬」的一個新種——中華古果（*Archaeofructus sinensis* sp. nov.），並根據「古果屬」建立了一個原始被子植物化石新類群」古果科」（Archaefructaceae），隸屬於古木蘭亞綱（Subclass Archae-magnoliidae），使被子植物起源研究進入新的階段。特別是由於保存有花粉、營養葉、雄蕊等完整植株化石的發現，孫革教授、季強博士與迪切等認為，「古果科」的組成分子應該是水生草本植物，其起源可能與現已絕滅的古老的「種子蕨類」植物有關。這在國際被子植物起源和早期演化研究領域屬重大突破，即水生草本起源說推翻取代了過去的乾熱陸生植物如買麻藤類、木蘭類陸生木本起源說。

在發現了「遼寧古果」和「中華古果」的基礎上，孫革教授帶領研究小組把有關「古果屬」的研究迅速向前推進。在迪切院士的指導和親自參與下，一項以古植物學與分子生物學研究相結合的綜合性研究工作開始展開。著名分子植物學研究專家、美國康乃爾大學尼克森博士也參與了這項合作。他們分別從形態學、分子生物學不同角度來研究「古果屬」的原始特徵，其研究結果卻令人驚奇的吻合一致：無論「遼寧古果」還是「中華古果」，其形態特徵均反映了「古果屬」在整個被子植物「大家族」中的原始性。「古果屬」在被子植物分支序列中一直處在「最原始」類群的位置，比近年來植物學界認為最原始的阿波爾葉（*Amborella*屬灌木，生長於南太平洋New Caledonia島）和睡蓮目還要原始。據此，他們決定新建的「古果科」代表著迄今已知最古老的被子植物類群。這一新的研究進展，對被子植物起源和早期演化研究是十分重要的推動。這項成果的意義在於它進一步揭示了關於被子植物起源時間、地點和其祖先類群等問題，向傳統的「熱帶起源說」等提出了挑戰，進一步驗證「被子植物起源的東亞中心」假說。這也驗證了張宏達教授所提議被子植物的祖先類群可能是現已滅絕的種子蕨類植物的假設，

使被子植物起源研究有了新的突破。而「古果屬」屬於草本水生植物的新發現，是被子植物起源研究的又一重要新進展。同時，「古果屬」研究提出被子植物至少起源於距今約1.45億年的晚侏羅紀時期的結論。

（二）台灣的古植被與古環境

古今植物區系的發展與古氣候、古地理環境密切相關，因而造成植物發展的階段性。就被子植物而言，在晚白堊紀中晚期已形成爲植物區系中的優勢組成，由其起源之後的發展演化大致可以劃分爲四個階段（陶君容，1992）。自初始期（早白堊紀的中晚期，或更早期，被子植物初次出現）；至極盛期出現了主要科屬（晚白堊紀至老第三紀）；再至草本植物繁盛階段，由於在新第三紀時氣候逐漸轉涼，早期的一些木本植物絕滅，草本植物增多或大量擴散，時間約於中新世至上新世；迄至第四紀階段，此時全中國由於山岳冰河隨全球性氣候冷暖變化而進退，影響植物的分布及發展，植物區系的總面貌與現代者接近或略有差別。

被子植物在新生代最爲繁盛，故將新生代稱爲被子植物時代。相對的，裸子植物在晚石炭紀出現後，於中生代和第三紀初期達到頂盛分化和分布後，即開始逐漸退縮，在第四紀冰期時其分布區更呈強烈萎縮，有些甚至絕滅。例如現生分布於台灣、日本（以及北美洲）的扁柏屬（*Chamaecyparis*）在中國大陸的老第三紀始新世上層曾有化石出現。台灣杉屬（*Taiwania*）與世界爺屬（*Sequoiadendron*）、水杉屬（*Metasequoia*）同屬於第三紀古植物區系的現今東亞孑遺分子。由化石的出現來看，台灣杉屬在第三紀曾廣泛分布於歐洲及東亞地區，最早化石出現於日本、俄羅斯西伯利亞及新西伯利亞群島的白堊紀（距今一億多年以前）。

白堊紀時中國植物區系已有雛形，並有

了南、北及乾熱區域的分化。第三紀以來喜馬拉雅、青藏高原隆起，台灣海峽與海南島也與大陸先後分離，改變了大氣環流的形勢和東亞地貌的格局，也促進了高山植物區系的形成和對周圍區系的交流起了阻隔或通道作用，中國植物區系的分區面貌基本形成。第四紀氣候逐漸變涼，此時中國地區雖無明顯的大陸冰河，但有山岳冰河。由於受全球氣候波動（冰期－間冰期）影響，山岳冰河時進時退，影響著植物的分布，但第四紀的植物區系組成大體與現在相近或略有區別。

第四紀以來冰河的進退特別是更新世的末次冰期，中國植物區系中又形成了一些避難所和新的分化中心。台灣晚近的植物區系就是在這樣的背景下形成。相對於冰期之前就在海底盆地沈積的古植物區系的化石植群，第四紀以後可說是台灣晚近現生植物區系的形成孕育分化最重要的階段，尤其是台灣山岳冰河雪線上下移動之際，氣溫降低導致的山體植被帶發生的高低分布變遷。冰河南下之際，北方溫帶性物種往南遷移；當冰河北退，寒冷乾燥的氣候逐漸回暖，雪線或森林界線逐漸往山體高海拔上移，北方寒溫性物種亦隨之上移，造成上下植被帶分布之變遷。鄭卓（1991）綜合亞洲熱帶地區孢粉分析的資料，得到從距今二萬四千年起，垂直植被帶開始有明顯的下降。到末次盛冰期亞洲熱帶高山的雪線和森林界線下降了1,000公尺以上，山地雨林的分布界線也降低了500～1,000公尺不等的結論。

台灣地區關於植物化石與孢粉分析方面的古植物研究（見下節詳述），所重建的台灣植物區系大體輪廓上大致與大陸學者的研究推論吻合而連貫。王鑫（1987）及楊建夫等的多篇論文亦針對台灣古環境，尤其是冰期時代特殊的地形演變作了深入探討。第四紀的多次冰期對植物分布產生極大影響。其時台灣本島丘陵地的植物以松、杉之類爲優

勢樹種。冰期－間冰期的全球氣候波動變化，山岳冰河時進時退，影響植物的上下分布。冰期來臨時，氣溫普遍降低，使得雪線及森林界線下降，許多高山常年積雪，北方寒冷植物興盛。據估計，雪線的下降幅度在東南亞地區可達1,000公尺，溫度的下降可達5℃（Verstappen, 1975, 1980）；台灣高山的雪線高度在末次冰期早期約為3,100公尺，晚期約為3,600公尺，現代則約4,350公尺（楊建夫等，2000, 2001）。雪線在冰期時下降，導致台灣地區的森林界線下降，造成植物帶在山體的上下分布發生變遷。由下述台灣地區植物化石出土採集點和孢粉分析地點所披露的過去植被組成，可以對照該地目前現生的植被組成，並反映當時的台灣古環境和古氣候變遷。

水青岡屬在東亞今日分布於青藏高原以東的溫帶或亞熱帶落葉闊葉林（Liew et al., 1994），其南限可達台灣。目前台灣僅產台灣水青岡原變種（*Fagus hayatae* var. *hayatae*），退縮孑遺分布於北緯24°40」左右的北插天山及三星山一帶，海拔1,350～2,000公尺的山脊上，範圍頗小（劉棠瑞、蘇鴻傑，1972；Hsieh, 1989）。由台灣目前已知的湖泊、三角洲及盆地沉積的花粉化石記錄中，可知台灣東北部水青岡屬是中更新世的冰期的重要建群樹種，且種類不只一種，且當時它的分布極可能達到北迴歸線附近的台灣中部。由於本屬植物對雨量及溫度相當敏感，且產於多霧地帶，其大量出現標示著濕度相對增大。冷期水青岡屬出現優勢，櫟類及赤楊類則普遍存在於暖期和冷期。因此探討其在更新世時的時空分布將有助於了解更新世的古氣候，既台灣中更新世的冰期比晚更新世者更冷。

台灣的水青岡與大陸西北所產者（*F. hayatae* var. *pashanica*）和華東的浙江水青岡（var *zhejiangensis*）極為接近，也可以被推定是台灣於過去仍與大陸相連時向東南傳布繁衍者。其斷續分布類型和台灣杉極為相似。Li,Y.L.（1974）謂台灣西半部於白堊紀至中新世時仍與亞洲大陸相連。而最早的水青岡化石記錄約於老第三紀的漸新世（Tanai 1974）。

Li, L. C.（1989）研究台灣北部三峽地區上新世早期之古環境，即河流方向及板岩之沈積，而認為中央山脈在五百萬年前，即上新世早期前已經隆起。Teng & Wang（1981）及Teng & Lo（1985）以台東海岸山脈的岩相推測，台灣中央山脈應在更新世晚期約三百萬年前已存在。因此台灣在很早時期就有地形高低起伏之變化，即平地與山地的存在。

（三）孢粉分析

由漸新世至現代全新世的沈積岩層孢粉分析，被用來重建台灣過去的氣候與植被變化（表2）。Tsukada（1967）在埔里及日月潭地區進行的更新世六萬年來迄今的植群分析和氣候變遷關聯性的探討（另見Tsukada, 1966）。根據花粉研究的結果（Liew, 1977, 1979；1982a,b,c；1984；1985a,b；1991；1994；劉平妹，1982），揭示在二百萬年以來的地質時代裏，台灣存在著更迭的植物社會，更歷經許多次植物社會的演變分化。沈積岩裏花粉化石的紀錄，指示杉科、殼斗科以及松科植物是兩百萬年以來三種交替盛衰、消長的植物社會。七萬年前曾有杉科植物全盛的植物社會。五萬年至六萬年前，松屬植物極盛（大理冰期最盛之時）。五萬年前至一萬兩千年前，主要的植被為殼斗科的麻櫟屬。距今一萬年以來，冷溫性樹種迅速被暖溫性及亞熱帶樹種所取代；到了今日的台灣，現生植被則觸目盡是優勢殼斗科植物的天下（引自王鑫，1987）。

植物群落的演替可以反映環境因子的改

表2. 台灣西部丘陵地帶更新世植群演變概況

地 質 時 代	年 代	植 物 社 會	氣 溫
更新世早期	200萬年前	杉科—殼斗科共榮帶	冷 溫
	200萬年前-120萬年前	松科帶	寒 冷
	120萬年前-90萬年前	杉科帶	冷 溫
	90萬年前-68萬年前	杉科消退帶	冷 溫
中 期	68萬年前-60萬年前	松科帶	寒冷（鄱陽冰期）
	60萬年前-現今	殼斗科（苦櫧）帶	○ ○
晚 期	晚更新世植群變化，見文		

註：由松科植物的消長，可看出氣候變化情形

（引自劉平妹，1982）

變。沈積岩層中，花粉化石的演變皆指示台灣本島的氣候在二百萬年以來呈現寒暖交替的氣候現象。在二百萬年前，也就是第三紀更新世早期，裸子植物佔有相當重要的比率，尤其是杉科植群，曾經繁榮一時，它的盛期一直延長到更新世中期（九十萬年前）。大約從九十萬年前起，杉科植群開始衰退（即在地質史上的鄱陽冰期以後）。杉科植群向北隱退的結果，在台灣的杉科花粉化石大見式微。更新世中期以後，杉科植群的衰退，則伴隨著殼斗科植群後起的興盛。杉科與殼斗科的交替演變過程中，穿插著松科植群的興盛。後者代表冷期的來臨。因此，沈積岩裏松科植群的花粉化石可以指示冰期的盛衰。在更新世的中期以及晚期，也曾受到數度冰期寒冷期的影響。溫帶樹種，如椴樹、山胡桃等，是在最近的地質年代中方才退隱。劉平妹（1982）分析南投縣魚池盆地的花粉，發現台灣在更新世晚期曾存在過乾燥氣候的時段，當時是以草原為主的開闊型植物社會組合。其分析顯示該時期乾濕分明的氣候狀況。由此可知，台灣第三紀的古植被反應熱帶與溫帶型混和的植群，而且自漸新世至現代仍然存在著相似的植被。在中新世與更新世絕滅的銀杏和水杉等，歸究其因可能是整體氣候改變及地形隆起後因高低溫

差距增大所產生的氣候適應性問題。而台灣地區沈積岩層的孢粉分析與日本之同時期者類似，並與中國大陸華中、華南的植被關係密切（Momohara, 1989；Momohara et al., 1990）。

（四）植物化石

由地質形成上來看，今日台灣島主要是於5,000萬年前的海底盆地開始堆積形成。台灣島上的岩石除了一些變質岩和火成岩外，其他都是5,000萬年前堆積的沈積岩。造山運動將又厚又硬的歐亞大陸板塊及推積在上面的沈積岩（即海底盆地裡面沈睡的沈積物），推擠出高聳的山脈。這些沈積岩追根究底可溯自早期亞洲大陸上的河流夾帶著泥沙流入大海，在大陸棚上逐漸堆積形成。

除了日人早期報導的零星植物化石報告外，台灣光復後首推美國加州大學Chaney (1967) 於台灣東北部台北縣石碇鄉煤礦中採到中新世中期石底層的20屬植物化石，這些屬的植物目前均可在台灣現生的植被中找到，代表著以常綠闊葉林為主的植群，起源自低緯地區，並為舊熱帶第三紀古植群的組成分子。石底層植群中的12屬，除槭樹屬（Acer）為唯一溫帶性屬外，均可在大陸華

中和日本的中新世找到，而以八角楓屬（*Alangium*）、柿樹屬（*Diospyros*）及楨楠屬（*Machilus*）的化石在台灣和日本的地層最為常見，且甚至都往北分布到今日的日本本州。

次年Chaney & Chuang (1968)再調查石碇鄉煤田中新世石底層（中部含煤層）中所採得之植物化石種類，發現可以代表常綠之殼斗科橡樹類（oaks）與樟科桂樹類（laurels）為主之一種森林（即樟殼林帶），與目前生長在台灣500至2,000公尺高地之植群極為相似。由於含植物化石層夾在含海棲動物化石之岩層之間，可見當中新世中期，石底植物群應分布於海面或接近海面高度之海拔地帶。但今日台灣的低地悉為熱帶、亞熱帶森林所占據。顯然於中新世以後使橡桂森林向較高地帶移動係氣候變遷之原因。在蒐集之化石中，已經鑑定者有蕨類植物、一種松柏科，及十二個科屬之被子植物。除一枚槭樹之葉可視為例外外，其餘植物化石均代表著與其接近之種屬曾在論緯度或高度已屬無霜之地區發現的一群植物。其中數種已在日本中部之中新世地層有過記載，但多數則為新種。

該植物區系組成是以樟科、殼斗科的常綠類型為主，其中全緣葉達69%（李星學（主編），1995）。該組合中的*Bambusa*（刺竹屬）主要分布於亞洲、非洲和大洋洲熱帶、亞熱帶地區，在中國主要分布於南部。*Rhapis*（棕竹屬）分布於東亞，在中國的現生種分布在南部至西南部。核子木屬（*Perrottetia*）主要分布在亞洲及南非的濕暖地區。*Cleyera*（紅淡比屬、山茶科）雖分布於溫帶，中國的現生種6種僅分布在西南至東南部。樟科的數種亦均是分布在亞熱帶地區。石底煤田植物群明顯是亞熱帶常綠闊葉林植被，而化石產地的現代植被為亞熱帶雨林，即在當地的現代植被中仍保留著第三紀

的植物。這種以常綠栲類（*Castanopsis*）、樟科、山茶科、植物組成的常綠闊葉林現分布在中國大陸長江以南的川黔以東至福建、廣東、廣西。這種常綠闊葉林下有槭樹屬（*Acer*）、紅淡比屬、剛竹屬（*Phyllostachys*）、石南屬（*Photinia*）等植物分布。從石底植物群組成分子分析，台灣地區從中新世以來，在氣候上的變化極微。

Canright（1972）報導於台北縣石碇鄉煤礦中採到中新世中期石底層的水杉枝條、毬果及花粉化石。

Cheng & Tang (1974) 報導於苗栗縣南莊附近中新世晚期南莊層底部岩層中，發現到推測為原來生長在海邊的棕櫚叢林的根部化石。

賴景陽（1991）分析台灣的哺乳類動物化石，論證台灣的哺乳類和爬蟲類的祖先，可能是在更新世時代由大陸遷移來台，其中大多數是由華南經台灣海峽來到台灣，但也有一些種類是由華北經東海再來到台灣。地質年代動物遷移與陸橋的關聯性，亦可啟發台灣的古植被的起源與形成問題的思考。

李慶堯（2000）研究台灣中新世地層四個植物化石採樣點所採集的植物化石進行種類鑑定，結果顯示當時氣候較之目前者有所變動。屏東縣獅子鄉里龍山層的里龍山植群葉片化石共鑑定出蕨類水龍骨科一未定種；單子葉植物菝葜科一種及一未定種；雙子葉植物6種及15未定種，分別屬於7科15屬；種子化石鑑定出7科7屬及7未定種。其植群顯示當時植物類型以熱帶、亞熱帶地區植物為主，與同時代同植物區系的其他已知植物化石採集點一致，而三種溫帶類型植物可能來自當時較高海拔之森林。新竹縣關西鎮馬福地區晚期中新世凝灰岩層的木材化石包括台灣杉類型木材與二種闊葉樹木材，反映當時季節變化明顯。馬福木化石採集點的沉積環境屬濱海沼澤區，所發現之台灣杉類型木化

參 台灣植物區系概述

石之現生種分布於中央山脈1,800～2,600公尺處，此顯示當時氣溫較現在低。

苗栗縣南庄鄉南庄層的樹頭鑄模為蘇鐵化石林，其高密度之族群指示地層沉積時屬於熱帶至亞熱帶之氣候。桃園縣龜山鄉公館凝灰岩層的三種木化石有紅杉型木，重陽木屬未定種及山茶屬未定種，其相對現生種為熱帶—亞熱帶分布種，化石生長輪特徵顯示明顯的季節性變化；木化石周圍同一層位所採取之孢粉化石種類表現出偏涼的溫帶—亞熱帶氣候型態。（另外可參考莊文星、李慶堯，1997, 1999, 2001；李慶堯等，1998, 2001；Li *et al.*, 1999；李慶堯、莊文星，2001a, b, c, d, 2002a, b；李慶堯、蕭如英，2002）。

四、全中國的植物區系概述

植物區系是在一定區域內所有植物種類的總和。不同植物種類或是某些種群總是在一定環境條件下結合成各種植物群落。植被即指一定地區內植物群落的總體，它們是自然地理環境的一個重要組成部分，也是生態系統中最活躍的因素之一。植物區系和植被都是在過去和現代環境因子的作用和影響下，它們本身發展演化的結果。探討台灣的植物區系問題，必須就全中國的植物區系分化及發展歷史上著手。Axelrod, Al-Shehbaz & Raven（1996）認為中國植物區系的豐富性歸因於境內擁有廣泛的熱帶雨林，且為世界上唯一位居熱、亞熱、溫、寒帶植被連續相接的地區；再之，其地質歷史上又曾是植物殘存和物種演化的中心。以下摘錄自中國科學院（1985）及吳征鎰主編（1980）。

中國植物區系屬於泛北極植物區和古熱帶植物區的印度—馬來西亞植物亞區，它的顯著特點是種類豐富，起源古老和成分複雜。按種的數目，僅次於世界上植物區系最豐富的馬來西亞和巴西，而居世界第三位。

東亞植物區系區之內，尤其是廣大亞洲大陸東側（包括台灣在內）的植物，其成分極為複雜，具有世界、熱帶、溫帶、古地中海以及中國特有等多種成分，並具有明顯的熱帶性質。屬於熱帶分布的科、屬，例如泛熱帶分布的茜草科、樟科、大戟科、苦苣苔科、蘿藦科、五加科、馬鞭草科、大風子科、無患子科等約100個科；熱帶亞洲至熱帶美洲分布的山茶科、省沽油科等；熱帶亞洲至熱帶大洋洲分布的蘇鐵科、豬籠草科等；熱帶亞洲至熱帶非洲分布的鳳仙花科；熱帶亞洲特有的交讓木科、重陽木屬，以及主要產於南半球熱帶的山龍眼科、草海桐科和羅漢松科等，在中國地區都有分布。世界分布的蝶形花科、衛矛科、殼斗科、山茱萸科等；北溫帶分布的槭樹科、小檗科、榛科、茶藨子科、鹿蹄草科、胡桃科等；東亞—北美分布的木蘭科、金縷梅科、忍冬科、臘梅科等；東亞分布的青莢葉科、南天竹科、水青樹科、昆欄樹科、粗榧科等；以及中國特有的銀杏科、鐘萼樹科和杜仲科也都主要分布於亞熱帶或至熱帶地區。但是各類熱帶分布科在中國的數量大都較少，或有少數種延伸到東北、華北溫帶地區，已達它們分布區的北緣。

中國植物區系又具有世界最豐富的溫帶成分，幾乎包括了世界所有含木本的溫帶科屬，並常是這些溫帶科、屬的分布中心或發源地，例如槭樹科、榛科、胡桃科、杜鵑花科、報春花科、虎耳草科、龍膽科、松科、粗榧科等。此外還有一些主要分布於古地中海區的科、屬，例如藜科、蒺藜科、檉柳科、十字花科、唇形科、石竹科等。

中國植物區系之起源較為古老，表現在含有大量古老的或原始的科、屬，並保存者許多殘遺植物，多單型屬和少型屬。如裸子植物中的蘇鐵、銀杏、柳杉、杉、水杉、台

灣杉、銀杉、油杉、金錢松等。被子植物中木蘭科的鵝掌楸、木蘭、含笑，金縷梅科的假蚊母樹（*Distyliopsis*），與此兩科相近的山茶科、樟科、八角茴香科、五味子科、蠟梅科、水青樹科、昆欄樹科，以及中國特有的鐘萼樹科等，都是古老的科屬或第三世紀子遺植物。

含有6種以下的少型屬和單型屬大多數是原始的或古老的子遺屬，有些也可能是新分化的進步類型。全中國2,980屬中含有單型屬和少型屬共約1,135屬，約佔全中國總屬數的38%。全中國特有的190多屬中，單型和少型則約佔95%以上。它們以及其他許多古老的科屬主要分布於中國西南至江南。由此可見，中國植物區系之古老性，而且中國的熱帶、亞熱帶地區，特別是西南區的亞熱帶山區，可能是它們的發源地和分化中心。

華東及華南沿海地區包括下列十個省份：江蘇及安徽南部、浙江及福建全部、江西南部及東南部、湖南東南部、廣西東部、廣東之大部分和台灣及海南兩個島嶼省份。

此一廣大區域的西北以長江爲界，西側爲南嶺山脈，東南臨海。武夷山爲東南沿海地區第一高峰，其主峰黃崗山達海拔2,158公尺。東南丘陵之山嶺均不甚高，高度約在1,000公尺左右，而台灣則有無數海拔3,000公尺以上的高山。

茲依蘇聯學者Takhtajan（1978）世界植物區系系統（圖10）之觀點，討論與台灣植物關係密切的華東及華南地區的五大植物區系省的區系單元區劃如下：

（一）**泛北極域**（holarctic kingdom）：包含以東亞植物區系區（圖11）成分爲主之三個區系省。

1、**華 中 區 系 省**（central Chinese province）：江蘇及安徽之南部。

2、**華東南區系省**（southestern Chinese province）：廣西東側、廣東大部分、湖南及江西南側、福建及浙江全部。

3、**台灣區系省**（Taiwanian province）：台灣南端以外的部分。

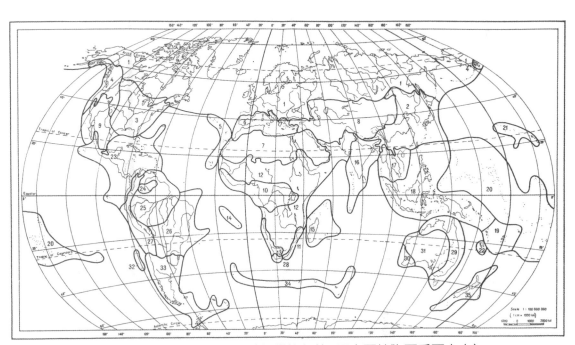

圖10. 世界植物區系劃分（台灣位於第2區東亞植物區系區之內）

（引自 Takhtajan, 1986）

（二）舊熱帶域（paleotropical kingdom）：包含以印度馬來成分為主的兩個區系省。

1、華南區系省（south Chinese province）：雷州半島、海南及南嶺沿海地區。

2、菲律賓區系省（Philippean province）：台灣南端之恆春半島、蘭嶼及綠島。

　　就區系成分言之，上述之全區殆以東亞成分佔優勢，而舊熱帶之印度馬來成分則主要出現於熱帶華南地區，尤以海南島最為明顯。台灣除其南端外，仍位在東亞區系之內。故就整個台灣地區而言，其植物區系實橫跨了泛北極域及舊熱帶域，位居其間之過渡性質頗為明顯。

　　台灣所產的植物大多與中國大陸相同，大部分在台灣可以找到的植物屬亦可見於中國大陸，而在大陸上許多分布極其廣泛的種類，在台灣也常常可見到和其為同種或於型態上稍有變異的變種。這種植物關係之密切性，是因為在過去地質史上，台灣島係與中國大陸相連。後來台灣地形在上新世時，隨著歐亞大陸自阿爾卑斯以至喜馬拉雅之大山脈隆起而逐漸升高。約在同一時候或者隨後不久，台灣海峽形成，而台灣島始與大陸分離。因此吾人若稱台灣是中國大陸植物地理因素之縮影並不為過。

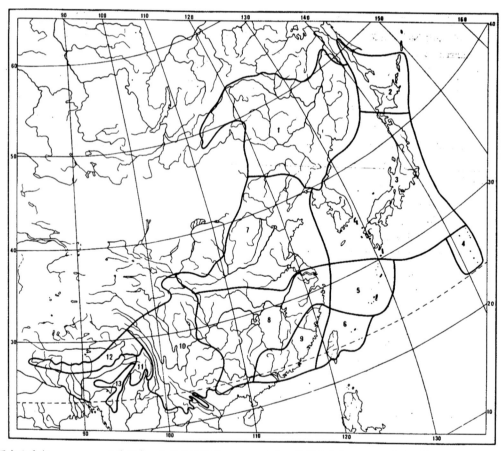

1.中國東北系省　　　　　2.庫頁島—北海到區系省　　3.日本—韓國區系省　　　4.琉球群島—小笠原群島區系省
5.琉球區系省　　　　　　6.台灣區系省　　　　　　　7.華北區系省　　　　　　8.華北區系省
9.華南區系省　　　　　　10.西康及雲南區系省　　　　11.緬北區系省　　　　　　12.喜馬拉雅東區系省
13.Khasi-Manipur 區系

圖11. 東亞植物區系區

（引自 Takhtajan, 1986）

在北半球其他地區，溫帶陸地與熱帶之間均皆有廣洋、沙漠或者高山群峰阻隔。但在東亞之中國大陸及中南半島，溫帶地區與熱帶地區之間極少有地文上的阻礙。是以源自北方的寒帶性植物成分，與源自南方的熱帶性植物成分薈萃混雜於一處，形成植物種類歧異多樣性而豐富的特色。

五、台灣植物區系的成分

最初將台灣植物與鄰近地區作一詳細比較者，首見於A. Henry（1896）《台灣植物目錄》之前言中。該目錄共列出當時發現的台灣產植物種類計被子植物1,279種（包括81種栽培植物及20種歸化植物），蕨類149種，海藻7種，並敘述台灣在地質年代的晚期仍與中國大陸相連而為一個大陸性島嶼，其植被大抵與中國大陸所產者類似而無特異之

處。因此認為台灣平地所產的植物常與印度平原及華南地區極為相似，而山地所產的植物則與喜馬拉雅經華中至日本的廣大地帶關係極為密切。惟南部的植物則不同，而具有菲律賓之成分，另有極少數與澳洲所產者為共同之種類。

早田文藏（1905）比較台灣與中國大陸、日本所產的裸子植物，認為其與日本之植物關係最為密切。其後早田（1908）之《台灣山地植物誌》一書中，曾詳細分析台灣山地植物之區系成分，所得結論仍與前同，另早田（1912b）並作同樣之主張。他共計分析了79科、266屬、392種台灣的山地植物，茲歸納其區系成分分析如表3。

其餘極少數者為北極、南極、歐亞高山及熱帶美洲等成分。若依熱、溫、寒帶成分之區分，則可得如表4之統計。

表 3. 台灣山地植物之區系成分分析表

區　系　成　分	共同種類之數目	百分率（％）
● 華中及華南（包括西藏）	192	49
● 日本	163	42
● 華北（包括西伯利亞東部及黑龍江滿洲、庫頁島等）	81	21
● 喜馬拉雅地區	101	26
● 馬來半島及群島	98	25
● 北美	37	9.5
● 固有種	99	25

（引自早田文藏，1908）

表 4. 台灣山地植物之熱、溫、寒帶成分分析表

區　系　成　分	種數	百分率（％）
溫帶成分	320種	81%
熱帶成分	45種	12%
寒帶成分	27種	7%

（引自早田文藏，1908）

由上面的統計數字，早田文藏得以確認台灣植物與華中、華南及日本之關係最爲密切，其次爲馬來半島及群島，華北，喜馬拉雅地區，再其次則爲北美。雖然華中及華南地區成分之數字較日本地區成分爲高，但僅分布於日本與台灣二地之共同種數卻仍遠較僅分布於華中、華南與台灣之共同種者爲多，故台灣植物與日本較之與華中、華南之關係更爲密切。早田以爲地理上台灣與日本之距離遠較中國大陸爲遠，但植物成分之相關性反爲較高，此可能係兩地在古地質時代爲相連之陸地，而近世內海下陷，同時形成島嶼之結果所致。早田於1910年參加第三屆國際植物學會議中，發表論文「台灣植物之資源調查與分布」分析台灣的植物凡2,417種，其結果顯示台灣的植物最接近華南與日本，其共同之成分同爲34%之比率，華中次之（28%），再其次爲馬來地區（26%），印度平原（25%），最後爲華北（9%），喜馬拉雅（7%），澳洲（5%），固有種成分則佔17%。但此一認爲台灣植物與日本之區系關係比與中國大陸者密切的結論，實有檢討之必要，因其將華中及華南與華北劃分爲兩個區系成分單位，若將中國大陸視爲一體，則此二成分之總和，必比日本爲高。金平亮三（1936）後來亦指此結論爲不確。

與早田之意見相左者，爲美國E. H. Wilson（1920）所提出者，其於「台灣木本植物之植物地理學研究」文中指出台灣係大陸島嶼，約在第三紀時方自大陸分離，因台灣海峽之水深不及100潯（fathoms, 1潯 = 6英呎）可爲明證。故台灣植物當與中國東南部類似。然由木本植物之實際分析結果，則發現木本植物（尤以裸子植物）之成分均顯示台灣植物與華中及西南部（如湖北、四川、貴州及雲南一帶）植物區系之關係最爲密切。

德國A. Engler（1919）於第八版《植物分科總覽》中，將台灣及菲律賓群島兩地列爲同一區。E. D. Merrill（1923）於〈台灣與菲律賓在植物地理學上之分離〉一文中，則提出反對之意見。彼指出產於台灣而不見於菲律賓之科計有敗醬科、樺木科（赤楊後亦發現於呂宋——編著者註，見賴明洲，1991）、昆欄樹科、木通科、續斷科、水晶蘭科、岩梅科、安息香科（後來亦於菲島發現）、苦藍盤科、田蔥科；產於菲律賓而不見於台灣之科有龍腦香科等16科之多。故其主張台灣與菲律賓二地在植物區系上之關係甚爲微弱。E. D. Merrill（1926）於其《菲律賓被子植物誌》第四卷中亦對於台灣植物與菲律賓的關係有所申論，認爲台灣與菲律賓二地植物區系上之關係至爲微弱，雖然其地理位置上極爲接近。他並主張將新華里斯線（Neo-Wallaces' line）自菲律賓西海岸向東北延伸止於台灣與菲律賓間之巴丹群島以北的太平洋中。

正宗嚴敬（1931）曾分析種子植物之屬在日本（包括台灣、琉球）內之分布，並與鄰近地區如中國大陸、韓國、菲律賓等地比較，以探討其植物地理之關係。其中關於台灣部份所作的結論爲1,031屬中，中國大陸成分佔89%，菲律賓成分佔66%，日本本土成分佔64%，琉球成分佔58%，韓國成分佔47%，滿州成分佔36%。正宗（1932b）另以蕨類植物分析台灣與鄰近地區之關係，在78個台灣產的屬中，華中成分佔92%，菲律賓成分次之佔90%，日本成分佔74%，琉球成分則爲72%，故其結論仍爲台灣與中國大陸植物區系關係最爲密切。同年（1932a）再以種子植物屬之分布探討台灣在植物地理學上之位置，其結論仍與前者同，即與中國大陸之關係最爲密切，其次爲菲律賓，而與日本及琉球二地之植物關係較爲微弱。正宗（1939b）曾以分布於台灣之流蘇（*Chionanthus retusus* Lindl. et Paxt.）、楓香

（*Liquidambar formosana* Hance）、穗花杉
（*Amentotaxus formosana* Li）、台灣杉
（*Taiwania cryptomerioides* Hay.）、油杉
（*Keteleeria davidiana* Beissn. var. *formosana*
Hay.）、黃杉（*Pseudotsuga wilsoniana* Hay.）
、鐵杉（*Tsuga chinensis* Pritz. et Diels var.
formosana（Hay.）Li et Keng）、栓皮櫟
（*Quercus variabilis* Bl.）、泡桐（*Paulownia
fortunei* Hemsl.）等中國大陸成分之起源與分
布，討論台灣之植物地理關係，認為台灣的
植物區系約有三分之一為大陸成分。

金平亮三（1936）於《台灣樹木誌》前
面總說中討論台灣樹木的地理分布，並分析
台灣之94科、352屬、839種木本植物之區系
成分如表5。

因此金平認為台灣的植物區系與中國大
陸關係較密切，而與日本的關係則相當微
弱。

佐佐木舜一（1939）分析台灣產3,658
種及79變種的自生植物之區系成分如表6。
其結論亦認為台灣的植物區系與中國大陸關
係較為密切。

表 5. 台灣木本植物區系成分分析表

區 系 成 分	共同種之數目	百分率（%）
固有種	434	51.7
亞洲大陸	259	30.9
菲律賓	125	14.9
馬來亞	74	8.9
澳洲	19	2.3
非洲	5	0.6
琉球	113	13.5
日本	93	11.1
泛熱帶	26	3.1

（引自金平亮三，1936）

表 6. 台灣產植物之區系成分分析表

區 系 成 分	共同種之數目	百分率（%）
固有種	1,605	42.9
日本	870	23.2
華北、滿州	240	6.4
華中	698	18.6
華南	848	22.6
喜馬拉雅	171	4.5
印度	655	17.7
馬來亞、菲律賓	675	18.0
澳洲	119	3.1

（引自佐佐木舜一，1939）

李惠林（1963）的《台灣木本植物誌》一書中共列出106科、411屬、1,030種木本植物，其主張台灣的植物區系與中國大陸關係最爲密切，約有一半種類爲兩地所共同者；平地則有亞洲廣泛分布的種類，低海拔植被與鄰近中國大陸諸省很有關聯，而山區植物則與大陸西部有關，高山植物則特與中國大陸、喜馬拉雅山區關係密切。次於中國大陸成分的，當首推琉球、日本成分，而與菲律賓之關聯性，則除蘭嶼、綠島與恒春半島這一區域外，並不深厚。台灣原生的木本植物僅有1個固有屬，固有種類則約爲總數之三分之一。他所分析台灣產木本植物的區系成分，依其與台灣植物之關連性而區分爲11大類如下（表7）：

表 7. 台灣木本植物區系成分分析表

區 系 成 分	百分率 （%）	分布起源
泛熱帶成分 （pantropical elements）	1.5	來自新舊大陸之雜草或海流傳來之海濱植物。
舊熱帶成分 （paleotropical elements）	6	自非洲經熱帶亞洲，熱帶澳洲或太平洋諸島海流傳來之海濱或紅樹林植物等，多半在恒春半島或蘭嶼及綠島。
熱帶亞洲成分 （tropical Asiatic elements）	10	來自東南亞、馬來、澳洲北部，生長於平原及低地次生林中，到達之時期相當晚近。
南太平洋成分 （southern Pacific elements）	0.3	由南太平洋諸島及澳洲傳至東南部者，爲數不多。
菲律賓成分 （Philippine elements）	5	菲律賓與台灣之共同固有種。
東亞成分 （eastern Asiatic elements）	18	在東亞（包括中國大陸、韓國、日本及其鄰近地區）分布廣泛的種類。
日本成分 （Japanese elements）	2.5	日本（有時亦包括琉球在內）與台灣之共同固有種。
琉球成分 （Ryukyu elements）	2.2	琉球與台灣之共同固有種。
華南與華東成分 （southern & eastern Chinese elements）	18	來自包括海南島及中南半島北部以及最接近台灣的華南華東地區，皆爲亞熱帶性及溫帶性植物。生長於中、低海拔。
華中與華西成分 （central & western Chinese elements）	1.5	台灣與華中華西共同的斷續分布種類，極爲稀少，僅生長於高山地區。
固有種成分 （endemic elements）	35	多爲溫帶及熱帶性種類。

（引自Li,1963）

柳楷（1966）曾分析台灣產24種及2變種松柏類植物與鄰近地區之植物地理關係，據其統計台灣與大陸具有13種共同種爲全部之50%，與日本及菲律賓皆僅有2種，爲全部之7.7%；而與中國大陸13種共同種中有12種爲共同特有種。就屬而言，台灣產15屬中，與中國大陸共同者有14屬之多，佔93.3%，而其中共同特有者爲5屬；與日本僅有一共同特有屬。故從松柏類而言，無疑其植物地理關係與中國大陸最爲密切。

根據謝長富（2002）分析台灣與鄰近地區植物區系間隔結果（表8）可知，台灣、大陸與日本間三地植物區系的間隔最小，而與菲律賓之間的區系間隔最明顯，這個結果說明了台灣與日本的植物區系來源與大陸親緣關係的密切性，而菲律賓則屬於另一個獨立的植物區系。儘管如此，若就共通種的比例而言（表9），台灣與大陸的華東、華南共通種比例達52%最高，其他與日本（30.6%）、琉球（30.4%）、菲律賓（29.7%）三個地區共通種比例則相差不大，這顯示出廣泛分布型植物在這些地區的交流頻繁。

表 8. 台灣與鄰近地區的區系間隔

分布地區	種數		比例（%）
	無分布種	共通種	
台灣、中國共通種，但日本無分布	967	2,069	46.7
台灣、中國共通種，但菲律賓無分布	1,423	2,069	68.8
台灣、日本共通種，但中國無分布	311	1,677	18.5
台灣、日本共通種，但菲律賓無分布	1,029	1,677	61.4
台灣、菲律賓共通種，但日本無分布	565	1,182	47.8
台灣、菲律賓共通種，但中國無分布	307	1,182	26.0

（引自謝長富，2002）

表 9. 台灣與鄰近地區共同種的數目與比例

地區	種數	比例（%）
台灣、華南、華東共通種	2,069	52.0
台灣、琉球、日本共通種	1,677	42.1
台灣、日本共通種	1,217	30.6
台灣、琉球共通種	1,210	30.4
台灣、菲律賓共通種	1,182	29.7

（引自謝長富，2002）

六、台灣植物區系的特色

　　台灣除因居於優越的地理位置，使熱帶性植物與溫帶性植物成分能夠任意交會混雜外，島上的地形地勢使之更具備水平分布及垂直分布上的特色。往昔，亞洲及喜馬拉雅之植物成分有兩條南移路線，其一為經由馬來半島南徙，另一即為經由台灣作為踏腳石而移入南方者。而現今比冰河期溫暖的氣候，促成一些分布廣泛之熱帶或亞熱帶海岸植物及低地之次生叢林植物自華南及菲島向北移至台灣南部，且更有沿著海岸而延長到達本省北部，或藉日本海流的溫暖而再次北延至琉球或日本南部。所以位居太平洋島弧之間的台灣島，便成為植物由北向南或自南向北遷徙之橋樑。再加上自近期的地質時代以來，不曾經歷氣候或地層的遽變，更提供了有利於植物種類衍生演化及孑遺古植物苟活延續的絕佳環境。

　　目前在台灣低地及南部地區所見到的植物群相與菲律賓、華南及馬來亞的南方熱帶性成分相同，其中之馬來亞成分是在台灣與亞洲大陸仍相連接時，經由中南半島及華南而分布到台灣的。而台灣中海拔山地的植物則泰半是與中國大陸、日本等北方性溫帶成分相同。較高海拔山區的植物則為與大陸西部、喜馬拉雅等相關之寒帶高山性成分相同。

　　由以上來看，台灣植物區系的特色，就是植物種類在台灣與本國大陸陸塊分離後，迅速分化隔離而繁衍成龐大的數目，其中被子植物約有29%為特產種類（即固有種或特有種）。而北半球現存最原始的一些植物種屬在本島也可以找到，例如紅檜、扁柏、鐵杉、冷杉、台灣杉、華山松、德氏油杉、觀音座蓮蕨、八角蓮、烏心石、三白草、楓香、昆欄樹、泡桐、溲疏、馬醉木及老鼠刺等。這些珍貴的孑遺植物，有遠自中生代白堊紀時即已發生，距今已逾億年之久。

　　根據最新的研究統計，台灣迄今為止，除藻類和菌類的調查報告較不完全外，其他如地衣類、苔蘚類、蕨類及裸、被子植物等殆已可知其梗概。蕨類與種子植物兩類維管束之植物總數，約達四千三百餘種之多（見表10）。

表 10. 台灣原生植物統計表

分類群		科	屬	種及種以下分類群
地衣類		37	144	580
苔蘚類		108	382	1,403
蕨類		33	114	672
裸子植物		8	17	28
被子植物	單子葉	36	336	1,109
	雙子葉	145	849	2,522
	共計（單子葉＋雙子葉）	181	1,185	3,631

（本書統計）

七、台灣與鄰近地區的植物區系關係

自西元1854英人Robert Fortune來台打開這個植物寶藏的大門之後，陸續有愈來愈多有關台灣植物資源的調查與研究，其中以台灣植物區系、親緣關係、地理成分為研究主題的有Henry（1896）、Christ（1910）、早田文藏（1908）、Wilson（1922）、Engler（1923）、Merrill（1923, 1926）、工藤祐舜（1931）、佐佐木舜一（1930）、Masamune（1932 a, b）、Kanehira（1933, 1935）、王仁禮（1947）、Li & Keng（1950）、曾昭璇（1954）、耿煊（1956）、Li（1953, 1957）、Liu（1962）、Wang（1963, 1970）、柳榗（1966）、柳榗與楊遠波（1974）、賴明洲（1978）、劉棠瑞與照屋全治（1980）、Chang（1986）、Lai（1989）、黃威廉（1993）、曾文彬（1993a,b）、張宏達（1994）、Shen（1994）、方碧真和卓大正（1995）、張榮祖（1997）、張嬌挺與胡慧娟（1998）、路安民（2001）、謝長富（2002）、應俊生和徐國士（2002）等。其中以科、屬、種統計的方式來探究台灣植物地理親緣之關係、區系成分者最多；部分學者輔以孢粉分析、地質年代考證來探究台灣植物區系起源問題；近年來亦有學者欲藉植物的葉綠體DNA分子序列比對方式來重建族群間的親緣關係，然而此法仍有賴客觀且完整的資料來加以正確比對；科學推論的過程是不斷演進的，當線索愈多，重塑植物的演化也就愈接近真理。

由上述歷來植物地理學者研究台灣與鄰近各地區植物區系親緣關係之結果，可綜合為三派學說，即：

（一）認為台灣植物與日本之關係最為密切者，如Hayata（早田文藏）（1908,1912）、Wang（1963, 1970）；

（二）認為與菲律賓之關係最為密切者， 如Christ（1910），與Engler（1923）；

（三）認為與中國大陸植物之關係最為密切者， 如Henry（1896）、Wilson（1922）、正宗嚴敬Masamune（1932 a, b; 1939 a）、金平亮三Kanehira（1933, 1935）、佐佐木舜一（1930）、王仁禮（1947）、張宏達（1994）、方碧真和卓大正（1995）、路安民（2001）、謝長富（2002），及應俊生、徐國士（2002）等。

其中以主張第三說者為最多，而且由目前所有研究分析結果顯示，此一觀點亦較為正確。

關於恒春半島及蘭嶼與綠島在植物地理學上之地位，過去亦有種種分歧意見被提出。恒春半島與台灣本島雖無地形上的阻隔，但二者在植物分布上則有顯著之差異。東南端的二離島蘭嶼與綠島雖亦鄰接台灣，但其植被則與台灣本島者根本不相同。前已述E. D. Merrill（1926）謂台灣與菲律賓二地植物區系上關係至微弱，而主張將新華里斯線（Neo-Wallace's line）自菲律賓西海岸向東北延伸，止於台灣與菲律賓間之巴丹群島以北的太平洋中。鹿野忠雄（1931, 1932）由研究蘭嶼之鳥類及昆蟲之生態與分析之後，發現該島與菲律賓由動物地理學上之關係視之，似較與台灣本島者為關係密切，故主張將新華里斯線重新自菲律賓西海岸引伸至台灣島與蘭嶼、綠島兩島之間（稱鹿野線）顯示此兩小島在生物地理上與台灣之關係，反不若其與菲律賓來得密切。

佐佐木舜一（1932）分析蘭嶼所產蕨類與種子植物130科、674種，得知蘭嶼所產植物71.4%為台灣本島成分，中南半島成分51%為次之，華中、華南47.5%、菲律賓為47.2%、琉球佔46.4%、綠島43.2%。此一結果仍顯示，蘭嶼植物與台灣島之關係最為密切。

金平亮三（1936）曾對佐佐木舜一（1932）所認爲蘭嶼植物與台灣本島之關係密切的原因作了以下的解釋：當亞洲大陸、台灣、蘭嶼及菲律賓在第三紀相連時，亞洲植物成分經由台灣進入蘭嶼，較經由菲律賓者爲興盛。當蘭嶼在台灣與亞洲大陸分離之前已顯然早與台灣分隔，並仍與菲律賓之間經由地峽（isthmus）或一列相連的島嶼而保持聯繫，故兩地間的植物得以相互遷徙。

金平亮三（1935）由木本植物之研究而分析蘭嶼與菲律賓之植物地理學關係，所獲結論係認爲蘭嶼與菲律賓之植物區系關係較之與台灣者爲密切，因之亦贊成鹿野忠雄的主張，將新華里斯線自菲律賓西海岸延伸玉於台灣本島與蘭嶼、綠島之間。張慶恩（1967）亦認爲蘭嶼與菲律賓之植物區系，遠較與台灣本島爲關係密切。

佐佐木舜一（1933）曾著文討論恒春半島極南端鵝鑾鼻海岸林之特性，並分析其內106種木本植物之分布成分，發現其中含有菲律賓成分，竟駕乎華南成分之上。

李惠林及耿煊（1950）及耿煊（1956a）申論台灣南端的恒春半島在植物地理學上之位置。由整個恒春半島（楓港溪、牡丹溪以南之地域）所產之科、屬及種與台灣本島所產者相比較，則可窺見恒春半島之植物分布，頗具獨立性，雖然兩地相連而無地形之阻隔等天然界限；更自恒春半島與綠島、蘭嶼及菲律賓之木本植物分布比較研究結果，亦可見及恒春半島與後三者有甚多相關性，雖然地理上各自相隔。故認爲恆春半島自某種意義言之，應視爲一植物地理學上之島嶼（phytogeographical island）。台灣南端的恆春半島實應與綠島、蘭嶼合爲一獨立的自然區域，並視其爲東南亞大陸植物成分與菲律賓馬來成分薈萃融合之所，而爲此二植物區系之分界面，此實比將新華理斯線作向北延伸之舉較有意義，且爲較合乎自然之劃分。

柳榾等（1974）分析蘭嶼產658種植物之分布成分結果認爲，台灣本島成分佔78%，琉球成分佔65%，菲律賓成分約佔37%（而部份之菲律賓成分分布在菲律賓最北方之巴丹群島，且菲律賓成分中尚有三分之二見於台灣），故蘭嶼及綠島與琉球之植物區系關係實較菲律賓爲密切，且巴丹群島似亦不與菲律賓群島的植物有密切關係，如將巴丹群島與蘭嶼及綠島合併，仍隸屬台灣本島植物區系，則與佐佐木舜一（1932）之意見不謀而合，但新華里斯線則應經過巴布亞群島後向東轉道，通過巴布亞群島與巴丹群島之間。

由前述，台灣與中國大陸的植物區系親緣關係最爲密切實不容置疑；而與日本之關係並不深厚。故早田文藏依台灣與日本兩地在古地史上陸地相連，而近世內海下陷，同時形成島嶼之推測，而認爲台灣植物與日本關係最密切的說法實需進一步檢討。台灣爲大陸島嶼，而與大陸隔離在地質年代相當晚期之時（A. Henry 1896）。E. H. Wilson（1920）謂台灣約在第三紀時方自大陸分離；中井猛之進（1931）謂在更新世時，即第四紀之初期尚與大陸相連；金平亮三（1936）謂在第三紀末或第四紀初尚與大陸相連；柳榾（1966）則謂在第四紀初期第二次冰期前尚與大陸相連，而與大陸之分離約在距今20至40萬年以前。故台灣之植物區系關係無疑當與中國大陸最爲密切。而由裸子植物爲衰老緩化之種類來看，台灣在地理環境中，無論在與大陸相連或分離以後，皆自成一地理單位，保持溫暖之氣候，且未曾發生重大的環境改變，使台灣中海拔地區中得以保存許多遺傳性較強而適應性較弱之古老的殘存種屬。

耿煊（1956b）謂如將恒春半島劃開後之台灣本島部份之植物，其與鄰近地區植物之區系關係則爲：

（一）與中國大陸植物之關係最密切；

（二）其次則爲琉球；

（三）印度馬來亞植物成分，在此區域中頗重要；

（四）與日本、菲律賓二地之植物區系關係則較爲疏遠。在恒春半島與綠島、蘭嶼地區內，則其與中國大陸及菲律賓二地之植物區系密切程度近於相等。

台灣植物與琉球群島間之關係，金平亮三（1936）曾指出其爲相當微弱，此可能係琉球山地之海拔高度不大，而致台灣的高海拔木本植物不能於此生長。但台灣與琉球（奄美大島以南）之氣溫相當近似，初島佳彥（1971）指出兩地之共同固有種極多，可能在地質時代台灣與奄美群島之間有相通之陸橋存在。正宗嚴敬（1934）曾分析琉球群島的植物地理位置，北方種子島、屋久島區所產542屬之94%亦產台灣，奄美區所產556屬之97%，沖繩區所產589屬之97%，先島區（八重山群島及宮古群島）所產570屬之96%均亦產於台灣。柳榗等（1974）亦指出台灣諸附屬島嶼之琉球植物成分以彭佳嶼93%爲最高，基隆嶼84%，龜山島79%，琉球嶼72%，綠島72%，澎湖83%，蘭嶼65%，故此等附屬島嶼與琉球群島有密切之植物區系關係存在。同時蘭嶼及綠島與琉球之植物區系關係較菲律賓爲密切，亦有值得注意及研究之必要。

菲律賓植物區系成分佔台灣植物之相當高比例而爲僅次於中國大陸植物區系成分之結果（見正宗嚴敬（1931, 1932a, b），金平亮三（1936）及王仁禮（1947）），此可能因爲若干熱帶的大科通常包括較多數之屬，其分布亦常較溫帶之科屬爲廣泛之故；而且多數的印度馬來亞植物亦均併入菲律賓成分之內計算所致。E. D. Merrill（1923, 1926）主張台灣與菲律賓二地植物區系上之關係，

至爲微弱，而反對A. Engler（1919）將台灣及菲律賓群島兩地列爲相同的植物區系區。致有A. Engler（1923）修正其有關台灣植物與菲律賓關係之意見。E. D. Merrill謂菲律賓、台灣與東南亞洲大陸之斷離始自第三紀早期，此由台灣與菲律賓之植物與動物之顯然差異，及由菲律賓極多而台灣較乏澳洲及東部馬來亞類型的植物，及菲律賓盛產而台灣卻完全沒有龍腦香科（Dipterocarpaceae）植物種類等的事實可資佐證。台灣植物區系中的馬來亞成分爲當台灣仍爲亞洲大陸之一部時，經由中南半島及華南而分布到達的。台灣與呂宋島間之斷離當在上新世（Pliocene）之前，因爲由地質學的資料顯示龍腦香科植物在上新世時於呂宋島爲極佔優勢者。另外，就以原包括數十種或百餘種以上之印度馬來亞類型植物之屬，分布至台灣則每屬僅包括1、2種而已的這一台灣植物屬多而種少的事實來看，或與馬來亞植物成分之侵入不無關係。此類印度馬來亞植物成分多出現於全島之平原及山麓之次生林中，故A. Henry（1896）以爲台灣平地植物與印度平原之植物極爲相似，或即源自此故。至於澳洲之植物，亦自菲律賓經由馬來亞及中國大陸，然後移至台灣。但澳洲與馬來亞成分與台灣植物概爲間接之關係，不若台灣植物與中國大陸成分之爲直接關係。喜馬拉雅植物成分遷徒至亞洲各地的路線及時間並不一致，其可能經由印度馬來亞地區或日本而到達台灣。

據正宗嚴敬（1939b）分析海南島產174科、956屬植物中，與台灣共同之屬佔65%，雖然海南島爲含有濃厚印度馬來亞植物成分之地區。李惠林與耿煊（1950）指出海南島在植物地理學上之位置，頗與恒春半島有相似之處。小笠原群島之植物，通常亦被認爲與琉球、台灣相近（中井猛之進，1930），惟依細川隆英（1934）研究小笠原群島與馬

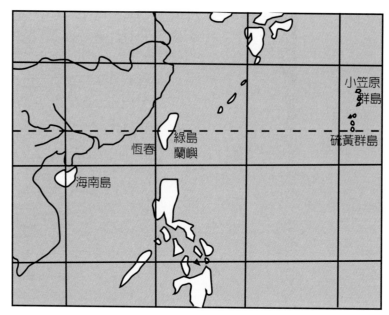

圖12. 海南島、恆春半島（包括綠島及蘭嶼）及硫磺群島所形成
之狹長地帶爲植物地理學上重要之分界面（Li&Keng,1950）

利亞納群島間種子植物科屬種之分布結果，其所獲的結論，認爲馬利亞納群島上殆無亞洲大陸植物成分入侵之痕跡，而小笠原群島植物中則混有密克羅尼西亞植物成分於內，並可另由台灣、琉球及日本南部傳入亞洲大陸的植物成分。小笠原群島與馬利亞納群島間之植物區系關係，正恰如台灣與菲律賓兩地間之關係，溫帶亞洲區系域與季風區系域之東南部份於太平洋相接觸，故亦產生一處分界面。李惠林與耿煊（Li&Keng,1950）以爲如連結海南島，恆春半島（包括綠島、蘭嶼二小島）及小笠原群島南部之硫磺群島所形成之一狹長地帶，實可能成爲植物地理學上重要的分界面之一（見圖12）。

八、台灣的植物區系位置

最早論及台灣在植物地理上之位置者，爲H. Grisebach（1884）之《世界植被》一書，他將台灣列於「中國、日本區」內。O. Drude（1884）之《世界植物區系區》一書中，將台灣劃入「印度、南洋、澳洲區系」內。A. Engler（1879）之《植物界發達史研究》一書中，則將台灣列入「東亞熱帶地區」，位於菲律賓群島及馬來半島之外。

H. Christ（1910）之《蕨類植地理學》一書中，將台灣列入「馬來區系」中，該區系包括印度之大部份，馬來半島、馬來群島、澳洲北部及南洋群島一帶廣大熱帶區域，並認爲台灣係此廣大區域之最北限界。

A. Engler（1919）於第八版《植物分科總覽》中，將台灣及菲律賓群島兩地列爲一區。E. D. Merrill（1923）則認爲台灣與菲律賓二地在植物區系上之關係甚爲微弱，並認爲台灣應自成一區域，而可包括於海南島、華東、華南地區爲「次印度（包括緬甸、泰國及越南等地區）—東亞區系省（Hinterindisch-Ostasiatischen Provinz）」。同年Engler（1923）接受Merrill之意見，修正其有關台灣植物與菲律賓關係之意見，謂台

灣可劃分為兩區，即平地及海拔1,800公尺以下之山地，以天南星科、殼斗科及樟科植物最為繁茂，為「季風區系區（Monsungebiet）」與1,800公尺以上之山地兩區，後者可與菲律賓者分開。Engler（1924）第九、十版之《植物分科總覽》附錄之〈世界植物區系與植物區系大綱〉一文中，將全世界劃分為五個區系界，中國北部、西南部，日本之北部、中部及朝鮮等地均劃入全北植物區系界之溫帶亞洲區系區中；並將中南半島（印度支那、包括海南島），菲律賓、琉球、小笠原群島、熱帶台灣、美拉尼西亞、密克羅尼西亞、波里尼西亞等地各列為獨立之區系省（Provinz），而歸隸於舊熱帶植物區系界之季風區系區中；台灣之高地、日本中部南部之一部份及中國秦嶺以南之大部份均列入同區系界之東亞亞熱帶及南溫帶轉移區系區中。

工藤佑舜（1931）《台灣の植物》一書中，認為台灣在植物地理上應自成一區系省（Provinz），並列入溫帶東亞區系區（temperierse Ostasien Gebiet）中。同年中井猛之進著《東亞植物區系》及《東亞植物》（1935）皆主張台灣與琉球兩地列入此一區系區中。

正宗嚴敬（1936）《植物地理學》一書中，將台灣列入舊熱帶植物區系界之馬來區系區中，屬華南台灣琉球區系省（此區系省中之華南包括越南之一部份，海南島、琉球部份尚包括小笠原群島在內）。正宗（1939a）於討論及分析華南及南洋一帶的植物區系時，亦作大抵類似的區劃，將台灣列入華南台灣琉球區系省中，包括雲南、貴州、福建、江西、湖南、廣東（一部份）等；菲律賓則為另一個區系省，日本則位在全北植物區系界內。

金平亮三（1936）著《台灣樹木誌》中亦提出與工藤相同的意見，認為台灣宜單獨

自成一區而列入溫帶亞洲區系區內。R. Good（1953）的《世界被子植物地理學》一書中，劃分全世界為37個植物區系區（region），6個植物區系界（kingdom）（即北方、舊熱帶、新熱帶、南非洲、澳洲及南極植物區系界）。台灣隸列於舊熱帶區系界，印度馬來區系亞界（Indo-Malaysian subkingdom）中的東南亞大陸區系區（continental south-east Asiatic region）內（第18區系區，見圖13），包括印度阿薩姆、緬甸、華南、海南島、琉球群島、泰國及越南等。北日本、華中、華北則位在北方植物區系界的日華區系區（Sino-Japanese region）內。北村四郎（1957）曾將Good之日華區系區的範圍作一修正，將日華區系區再分為暖帶亞區系區及溫帶亞區系區，台灣的低地部份歸入東南亞大陸區系區內，暖溫帶以上則應歸入日華區系區內。

H. Mechior（1964）於第12版《植物分科總覽》中將全世界劃分為7個區系界，台灣位在舊熱帶區系界的東南亞區系區（Sudostasiatisches Florengebiet）內（第21區系區），包括華南、海南島及中南半島等。我們由台灣存有許多子遺植物，固有屬僅有4屬而固有種卻約達40%來看，其遺留下來之舊熱帶植物與大陸分隔尚不久，且因高山地形之自然阻隔而固有種數較多，然時間尚不足以形成新屬來看，台灣應包括在舊熱帶植物區系界，馬來亞植物區系區中，其中尚包括了華南、海南島、琉球，即為華南台灣琉球區系省。此與正宗嚴敬（1936）年提出之意見相同，而可否定許多學者將台灣、菲律賓、中南半島列為同一區的說法。而關於馬來亞植物區系區這一名稱，因其易造成與馬來亞熱帶植物同樣的印象，似應改成為舊熱帶植物區系界的東南亞植物區系區之華南、台灣、琉球區。由上述種種分析，吾人殆可認為台灣是舊熱帶植物區系界之東亞亞熱帶

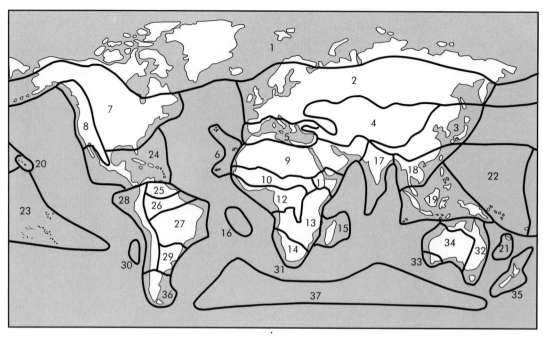

全世界劃分爲37個植物區系區，台灣隸屬東南亞大陸區系區（第十八區系區）

圖13. 世界植物區系區劃（Good,1953）

與南溫帶之轉移區系域，而與琉球和華南的關係最爲密切。

關於台灣植物區系的劃分，最近幾年有前蘇聯Takhtajan（1978）和大陸中國科學院昆明植物研究所的吳征鎰教授（1979）二位學者的重要觀點。Takhtajan將台灣本島、澎湖列島、先島列島及釣魚台列島列入東亞區系區內的台灣區系省；而恆春半島及蘭嶼、綠島則列入馬來亞區系區內的菲律賓區系省。吳征鎰於探討全中國的植物區系的分區時，則以台灣的323個木本屬中與印度共有的屬即佔67.9％，與馬來亞共有的屬佔53.3％，在在揭櫫與印度和馬來亞的區系關係非常明顯，故將台灣劃歸舊熱帶植物區而自成一個獨立的台灣地區。惟自另一方面而言，台灣和中國大陸共有的屬佔66.3％；和日本共有的屬亦佔48％，則台灣和中國大

陸、日本的區系關係也很親近。吳征鎰（1998）來台參加「海峽兩岸植物多樣性與保育學術研討會」發表「在新建議的東亞植物區的背景下台灣植物區系的地位」之演講中提到，台灣植物區系的主體和東亞大陸植物區系的關係極深，但又受到日本－琉球植物區系和東馬來特別是菲律賓植物區系的長期影響，具有和這兩個區系的若干紐帶。

張宏達（1995）謂台灣南北地區的植物成分有較明顯的差異。南部屬於熱帶植物區系，北部屬於亞熱帶區系。前者歸於馬來西亞植物區，後者歸於華東植物區，均從屬於華夏植物界。

《中國新生代植物》編輯組.1978.中國植物化石第三冊－中國新生代植物.科學出版社.

中國科學院中國自然地理編輯委員會.1985a.中國自然地理－總論.科學出版社.

中國科學院中國自然地理編輯委員會.1985b.中國自然地理 植物地理（上冊）.科學出版社.

中國植被編輯委員會（吳征鎰（主編））.1980.中國植被.科學出版社.

中國新生代植物編寫組.1978.中國新生代植物.科學出版社.

方碧真、卓正大.1995.台灣地區種子植物區系的基本特徵.熱帶地理15(3)：263～271.

王仁禮.1947.由植物地理學觀本國與台灣的關係.林試所通訊18：137～138；19：143～145；20：151～153.

王祺、高天剛（譯）.2003.植物化石－陸生植被的歷史.廣西師範大學出版社.

王鑫.1987.從古植物古氣候討論冰河時代的地形作用.台灣植物資源與保育論文集：229～238.

吳征鎰.1979.論中國植物區系的分區問題.雲南植物研究1(1)：1～23.

吳征鎰.1998.在新建議的東亞植物區的背景下台灣植物區系的地位——特論其森林系統分帶的特點和來源.海峽兩岸植物多樣性與保育論文集：1～8.

李文漪.1998.中國第四紀植被與環境.科學出版社.

李俊清.1996.海峽兩岸水青岡（Fagus hayatae）和高山櫟類（Quercus Sect. Suber）生物地理關係研究.海峽兩岸自然保育與生物地理研討會（二）論文集：229.

李春生.1991.大陸與台灣的地理淵源.台灣動物地理淵源研討會論文集：1～12.

李星學（主編）.1995.中國地質時期植物群.廣東科技出版社.

李慶堯、莊文星.2001a.台灣植物化石系列報導（一）－植物化石概說.國立自然科學博物館簡訊165：5.

李慶堯、莊文星.2001b.台灣植物化石系列報導（二）－大雪山的棕櫚科植物化石.國立自然科學博物館簡訊166：5.

李慶堯、莊文星.2001c.台灣植物化石系列報導（四）－桃園縣龜山地區木化石.國立自然科學博物館簡訊168：5.

李慶堯、莊文星.2001d.台灣植物化石系列報導（五）－中新世石底層化石.國立自然科學博物館簡訊169：5.

李慶堯、莊文星.2002a.台灣植物化石系列報導（六）－中新世南莊層化石.國立自然科學博物館簡訊170：5.

李慶堯、莊文星.2002b.台灣植物化石系列報導（七）－恆春半島里龍山植物化石群.國立自然科學博物館簡訊176：5.

李慶堯、蕭如英、楊秋和.1998.台灣北部桃園縣龜山地區木化石之初步研究.中國地質學會八十七年學術研討會論文摘要：77.

李慶堯、蕭如英、楊秋和.2001.桃園山子腳地區公館凝灰岩中的兩種闊葉樹木化石.中國地質學會九十年學術研討會論文集：114～116.

李慶堯、蕭如英.2002.台灣南部恆春半島里龍山層植物化石初步研究.中國地質學會九十一

年學術研討會論文集：106～108.

李慶堯. 2000. 台灣中新世地層植物群之研究. 國立中興大學植物系博士論文.

沈中桴. 1996. 台灣的生物地理：1.背景. 台灣省立博物館年刊 39：387～427.

沈中桴. 1997. 台灣的生物地理：2.一些初步思考與研究. 台灣省立博物館年刊 40：361～450.

沈啓. 1976. 從木本植物屬論台灣之植物地理位置. 台灣大學森林學研究所碩士論文.

金平亮三. 1936. 台灣樹木の地理的分布. 台灣樹木誌5～20. 台灣總督府中央林業部.

施雅風（主編）. 2000. 中國冰川與環境－現在過去和未來. 科學出版社.

柳榗. 1961. 台灣主要林型生態之調查. 林試所報告72：1～65.

柳榗. 1966. 台灣產松柏類植物地理之研究. 林試所研究報告第122號 33 pp.

柳榗. 1968. 台灣植物群落分類之研究（Ⅰ）：台灣植物群系之分類. 26 pp. 林試所研究報告第166號.

柳榗. 1970. 台灣植物群落分類之研究（Ⅲ）：台灣闊葉樹林諸群系及熱帶疏林群系之研究. 36 pp. 國科會年報4（2）.

柳榗. 1971a. 台灣植物群落分類之研究（Ⅱ）：台灣高山寒原及針葉林群系. 林試所研究報告第203號.

柳榗. 1971b. 台灣植物群落分類之研究（Ⅳ）：台灣植物群落之起源發育及地域性之分化. 中華農學會報（新）76：39～62.

柳榗. 1974. 台灣之森林生態體系. 生物與環境專題研討會論文集：67～74.

柳榗. 1988. 台灣植物分布特性. 科學月刊19(12)：889～893. 耿煊. 1956a. 植物分類及植物地理論叢. 國立台灣大學農學院實驗林.

柳榗、楊遠波. 1974. 台灣附屬島嶼與本島植物區系之關係. 中華林學季刊7(4)：69～114.

耿煊. 1956a. 恒春半島在植物地理上之位置. 林業叢刊4：96～100.

耿煊. 1956b. 台灣植物與鄰接地區植物之關係. 林業叢刊4：101～106.

郝日明、劉昉勛、楊志斌、劉守爐、姚淦. 1996. 華東植物區系成分與日本植物間的聯繫. 雲南植物研究18(3)：269～276.

崔之久、楊建夫、劉耕年、宋國城、王鑫. 1999. 中國台灣高山第四紀冰河之確証. 科學通報44(20)：2200～2224.

張宏達. 1994. 台灣植物區系分析. 植物區系學. pp.129～144.

張宏達. 1995a. 台灣植物區系分析. 張宏達文集. pp.131～146. 中山大學出版社.

張宏達. 1995b. 華夏植物區系的起源與發展. 張宏達文集. pp.19～38. 中山大學出版社.

張宏達. 1998. 全球植物區系的間斷分布問題. 中山大學學報（自然科學版）373(6)：73～78.

張宏達. 1999. 華夏植物區系理論的形成與發展. 生態科學18(1)：44～50.

張榮祖. 1997. 中國大陸與台灣哺乳類動物地理關係初探. 海峽兩岸自然保育與生物地理研討會論文集：112～120.

張嶢挺、胡蕙娟. 1998. 台灣海峽兩岸高等植物區系研究. 台灣海峽17(4)：417～425.

莊文星、李慶堯. 1997. 台灣雪山山脈白冷層之棕櫚樹葉化石之初步探討. 中國地質學會八十六年學術研討會論文摘要：526～528.

莊文星、李慶堯. 1999. 新竹地區中新世杉科植物木化石之發現. 中國地質學會八十八年學術研討會論文摘要：93.

莊文星、李慶堯. 2001. 台灣植物化石系列報導（三）－新竹馬福植物化石. 國立自然科學博物館簡訊167：5.

陶君容（主編）. 2000. 中國晚白堊世至新生代植物區系發展演變. 科學出版社.

陶君容. 1992. 中國第三紀植被和植物區系歷史及分區. 植物分類學報30(1)：25～43.

曾文彬a. 1993. 淺析台灣植物區系. 廈門大學學報32(4)：480～483.

曾文彬b. 1993. 更新世台灣海峽兩岸植物區系遷移的通道. 雲南植物研究16(2)：107～110.

曾昭璇. 1954. 台灣島植物地理. 新科學1：34～43.

黃威廉. 1983. 台灣植物區系特徵及地理分區. 中國植物學會50週年大會論文集：232～233.

黃威廉. 1986. 台灣附屬島嶼植被. 貴州教育學院學報自然科學版1：49～54.

黃威廉. 1993. 台灣植被. 中國環境科學出版社.

楊建夫、王鑫、崔之久、宋國城. 2000. 台灣高山區第四紀冰期的探討. 中國地理學會會刊28：255～272.

楊建夫、崔之久、王鑫、宋國城. 1999. 台灣高山冰河地形爭議的新發現. 地質19(2)：16～20.

楊建夫、崔之久、王鑫、宋國城. 2001. 台灣高山第四紀冰河地形探討. 第五屆台灣地理學術研討會暨石再添教授榮退紀念學術研討會論文集：57～74.

楊建夫、崔之久、宋國城. 1999. 台灣高山區上次冰期晚期的雪線高度探討. 國家公園學報9(1)：81～94.

楊建夫. 1999a. 台灣高山雪線的重建. 海峽兩岸環境、地形研討會論文集：81～91.

楊建夫. 1999b. 台灣冰河地形的新發現：証實雪山圈谷群是冰斗. 台灣山岳22：90～93.

楊建夫. 1999c. 南湖大山冰河大發現. 台灣山岳26：96～99.

楊建夫. 2000a. 雪山主峰圈谷群末次冰期的冰河遺跡研究. 國立台灣大學地理學研究所博士論文.

楊建夫. 2000b. 雪山圈谷－冰河曾經來過. 雪霸國家公園管理處.

楊建夫. 2001. 在台灣尋找冰河痕跡. 中國國家地理雜誌492：68～73.

廖文波、張宏達、仲銘錦. 1995. 廣東植物區系的分區. 廣西植物15(1)：26～35.

廖文波、陳濤、蘇志堯. 1995. 華夏植物區系論在不斷地發展、進步、成熟和完善. 廣西植物15(2)：120～123.

路安民. 2001. 台灣海峽兩岸原始被子植物的起源、分化和關係. 雲南植物研究 23(3)：269～277.

劉平妹. 1982. 魚池盆地花粉分析資料新譯. 地質4(1)：53～58.

劉棠瑞、蘇鴻傑. 1972. 北插天山夏綠林群落之研究. 台灣博物館科學年刊15：1～16.

劉棠瑞、劉儒淵. 1977. 台灣天然林之群落生態研究（三）. 恒春半島南仁山區植群生態與植物區系之研究. 省立博物館科學年刊20：51～149.

劉棠瑞、照屋全治. 1980. 自木本植物觀點論琉球群島與台灣之植物地理. 台灣省立博物館科學年刊23：1～65.

劉裕生、鄭亞惠. 1995. 晚第三紀植物群. 李星學（主編）. 中國地質時期植物群. 廣東科技出版社.

鄭卓. 1999. 亞洲熱帶山地垂直植被帶對晚第四紀氣候變化的影響. 地理研究18(1)：96～104.

賴明洲. 1975. 台灣植物總覽. 199 pp. 台灣中華書局.

賴明洲. 1978. 台灣之植物資源. 中華林學季刊 11(20)：57～66.

賴景陽. 1991. 台灣的哺乳動物化石記錄. 台灣動物地理淵源研討會論文集：25～48.

應俊生、徐國士. 2002. 中國台灣種子植物區系的特性、特點及其與大陸植物區系的關係. 植物分類學報40(1)：1～51.

謝永泉. 1993. 華夏古陸與華夏植物區系. 植物研究13(2)：202～209.

謝長富. 2002. 台灣維管束植物的物種多樣性. 二○○二年生物多樣性保育研討會論文集：15～30. 行政院農委會特有生物研究保育中心.

蔡飛、徐國士. 2003. 台灣的植物生物多樣性及其特點之探討. 浙江大學學報29(2)：184～189

山本由松. 1940. 台灣植物概論. 台北帝大理農學部植物分類生態學教室.

山田金治. 1932. 恒春半島の海岸林木. 台灣山林會報69：12～20.

工藤佑舜. 1931. 台灣の植物. 岩波書店.

中井猛子進. 1931. 東亞植物區系. 岩波講座生物學.

中井猛子進. 1935. 東亞植物. 283 pp. 岩波全書.

正宗嚴敬. 1934. 琉球列島の植物地理學的研究. 日本生物地理學會會報5(1)：29～86.

正宗嚴敬. 1936. 最新台灣植物總目錄.

正宗嚴敬. 1936. 植物地理學. 267 pp. 養賢堂發行. 東京.

正宗嚴敬. 1939a. 台灣植物區系區中に於ける大陸要素. 台灣總督府. 博物館創立30年紀念論文. pp.127～144.

正宗嚴敬. 1939b. 海南島の植物地理とよりの考察. 日本生物地理學會會報IX：297～342.

早田文藏. 1905. 台灣松柏科植物の分布に就いて. 植物學雜誌19：43～60.

早田文藏. 1908. 台灣山地植物帶の地理的關係に就いて. 植物學雜誌22(263)：403～409.

早田文藏. 1912a. 台灣植物調査の必要及び其の沿革を論じ兼ねて. 台灣植物區系の地理概觀に及ぶ. 台灣博物學會會報2(7)：85～123.

早田文藏. 1912b. 台灣山地植物帶ノ地理的關係ニ就テ. 植物學雜誌22(263)：404～409.

佐佐木舜一. 1930. 台灣植物の地理分布. 日本地理大系. 台灣篇.

佐佐木舜一. 1932. 紅頭嶼の植物相. 日本生物地理學會會報3：24～35.

佐佐木舜一. 1933. 鵝鑾鼻海岸林と其の特性に就て. 台灣の山林85：1～13.

佐佐木舜一. 1939. 台灣植物概觀. 台灣總督府博物館創立三十年紀念論文. pp. 109～126.

金平亮三. 1935. 樹木の地理的分布かう見たる紅頭嶼と比律賓との關係. 日本林學會誌 17(7)：530～535.

金平亮三. 1936. 台灣樹木誌（改訂版）. 台灣總督府中央林業部.

細川隆英. 1952. 台灣南部氣候と植被との關係. 植物生態學會報2(1)：1～8.

鹿野忠雄. 1932. 紅頭嶼動物相諸論. 日本生物地理學會會報2：77～94.

鹿野忠雄. 1935～36. 紅頭嶼生物地理學に關する諸問題. 地理學評論11：950～959, 1027～1055；12：33～46, 154～177, 911～935, 997～1022, 1107～1133.

Canright, J. E. 1972. Evidence of the existence of Metasequoia in the Miocene of Taiwan. Taiwania 17(2)：222～228.

Chaney, R. W. & C. C. Chuang 1968. An oak-laurel forest in the Miocene of Taiwan. Proc. Geol. Soc. China 11：3～18.

Chaney, R. W. 1967. Preliminary notes on a middle Miocene flora from Taiwan. Proc. Geol. Soc. China 10：155～156.

Chang, C. E. 1986. The phytogeographical position of Botel Tobago based on the woody plants. Journ. Phytogeog. Tax. 34(1)：1～8.

Chang, H. T. 1993. The integrality of tropical and subtropical flora and vegetation. Acta Sci. Nat. Uni. Sunyatseni 32(3)：55～65.

Cheng, Y. M. & C. H. Tang 1974. Discovery of a fossil forest in the Nan Chuang area, Miaoli-Hsien, Taiwan. Bull. Geol. Survey Taiwan 24：69～73.

Christ, H. 1910. Die Geographie der Farne. 358 pp. Jena.

Cleal, C. J. & Thomas, B. A. 1999. Plant Fossils：the History of Land Vegetation. Boydell Press.

Drude, O. 1884. Die Florenreiche der Erde.

Engler, A. 1919. Syllabus der Pflanzenfamilien. 8 Auflage. 395 pp. Berlin.

Engler,.A. 1923. Zustimmende Bemerkingen zu Herrn Elmer D.Merrills Abhandlun uuber die pflanzengeographische Scheidung von Formosa und den Philippinen. Bot. Jahrb. 58：605～606.

Hamet-Ahti, L., Ahti, T. & Koponen, T. 1974. A scheme of vegeation zones for Japan and adjacent regions. Ann. Bot. Fenn. 11：59～88.

Handel-Mazzetti, H. 1931. Pflanzengeographische Gliedrung und Stellung Chinas. Bot. Jahrb. 64：303.

Hatushima, S. 1971. Flora of the Ryukyus. Biological Education Society of Okinawa.

Hayata, B. 1908. Flora montana Formosae. Journ. Coll. Sci. Imp. Univ. Tokyo 25, Art, 19.

Henry, A. 1896. A list of plants from Formosa with some preliminary remarks on the geography, nature of the flora and economic botany of the island. Trans. Asiat. Soc. Japan XXIV（Suppl.）:1～118.

Hosokawa, T. 1934. Phytogeographical relationship between the Bonin and the Marianne Islands laying stress upon the distribution of the families, genera and species of their vascular plants. J. Soc. Trop. Agr. 6：201～209;657～670.

Hosokawa, T. 1954. Outline of vegetation of Formosa together with the floristic characteristics. Angew. Pflanzensoziol. 1：503～511.

Hosokawa, T. 1958. On the synchorological and floristic trends and discontinuities in regard to the Japan-Liukiu-Formosa area. Vegetation 8：65～92.

Hsieh, C. F. & Shen, C. F. 1994. Introduction to the flora of Taiwan, 1：geography, geology, climate, and soils. Flora of Taiwan. 2nd ed. vol. 1：1～3.

Hsieh, C. F. 1989. Structure and floristic composition of the Beech forest in Taiwan. Taiwania：34：28～44.

Hsieh, C. F. 2002. Composition, endemism and phytogeographical affinities of the Taiwan flora. Taiwania 47(4)：298～310.

Hsu, J. 1983. Late Cretaceous and Cenozoic vegetation in China, emphasizing their connections with North America. Ann. Missouri Bot. Gard. 70：490～508.

Kanehira, R. 1933. On the ligneous flora of Formosa and its relationship to that of neighboring regions. Lingnan Sci. J. 12：225～238.

Kanehira, R. 1933. On the ligneous flora of Formosa and its relationship to that of neighboring regions. Lingnan Sci. J. 12：225～238.

Kanehira, R. 1936. Formosan Trees. Revised edition. 753 pp.Taihoku.

Kubitzki, K. & Krutzsch, W. 1996. Origins of east and south east Asian plant diversity. Proceedings of the First International Symposium on Floristic Characteristics and Diversity of East Asian Plants. pp. 56～70.

Lai, M. J. 1989. Floristic studies on the bryophytes and lichens of Taiwan. Tunghai Journ. 30：597～622.

Li, C. Y., Hsiao, J. Y. & C. H.Yang 1999. Fossil woods of Taxodiaceae from the Kungkuan tuff （early Miocene） of northern Taiwan. Bull. Natl. Mus. Nat. Sci. （Taiwan） 12：41～48.

Li, H. L. & H. Keng 1950. Phytogeographical affinities of southern Taiwan. Taiwania 2～4：104～128.

Li, H. L. 1948. Floristic significance and problems of eastern Asia. Taiwania 1(1)：1～5.

Li, H. L. 1950. Phytogeographical affinities of southern Taiwan. Taiwania 1：103.

Li, H. L. 1953. Floristic interchanges between Formosa and the Philippines. Pacific Sci. 7：179～186.

Li, H. L. 1957. The genetic affinities of the Formosan flora. Proc. 8th Pacific Sci. Congr. Ⅳ.

Li, H. L. 1963. Woody Flora of Taiwan. Livingston Publ. Co.

Li, L. C. 1989. Pollen analysis of the lower Erhchiu formation, the early Pliocene, Sanhsia, northern Taiwan. Thesis for Master Degree, Institute of Botany, National Taiwan University. 86 pp.

Li, Y. L. 1974. Geology in China. In C. C. Lin (ed.), Earth Science.
中山自然科學大辭典. pp.813-893. 台灣商務印書館.

Liew, P. M. & Huang, S. Y. 1994. Pollen analysis and their paleoclimatic implication in the middle Pleistocene lake deposits of the Ilan district, northeastern Taiwan. Journ. Geol. Soc. China 37(1)：115～124.

Liew, P. M. 1977. Pollen analysis of Pleistocene sediments at Waichiataokeng-central Taiwan. Acta Geol. Taiwanica 19：103～109.

Liew, P. M. 1979. Pollen analysis of Pleistocene sediments in the Napalin section near Tainan. Acta Geol. Taiwanica 20：33～40.

Liew, P. M. 1982a. Pollen stratigraphical study of the Pleistocene Chisan section（part I）. Acta Geol. Taiwanica 21：157～168.

Liew, P. M. 1982b. Pollen stratigraphical study of the Pleistocene Chisan section (part II). Acta Geol. Taiwanica 21：169～176.

Liew, P. M. 1982c. New looks of the pollen data from the Yuchi Basin, central Taiwan. Ti-Chih 4(1)：53～58.

Liew, P. M. 1984. Pollen analysis of Pleistocene Tsengwenchi section. Ti-Chih 5(1-2)：1～6.

Liew, P. M. 1985a. Pollen analysis of the Liushuangkeng section, southwestern Taiwan. Ti-Chih 6(2)：75～85.

Liew, P. M. 1985b. Pollen analysis of Pleistocene sediments in Taken and Chuhuangkeng sections, central Taiwan. Proc. Geol. Soc. China 28：133～142.

Liew, P. M. 1991. Pleistocene cool stages and geological changes of western Taiwan based on palynological study. Acta Geol. Taiwanica 29：21～32.

Liew, P. M., Shen, C. F. & Huang, S. Y. 1994. Middle Pleistocene distribution of the genus Fagus Tourn. ex L.（Fagaceae）in Taiwan. Journ. Geol. Soc. China 37(4)：549～560.

Liu, T. S. & Ding, M. L. 1984. The characteristics and evolution of the palaeoenvironment of China since the late Tertiary. In R. O. Whyte（ed.）, The Evolution of the East Asian Environment, Vol. 1, pp.11～40.

Liu, T. S. 1962. A phytogeographic sketch on the forest flora of Taiwan（Formosa）. Act. Phytotax. Geobot. XX：149～157.

Mai, D. H. 1989. Development and regional differentiation of the European vegetation during the Tertiary. Pl. Syst. Evol. 162：79～91.

Masamune, G. 1932a. Phytogeographic position of Formosa when her indigenous genera are concerned. Trans. Nat. Hist. Soc. Formosa 22：164～194.

Masamune, G. 1932b. Phytogeographic position of Formosa when her indigenous genera of vascular cryptogamic plants are concerned. l. c. 365～371.

Mechior, H. 1964. A. Engler's Syllabus der Pflanzenfamilien. Zwolfte Auflage. Bd. II. Angiospermen. Berlin.

Merrill, E. D. 1922-26. A Enumeration of Philippine Flowering Plants. 4 vols. Manila.

Merrill, E. D. 1923. Die pflanzengeographische Scheidung von Formosa und den Philippinen. Bot. Jahrb. 58：599〜604.

Miyawaki A., Suzuki K. & Kuo C. M. 1981. Pflanzensoziologische Untersuchungen in Taiwan（Republic of China）, Erster Bericht：Kusten-Vegetation und immergrune Laubwalder auf dem Berg Nan-Fong-San. Hikobia Suppl.1：221〜233.

Momohara, A. 1989. Macrofossil flora in the Pliocene and early Pleistocene. Jap. J. Hist. Bot. 4：11〜18.

Natural History Museum and Institute, Chiba. 1997. Lucidophyllous forests in southwestern Japan and Taiwan. Natural History Research, Special Issue No.4.

Numata, M. 1971. Ecological interpretation of vegetation zonation of high mountains, particularly in Japan and Taiwan. 288〜299pp. in Troll, C.（ed.）Geoecology of the high-mountain regions of Eurasia. 300 pp. Franz Steiner Verlag GMBH, Wiesbaden.

Numata, M. 1974. The flora and vegeation of Japan. x＋294 pp.＋1 map. Tokyo.

Palamarev, E. 1989. Paleobotanical evidences of the Tertiary history and origin of the Mediterranean sclerophyll dendroflora. Pl. Syst. Evol. 162：93〜107.

Sasaki, S. 1930. On the geographical distribution of Formosan plants. In：Nippon Chiri Taikei（Taiwan-hen）「Japanese Encyclopaedia of economic geography（Formosa）」pp. 245〜255. Tokyo.（in Japanese）

Sasaki, S. 1930. On the geographical distribution of Formosan plants. In：Nippon Chiri Taikei（Taiwan-hen）「Japanese Encyclopaedia of economic geography（Formosa）」pp. 245〜255. Tokyo.（in Japanese）

Shen, C. F. & Boufford, D. E. 1988. *Fagus hayatae*（Fagaceae）－A remarkable new example of disjunction between Taiwan and central China. Journ. Jap. Bot. 63(3)：96〜101.

Shen, C. F. 1994. Introduction to the flora of Taiwan, 2：geotectonic evolution, paleogeography, and the origin of the flora. Flora of Taiwan. 2nd ed. vol. 1：3〜7.

Stott, P. 1981. Historical Plant Geography, an Introduction. George Allen & Unwin.

Su, H. J. 1984. Studies on the climate and vegeation type of the natural forest in Taiwan（Ⅱ）. Altitudinal vegetation zones in relation to temperature gradient. Quart. Journ. Chin. Forest. 17(4)：57〜73.

Takhtajan, A. 1978. Floristic regions of the world. Leningrad.（in Rrussian）

Takhtajan, A. 1986. Floristic Regions of the World. University of California Press.

Tanai, T. 1972. Tertiary history of vegetation in Japan. In Graham, A.（ed.）Floristics and Paleofloristics of Asia and Eastern North America. pp. 235〜255. Elsevier Publishing Company.

Tanai, T. 1974. Evolutionary trend of the genus *Fagus* around the northern Pacific basin. In Symposium on origin and phytogeography of angiosperms. Birbal Sahni Inst. Paleontol.,

Special Publ. 1: 62～83.

Teng, L. S. & H. J. Lo 1985. Sedimentary sequence in the island arc setting of the coastal range, eastern Taiwan. Acta Geol. Taiwanica 23：77～98.

Tseng, L. S. & Y. Wang. 1981. Island arc system of the coastal range, eastern Taiwan. Proc. Geol. Soc. China 24：99～112.

Tseng, M. H. & Liew, P. L. 1997. Pollen analysis of middle last glacial buried valley sediments in the Shanchia area, northern Taiwan. Journ. Geol. Soc. China 40(4)：671～683.

Tsukada, M. 1966. Late Pleistocene vegetation and climate in Taiwan（Formosa）. Proc. Natl. Acad. Sci. U. S. 55：543～548.

Tsukada, M. 1967. Vegetation in subtropical Formosa during the Pleistocene glaciations and the Holocene. Palaeogeogr. Palaeoclimatol. Palaeoecol. 3：49～64.

Verstappen, H. T. 1975. On paleoclimates and landform development in Malesia. In Bartstra, G. J. & Casparie, W. A.（eds.）. Modern Quaternary Research in SE Asia. Balkema.

Verstappen, H. T. 1980. Quaternary climatic changes and natural environment in SE Asia. GeoJournal l 4(1)：45～54.

Wang, C. K. 1963. Phytogeographical affinities between the moss floras of Formosa and her neighbouring districts. Biol. Tunghai Univ. 17：1～18.

Wang, C. K. 1970. Phytogeography of the Mosses of Formosa. Tunghai University.

Wilson, E. H. 1922. A phytogeogaphical sketch of the ligneous flora of Formosa. J. Arnold Arb. 2：25～41.

Xu, R. 1984. Changes of the palaeoenvironment of southern east Asia since the late Tertiary. In R. O. Whyte（ed.）. The Evolution of the East Asian Environment, Vol.2, pp.419～425.

肆。 台灣的種子植物
（Spermatophytes of Taiwan-Seed Plants）

肆、台灣的種子植物
（Spermatophytes of Taiwan-Seed Plants）

　　台灣位於中國大陸之東南緣，為太平洋島弧之樞紐，同時北迴歸線經過台灣中部，顯示出台灣氣候在水平分布上涵蓋了熱帶與亞熱帶，同時因菲律賓板塊長期對歐亞板塊的擠壓，形成台灣全島重山峻嶺南北綿延，也因此在垂直氣候帶上，更是同時囊括熱帶與溫帶氣候特徵。此外，受到終年東北—西南季風的吹拂與台灣島地形效應的影響，在全台各地亦形成各種不同的降雨類型。因此，在地理位置、地形特徵與複雜氣候條件交互影響下，形成台灣豐富的生態，同時也孕育出富饒的植物種類。

　　種子植物包括松柏類的裸子植物和開花的被子植物，後者即單子葉植物與雙子葉植物二者的合稱。台灣的種子植物約有186科，1,201屬，3,656種。包括了熱帶屬742屬和溫帶屬346屬。最新近的統計則有194科1,170屬3,387種，其中裸子植物8科17屬28種；被子植物186科1,153屬3,359種（謝長富，2002）〔註：Hsieh（2003）則統計台灣的被子植物為190科1,257屬3,420種〕。

　　全中國野生種子植物有343科，3,150屬，約30,560種，世界是上植物區系最豐富地區之一，僅次於馬來西亞植物亞區（約45,000種）和巴西（約40,000種）。其中裸子植物11科，36屬，215種；被子植物中的雙子葉植物為272科，2,469屬，24,639種，單子葉植物為60科，645屬，5,706種（王荷生，1998）。統計台灣的種子植物科數佔全中國57%，屬數佔全中國37%，種數佔全中國12%。以面積相比，台灣植物資源之豐富多樣性與高種密度（植物總數／總面積）可

見一斑。

　　台灣特定的地理位置和自然條件，形成了複雜而多種多樣的植物和植被。首先，北迴歸線橫貫本島中部，使台灣植被具有熱帶和亞熱帶景觀。在這裡存在著熱帶雨林、季雨林、典型的亞熱帶常綠闊葉林、零散分布的落葉林、針闊混交林、針葉林、亞高山草甸、高山灌叢，並在海岸帶存在著熱帶海岸特殊景觀的紅樹林，可以說世界上沒有幾個地方能夠具有台灣那樣完備而多樣的植被類型。其次，在地史上，從中生代晚期到新生代早期一系列的造山運動形成了本島峰巒高聳，高達3,000公尺以上的山峰多達50餘座，散落在中央山脈，形成了本島極其複雜多樣的植被，出現了從海岸到高山，上述一系列的植被類型。地球上主要的植被型在本島都可以找到。台灣在地史時期曾屬於「華夏古陸」的一部份，台灣海峽在中生代後期的白堊紀晚期已經出現，把本島與大陸分開，此後曾有4到5次和大陸相接觸，使亞熱帶常綠闊葉林的組成成分，諸如殼斗科、樟科、山茶科、金縷梅科、冬青科及山礬科等基本上和大陸的常綠闊葉林是共通的。另一方面，由於本島特定的地理和生態條件，促使植物起分化，使本島形成約28 %特有種類。最後，台灣植物和植被不僅從屬於大陸體系，和大陸的植被（指「華夏植物區系（Cathaysian flora）」）具有最密切的聯繫，而且和周圍地區也有一定的聯繫。本島和日本及朝鮮半島的植物和植被曾有相當密切的聯繫，因為後兩地在地史上也曾從屬於華夏古陸的一部份，這可以從「種子蕨類的大羽羊

齒（*Gigantopteris*）」的存在得到證明。現代日本及韓國的亞熱帶常綠闊葉林（照葉林）和大陸的常綠林是同屬一個體系，同一起源，而著名的扁柏（*Chamaecyparis*）及昆欄樹（*Trochodendron*）的存在，是日、台兩地的植物和植被最具代表性的例子。本島和菲律賓群島的聯繫亦屬明顯，如台灣馬桑（*Coriaria intermedia*），羅漢松屬的蘭嶼羅漢松（*Podocarpus costalis*）和肉豆蔻屬（*Myristica*）等，均限兩地共有；特別是本島南部與呂宋島之間植物的聯繫尤為密切，初步估計約有95屬110種植物是兩地共通的特有屬種。本島與馬來西亞的植物及植被的聯繫，主要表現在熱帶廣布種方面，如帽蕊草屬（*Mitrastemon*），玉蕊屬（*Barringtonia*），肉豆蔻屬（*Myistica*），腰果楠屬（*Dehaasia*），三蕊楠屬（*Endiandra*），楝科的米仔蘭屬（*Aglaia*）、崖摩屬（*Amoora*）、山楝屬（*Aphanamix*），以及無患子科的番龍眼屬（*Pometia*）等，組成本島南部熱帶林的成分。從上述情況可以看到台灣植物及植被已具有悠久的歷史，又富有亞洲全部主要植被類型的代表，是研究植被最理想的場所。（以上為編著者與張宏達教授於1998年夏的討論摘要）

南洋紅豆杉

王荷生. 1998. 中國森林種子植物區系的特徵. 熱帶亞熱帶植物學報 6(2)：87-96.

謝長富. 2002. 台灣維管束植物的物種多樣性. 二○○二年生物多樣性保育研討會論文集：15-30. 行政院農委會特有生物研究保育中心.

Hsieh, C. F. 2002. Composition, endemism and phytogeographical affinities of the Taiwan flora. Taiwania 47(4)：298-310.

Hsieh, C. F. 2003. Composition, endemism and phytogeographical affinities of the Taiwan flora. In：Editorial Committee of the Flora of Taiwan, 2nd ed.（ed.）, Flora of Taiwan, 2nd ed. pp. 1-14.

伍。台灣的裸子植物

（Gymnospermae of Taiwan-Cycads and Conifers）

伍、台灣的裸子植物
（Gymnospermae of Taiwan-Cycads and Conifers）

蘇鐵科之外的松柏類植物開始出現於晚石炭紀，於中生代或至第三紀後期茂盛發展，廣布於南、北兩半球低緯度至高緯度地區。到了第三紀古新世或始新世時開始衰退，在第四紀冰期時其分布區更呈強烈縮小，有些甚至絕滅。倖存者在冰期後期雖然迅速恢復其失去的生長地，但因氣候、地形等條件的阻礙限制，未能達到其原來的地理分布位置。

幾年前，有心人士假藉被美麗包裝過的環保名義，發動大規模的所謂搶救被屠殺而「即將絕滅」的棲蘭檜木林，完全昧於冰期後松柏類裸子植物分布上一再萎縮趨勢的宿命事實。除了編著者外，畏首畏尾的台灣植物學界，竟然沒有人出面加以駁斥，真是悲哀！在植物學教科書中是眾所皆知的常識，竟然被無理混淆，將之大肆複雜化，演出悲情鬧劇，在社會上造成可笑的騷動。這些人風光不可一世的外衣內包，裝的竟然是醜陋無比的學術無知。

吳建業（1996）研究台灣中部山地針葉樹林的生態，指出台灣的垂直帶譜中針葉樹林帶下方直接與常綠闊葉樹林帶（或混交林帶）相接，缺乏落葉闊葉樹林帶為界，是一特徵。Wang（1968）特別探討了台灣的紅檜扁柏群落、鐵杉群落與冷杉群落。

台灣的針葉樹種約有28種及種以下分類群，隸屬於17屬、8科，在高海拔山地形成亞高山針葉林，不出現落葉針葉樹。中國現存的裸子植物只有11科，而台灣就有8科；台灣的屬數17就佔全中國34屬的1/2（50%）。生長在台灣和大陸的17個針葉樹屬中有3

個屬〔油杉屬（*Keteleeria*）、杉木屬（*Cunninghamia*）和台灣杉屬（*Taiwania*）〕和3個種完全是共同特有的。主要的針葉喬木屬如松科的冷杉屬（*Abies*），雲杉屬（*Picea*），松屬（*Pinus*）；紫杉科的紫杉屬（*Taxus*）；柏科的柏屬（*Cupressus*）和刺柏屬（*Juniperus*）均屬北溫帶分布類型。台灣針葉林主要優勢種中，香青（高山柏）（*Juniperus squamata*）是海拔分布最高的樹種（3,000～3,800公尺），分布於喜馬拉雅，中國西南部，中部往東至江西，安徽，福建和台灣。川西，滇西北和橫斷山區為該種現代分布最密集的地區。除香青外，全部主要優勢種為台灣特有種或變種（見表11）。其中台灣鐵杉（*Tsuga chinensis* var. *formosana*）與大陸的鐵杉（*T. chinensis*）近緣，後者分布於大陸西南和中部；對應種（vicariads）台灣華山松（*Pinus armandii* var. *masteriana*）與大陸的華山松（*P. armandi*），後者分布於西南部和中部；另一對應種台灣油杉（*Keteleeria davidiana* var. *formosana*）與大陸的油杉（*K. davidiana*），後者大致分布於川東，鄂西和黔北；肖楠屬（*Calocedrus*）共有2種1變種，間斷於中國和北美西部。中國有1種及其1變種，前者分布於中國西南和海南，後者台灣肖楠間斷分布於台灣本島。只有台灣扁柏（*Chamaecyparis obtusa* var. *formosana*）的原變種日本扁柏（*C. obtusa*）為於日本。

台灣地區的中國特有種與大陸華南，西南和華中具有較明顯的區系關係。裸子植物的中國特有種的分布格局也表現出類似的情

表 11. 台灣的針葉林主要優勢種

種　　名	地理分布
台灣冷杉 *Abies kawakamii*	台灣特有
台灣雲杉 *Picea morrisonicola*	台灣特有
台灣鐵杉 *Tsuga chinensis* var. *formosana*	台灣特有（原變種產大陸東部、中部和西南部）
香青（高山柏）*Juniperus squamata*	非特有（喜馬拉雅，大陸西部、中部、東部至台灣）
台灣華山松 *Pinus armandii* var. *masteriana*	台灣特有（原變種產大陸西南部和北部）
台灣五葉松 *Pinus morrisonicola*	台灣特有
台灣二葉松 *Pinus taiwanensis*	非特有（華東至台灣，與黃山松為同一種）
台灣杉 *Taiwania cryptomerioides*	台灣特有（另一種產大陸）
台灣黃杉 *Pseudotsuga wilsoniana*	台灣特有
香杉（巒大杉）*Cunninghamia konishii*	台灣特有（另一種產大陸）
台灣油杉 *Keteleeria davidiana* var. *formosana*	台灣特有（原變種產大陸中西部）
台灣肖楠 *Calocedrus microlepis* var. *formosana*	台灣特有（原變種產大陸西南、越南）
紅檜 *Chamaecyparis formosoensis*	台灣特有
台灣扁柏 *C. obtusa* var. *formosana*	台灣特有（原變種產日本）
桃實百日青 *Podocarpus nakaii*	台灣特有

（修改自應俊生、徐國士，2002）

況。除人們熟知的台灣杉屬（*Taiwania*）外，還有油杉（*Keteleeria davidiana* 與 *K. davidana* var. *formosana*），杉木（*Cunninghamia lanceolata* 與 *C. konishii*），穗花杉（*Amentotaxus argotaenia* 與 *A. formosana*），華山松（*Pinus armandii* 與 *P. armandii* var. *masteriana*），鐵杉（*Tsuga chinesis* 與 *T. chinensis* var. *formosana*）。馬尾松則是同一種，還有台灣雲杉（*Picea morrisonicola*）與西部的青桿（*P. wilsonii*），台灣黃杉（*Pseudotsuga wilsoniana*）與西南部的黃杉（*P. sinensis*）最為近緣。因此，與其說與大陸東南部的區系關係接近，倒不如說與西部，西南部更為接近（黃威廉，1993），更具體地說，這些與台灣所產相同或相近之松杉類植物種，多為於中國大陸之中南部和西南部，如湖北、四川、雲南、貴州一帶，而不產於與台灣鄰近的東南部。其原因在於：當初台灣與大陸相連接時，台灣與大陸東南

部之低地均為針葉林所覆蓋，其後氣候漸趨溫暖，針葉樹逐漸遷移至山嶽地帶。所以，台灣海峽雖數次陷落，而中國大陸中南部和西南部山地與台灣山地之間的植物區系仍保持密切關係（耿煊，1956）。

一、蘇鐵科（Cycadaceae）

　　裸子植物的蘇鐵科在發生系統上是完全孤立的，只有1屬即蘇鐵屬（*Cycas*），早在二疊紀至三疊紀（約兩億多年前）之時就起源了，可見其是現存的最原始的裸子植物之一，蘇鐵屬在台灣只產1種即台東蘇鐵（*C. taitungensis*）（Shen, et al. 1994），為台灣特有種，侷限分布於台東延平鄉紅葉村的鹿野溪兩岸及海岸山脈，陡峭且土壤貧瘠的山坡向陽崩塌地。蘇鐵屬植物係熱帶亞洲至熱帶大洋洲分布類型。

台東紅葉村台東蘇鐵自然保留區（林務局提供）

台東紅葉村台東蘇鐵自然保留區（林務局提供）

台東蘇鐵雌花

台東蘇鐵

台東蘇鐵雄花

亞高山冷杉林外觀（玉山）

二、松科（Pinaceae）

松科是現存松柏類中種類最多、分布最廣、佔據森林面積和木材蓄積量最大的類群，廣布於北溫帶至熱帶山地，為目前北半球高緯度和高、中海拔山地森林植被主體成分之一，與大多數主要分布於熱帶、亞熱帶的現處於衰敗、孑遺狀態的其他裸子植物科屬有別。冷杉屬及油杉屬是公認松科中最原始的屬。

松科全科10屬中在台灣有6屬，其中冷杉屬（*Abies*）和雲杉屬（*Picea*）在台灣各有1種，即台灣冷杉（*A. kawakamii*）及台灣雲杉（*P. morrisonicola*），出現於台灣高山地區，這清楚說明台灣與大陸西南山地是一個整體。鐵杉屬（*Tsuga*）分布於中國大陸秦嶺以南的亞熱帶山地，台灣1種特有種台灣鐵杉（*Tsuga formosana*）；黃杉屬

台灣鐵杉

台灣二葉松林

亞高山冷杉林（雪山）

雲杉林（玉山塔塔加，劉儒淵攝）

（*Pseudotsuga*）則分布於大陸西南和江南地區，台灣1種特有種台灣黃杉（*P. wilsoniana*）。而鐵杉屬與黃杉屬存在於台灣、日本，不僅反映出大陸、台灣、日本在松科區系上是關連的，同時也把東亞與北美（主要爲西部）的區系關係突顯出來。此外，油杉屬（*Keteleeria*）是中國的特有屬，爲東亞分布類型，在大陸主要產於秦嶺以南至長江下游以南，台灣的台灣油杉（*K. davidiana* var. *formosana*）是和廣西的矩鱗油杉（*K. oblonga*），柔毛油杉（*K. pubescens*）及黃枝油杉（*K. calcarea*）在系統上較爲接近。松屬的台灣五葉松（*Pinus morrisonicola*）和廣東五葉松（*P. kwangtungensis*）在形態上非常接近；而台灣二葉松（即黃山松）（*P. taiwanensis*）直接分布到華東地區（張美珍、賴明洲1993；張宏達，1994），這反映出台灣與大陸華東、華南在松科植物上的親緣關係。

三、杉科（Taxodiaceae）

杉科植物共有9屬12種及3變種，除落羽松屬（*Taxodium*）（2種）與密葉杉屬（*Athrotaxis*）（3種）爲寡種屬外，其他7屬均爲單種屬。間斷分布於亞洲（東部）、北美洲和大洋洲，其中8屬分布於北半球，東亞有5屬，北美3屬，只有1屬分布於

南半球的塔斯馬尼亞島，顯示出杉科目前呈現出明顯的子遺分布狀態，都是第三紀的殘留植物。

台灣的杉科共有有2屬2種，均為台灣特有種，此乃冰河時期結束後，杉科植物因地理隔離分化出來的結果，這個推論可由台灣與大陸杉科植物的親緣關係中獲得證據。杉木屬（Cunninghamia）共有兩種，其中的杉木（C. lanceolata）廣泛分布於華中、華南地區，東起江蘇南部、浙江和福建，西至四川、雲南，北達秦嶺淮河以南，南到兩廣地區延伸至越南北部一帶。另一種台灣杉木（香杉、巒大杉）（C. konishii）則侷限分布於台灣北部和中部海拔約1,300～2,000公尺之間，多半散生於台灣扁柏林之中或自成小片純林。根據化石記載，該屬自晚白堊紀七千萬年以前，曾廣泛分布於北美西部、歐洲和東亞地區（應俊生等，1981）。另外台灣杉屬（Taiwania）的台灣杉（T. cryptomerioides）為台灣特有，大陸同屬的禿杉（T. flousiana）（于永福（1999）將其視為與台灣杉同種）則分布於雲南西部怒江和瀾滄江流域以及鄂西、黔東一帶和緬甸北部。由台灣杉屬之台灣杉與禿杉之間斷分布以及同屬之親緣關係來看（是雙種屬的小地區間斷所形成的對應種現象），兩者遠古時期可能同源而後因地理間隔而各自演化。近來在福建發現了禿杉後（鄭清芳、林來官1992），學者已將禿杉和台灣杉歸並為同一種（何國生2000）。它們顯然與世界爺屬（Sequoiadendron）、水杉屬（Metasequoia）同屬於第三紀古植物區系的現今東亞子遺分子。由化石的出現來看，台灣杉屬在第三紀曾廣泛分布於歐洲及東亞地區。最早化石出現於日本、俄羅斯西伯利亞及新西伯利亞群島的白堊紀（距今一億多年以前）；古新世—始新世化石見於北極圈內的斯匹次卑爾根群島；日本和烏克蘭西南部亦有始新世化石紀錄；中新世化石出現於日本和德國，上新世化石僅在日本上有報導（于永福，1999）。

水杉（Metasequoia glyptostroboides）自晚白堊紀至第三紀曾廣泛分布於歐洲、北美洲及東亞地區，這一殘遺種目前僅分布於中國大陸四川東部的石柱縣、鄂西南的利川縣和湘西北的龍山和桑植。Canright（1972）曾報導於台灣北部台北縣石碇鄉之煤礦中採得中新世中期（約一千五百萬年以前）石底層之水杉枝條、毬果及花粉化石，並作為推測該地曾為陸地之根據。

四、柏科（Cupressaceae）

柏科共有18屬150種，分布於南北半球，也是古老的成分，中國大陸有5屬30種，台灣3屬6種。其中台灣與大陸共有者為刺柏屬（Juniperus）的刺柏（J. formosana）與香青（玉山圓柏）（J. squamata），這兩種在大陸為廣泛分布種。清水圓柏（Juniperus chinensis var. tsukusiensis）為廣泛分布於中國大陸的圓柏（Juniperus chinensis）之變種。值得一提的是扁柏屬（Chamaecyparis）在台灣發育成特有的紅檜（C. formosensis）與台灣扁柏（C. taiwanensis或C. obtusa var. formosana或C. obtusa ssp. formosana），該屬目前僅分布於台灣、日本與北美洲而未見於大陸，Liu（1966）認為現今扁柏屬植物可能為第三紀始新世（距今四至五千萬年以前）廣泛分布之族群殘留〔中國大陸於始新世上層曾有化石紀錄，見陶君容（1992）〕，因此現存的紅檜與扁柏小族群可能為當時廣泛分布之大族群所遺留，相同的情形也發現於分布在希臘及義大利之歐洲白皮松族群（Boscherini et al., 1994）。

熱帶亞洲從緬甸或泰國分布到中國西南，華南或台灣的屬，在台灣植物區系中只有1屬，即柏科的肖楠屬（Calocedrus），該

檜木霧林（紅檜）

屬含2種，1為北美西部，1為東亞（中國西南，越南），其變種台灣肖楠（*C. macrolepis* var. *formosana*）特產台灣，明顯呈間斷分布。與該屬相近的*Libocedrus*屬和*Papuacedrus*屬，前者約含4種，其中2種分布於智利，另2種分布於紐西蘭。後者含3種，分布於新幾內亞伊里安島。這種間斷和星散的分布格局，提示了台灣植物區系自身的古老性質和區系聯繫。

五、紅豆杉科（Taxaceae）

紅豆杉科也是一個古老的科，與羅漢松科和粗榧科可能有共同祖先。其分布主要在北半球，南至新喀里多尼亞。本科中國共有3屬，其中台灣產紅豆杉屬（*Taxus*）的南洋紅豆杉（*T. sumatrana*）與穗花杉屬（*Amentotaxus*）的台灣穗花杉（*A. formosana*）共2屬2種。

穗花杉屬在台灣形成特有的台灣穗花杉，大陸則有2種。其中雲南穗花杉（*A. yunnanensis*）產於雲南東南部，向南延伸到越南北部；穗花杉（*A. argotaenia*）則廣泛

分布於整個大陸暖溫帶區，顯現出與台灣在穗花杉屬分布的連續性。

六、粗榧科（三尖杉科，Cephalotaxaceae）

粗榧屬化石早見於下白堊紀（約七千萬年以前）的地層中，可見其來源也是極其古老的，在親緣關係上與羅漢松科尤其是羅漢松屬極為密切。三尖杉科共1屬9種，除了1種分布於印度外，其餘均為中國所特有，且集中分布於中國亞熱帶山區，可視為該科的分布中心，為典型殘遺的東亞分布類型。台灣粗榧（台灣三尖杉）（*Cephalotaxus wilsoniana*）為台灣特有種，是粗榧科分布中心向分布區邊緣分化出來的特有種（張宏達，1994）。

七、羅漢松科（Podocarpaceae）

羅漢松科之植物化石最早見於侏羅紀地層（一億六千萬年以前）中，可見其為比較古老的孑遺植物。以發育系統學來看，羅漢松屬（*Podocarpus*）是主產南半球的該科中最原始的屬，其間斷分布於熱帶亞洲、大洋

蘭嶼羅漢松

洲或美洲。

羅漢松科在台灣有竹柏屬（*Nageia*）與羅漢松屬共2屬7種，其中竹柏（*N. nagi*）原產於中國東南各省、海南島、日本、琉球及台灣。另一種長葉竹伯 N. fleuryi 則分布於中南半島、雲南、廣東、廣西、海南島與台灣北部。蘭嶼羅漢松 *P. costalis* 則與菲律賓共有，桃實百日青（*P. nakaii*）則為台灣特有種。這樣的地理分布顯示出羅漢松科植物在東亞廣泛分布於熱帶、亞熱帶地區，而台灣的羅漢松屬具有強烈的熱帶色彩。

整體而言，台灣的裸子植物區系除了缺乏倪藤屬（買麻黃屬）（*Gnetum*）及麻黃屬（*Ephedra*）之外，其餘8科17屬均與大陸共有，在17屬28種中有近半數是特有種或變種（見表11），說明了裸子植物在台灣特化的現象（張宏達，1994）。第三紀下半期（約二千五百萬年以前）發生距大的造山運動，特別是喜馬拉雅山造山運動，喜馬拉雅山脈、橫斷山脈與台灣山脈發生摺曲，形成今日東西走向的山脈系統，同時由於造山運動引發福建沿海抬升，使得大陸與台灣相連，或許這個過程可以解釋為何台灣山地分布了許多中國大陸西部山地裸子植物成分，如雲杉、冷杉與台灣杉等（黃威廉，1993）。

中國及其鄰近地區（包括台灣在內）裸子植物特有屬約佔全世界裸子植物特有屬的37.5%，是世界上最豐富、分布最為集中的地區。這些屬的化石出現於晚白堊紀或第三紀（應俊生、李良千，1981）。現生的特有屬種主要分布於中國大陸的東南部、南部和西南部的亞熱帶常綠闊葉林範圍內，約海拔100至1,800公尺之間，少數屬可分布達2,800公尺。

台灣地區擁有這麼多孤立或原始的孑遺裸子植物的科、屬，足以佐證台灣植物區系發源的古老性。

于永福. 1994. 杉科植物的分類學研究. 植物研究14(4)：369～382.

于永福. 1999. 杉科植物的起源、演化及其分布. 路安民（主編）. 種子植物科屬地理. 科學出版社.

李楠. 1999. 論松科植物的地理分布、起源和擴散. 路安民（主編）. 種子植物科屬地理. 科學出版社.

何國生. 2000. 福建發現天然分布的台灣杉. 植物雜誌2000(2)：8.

吳建業. 1996. 台灣中部山地における針業樹林の生態學的研究. 日本東京大學博士論文.

耿煊. 1956. 台灣植物與鄰接地區植物之關係. 林業叢刊4：101～106.

張宏達. 1994. 台灣植物區系分析. 植物區系學. pp.129～144.

張美珍、賴明洲（主編）. 1993. 華東五省一市植物名錄. 上海科學普及出版社.

陶君容. 1992. 中國第三紀植被和植物區系歷史及分區. 植物分類學報30(1)：25～43.

黃威廉. 1993. 台灣植被. 中國環境科學出版社.

應俊生、李良千. 1981. 中國及其鄰近地區松杉類特有屬的現代生態地理分布及其意義. 植物分類學報19(4)：408～415.

應俊生、徐國士. 2002. 中國台灣種子植物區系的特性、特點及其與大陸植物區系的關係. 植物分類學報40(1)：1～51.

鄭清芳、林來官. 1992. 福建發現稀有瀕危植物──禿杉（*Taiwania flousiana* Gaussen）. 福建植物學會第五屆代表大會論文摘要匯編：19～20.

Boscherini, G., Morgante, M., Rossi, P. & Vendramin, G. G. 1994. Allozyme and chloroplast DNA variation in Italian and Greek populations of Pinus leucodermis. Heredity 73(2)：84～90.

Canright, J. E. 1972. Evidence of the existence of Metasequoia in the Miocene of Taiwan. Taiwania 17(2)：222～22⁵.

Li H. L. 1953. Present distribution and habitates of the conifers and Taxads. Evolution 7(3)：245～261.

Liu T. 1966. Study on the phytogeography of the conifers and taxads of Taiwan. Bull. Taiwan For. Res. Inst 122：1～33.

Shen, C. F., Hill, K. D. Tsou, C. H. & C. J. Chen 1994. Cycas taitungensis C. F. Shen, K. D. Hill, C. H. Tsou & C. J.Chen, sp. nov.（Cycadaceae）, a new name for the widely known cycad species endemic in Taiwan. Bot. Bull. Acad. Sin. 35(2)：133～140.

陸。

台灣的被子植物
（Angiospermae of Taiwan-Flowering Plants）

（作者：應俊生、賴明洲）

陸、台灣的被子植物

（Angiospermae of Taiwan-Flowering Plants）

（作者：應俊生、賴明洲）

台灣植物極為豐富，根據台灣植物誌（Flora of Taiwan 1975～79）統計，除栽培植物之外，被子植物約有3,631種，隸屬於1,185屬，181科〔註：台灣植物誌第二版（1993～2003）收錄被子植物3,420種及種以下分類群，隸屬於1,257屬，190科〕。

台灣現生的被子植物主要盛產於中、低海拔地區，由於台灣地理位置特性以及多次冰期的洗禮，使得台灣在植被組成上呈現豐富的多樣性，隨著海拔分布差異而自平地向上分化出常綠闊葉林的榕楠林帶及楠櫧林帶與櫟林帶、常綠落葉闊葉混交林，及點綴零散不成帶狀分布的落葉林。有關於台灣被子植物的區系特徵與區系關係，可由下列幾點加以探討之。

一、台灣地區被子植物的古老成分

除了裸子植物均為古老子遺成分外，台灣地區的被子植物中亦擁有大量的古老或原始的科、屬。木蘭科（Magnoliaceae）是眾所承認最原始的被子植物，全世界現存15屬246種（劉玉壺等，1999），其中台灣產2屬2種。木蘭科在上白堊紀和第三紀時廣泛分布於北半球，目前則主要分布於北半球溫帶，大部分的種類集中分布於東南亞與北美東南部。台灣位於東亞區之中，其範圍包括庫頁島、日本、朝鮮半島、東喜馬拉雅、印度北部、中國亞熱帶大部分地區及黑龍江流域。劉玉壺等（1999）根據孢粉分析認為木蘭科早期分化點在中國西南橫斷山脈、四川

台灣水青岡──北插天山（徐育峰教授提供）

台灣水青岡——宜蘭縣銅
山，海拔1,800公尺
（徐育峰教授提供）

台灣水青岡——北插天山
（徐育峰教授提供）

北插天山台灣水青岡夏綠林（徐育峰教授提供）

丹巴以南、雲南個舊以北及康滇古陸範圍，共擁有木蘭科11屬，從原始到進化的種類都非常豐富。木蘭科植物在中國西南地區迅速分化後不斷向外輻射傳播，而台灣產之木蘭屬（*Magnolia*）與含笑屬（*Michelia*）在整個東亞呈廣泛分布。從古老木蘭科的區系起源、分化與傳播可顯現出台灣溫帶區系與中國大陸西南地區之密切關聯性。

其他如金縷梅科（Hamamelidaceae）也是一個古老而複雜的科，主要分布於熱帶、亞熱帶地區，全科25屬90多種，其中台灣分布6屬10種，爲古老熱帶成分在台灣的殘遺證據。與木蘭科、金縷梅科比較相近的原始科還有八角科（Illiciaceae）、五味子科（Schisandraceae）、蓮科（Nymphaeaceae）

、昆欄樹科（Trochodendraceae）等等，多數是含單型屬或少型屬的殘遺植物，在台灣均有分布。

另外有些學者認為單子葉植物比雙子葉植物植物原始。在單子葉植物中，澤瀉目（Alismales）被認為是最原始的類型，水鱉目（Hydrocharitales）和茨藻目（Najadales）與之很接近，都是世界或泛熱帶分布的水生或濕生草本，所含各科在台灣均有分布。澤瀉科的圓葉澤瀉屬（*Caldesia*）全世界有3種，主要分布於舊熱帶，台灣產印度圓葉澤瀉（*C. grandis*）（Lai, 1977）（見圖14）。而雙子葉植物中，則以柔荑花序類為最原始，其主要的科如樺木科（Betulaceae）、殼斗科（Fagaceae）、胡桃科（Juglandaceae）、桑科（Moraceae）、楊梅科（Myricaceae）、楊柳科（Salicaceae）、榆科（Ulmaceae）等，在台灣亦均有分布，且其中還有許多子遺植物，如榆科的糙葉樹（*Aphananthe aspera*）與殼斗科的台灣水青岡（*Fagus hayatae*）（劉棠瑞、蘇鴻傑，1972；Shen & Boufford, 1988；Hsieh, 1989；李俊清，1997）等。由此可知，台灣地區擁有許多古老或原始的科、屬，說明了台灣地區被種子植物區系起源古老，殘遺植物繁多的特徵（方碧真、卓大正，1995）。

根據路安民（2001）對台灣20科63屬181種原始被子植物的分析中發現，其中的19科62屬83種為與大陸共有；而不分布於大陸的昆欄樹科（Trochodendraceae）及其所含的單種屬昆欄樹屬（*Trochodendron*），與分布於大陸的水青樹科（*Tetracentraceae*）及所含的單種屬水青樹屬（*Tetracentron*）為姊妹科（屬），它們的化石均發現於大陸東北區的晚白堊紀（約七千萬年以前），此足以顯示出台灣與中國大陸植物區系的密切性，而其實台灣海峽兩岸的植物區系是一個統一而關聯的區系。在台灣分布的181種原始被子植物中，東亞成分有80種，馬來西亞成分有32種，說明台灣是一個東亞植物區系與馬來西亞植物區系交匯，而以東亞植物區系成分佔優勢的地區。台灣有原始被子植物特有

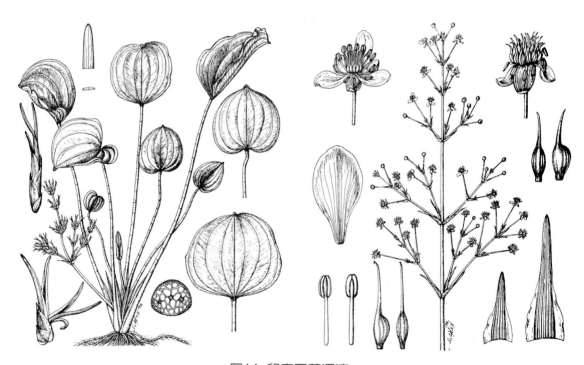

圖14. 印度圓葉澤瀉

種達68種，佔全台原始被子植物總數的三分之一以上，這是由於台灣所處的地理條件優越，有複雜的生態環境，為物種的分化和新種的形成提供了極佳的場所；根據它們在不同科中的系統關係的分析，這些特有種的大多數是在台灣與大陸分離以後形成的，帶有新特有種的性質。因此，中國大陸與台灣現存的原始被子植物的科、屬在區系上是共同起源的，起源的時間和地區可以追溯到中生代一億數千萬年前的華夏古陸，而第四紀冰期大陸與台灣之間的陸橋聯繫，對大陸與台灣地區原始被子植物的分布幾乎沒有影響。陳玉峰（1995）漠視並誤解科學事實〔其實是一種常識性問題，見陳文山（2000）《台灣1億5000萬年之謎》〕，又將認同大陸學者觀點的台灣植物學者的論點惡意批判為「政治性的臆測」（原書p.31），將學術研究泛政治化，不知其居心安在？盼學界能早日糾正所有偏激而與科學事實不符、譁眾取寵的歪曲謬論，以免造成以訛傳訛，誤人子弟是幸！

二、台灣地區被子植物大科的分析

台灣地區的單種科共有檀香科（Santalaceae）、山柚子科（Opiliaceae）、昆欄樹科（Trochodendraceae）、茶薦子科（Grossulariaceae）、水薤科（Aponogetonaceae）、甘藻科（Zosteraceae）等24科；含2～9種的有楊梅科（Myricaceae）、樺木科（Betulacea）、鐵青樹科（Olacaceae）、番荔枝科（Annonaceae）、馬齒莧科（Portulaceae）、虎耳草科（Saxifragaceae）、棕櫚科（Palmae）等86科；含10～19種的有楊柳科（Salicaceae）、楝科（Meliaceae）、桃金孃科（Myrtaceae）、桑寄生科（Loranthaceae）、鹿蹄草科（Pyrolaceae）等31科。含20～49種的有桑科

（Moraceae）、茶科（Theaceae）、傘形科（Umbelliferae）、蓼科（Polygonaceae）、薑科（Zingiberaceae）等30科（方碧眞、卓大正，1995）。

一個地區植物區系的各大科中所含種數及其本身性質可在一定程度上反應該地區植物區系的特徵。台灣目前種數在100種以上的科依序有禾本科（Gramineae）330種、蘭科（Orchidaceae）282種、菊科（Compositae）218種、莎草科（Cyperaceae）180種、豆科（Leguminosae）180種以及薔薇科（Rosaceae）140種。

禾本科雖然廣布於全球，但在台灣出現的117屬中，主要為亞熱帶或熱帶的屬（共有88屬佔75%），溫帶屬則有29屬。蘭科植物為台灣第二大科，其生長與繁衍需要特定的環境條件，對環境條件的要求較其他科的植物更為苛刻，也因此它們的地理分布具有較強的規律性，對於探討植物區系的性質和分區上具有重要的意義（郎楷永，1999）。蘭科植物屬於熱帶種植物，分布於台灣全島，但明顯集中於台灣南部，在282個種中約有130種為台灣特有種，特有率為各大科之首（應俊生，徐國士，2002）。菊科植物則與蘭科植物相反，顯現較強的溫帶特性，在台灣多分布於山地冷涼之區域，在平地台灣北部分布的種類亦較南部為多。莎草科是典型的北溫帶或分布於熱帶、亞熱帶山區的科，台灣地區只有16種特有種。豆科植物在台灣約有61屬，其中屬於世界廣布屬有2屬，溫帶屬10屬，其餘均為熱帶屬。在台灣薔薇科恰與豆科相反，薔薇科是中國溫帶地區植物區系和植被的特徵科，該科在台灣除了蛇莓屬（*Duchesnea*）（2種）、臀果木屬（*Pygeum*）（2種）和小石積屬（*Osteomeles*）（1種）為熱帶屬外，其餘於20屬均為溫帶屬，該科140種中，約有56種為台灣特有種。

具有50～100種的科有茜草科（Rubiaceae）、大戟科（Euphorbiaceae）、唇形科（Labiatae）、蕁麻科（Urticaceae）、玄蔘科（Scrophulariaceae）、毛茛科（Ranunculaceae）、百合科（Liliaceae）、樟科（Lauraceae）和殼斗科（Fagaceae）共9科。茜草科與大戟科是全熱帶－溫帶分布科，茜草科在台灣約有33屬，其中世界分布屬與中國特有屬各1屬，溫帶分布屬4屬，其餘均為熱帶分布屬，在總數98種之中，約有22種為特有種；而台灣的大戟科中除世界分布屬與溫帶分布屬各1屬外，其餘均為熱帶屬，在83種中，約有15種為特有種，是各大科中特有種數最少的科。蕁麻科主產於全熱帶－亞熱帶，台灣地區21屬種有19屬為熱帶屬，僅2屬為溫帶屬，該科76種中，約有22種為特有種。唇形科主產於地中海地區，台灣地區37屬中世界屬4屬，熱帶屬12屬，其餘21屬為溫帶分布屬，是台灣含溫帶屬最多

的科，在77種中，25種為特有種。玄蔘科是一種全世界分布的科，在台灣22屬中，熱帶12屬，溫帶9屬，是各大科中含溫帶比例較高的科。毛茛科屬於溫帶性科，12個屬中除3個世界分布屬外，其餘均為溫帶屬，該科58種中，27種為特有種。百合科和殼斗科分布廣泛，前者分布以溫帶和亞熱帶為主，出現於台灣地區的23屬中，4屬為熱帶屬，19屬為溫帶屬，基本上反映出該科的性質，在52種中，30種為特有種，其比例較高；後者主產於溫帶-熱帶亞熱帶山區，除青剛櫟屬（Cyclobalanopsis）為熱帶屬外，其餘5屬均為溫帶屬，在51種中23種為特有種（包括中國特有種），是台灣木本的科中特有種比例相當高的科。樟科是組成熱帶和亞熱帶常綠闊葉林的重要科之一，台灣共有11屬，57種，其中33種為特有種，是台灣木本的科中特有種比例最高的科。有關台灣被子植物的大科概況整理如表12。

表 12. 台灣種子植物區系中的大科概況統計

科　　名	屬數	種數	含特有種數	科的主要產地	台灣產科內屬其熱帶性質之強弱
禾本科 Gramineae	117	330	50	全世界	主要熱帶
蘭科 Orchidaceae	95	282	131	全熱帶—溫帶	主要熱帶
菊科 Compositae	73	218	73	主產溫帶	主要溫帶
莎草科 Cyperaceae	21	180	16	主產溫帶寒冷地區	主要溫帶
豆科 Leguminosae	61	180	27	主產熱帶—溫帶	主要熱帶
薔薇科 Rosaceae	23	140	56	主產溫帶	主要溫帶
茜草科 Rubiaceae	33	98	22	全熱帶—溫帶	主要熱帶
大戟科 Euphorbiaceae	24	83	15	全熱帶—溫帶	主要熱帶
唇形科 Labiatae	37	77	25	主產地中海	熱帶-溫帶
蕁麻科 Urticaceae	21	76	22	全熱帶—亞熱帶	主要熱帶
玄蔘科 Scrophulariaceae	22	67	19	全世界	熱帶-溫帶
毛茛科 Ranunculaceae	12	58	27	主產北溫帶	主要溫帶
樟科 Lauraceae	11	57	33	全熱帶—亞熱帶	熱帶-亞熱帶
百合科 Liliaceae	23	53	30	主產溫帶—亞熱帶	主要溫帶
殼斗科 Fagaceae	6	51	23	全溫帶—熱帶山區	主要溫帶
合　　計	579	1,950	569		

（修改自應俊生、徐國士，2002）

以上全部被子植物大科約含1,950種，佔台灣地區全部被子植物總數（3,631）的54%，這些大科中的特有種共569種，佔全部被子植物特有種總數（1,053）的54%。由此可見，這些被子植物大科對台灣地區的植物區系和植被起著十分重要的作用。這些大科大都是世界分布或熱帶、亞熱帶分布的大科，發展良好，種類分化繁茂，如禾本科、蘭科及菊科等。小部分有主產於溫帶的大科，如薔薇科、毛茛科及玄參科等。而這些大科的科內屬成分特徵具有明顯熱帶、溫帶性質的分隔，充分反映出垂直分布上台灣低平地（熱帶－亞熱帶）、山地（溫帶）植物區系成分分化的特色。就這些大科的性質來說，其中大多數的科明顯具有熱帶－亞熱帶－溫帶的中間過渡性質。

三、台灣被子植物屬的地理分布區類型分析

單種屬佔總屬數的49%，而含20種以上的屬數僅佔1%（表13）。這一屬內種系貧乏的現象，足以表現出台灣為海洋島嶼的特點（方碧真、卓大正，1995）。

而在特有屬方面，台灣的植物區系也表現出貧乏的特徵。全區被子植物共有1,185屬，其中只有4屬為本區的特有屬，即山茵草屬（*Hayataella*）、銀脈爵床屬（*Kudoacanthus*）、華參屬（*Sinopanax*）和香蘭屬（*Haraella*）。

植物科屬的分布型代表它們的地理成分，並據此可以瞭解各地區之間的區系聯繫及其性質。茲根據各屬的現代地理分布並參考Willis（1973）的資料和吳征鎰（1991）對中國種子植物屬的分布區類型的劃分方法，在此將台灣全部被子植物屬劃分為下面14個分布區類型（圖15）。由區系發生上可區分為熱帶、北方溫帶、東亞和古地中海成分共4類；按區系性質一般再分為熱帶成分和溫帶成分2大類型。世界分布的科一般均排除作比較統計。按此第1類為世界廣布屬；第2至7類為各類熱帶分布成分；第8到11、14類為各類溫帶分布成分；第12、13類屬於古地中海或泛地中海分布成分。據此，統計台灣地區被子植物的分布區類型如表14，可以看到其地理分布成分是複雜的，而且以熱帶分布成分（見表15）為主，溫帶分布成分（見表16）次之。

表 13. 台灣被子植物區系各類屬及其所佔比例

屬 的 類 別	屬 數	佔區系總屬數比率（%）
單種屬	591	49.0
2種屬	217	18.0
3-5種屬	224	18.6
6-20種屬	162	13.4
＞20種屬	12	1.0

（引自方碧真、卓大正，1995）

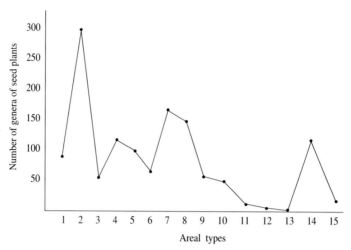

1　世界分布　　　　　　　　6　熱帶亞洲和熱帶美洲分布　　11　溫帶亞洲分布
2　泛熱帶分布　　　　　　　7　熱帶亞洲分布　　　　　　　12　地中海、西亞至中亞分布
3　熱帶亞洲和熱帶美洲分布　8　北溫帶分布　　　　　　　　13　中亞分布
4　舊世界熱帶分布　　　　　9　東亞和北美洲間斷分布　　　14　東亞分布
5　熱帶亞洲至熱帶大洋洲分布　10　舊世界熱帶分布　　　　　15　中國特有分布

圖 15. 台灣種子植物屬的分布區類型

（引自應俊生、徐國士，2002）

表 14. 台灣地區被子植物屬的地理分布

類　　型	屬　　數	佔總數的比率（％）
世界分布	88	
熱帶分布	726	64.9
溫帶分布	372	33.3
中國特有分布	10	0.9
古地中海和泛地中海分布	4	0.4
未查明屬	5	0.5

註：總屬數＝區系總屬數－世界分布屬數

（引自方碧真、卓大正，1995）

表 15. 台灣地區被子植物熱帶分布成分的具體分布

類　　型	屬　　數	佔總屬數比率（％）
泛熱帶分布	260	35.8
熱帶亞洲分布	170	23.4
舊大陸熱帶分布	118	16.3
熱帶亞洲至熱帶澳洲分布	90	12.4
熱帶亞洲至熱帶非洲分布	56	7.7
熱帶亞洲至熱帶美洲分布	32	4.4

註：熱帶成分總屬數726屬

（引自方碧真、卓大正，1995）

表 16. 台灣地區被子植物溫帶分布成分的具體分布

類　　型	屬　　數	佔總屬數比率（％）
北溫帶分布	157	42.2
東亞分布	108	29.0
東亞、北美洲際間斷分布	57	15.3
舊大陸溫帶分布	43	11.6
溫帶亞洲分布	7	1.9

註：溫帶成分總屬數爲372屬

（引自方碧眞、卓大正，1995）

（一）世界分布屬

共有96屬，含670種，隸屬於47科。其中含60種以上的屬中有薹草屬（*Carex*）和懸鉤子屬（*Rubus*）。含26～35種也只有蓼屬（*Polygonum*）、鐵線蓮屬（*Clematis*）和莎草屬（*Cyperus*）。約有1/4的屬爲單型屬。

這些世界屬中的種大多數是中生植物，分布普遍，爲林下草本層常見種，如薹草屬（*Carex*），蓼屬（*Polygonum*）等。報春花科的珍珠菜屬（*Lysimachia*）是典型的世界分布屬，共約180種，東亞、特別是中國分布尤多，約有120種，廣布於西南至東北的森林地區。還有如千里光屬（*Senecio*）、老鸛草屬（*Geranium*）、雙瓶梅屬（*Anemone*）等亦有類似的分布情況。

這一分布類型中，有些屬顯然產於鹽化的海濱生境上，如藜科的濱藜屬（*Atriplex*）和裸花鹹蓬（*Suaeda nudiflora*）等。

另外，水生和沼生的植物也很豐富，主要的有香蒲屬（*Typha*，2種）、眼子菜屬（*Potamogeton*，8）、燈心草屬（*Juncus*，6）、茨菇屬（*Sagittaria*，2）、睡蓮屬（*Nymphaea*，2）和荇菜屬（*Nymphoides*，4）等，是重要的水生植物資源。在台灣世界分布屬中，只有槐屬（*Sophora*）、鼠李屬（*Rhamnus*）和懸鉤子屬（*Rubus*）爲木本屬

外，幾乎全爲草本屬。從世界分布屬中，很難看出一個地區或國家植物區系的地理分布特點，所以在各分布區類型的統計比較中扣除計算。

虎婆刺（懸鉤子屬）

清飯藤（蓼屬）

白榕（台東知本）

（二）泛熱帶分布屬

泛熱帶分布區類型包括普遍分布於東、西兩半球熱帶和在全世界熱帶範圍內有一個或數個分布中心，但其他地區也有一些種類分布的熱帶屬。

草海桐

台灣植物區系中的泛熱帶分布屬共約282屬，佔全島總屬數的23.5%，含1,052種，隸屬於83科，是台灣植物區系中最豐富的地理成分。其中含10～20種的屬約有18屬；含21～30種的屬約5屬；含31～40種的屬僅1屬，而只含1種的屬卻達137屬，幾達這類屬總數的一半。

這類屬除少數屬如夾竹桃科的馬蹄花屬（*Tabernaemontana*）等局限分布於台灣外，在中國分布很廣泛，其中嚴格限於熱帶地區的約78屬，它們主要見於台、滇、粵、桂及瓊等地的熱帶地區，而以台灣南部尤多。如草海桐科的草海桐屬（*Scaevola*）約90種，廣布於澳大利亞，波利尼西亞及其他熱帶海

欖仁

榕

岸，中國2種，草海桐（*S. sericea*）和海南草海桐（*S. hainanensis*），僅見於台灣南部及海南和南部海岸；番杏科的海馬齒屬（*Sesuvium*）約8種，分布於熱帶海岸沙灘，中國僅1種（*S. portoacastrum*），見於台灣、海南等熱帶海岸或淺海；霉草科的霉草屬（*Sciaphila*）約50種，爲腐生小草，分布於熱帶地區，其中如霉草（*S. tenella*）等3種，見於台灣和海南。山欖科（Sapotaceae）的桃欖屬（*Pouteria*）約150種，分布於全球熱帶地區，中國2種見於台灣和西南部。

台灣泛熱帶分布屬中約有125屬分布到亞熱帶，其中使君子科的欖仁樹屬（*Terminalia*）約有200～250種，廣泛分布於熱帶至亞熱帶，台灣有1種（欖仁*T. catappa*），大陸7種分布於滇、川西南、桂、粵南部和瓊，川滇邊界是該屬分布區的北界。梧桐科的蘋婆屬（*Sterculia*，22種）和樟科的厚殼桂屬（*Cryptocarya*，15種）分布中心在東南亞，在中國產於滇川南部，廣東、廣西、

福建至台灣，具有類似的分布格局。這類屬中不少是常綠喬木或灌木，在熱帶、亞熱帶植被組成中常起著重要的作用，有些是台灣南部熱帶季雨林的主要樹種。如樟科的瓊楠屬（*Beilschmiedia*）和厚殼桂屬（*Cryptocarya*）；山茶科的厚皮香屬（*Ternstroemia*）；五加科的鵝掌柴屬（*Schefflera*）以及山礬科的山礬屬（*Symplocos*）等。

這類屬中大約有80個屬進一步向北擴展到溫帶地區，其中包括幾個大屬：榕屬（*Ficus*，800種）、鳳仙花屬（*Impatiens*，600）、冬青屬（*Ilex*，400）和衛矛屬（*Euonymus*，176）。其中榕屬的多種喬木（白榕*Ficus cuspidatocaudata*、大葉赤榕*F. caulocarpa*、榕樹*F. microcarpa*、幹花榕*F. variegata* var. *garciae*、雀榕*F. wightiana*以及稜果榕*F. septica*）和藤本植物（山豬枷*F. tinctoria*和大果藤榕 *F. aurantiaca* var. *parvifolia*）是台灣南端恒春半島熱帶季風雨

林中的主要樹種和林內的重要藤本層植物。

分布到溫帶地區泛熱帶分布屬的另一特點是絕大多數是草本屬，而且以單子葉植物居多。泛熱帶分布區類型有二個變型，一是熱帶亞洲、大洋洲和南美（洲或墨西哥）間斷分布，台灣約有15屬（全中國約有21屬），隸屬於12科，這些屬大多數是南半球的主要成分，在熱帶亞洲、美洲達到其分布區的北界。但在中國大陸或台灣有的屬也可向北延至亞熱帶地區。在這類15屬中，如糙葉樹屬（*Aphananthe*）是第三紀古熱帶的殘遺植物，全屬有5種，3種產於熱帶亞洲，澳大利亞至日本，馬達加斯加和墨西哥各產一種，中國一種間斷分布於台灣與大陸。另一些主要的如茜草科的薄柱草屬（*Nertera*）約有1種分布於馬來西亞、大洋洲和南美，分布中心在紐西蘭，中國3種，其中台灣產2種。衛矛科的核子木屬（*Perrottetia*）也有類似分布格局。在這類屬中，約有12個屬分布於恒春半島與蘭嶼地區。

另一變型是熱帶亞洲、非洲和南美洲間斷分布，約有13屬，隸屬於8科。這些屬中如莿竹屬（*Bambusa*）的現代地理分布中心在熱帶亞洲；假澤蘭屬（*Mikania*）和含羞草屬（*Mimosa*）的現代地理分布中心在熱帶美洲；而伽藍菜屬（*Kalanchoe*）等屬則在熱帶非洲。菊科的金腰箭屬（*Synedrella*）的地理分布很典型，該屬有2種，分布於熱帶美洲，其中1種金腰箭（*S. nodiflora*）間斷分布於台灣和大陸南部，是極常見的曠地一年生野草。另一典型例子是玄參科的黑蒴屬（*Melasma*）約25種，除大洋洲外，全熱帶均產之。其中黑蒴（*M. arvense*）間斷分布於台灣和雲南、廣東。

（三）熱帶亞洲和熱帶美洲間斷分布屬

這一分布區類型包括間斷分布於美洲和

亞洲的熱帶屬，在東半球從亞洲可能延伸到澳大利亞東北部或西太平洋島嶼。台灣植物區系中屬於這一類型的約有50屬。其中原為美洲熱帶，引種栽培或已趨歸化的屬也有不少，如紅木屬（*Bixa*）、木薯屬（*Manihot*）、辣椒屬（*Capsicum*）、鳳眼蓮屬（*Eichhornia*）、番茄屬（*Lycopersicum*）、巴拿馬草屬（*Carludovica*）、向日葵屬（*Helianthus*）、萬壽菊屬（*Tagetes*）以及已趨歸化的庭菖蒲屬（*Sisyrinchium*）、假土金菊屬（*Soliva*）、紫茉莉屬（*Mirabilis*）和萼距花屬（*Cuphea*）等，這些屬雖不足以說明台灣與美洲間植物區系上的自然聯繫，但它們是擴大台灣植物資源的一個重要來源。

另一部分是野生的約有29屬（全中國約57屬），其中單種屬約19屬，其餘屬一般只含2到5種，僅2屬含15至16種。台灣與熱帶美洲共有的屬不僅不多而且各屬所含的種數也很少。主要的如泡花樹屬（*Meliosma*，清風藤科）、猴歡喜屬（*Sloanea*，杜英科）、山香圓屬（*Turpinia*，省沽油科）、木薑子屬（*Litsea*，樟科）、水冬瓜屬（*Saurauia*，水冬瓜科）、柃木屬（*Eurya*，山茶科）等。它們中除柃木屬是台灣北部亞熱帶常綠闊葉林下常見種類外，其餘各屬幾乎都是台灣最南部恒春半島熱帶季風雨林之重要組成種類。但有的屬在大陸可延伸到亞熱帶，如蚊母樹屬（*Distylium*，金縷梅科），甚至延伸到華北或東北，如苦樹屬（*Picrasma*）。

在熱帶屬中這一分布區類型的屬數最少，這是由於熱帶美洲或南美洲本來位於古南大陸西部，最早於侏羅紀末和非洲開始分裂，至白堊紀末期則和非洲完全分離。現代熱亞與熱美地區之間的植物區系的聯繫，表明在第三紀以前它們的植物區系曾有共同的淵源。如上面列舉的熱帶亞洲和熱帶美洲共有的屬，它們大多數都是第三紀古老的屬。水冬瓜科（Saurauiaceae）是一間斷分布於熱

帶亞洲和熱帶美洲的單屬科。水冬瓜屬（*Saurauia*）約有300種，熱帶亞洲約有179種。根據化石資料，在白堊紀晚期和第三紀在歐洲曾有過水冬瓜科植物，由於第四紀冰帽歐洲已不復存在了。大花草科奴草屬（*Mitrastemon*）約有8種，間斷分布於東南亞、新幾內亞和墨西哥，中國3種，產於台灣〔菱型奴草（*M. kanehirai*）和台灣奴草（*M. kawasasakii*)〕、福建和滇東南，寄生於殼斗科木本的根上。該屬各種幾乎都是殼斗科栲屬（*Castanopsis*）的根寄生植物，顯然是第三紀古熱區系的孑遺植物。泡花樹屬中，甚至有一種白泡花樹（*Meliosma alba*）爲東亞和中美洲所共有，無疑也是第三紀孑遺分子。

（四）舊世界熱帶分布屬

舊世界熱帶分布屬是指分布於亞洲、非洲和大洋洲熱帶地區及其鄰近島嶼的屬。台灣屬於這一分布區類型的約有110屬含289種，隸屬於55科。這些科含屬最多的是蘭科（Orchidaceae，10屬）、次爲禾本科（Gramineae，8）、豆科（Leguminosae）和茜草科（Rubiaceae）各6種、蘿藦科（Asclepiadaceae，5），另有6科各含3屬，10科各含2屬，其餘34科爲單屬科。其中海桐科（Pittosporaceae）、芭蕉科（Musaceae）、露兜樹科（Padanaceae）和火筒樹科（Leeaceae）等侷限分布於舊世界熱帶地區，可視爲該地區的特有科。

火筒樹

血桐

蘭嶼肉荳蔻

　　限於舊世界熱帶分布的約有56屬，其中除了上述本地區特有科的屬外，還有魯花樹屬（*Scolopia*，大風子科），肉豆蔻屬（*Myristica*，肉豆蔻科），大沙葉屬（*Pavetta*，茜草科），銀葉樹屬（*Heritiera*，梧桐科），肖蒲桃屬（*Acmena*，桃金孃科），鏈莢豆屬（*Alysicarpus*，豆科），蒴蓮屬（*Adenia*，西番蓮科）和血桐屬（*Macaranga*，大戟科）等。有些屬如血桐屬，海桐屬常是恒春半島季風雨林的重要組成。

　　這類屬的現代分布區中心常偏於舊世界的某一部分，如大戟科的艾菫屬（*Synostemen*）約12種，其分布區中心在澳大利亞，其中只1種艾菫（假葉下珠，*S. bacciformis*）從馬達加斯加經印度—馬來西亞，中南半島到中國南部沿海和海南、台灣。另一例子是金虎尾科的三星果屬（*Tristellateia*）約有20種，主要產於馬達加斯加，東非有1種，而另1種從中南半島到台灣、馬來西亞、昆士蘭和新喀里多尼亞。類似這樣一些屬在中國的分布情況多限於台灣、海南、滇南、廣東、廣西沿海一帶。

　　分布到亞熱帶的屬約有41屬，這些屬大多數屬於熱帶亞熱帶分布的科，如秋海棠屬（*Begonia*，秋海棠科）、鷗蔓屬（*Tylophora*，蘿藦科）、穀木屬（*Memecylon*，野牡丹科）和金錦香屬（*Osbeckia*，野牡丹科）、藤木槲屬（*Embelia*，紫金牛科）和山桂花屬（*Maesa*，紫金牛科）、省藤屬（*Calamus*，棕櫚科），以及蘭科的翻唇蘭屬（白脈蘭屬，*Hetaeria*）等。這些屬在台灣或大陸均可延至亞熱帶。秋海棠屬全世界約900種，分布於熱帶及亞熱帶，中國大陸約有90種，產於林下，台灣約有13種，其中9種為特有種，圓果秋海棠（*B. aptera*）及裂葉秋海棠（*B. laciniata* 或*B. palmata*）（圖16）分布至

溪頭秋海棠

水鴨腳

白斑水鴨腳

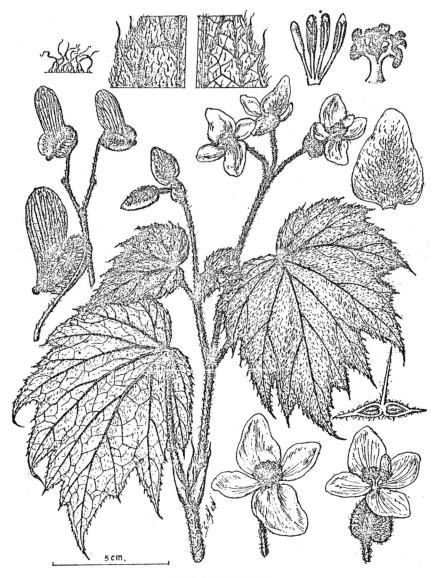

圖16. 裂葉秋海棠

中南半島，水鴨腳（*B. formosana*）分布至日本琉球，蘭嶼秋海棠（*B. fenicis*）分布於菲律賓及日本琉球（Lai, 1979）。

還有一些屬可延伸到溫帶。（在大陸表現在水平地帶，在台灣表現在垂直地帶上）如八角楓屬（*Alangium*）、烏蘞梅屬（*Cayratia*，葡萄科）、槲寄生屬（*Viscum*，桑寄生科）、雨久花屬（*Monochoria*，雨久花科）、天門冬屬（*Asparagus*，百合科）、

吳茱萸屬（*Evodia*，芸香科）、樓梯草屬（*Elatostema*，蕁麻科）、楝屬（*Melia*，楝科），和禾本科的細柄草屬（*Capillipedium*）等。這些屬多數是落葉植物。其中八角楓是舊世界熱帶森林和次生林中較常見的成分，約17種，現代布中心在馬來西亞，往東至澳大利亞東部及斐濟等太平洋島嶼，西至非洲西部。北至東亞溫帶即中國遼寧、日本及前蘇聯遠東地區。台灣和大陸常見的八角楓

苦楝

（*Alangium chinensis*）則間斷分布於非洲西部，西藏易貢、卡瑪一帶的高山八角楓（*Alangium alpinum*）垂直分布可上升到3,900公尺。

本分布區類型的單型屬和少型屬很豐富，其中單型屬約有55屬，少型屬約有50屬，約佔本類型全部屬的91%。一些屬是海岸植物，如欖李屬（*Lumnitzera*），細蕊紅樹屬（*Ceriops*）和木欖屬（*Bruguiera*）等紅樹林植物，分布於台灣和華南熱帶海岸。千屈菜科的水芫花屬（*Pemphis*）在發生系統上是比較古老的類型，約有2種，水芫花（*P. acidula*）分布舊世界熱帶海岸或海灘，中國南部島嶼和台灣南部海岸；另一種馬達加斯加水芫花（*P. madagascariensis*）產於馬達加斯加西南山地。另外還有一些與本類型相近的熱帶亞洲、非洲和大洋洲間斷分布的變型，約有17屬，歸14科。其中茜草科的魚骨木屬（*Canthium*）和桃金娘科的蒲桃屬

（*Syzygium*），前者約有50種，分布於熱帶亞洲、非洲和大洋洲，台灣有1種扑萊木（*C. gynochodes*），只產蘭嶼和綠島，也分布於菲律賓；後者約有500多種，主產熱帶亞洲，少量分布到大洋洲和非洲。中國約有74種，台灣10種，這二者均見於台灣南端熱帶季風雨林，只是前者局限分布於蘭嶼與綠島，後者見於恒春半島及其以北地區。有的屬只達馬達加斯加而不延至非洲大陸，如桑科的桑草屬（*Fatoua*），約2種，1種分布於馬達加斯加，另1種分布於爪哇北部至日本和大洋洲，中國東南部、中部、南部和台灣。另一典型例子是馬錢科髯管花屬（*Geniostoma*）約30種，分布於非洲的Mascarenes、印度、馬來西亞和澳大利亞或至紐西蘭，台灣產1種。梧桐科的鷓鴣麻屬（*Kleinhovia*）僅1種克蘭樹（*K. hospita*），分布於東非和熱帶亞洲，中國海南和台灣南部（恒春半島）盛產之。

（五）熱帶亞洲至熱帶大洋洲分布屬

熱帶亞洲至熱帶大洋洲分布區是舊世界熱帶分布區的東翼，其西端有時可達馬達加斯加，但一般不到達非洲大陸。台灣屬於這一分布區類型的約有90屬，歸42科，其中含10屬以上的科只有蘭科（16）和禾木科（10），約有12個科各含2屬，其餘約有23科爲單屬科。

台灣這一類型的屬，其分布區大部分限於熱帶地區，如馬錢科的灰莉屬（*Fagraea*）35種，其分布西起印度西南，斯里蘭卡，經馬來西亞、新幾內亞和澳大利亞北部到太平洋島嶼，但明顯集中分布於馬來西亞，中國僅1種，產台灣、海南、廣西和雲南。此外還有大果漆屬（*Semecarpus*，漆樹科），同心結屬（*Parsonsia*，夾竹桃科）、桃金娘屬（*Rhodomyrtus*，桃金孃科）、田蔥屬（*Philydrum*，田蔥科）、鬣刺屬（*Spinifex*，禾本科）等約有65屬。

分布到亞熱帶的約有20屬，主要的如苦檻藍屬（*Myoporum*）、野牡丹屬（*Melastoma*）。此外還有杜英屬（*Elaeocarpus*）、樟屬（*Cinnamomum*）和山龍眼屬（*Helicia*），它們常是恆春半島熱帶

野牡丹

季風雨林及其以北地區亞熱帶常綠闊葉林的主要組成種類。

分布到溫帶的屬很貧乏，僅有5屬，如臭椿屬（*Ailanthus*，苦木科）、通泉草屬（*Mazus*，玄參科）、姬苗屬（光巾草屬）（*Mitrasacme*，馬錢科）、栝樓屬（*Trichosanthes*，葫蘆科）和禾木科的結縷草屬（*Zoysia*）。

另外一些屬如野牡丹科的耳藥花屬（*Otanthera*）約15種，分布於熱帶亞洲和大洋洲，全中國僅1種糙葉耳藥花（*O. scaberrima*），不出現大陸而只見於台灣東部。茜草科的欖木屬（*Timonius*）和黃褥花

樟樹

台東漆（大果漆屬）

科的翅實藤屬（*Ryssopterys*）也有類似的分布格局。這些事實說明了台灣植物區系與大洋洲植物區系之間的聯繫情況。

（六）熱帶亞洲至熱帶非洲分布

這一分布區類型是舊世界熱帶分布區類型的西翼，即從熱帶非洲至印度─馬來西亞。其中有的屬也分布到斐濟等南太平洋島嶼，但不見於澳大利亞大陸。台灣屬於這一類型的約有57屬，歸25科。在幾個熱帶分布區類型中，本類型的科、屬數量是各熱帶類型中最少的類型之一。而且也沒有本分布區類型的特有科，如為枝藤科（Ancistrocladaceae）、小盤木科（Pandaceae）和刺茉莉科（Salvadoraceae）等只出現在大陸。這似乎從一側面反映了台灣與非洲之間的植物區系聯繫情況。

約有36屬只含一種，18屬含2至5種，而只有3屬含6到8種。在這些屬中，大約只有1/3的屬限於熱帶地區。如天南星科的岩芋屬（*Remusatia*）含3種，1種分布於斯里蘭卡、尼泊爾、錫金、印度東北、緬甸、泰國、印尼西亞、爪哇、帝汶島、非洲西部的喀麥隆、中國雲南；另2種，1種為台灣特有，另1種分布於錫金、緬甸和泰國北部，呈熱帶東南亞和非洲西部間斷分布。

分布到亞熱帶的屬比較多，約29屬，其中木棉屬（*Bombax*）約8種，分布於熱帶非洲，印度和馬來西亞，中國1種，木棉（*Bombax malabaricum*）分布於滇、瓊、粵和台灣（為荷蘭人早期引進後，目前馴化於南部低平地），在大陸可沿西南乾熱河谷向北延伸到四川西南部的金沙江河谷。紫金牛科的鐵仔屬（*Myrsine*）約7種，由西從亞速爾群島，經非洲、馬達加斯加、阿拉伯、巴基斯坦、阿富汗至印度北部。中國有4種，為於西南、華南和中部熱帶、亞熱帶地區。其

木棉

中鐵仔（*M. africana*）更爲典型，台灣及四川盆地見其蹤跡。飛龍掌血屬（*Toddalia*，芸香科）僅含1種，無疑是一典型例子，它分布於非洲東部山區、馬達加斯加、馬斯卡林群島、科摩羅群島、蘇門答臘、爪哇，帝汶島，加裏曼丹，菲律賓；中國產於台、瓊、粵、桂、滇、黔、川、鄂、湘、閩、浙和陝西西南部，即最北可達漢江河谷，但不入秦嶺主體。

有二個與本分布區類型相似的分布區變型，即中國華南、西南到印度和熱帶非洲間斷分布和熱帶亞洲和東非間斷分布。前一分布區變型台灣僅一屬即南山藤屬（*Dregea*，蘿摩科）約8種，分布於亞洲和非洲的南部。中國約有3種，分布於南部，其中1種華他卡藤（*D. volubilis*）往東間斷分布於台灣。後一分布區變型台灣有3屬，薑科的薑花屬（*Hedychium*）含50種，分布於熱帶亞洲和馬達加斯加，中國約爲20種，主要分布於西南部，而橫斷山區和滇、緬、泰地區種類最多，台灣產1種穗花山奈（*H. coronarium*）。另外還有楊桐屬（*Adinandra*，80，山茶科）和黑鰻藤屬（*Stephanotis*，蘿摩科）。前者分布於亞洲和

非洲熱帶和亞熱帶地區，中國20餘種，主產南部和西南部，台灣也產。後者15種，分布於泰國、印度尼西亞、馬來西亞、（古巴？）和馬達加斯加，中國約有4種，產於南部和東部，其中1種舌瓣花（*S. mucronata*）往東間斷分布於台灣中部。

雖然這一分布區類型在台灣出現的屬數不很多（全中國該分布區類型約有150餘屬），但我們從上述各屬分布區類型的分析，特別是通過單種屬和種的間斷分布格局的分析，爲台灣植物區系在熱帶亞洲和熱帶非洲分布區類型中的地位或聯繫找到充分的根據。

（七）熱帶亞洲（印度─馬來西亞）分布屬

這一分布區類型的範圍包括印度、斯里蘭卡、中南半島、印度尼西亞、加里曼丹、菲律賓和新幾內亞等，其東面可達斐濟和南太平洋島嶼，但不到澳大利亞；其北部邊緣可達中國藏東南、西南、華南及台灣，有時可達更北地區，是世界上植物區系最豐富的地區之一。台灣屬於這一分布區類型及其變形的約153屬（含304種），佔全島總屬數的12.5%，其豐富程度僅次於泛熱帶分布區類型。

蘭科遠較前幾個類型發達，約32屬，含57種。禾本科（8）次之，天南星科和蕁麻科（各7），爵床科（6）等比較發達。在153屬中，含單種的約有102屬，含2～5種的約有44屬，而含6種以上的僅9屬。本分布區類型包括屬於純熱帶分布的屬或雨林的主要組成分子，如無患子科的番龍眼屬（*Pometia*），黃褥花科的翅實藤（*Ryssopterys*），野牡丹科的褐鱗樹屬（大野牡丹屬）（*Astronia*）和柏拉木屬（*Blastus*）等。但有一些熱帶亞洲特有的科或熱帶森林的特徵植物並不出現於台灣，如楊桃科（*Averrhoaceae*）、隱翼

科（Cryteroniaceae）、肉實樹科（Sarcospermataceae）、四數木科（Tetramelaceae）、龍腦香科（Dipterocarpaceae），以及紅光樹屬（*Knema*，肉豆蔻科）、芒果屬（*Mangifera*，漆樹科）、掌葉樹屬（*Euaraliopsis*，五加科）、蕊木屬（*Kopsia*，夾竹桃科）、無憂花屬（*Saraca*，豆科）、麻楝屬（*Chukrasia*，楝科）等。單子葉植物主要有蘭科的許多屬（32屬），它們在中國地區的分布常是台—滇、台—滇—兩廣、台—粵，或只產台灣而不出現大陸。

本類型中分布到亞熱帶的屬約45屬，主要的如熱帶亞洲特有科的交讓木屬（*Daphniphyllum*），金粟蘭科的草珊瑚屬（*Sarcandra*），茶茱萸科的南柴龍樹屬（鷹紫花屬）（*Nothapodytes*）、梧桐科的翅子樹屬（*Pterospermum*）、樟科的新木薑子屬（*Neolitsia*）、金縷梅科的假蚊母樹屬（*Distyliopsis*）等，其中有的可能是第三紀古熱帶植物區系的直接後裔或殘遺分子，如黃杞蘇屬（*Engelhardtia*）、假蚊母樹（*Distyliopsis*）、山檳榔屬（*Pinanga*）、水絲梨屬（*Sycopsis*）以及南五味子屬（*Kadsura*）等，根據大化石和古孢粉的資料，它們在早白堊紀或至少在第三紀以前就已經存在了。然而這些屬今天仍普遍分布於廣大地區，在台灣和大陸熱帶森林中起著重要的作用，黃杞便是一個很好的實例。熱帶亞洲主要的紅樹林植物水筆仔（*Kandelia candel*）也普遍分布於台灣、華南和東南沿海的紅樹林中。

分布到溫帶的屬不多，約9屬，其中山胡椒屬（*Lindera*）和幌菊屬（*Ellisiophyllum*）可作為代表。山胡椒屬的個別種三椏島藥（*L. obtusiloba*）往北分布可達遼寧的千山，是中國樟科分布的最北界，在北京附近尚存喬木代表，是古老的殘遺成分。幌菊屬是玄參科的一個屬，也有人將它獨立成一個科，成為熱帶亞洲特有的單屬科，分布於南亞和東亞，在中國產於藏東南、西南、台灣，北至甘肅、河北。另外還有金粟蘭屬（*Chloranthus*）、蛇莓屬（*Duchesnea*）和天南星科的犁頭尖屬（*Typhonium*）等。

在台灣植物區系中，與熱帶亞洲分布區類型相近的有三個變型，各具不同程度的間斷或區域特有性。首先是爪哇或蘇門答臘間斷（或星散）分布到喜馬拉雅和中國西南和東南的變型。這類變型約有8屬，如山茶科的木荷屬（*Schima*），梧桐科的梭欏樹屬（*Reevesia*），熱帶亞洲特有科——重陽木科（Bischofiaceae）的重陽木屬（*Bischofia*），金縷梅科的水絲梨屬（*Sycopsis*）等，它們幾乎都是恒春半島季風雨林及其以北的常綠闊葉林的主要組成樹種。這些屬也都是第三紀以來就已存在。還有一些草本或亞灌木屬，如芸香科的臭節草屬（*Boenninghausenia*）和唇形科的涼粉草屬（仙草屬）（*Mesona*），前者2種，1種自爪哇至中國西南、華中、台灣和日本，另1種特產於雲貴高原。後者8～10種，分布於印度東北部至東南亞及中國東南部，中國2種，產於台、浙、贛、粵、桂西及滇西。

港口木荷（恆春半島）

重陽木（茄苳）──恆春半島

一葉蘭（葉永廉攝）

　　第二個變型是熱帶印度至中國華南、西南的分布區變型。中國約有43屬，但台灣只有 3 屬，即爵床科的針刺草屬（*Codonacanthus*）和小獅子草屬（*Hemiadelphis*），前者2種，間斷分布於印度東北部和中國東部至台灣。後者僅1種，間斷分布於印度東北和中國南部至台灣。另一是蘭科的一葉蘭屬（*Pleione*）。

　　第三個變型是越南（或中南半島）至中國華南或西南的分布區變型。全中國共約62屬，但在台灣植物區系中，這一變型的屬也很少，只有假赤楊屬（*Alniphyllum*，安息香料），秀柱花屬（*Eustigma*，金縷梅科）和半蒴苣苔屬（角桐草屬）（*Hemiboea*，苦苣苔科）。前二屬也都是很古老的屬，可能在第三紀以前就已存在。

假赤楊

（八）北溫帶分布

　　北溫帶分布是指廣泛分布於歐洲，亞洲和北美洲溫帶地區的屬。在台灣這一類型的約有142屬，隸屬於55科，主要是溫帶科（如槭樹科，樺木科，小檗科，鹿蹄草科等）和世界分布科（如石竹科，虎耳草科等）以及少數熱帶分布科。其中含10屬以上的科有禾本科（16），蘭科和薔薇科（11），菊科（10），含5屬以上的有毛茛科和十字花科（7），石竹科（6）。全中國含100種以上的27個大屬中屬於本類型的約有14屬，這些屬除蒿屬（Artemisia）外幾乎全部出現於台灣，但它們所含的種類都很少，除杜鵑屬含23種外，其餘各屬均含10種左右。含20～100種的中等屬幾乎不出現。然而僅含1種的屬（61屬）或2～5種的屬（55屬）比例都較高。本類型總種數約為509種，約當泛熱帶分布類型總種數的一半。這與台灣所處的地理位置和自然環境條件更有利於熱帶屬植物的發展有關。

　　本類型的木本屬比較豐富，約有32屬，這些屬所包含的種數雖少，有的只含1種或2種，然而，卻包括了北溫帶分布的大部分典型喬木和灌木屬，闊葉樹中主要的如槭樹科的槭樹屬（Acer）、樺木科的赤楊屬（Alnus）（賴明洲，1991）、榛科的鵝耳櫪屬

（Carpinus）、殼斗科的栗屬（Castanea）、水青岡屬（Fagus）（Shen & Boufford, 1988；Hsieh, 1989）和櫟屬（Qercus），以及胡桃屬（Juglans）、柳屬（Salix）、榆屬（Ulmus）、桑屬（Morus）、白蠟樹屬（Fraxinus）、花楸屬（Sorbus）和蘋果屬（Malus）等。它們普遍分布於台灣，構成了台灣較高海拔地段的溫帶落葉闊葉林，針葉林以及亞熱帶山地森林的建群樹種或重要組成樹種。主要的灌木屬如忍冬科的莢蒾屬（Viburnum）和忍冬屬（Lonicera）、小檗屬（Berberis）、胡頹子屬（Elaeagnus）、杜鵑屬（Rhododendron）、榛屬（Corylus）、茶藨子屬（Ribes），以及薔薇科的繡線菊屬（Spiraea）、舖地蜈蚣屬（Cotoneaster）和薔薇屬（Rosa）等，成為台灣山地中、高海拔地段落葉灌叢的主要優勢植物（如莢蒾屬）或為常綠闊葉林下的重要組成種類，如繡線菊屬（Spiraea），其中有的屬如舖地蜈蚣屬（台灣為3種均為特有種）則為高海拔地帶，岩生植被的指標種之一。

　　草本屬更是豐富多樣，一些北半球溫帶的科在台灣具有全部屬的代表，如鹿蹄草科是典型的北溫帶科，共有4屬，其中3屬分布於台灣，喜冬草屬（Chimaphila）和鹿蹄草屬（Pyrola）是溫帶林下或草旬的代表植物或重要組成種類，主要分布於中國西南和東北部；該科的另一屬獨麗花屬（單花鹿蹄草屬）（Moneses）在大陸主要分布於東北寒冷地區，是北方針葉林下的特徵植物。與鹿蹄草科十分近緣的水晶蘭科也是典型的北溫帶科，約有12屬，21種。中國4屬，5種。台灣為2屬3種。這是一群無葉草本，寄生於其他植物根上，根系分枝極密，表面覆以菌根，藉此在土壤中吸取營養，形態特殊，多見於海拔1,000到3,000公尺之間的成熟森林內。還有一些典型的北溫帶大屬在台灣出現的成員並不多，如報春花屬（Primula）全屬500

青楓

台灣赤楊

尖葉楓

台灣赤楊（果）

呂宋莢蒾

樺葉莢蒾

西施花（杜鵑屬）

珊瑚樹（莢蒾屬）

種，中國300種，台灣卻只有2種，海拔2,500〜3,920公尺均有其蹤跡，但集中分布於冷杉林帶；銀蓮花屬（*Anemone*）全屬150種，主產北溫帶，有些生於高山上，中國大陸有50多種，以東北、西北和西南最多，台灣產2種，其中松田氏雙瓶梅（*A. vitifolia* Buch.-Ham. subsp. *matsudai*（Yamamoto）Lai, *comb. nov.*（Basionym：A. *vitifolia* Buch.-Ham. var. *matsudai* Yamamoto, Suppl. Ic. Pl. Foumosa 3：27 1927）產高海拔山地（賴明洲，1982）（圖17）。水楊梅屬（*Geum*）全世界有50餘種，中國有4種，產西南至東北，其中日本水楊梅（*G. japonica*）亦產於台灣（Liu & Lai, 1979）（見圖18）。

單子葉草本植物主要是禾本科和蘭科，禾本科中如冰草屬（*Agropyron*）和野青茅屬（*Deyeuxia*）常見於中國的北方和西北的草甸或森林草原中，有時為優勢植物。前屬台灣

為2種，其中台灣鵝觀草（*A. formosanum*）特產於台灣中部高海拔地區，為常見的陽性草種。後者中國約有23種，主產西部和北部。台灣為4種，其中2種為特有種，產於中高海拔地區。短柄草屬（*Brachypodium*）約有10種，台灣約有3種，分布於全島中，高海拔地區。蘭科的溫帶代表如杓蘭屬（*Cypripedium*），斑葉蘭屬（*Goodyera*）及長距蘭屬（粉蝶蘭屬）（*Platanthera*）等。其中斑葉蘭約有40種，中國15到25種，台灣集中分布了14種。但典型的北溫帶屬如手參屬（*Gymnadenia*）卻不出現於台灣地區。

在廣闊的北半球溫帶地區，由於自然環境的差異和自然歷史條件的變化導致植物區系的發展變化，從而產生一些與本類型相近似的分布區變型。在全中國植物區系中，本類型約有6個變型（吳征鎰等1983），台灣只有3個變型，主要的是北溫帶和南溫帶

圖17. 松田氏雙瓶梅

圖18. 日本水楊梅

莕骨消（接骨木屬）

表17中的柳葉菜和貓眼草也分布於北極，表明這一變型與北極植物區系的聯繫。南半球各古大陸分離的時間，漂移方向和速度以及碰撞時間都有很大的不同，非洲與歐洲於一千七百萬年前聯結；南美與非洲於一億年前分離後於六百萬年前通過陸橋與北美連接；澳洲則於一千五百萬年前靠近亞洲東南部的現今位置。

第二個變型是歐、亞和南美洲間斷分布。全中國約4屬，台灣只有看麥娘屬（*Alopecurus*）一屬，間斷分布於歐亞和南美洲溫帶，在中國分布很廣，是這一變型的典型例子。

第三個變型是地中海區，東亞，紐西蘭和墨西哥到智利間斷分布。馬桑科的馬桑屬（*Coriaria*）是該變型的唯一代表，它的間斷分布格局為南溫帶—北溫帶間斷分布變型各屬之熱帶起源問題提供了殘存的聯絡線，而且也是新舊大陸曾相聯結在一起的證明（吳征鎰、王荷生，1983）。

台灣北溫帶分布類型和北溫帶—南溫帶

（全溫帶）間斷分布，約有26屬。（其餘的2個變型只各含1個屬）。在26屬中，木本屬只有3屬，即杜鵑花科的越橘屬（*Vaccinium*），忍冬科的接骨木屬（*Sambucus*）和茄科的枸杞屬（*Lycium*），它們常成落葉灌木叢或為林下層的重要組成。

這一變型的草本屬是很豐富的，幾乎都主產於北溫帶，但它們與南半球各大陸間斷分布的情況很不一致，據此，可以分為下列幾種分布格局（見表17）。

表 17. 台灣被子植物幾種北溫帶和南溫帶間斷分布格局

1. 北溫帶和南溫帶間斷分布：無心菜屬（*Arenaria*）、卷耳屬（*Cerastium*）、柳葉菜屬（*Epilobium*）、婆婆納屬（*Veronica*）、蕁麻屬（*Urtica*）、雀麥屬（*Bromus*）、三毛草屬（*Trisetum*）。
2. 北溫帶和澳大利亞或澳大利亞-南美間斷分布：鶴風屬（*Lappula*）、小米草屬（*Euphraisa*）。
3. 北溫帶和南美—南非洲間斷分布：山柳菊屬（*Hieracium*）、大蒜芥屬（*Sisymbrium*）、楊梅屬（*Myrica*）、唐松草屬（*Thalictrum*）、茜草屬（*Rubia*）、纈草屬（*Valeriana*）、異燕麥屬（*Helictotrichon*）、肥馬草屬（*Melica*）。
4. 北溫帶和南美洲間斷分布：蒲公英屬（*Taraxacum*）、凌風草屬（*Briza*）、巢菜屬（*Vicia*）、稠李屬（*Padus*）、貓眼草屬（*Chrysosplenium*）。
5. 北溫帶和南非間斷分布：柴胡屬（*Bupleurum*）。

（引自應俊生、徐國士，2002）

馬桑（呂理昌攝）

間斷分布變型的屬數分別佔全中國總屬數的66.3%和50%，而且一些典型的北溫帶科或屬幾乎都在台灣出現，如鹿蹄草科，水晶蘭科，樺木科，榛科以及槭樹屬，櫟屬和水青岡屬等。這些科、屬的現代地理分布中心，發展（或多樣化）中心或起源地都在中國及其鄰近地區（吳征鎰、王荷生，1983）。台灣擁有如此豐富多樣的北溫帶分布類型及其變型，這就從一個側面有力地說明：通常熱帶亞熱帶地區具有溫帶植物區系，而溫帶地

區卻不具有熱帶植物區系成分這一基本事實。這是因為適應溫帶氣候是一種次生性的適應（secondarily adapted to a temperate climate）。

（九）東亞和北美洲際間斷分布

這一分布區類型是指間斷分布於東亞和北美溫帶和亞熱帶地區的屬。這是自Asa Gray（1846）以來就已經確認的洲際間斷分布的明顯例子，後來一直被植物學家所重視。近年來已發展到運用分子生物學地理學研究方法所取得的資料去解釋現代東亞－北美洲際間斷分散式樣的形成是多次歷史事件的結果。

台灣植物區系中屬於這一分布區類型（見Boufford, 1992）及其變型（僅有2屬）約有54屬，歸31科，佔全中國同類分布區類型的46.1%。本類型沒有明顯佔優勢的科，只有虎耳草科含有5屬，另有17科只含1屬，其餘除蘭科和百合科含4屬外，均含2-3屬。這些屬的分布表明包括台灣在內的東亞地區和北美洲在植物區系上的聯繫，但這些屬的現代地理分布中心往往偏於東亞或者偏於北美洲。偏於東亞的主要有檫木屬（Sasssafras）、木犀屬（Osmanthus）、大頭茶屬（Gordonia）、木蘭屬（Magnolia）、八角茴香屬（Illicium）、五味子屬（Schisandra）、鼠刺屬（Itea）和岩扇屬（裂緣花屬）（Shortia）等。有些屬的分布中心明顯在北美洲，如南燭屬（Lyonia）、兩型豆屬（Amphicarpea）、胡枝子屬（Lespedeza）、繡球花屬（Hydrangea）和延齡草屬（Trillium）等。這些屬主要分布在台灣亞熱帶地區或亞高山針葉林帶，如岩扇和五味子等。

從分布格局來說，台灣有東亞－北美東

部間斷分布；東亞—北美西部間斷分布和東亞—北美東部—北美西部間斷分布等三個變型。由於北美東部與中國東南半壁具有相似的自然和歷史條件，所以在台灣植物區系中東亞—北美東部間斷分布的屬比另二類分布格局的屬更多。北美西部由於在地質時期幾經比較劇烈的地質和氣候變遷，尤其是第四紀大冰期退卻時，因受北美東部阿帕拉契山系（Appalachians）的阻斷未獲回遷，滅絕了大多數屬、種，所以至今與中國共有的東亞—北美西部間斷分布成分較少。木本屬如前述裸子植物的黃杉屬（*Pseudotsuga*），草本屬如岩扇屬的台灣岩扇（*Shortia*）。

　　另外一些單型屬如珊瑚菜屬（*Glehnia*，傘形科）和少型屬如前述裸子植物的扁柏屬（*Chamaecyparis*，柏科）和蔓虎刺屬（*Mitchella*，茜草科），這些少型屬在中國的分布只出現於台灣，而不存在於大陸，這就表明台灣和北美洲植物區系的密切聯繫，以及該分布區類型與熱帶和亞熱帶植物區系在歷史上的聯繫。

　　蓮科1屬2種，是著名的古老植物，在東亞南達印度和澳大利亞北部，在北美洲則南達哥倫比亞（吳征鎰、王荷生，1983）。三白草科的三白草屬（*Saururus*）含2種，東亞的三白草（*S. chinensis*）和北美的*S. cernua*相對應，前者往東分布至琉球群島，西達印度，北到日本，朝鮮，南達越南，菲律賓，而在形態上和熱帶的大科胡椒科有聯繫。因此這一小科的第三紀古熱帶起源也是言之有據的（吳征鎰、王荷生，1983）。

　　本類型中的另外二個小科是八角科和五味子科，兩者在系統親緣上很相近。八角科只有1屬，34種。台灣約有3種，其中台灣八角（*Illicium arborescens*）和東亞八角（*I. tashiroi*）為台灣特有種，另一白花八角（*I. anisatum*）的分布南達菲律賓，北至日本本州。該科34種植物中亞洲東部至東南部有31

種，北美東南部僅3種，無洲際共有種。中國橫斷山區及其以東至台灣地區約有23種，既有原始類群又有進化類群，是現代該科植物的分布中心和分化中心。雖然在南半球和現代種類分布最多的中國沒有發現該科植物的化石，但在歐洲，北美乃至日本發現許多中生代晚白堊紀的花粉和新生代的葉、果實和種子的化石。

　　五味子科含五味子屬和南五味子屬兩屬。落葉的五味子屬共有15種，其中1種分布於美國東南部和墨西哥東北部，另14種分布於亞洲東部和東南部，中國產13種。其中1種產於台灣。中國西南和華中是五味子屬分布最集中的地區。該屬最早的葉化石發現於中國黑龍江晚白堊世。該科的另一屬是常綠的南五味子屬（*Kadsura*），共有16種，分布廣泛，東起東喜馬拉雅，西至日本本州，北起秦嶺，淮河一帶，南達爪哇。中國

狹瓣八仙花（繡球花屬）

台灣檫樹（呂理昌攝）

約有9種。台灣也僅1種,產於台北、屏東、台東等地,生於林內,海拔分布可達2,000公尺。該屬化石發現於始新世,至少在第三紀南五味子屬植物曾廣布於北半球。因此,五味子科很可能在晚白堊紀以前就起源於中國秦嶺以南橫斷山脈以東到中南半島北部地區。

(十)舊世界溫帶分布

舊世界溫帶分布區類型是指廣泛分布於歐洲,亞洲中、高緯度的溫帶和寒溫帶,或有個別種延伸到北非及亞洲—非洲熱帶山地,或澳大利亞的屬。台灣屬於這一類型及其變型的約有43屬,歸21科,其中典型的屬只有27個,在屬數量上較前面各分布區類型都較貧乏,這很可能是由於台灣位於歐亞大陸東端的低緯度區域,熱帶亞熱帶氣候條件以及與之相適應的熱帶,亞熱帶植被類型,不利於溫帶植物區系的發展。這些典型屬主要表現出與歐洲植物區系的聯繫。例如,重樓屬(*Paris*)含19(-24)種,隸於2個亞屬即中軸亞屬(中軸胎座,漿果不開裂)和側膜亞屬(側膜胎座,蒴果不規則開裂)。歐洲和高加索地區有2種,*P. quadrifolia*分布幾遍歐洲,*P. incompleta*特產高加索地區。它們均隸屬於中軸亞屬。其餘17種均產東亞地區,這就在歐洲和高加索與東亞之間形成顯著的間斷分布格局。東亞的17～22種中,除*P. tetraphylla*和*P. japonica*這2種特產日本之外,其餘15(-20)種中國均產,分別隸屬於2亞屬。它們遍布中國東南半壁森林地區,而台灣地區產有4種,其生境也與大陸相似,多生於常綠闊葉林,針闊混交林,竹林,針葉林下或灌叢中。該屬植物生態習性很可能是它們不分布於中國西部草原和荒漠地區,從而形成歐洲,高加索與東亞之間間

高山七葉一枝花(重樓屬)

高山七葉一枝花（重樓屬）

斷 分 布 的 原 因 。 另 外 菊 科 的 橐 吾 屬 （*Ligularia*）和毛茛科的小烏頭屬（白銀草屬）（*Isopyrum*）也是台灣標準的歐亞溫帶分布屬。

　　與本分布區類型相近的有三個間斷分布變型，即地中海，西亞和東亞間斷分布（9屬），地中海和喜馬拉雅間斷分布（1屬）以及歐亞和南非間斷分布（7屬）。由於第12類型即地中海，西亞至中亞分布（2屬）同樣用來闡明與地中海植物區系聯繫，因而在此一併予以討論。馬甲子屬（*Paliurus*）約有5種，間斷分布於南歐、北非、西亞和東

亞二個地區。前一地區僅一種（*P. spina-christii*），落葉灌木，常成灌叢建群種。東亞地區有4種，中國均產，其中銅錢樹（*P. hemsleyanus*）和短柄銅錢樹（*P. orientalis*）產中國特有種，硬毛馬甲子（*P. hirsutus*）產中國華東，華中，華南，向南至越南北部，馬甲子（*P. ramosissimus*）是4種中唯一的落葉樹種，產台灣及大陸廣大地區，分布於日本，朝鮮和越南北部。在中國遼寧始新世，山東，雲南中新世發現其化石，在國外，法國、德國、波蘭、保加利亞、羅馬尼亞、烏克蘭及中亞的哈薩克斯坦普遍發現其中新世化石，日本從始新世到上新世，甚至在北美從古新世到中新世都有該屬化石記錄。根據該屬的現代地理分布和化石發現地點及其地質年代，可以推測：1、本屬植物在早第三紀已普遍存在於北半球的常綠闊葉林中，在北美和歐洲中部及中亞地區自中新世之後逐漸滅絕，殘存於地中海地區。2、東亞特別是中國地區地形複雜，氣候相對穩定，伴隨著常綠闊葉林成為孑遺分子，且仍保留著常綠習性，其中僅1種馬甲子蛻變為落葉樹種，並向東遷入台灣，成為常綠闊葉林的組成種類，這很可能發生在晚第三紀或第四紀初。台灣植物區系中的另一典型例子是單屬科——假繁縷科（纖花草科）（Theligonaceae），約有4種，其中1種產地中海地區。另3種產東亞，中國均產，假繁縷（*Theligonum macranthun*）特產四川汶川，湖北神農架；日本假繁縷（*T. japonicum*）產安徽黃山，浙江昌化，天台，以及日本四國，本州，九州；台灣假繁縷（台灣纖花草）（*T. formosanum*）則特產於台灣屏東，它們都生長在林下溝谷陰濕處。根據現今的間斷和孤立的分布格局，推測它是提特斯海沿岸林下植物，原第三紀孑遺，其起源可能是比較早的。唇形科的蜜蜂花屬（*Melissa*）是台灣地區的地中海和喜馬拉雅間斷分布變型的唯一

代表。該屬約有4種，中國產3種，其中蜜蜂花（*Melissa axillaris*）產台灣和大陸的東部和西南部。

最後一個變型約有7屬，如菊科的萵苣屬（*Lactuca*），川續斷科的藍盆花屬（山蘿蔔屬）（*Scabiosa*），豆科的百脈根屬（*Lotus*）和首蓿屬（*Medicago*）等，其中百脈根蘇屬呈歐亞—南非—澳大利亞間斷分布。

從上面所述不難看出，這一分布區類型和台灣植物區系有著一定程度的聯繫，而其二個變型似乎表現出更為明顯的聯繫。

溫帶亞洲分布屬（指分布區主要侷限於亞洲溫帶地區的屬）在台灣植物區系中共有6屬，其中豆科的灣龍骨屬（*Campylotropis*）為木本屬，其餘均為草本，如菊科的馬蘭屬（*Kalimeris*），粘冠草屬（*Myriactis*），瑞香科的狼毒屬（*Strellera*），紫草科為附地菜屬（*Trigonotis*）和禾本科的大油芒屬（*Spodiopogon*）。它們的發展歷史並不古老，表現出與台灣區系具有很微弱的聯繫。地中海—西亞至中亞分布屬（指分布於現代地中海周圍，僅西亞或西南亞到俄羅斯中亞和中國新疆，青藏高原及蒙古高原一帶的屬）在台灣區系中則更少，約有2屬（燕麥草屬*Arrhenatherum*，禾本科；黃連木屬*Pistacia*，漆樹科）。而中亞分布屬（指只分布於中亞而不見於西亞及地中海周圍的屬，即位於古地中海的東半部）在台灣植物區系中完全不出現。這就清楚地表明，台灣植物區系與中亞，西亞直至地中海地區的植物區系聯繫極其微弱乃至沒有聯繫。反映了兩地區之間在水熱條件及歷史背景上的重大差異。

（十一）東亞分布屬

東亞分布屬是指從東喜馬拉雅一直分布到日本的一些屬，其分布區一般向東北不超過蘇聯境內的阿穆爾州，並從日本北部至庫頁島；向西南不超過越南北部和喜馬拉雅東部；向南最遠達菲律賓，蘇門答臘和爪哇；向西北一般以中國各類森林邊界為界（參考王文采，1992）。台灣屬於東亞分布區類型及其變型的共有99屬，歸46科，約當全中國同一類型的三分之一。所歸各科中含5屬以上的為菊科（9），蘭科（8），禾本科和百合科（7），唇形科（6）和薔薇科（5）等。其他科中包含了一些東亞特有科，如昆欄樹科（Trochodendraceae）、青莢葉科（Helwingiaceae）和旌節花科（Stachyuraceae）等，這些科都是古老的單屬或單種科，而且除木通科的野木瓜屬（9）和菊科的兔兒傘屬（6）外，幾乎全為單型屬（63）和少型屬（指在台灣地區只含單種或2到5種的屬）（34），其中不少是第三紀古植物區系的子遺或後裔，如化香樹屬（*Platycarya*）和獼猴桃屬（*Actinidia*）等。

本類型中典型的分布於全區的約有99屬，其中木本屬主要有五加科的五加屬（*Acanthopanax*）、山茱萸科的桃葉珊瑚屬（*Aucuba*）、獼猴桃科的獼猴桃屬（*Actinidia*）、杜鵑花科的吊鐘花屬（*Enkianthus*）、金縷梅科的蠟瓣花屬（*Corylopsis*）、繡球花科的溲疏屬（*Deutzia*）、薔薇科的枇杷屬（*Eriobotrya*）、馬鞭草科的蕕屬（*Caryopteris*），以及東亞特有科中的青莢葉屬（*Helwingia*）和旌節花屬（*Stachyurus*）等。草本屬較少，如三白草科的魚腥草屬（*Houttuynia*）、桔梗科的黨參屬（*Codonopsis*），和金錢豹屬（*Campanumoea*）、睡蓮科的芡實屬（*Euryale*）和禾本科的顯子草屬（*Phaenosperma*）等。另外還有四方竹屬（*Chimonobambusa*）和剛竹屬（*Phyllostachys*）等。

本類型中有些屬的分布區偏於東亞區的西南部，即構成了中國—喜馬拉雅分散式變

台灣青莢葉（葉長花）

西域旌節花（通條木）

昆欄樹（呂理昌攝）

型；有些則偏於東亞區的東北部，則構成了中國—日本分散式變型。這兩變型的重要區別在於：前者決不見於日本，後者則決不出現喜馬拉雅地區。台灣屬於中國—喜馬拉雅變型的約有15屬，唇形科的掌葉石蠶屬（*Rubiteucris*）和玄參科的羊膜草屬（*Hemiphragma*）是典型例子。兩屬均為草本屬，各含1種，前者分布於錫金，中國西藏、西南、陝、甘、湖北，及台灣。後者鞭打繡球（*H. heterophyllum*）有2變種：原變種鞭打繡球（var. *heterophyllum*，短枝頂端的花無梗）分布於西藏東南、雲南、廣西西北、貴州、四川、陝西南部、甘肅南部；印度東北部、不丹、尼泊爾。鞭打繡球有梗變種（var. *pedicellatum*，短枝頂端的花具花梗，長4至5（-15）公釐）分布於雲南西北

（貢山之東）、鄂西、陝西秦嶺太白山，台灣以及菲律賓。薔薇科的扁核木屬（*Prinsepia*）約有4種，大致分布在喜馬拉雅至滇黔（1種）黃土高原（1種），遼東半島（1種）及台灣（1種）。

以上情況表明，許多中國—喜馬拉雅成分分布到台灣甚至菲律賓，而不見於鄰近的海南島，這說明台灣與喜馬拉雅的共同地質歷史，兩者都是在第三紀喜馬拉雅造山運動時期形成的，而且由於第四紀冰期時海水面的降低，台灣與大陸多次直接連接。而海南島則與熱帶亞洲的植物區系有更密切的聯繫，而且是該區系的一部分（吳征鎰、王荷生，1983）。

本分布區類型的另一變型是中國—日本分布變型，約有14屬。昆欄樹屬

（*Trochodendron*）是東亞特有單種科的代表，是中國—日本分布變型的典型例子。分布於台灣、琉球和日本。五加科的八角金盤屬（*Fatsia*）和胡桃科的化香樹屬（*Platycarya*）各含2種。前者一產日本，另一產台灣，但不見於大陸。後者中國大陸2種均產，其中一種特產於大陸貴州，廣西和廣東；另一種分布於黃河以南地區，往東經台灣至朝鮮南部和日本，向西南達越南北部。

從上述典型例子可以看出，台灣區系中的東亞分布區類型和它的兩個變型都含有不少古老科屬的代表，有的屬甚至延伸到菲律賓或爪哇，足見它們與第三紀古熱帶植物區系有著一定程度的淵源關係。

（十二）中國特有分布

台灣的中國被子植物特有屬係指僅分布於中國大陸、海南、台灣範圍內而不延伸到鄰近國家的一些屬（左家哺，1997）。台灣與海南島很相似，特有屬數很少，僅17個屬，這似乎表明台灣與大陸地理隔離的歷史不長，更新世時期，由於冰河的消長，曾經影響海洋面的升降，因而，台灣島不止一次地與大陸接觸，產生了植物區系的交流，這必然不利於台灣島自身特有屬的發展。17個

蓪草（通脫木）

特有屬中只有4屬為台灣自身的特有屬，即山茜草屬（*Hayataella*）、銀脈爵床屬（*Kudoacanthus*）、華參屬（*Sinopanax*）和香蘭屬（*Haraella*），其餘13屬則與大陸共有，並有9個屬向南延伸到馬來西亞植物亞區，這明顯反映了台灣植物區系與大陸在植物區系上的淵源關係。台灣島與海南島之間除擬單性木蘭屬（*Parakmeria*）和異葉苣苔屬（*Whytockia*）外，決無共有的特有屬（Ying *et al.*, 1993）。這似乎說明兩島之間在區系性質上的差異，以及由此反映出中國南部植物區系逐漸變化的情況。

台灣的中國特有屬雖然數量不多，但像鍾萼木屬（*Bratschneidera*），通脫木屬（*Tetrapanax*），八角蓮屬（*Dysosma*）等大多數是孑遺分子。

台灣特有屬的來源問題無疑是比較複雜的，這主要表現在台灣古老的植物區系成分和台灣島形成於晚近地質歷史之間的不協調性上。從中國大陸遷移而來的可能性無疑是存在的，毛茛科的雞爪草屬（*Calathodes*）是一典型例子，該屬共3種，彼此極相近似，黃花雞爪草（*C. palmata*）心皮無突起，是該屬原始種，分布於藏東南、不丹和錫金；雞爪草（*C. oxycarpa*）心皮背縫線中央有1正三角形突起，分布於雲南大理、四川及湖北西部：多果雞爪草（*C. polycarpa*）心皮背縫線中部之下有1向下彎的鑽狀突起，長於前一種突起，是該屬最進化類型，分布於雲南東北、貴州西部、湖北西南和台灣。該屬各種的進化趨勢明顯地表現出由西往東直至台灣的遷移途徑。

根據以上全部屬分布區類型的分析，台灣不出現中亞分布區類型，因此台灣被子植物屬有14個大的分布區類型，而溫帶亞洲分布類型和地中海，西亞至中亞分布區類型分別只有6屬和2屬。因此，實際上台灣被子植物屬主要有12個分布區類型，表現出較明顯

的亞熱帶性質。

在所有熱帶屬（726屬，見方碧真、卓大正，1995）中，泛熱帶分布區類型在台灣植物區系中有260屬，佔有被子植物總屬數約22%的比重，其中約有一半的屬只含1種，而且這些泛熱帶分布屬約有2/3（170屬）出現於恒春半島和蘭嶼，這裏是台灣泛熱帶屬較集中分布的地區。台灣有如此豐富的泛熱帶分布屬，主要由於台灣的地理位置約當亞洲大陸東緣各群島之中央，成為南北植物遷移的通道。

台灣植物區系與大陸西南、華南，以及中南半島和菲律賓等地區有著較悠久的共同歷史，最富於古老的科屬。這裏可能是被子植物起源地的一部分，同時也是東亞乃至北美洲和歐洲北溫帶植物區系的發源地。許多中國－喜馬拉雅成分分布到台灣甚至菲律賓，這表明台灣與喜馬拉雅有著共同地質歷史，即它們都是在第三紀喜馬拉雅造山運動時期形成的。在台灣全部被子植物1,185個屬中，近一半的屬（563）只含1個種，若連同含2到5個種的少型屬，則達90%以上。再聯繫到台灣本土被子植物特有種竟達1,053多種，這就一方面有力地證明台灣種子植物區系的古老性，另一方面又看到它們強烈的分化和發展。

四、台灣被子植物種的分析

台灣具有極其豐富的島嶼和山區植物區系。由於長期人類活動的影響，如這裏引入栽培的被子植物約有1,900多種，極大地增加了該地區被子植物的多樣性和複雜性。根據統計，台灣的被子植物約有181科，1,185屬，3,631種（含種以下分類群）。現對全部被子植物的種作如下分析：

（一）特有種的分析

1、中國特有種的分析

中國特有種指局限分布於台灣和大陸的種。這類種約有205種，佔總種數的5.6%。其中被子植物特有種類的分布格局主要有：（1）台灣－海南間斷分布。如台灣栲（台灣苦櫧）（*Castanopsis formosana*）。（2）台灣－西南間斷分布。如霧水葛（水雞油）（*Pouzolzia elegans*）等。（3）台灣－華東－華中－西南分布。如米櫧（長尾尖葉櫧）（*Castanopsis carlesii*）。（4）台灣－華東－華南分布，如栲（烏來柯）（*Castanopsis uraiana*）和涼粉草（仙草）（*Mesona chinensis*）等。（5）台灣－華南分布，如青楊梅（*Myrica adenophora*）分布於華南，其變種恒春楊梅（*M. adenophora* var. *kusanoi*）產於台灣恒春。上述分布格局表明，台灣地區的中國特有種與大陸華南，西南和華中具有較明顯的區系關係。

2、台灣特有種

台灣地區的被子植物特有種約有1,053種，隸屬於466屬116科。其中單子葉植物273種，106屬18科；雙子葉植物780種，360屬98科。在這些科中，含特有種最多的科為蘭科（131種），其餘含特有種20種以上的科有菊科（Compositae）、薔薇科（Rosaceae）、禾本科（Poaceae）等。在全部特有種中，喬木209種，灌木166種，藤本88種，草本植物607種。這些特有種佔台灣被子植物總種數（3,631種）的29%，若包括出現於台灣的中國特有種，則佔台灣總種數的34.8%，其比例相當高。從台灣特有種和出現於台灣的中國特有種在總種數中的比例看，前者遠高於大陸秦嶺地區（5.6%，應俊生，1994），而後者卻遠低於大陸秦嶺地區（45.7%）。這種本地區特有種比例遠高於出現該地區的中國特有種比例的情況，無疑表明台灣地區的植物區系是一個古老區系在地

質事件嚴重侵襲並在第四紀冰期後又趨活化的歷史演變的結果。就這一點來說，台灣植物區系有異於秦嶺植物區系，更不同於後起的西藏植物區系。

台灣特有種的水平分布主要集中於南投和嘉義以及宜蘭和花蓮兩個地區。這兩個地區正好處於台灣最高山玉山（3,997公尺）、秀巒山（3,833公尺）以及雪山（3,884公尺）和南湖大山（3,740公尺）山區範圍，這裏的地貌具有山高、坡陡、谷深等特點；垂直氣候帶變化明顯；海拔3,000公尺以上均受到第四紀冰河作用，因而山區環境複雜，不僅使古特有成分找到避難所得以保存和發展，而且新的特有成分又在新的生境中得以形成〔左家哺（1997）謂台灣的種子植物特有屬

具有次生性質〕。這種新老成分並存共同發展可以說是台灣山區植物區系的顯著特徵。這在中國其他新構造運動強烈地區如橫斷山區也有類似情況（Li, X. W., 1993）。

整體說來，台灣特有種的水平分布主要集中於包括北、中、東大部分地區的溫帶常濕氣候區和亞寒帶常濕氣候區（圖9）。這裏最具代表性的植被是常綠闊葉林和台灣冷杉、雲杉林，而且新構造運動強烈；垂直氣候帶變化明顯；冰期中冰河作用顯著，導致氣候帶上下位移；以及河流及其間嶺向四方作星芒狀放射，小環境條件十分複雜等，對促進植物在發展過程中的強烈分化，提供了良好的條件，因而形成了台灣特有種集中分布地區。這一地區的形成，則可能生態成因多於歷史成因。

（二）非特有種的分析

台灣地區出現的非特有種被子植物2,356種（約佔全部種數的64.9%），現將這些種作如下分析：

1、非特有種在洲際間的地理分布

由於這類非特有種在各大洲出現的具體地點尚不完全清楚，這裏只能作一初步分析，以示台灣植物區系與各大洲植物區系之間的聯繫。台灣非特有種中，約有243種出現於大洋洲植物區系中，佔全部非特有種的10.2%。與非洲共有種約有123種，佔5.2%。其中32種僅出現於馬達加斯加，而不進入非洲大陸。聯繫到前述泛熱帶分布型屬達282屬，佔各分布區類型屬的首位。這足以說明，台灣植物區系與大洋洲和非洲植物區系具有明顯的區系聯繫。再聯繫到台灣和大陸常見的八角楓（*Alangium chinense*）間斷分布於中國長江流域和珠江流域各省和台灣、印度、馬來亞、日本，以及非洲剛果河流域，本屬化石最早出現於英國的肯特赫爾內

恆春楊梅

灣和倫敦的始新世，在歐洲的漸新世；前蘇聯西伯利亞及薩哈林島的中新世和上新世；摩爾達維亞的中新世以及中國雲南小龍潭的中新世晚期—上新世早期都有記錄。根據現在八角楓的間斷分布格局和該屬的化石資料，我們完全可以推斷本屬植物在早第三紀已存在於南、北半球了，它的起源可能更早。

台灣非特有種出現於美洲的種，主要出現於北美（約30種），其次為中美（11種）和南美（7種）。從種數上看北美最多，這是由於北美特別是北美東部與中國東南半壁具有十分相似而優越的自然和歷史條件，所以在北美出現的種類比中美和南美更多。這些種類中有的明顯是海岸植物，如傘形科的珊瑚菜屬亦稱濱防風屬（Glehnia），只含1種濱防風（G. littoralis）間斷分布於東亞（日本、朝鮮、台灣、廣東至東北沿海岸）和北美（阿拉斯加、俄勒岡至加里福尼亞）。對於這類洲際間斷分布格局的形成原因大致有三種解釋：1、遷移說。2、是因為原地有孑遺分子，而不是遷移的結果。3、長距離散布，這種解釋可能適用於孢子植物或蘭科等類群，但至今還沒有看到典型的實際例子。

另一些台灣非特有種則出現於歐洲，但數量很少，約14種，其中高加索3種，地中海2種，而與中亞地區共有的種很難發現。上述情況表明台灣地區的種子植物區系與大洋洲和非洲區系的密切程度以及與歐洲和地中海地區區系成分之間的微弱聯繫。再聯繫到前述中亞分布型屬不存在於台灣的情況，說明中國大陸西部的青藏高原與橫斷山脈對地中海，中亞乃至整個亞洲內陸乾旱地區區系成分向東分布的屏障作用以及台灣與這些地區之間在水熱條件上的巨大差異情況。

2. 非特有種在鄰近地區的地理分布

茲以Takhtajan（1986）的「世界植物區系分區」和吳征鎰（1979）的「中國植物區系分區」為基礎，根據台灣非特有種在各「分區」中的分布情況去瞭解台灣植物區系性質和區系關係等問題。這樣做主要考慮到植物區系分區的劃分不僅建立在植物區系成分和植被區系組成的分析對比的基礎上，而且還與發生成分的研究相聯繫。因此，以「分區」為基礎進行非特有種的地理分布分析，也許更能揭示研究地區的植物區系性質，特徵和區系關係。

在表18中，台灣非特有種主要出現於泛北極植物區的東亞地區（2區）和古熱帶植物區的印度地區（16區）、中南半島地區（17區）和馬來西亞地區（18區）。若按非特有種在「地區」內和分布地點出現的頻度計算，則在東亞地區出現的非特有種在數量上佔絕對優勢，尤其在中國大陸，計有1,147種，佔全部非特有種的48.2%。其中有些種往東進入日本或朝鮮，如山桐子（Idesia polycarpa）分布於大陸中西部，台灣至日本；有些種則往西進入東喜馬拉雅地區或更西，如通條木（西域旌節花）（Stachyurus himalaicus）分布於台、浙、贛、湘、鄂、陝、粵、桂、滇，以及尼泊爾，錫金，緬甸北部和印度東北部，這些種的分布區主要集中分布於中國大陸，特別是華南，西南和華中地區。還有一些非特有種從東喜馬拉雅一直分布到日本，如三白草科的魚腥草（Houttuynia cordata）。

在印度地區，中南半島地區，甚至馬來西亞地區出現的非特有種在數量上遠較東亞地區少，這一情況對於確定台灣種子植物區系的性質和區系關係具有重要意義。

根據台灣種子植物非特有種在鄰近地區地理分布的分析結果，可以獲得台灣植物區系與中國大陸的區系關係最為密切，是大陸植物區系的一部分的結論。

表 18. 台灣種子植物非特有種在鄰近地區的地理分布

植物區	植物亞區	地區	分布地點	種數	佔全部非特有種 %
泛北極植物區	北方植物亞區	東亞地區	中國大陸	1,147	48.2
			日本	664	27.9
			琉球	402	16.9
			朝鮮	228	9.6
			東喜馬拉雅	74	3.1
舊熱帶植物區	印度馬來西亞植物亞區	印度地區	印度	377	15.8
			斯里蘭卡	55	2.3
			錫金	17	0.7
			阿薩姆	10	0.4
			尼泊爾	6	0.2
			不丹	3	0.1
		中印地區	中南半島	147	6.2
			泰國	108	4.5
			緬甸	95	4.0
			越南	55	2.3
			老撾	3	0.1
		馬來西亞地區	菲律賓	391	16.4
			馬來西亞	371	15.6
			印尼	88	3.7
			蘇門答臘	72	3.0
			婆羅洲	62	2.6

（修改自應俊生、徐國士，2002）

五、植物群落優勢種的分析

（一）落葉闊葉林

落葉闊葉林的分布面積很小，零散而不呈帶狀，在台灣植被類型中不佔有重要地位。但這些優勢種所隸屬的屬幾乎都是很古老的屬。如槭屬在中國第三紀以及歐洲和北美的晚白堊世至上新世均有化石分布；榿木屬（*Alnus*）於晚白堊世第三紀廣布於北半球，在台灣普遍次生於低至高海拔山地；水青岡屬（*Fagus*）的化石發現於國內外的第三紀，台灣水青岡（*F. hayatae*）分布於北部插天山及羅東三星山（劉棠瑞、蘇鴻傑，1972；Hsieh, 1989）；檫木屬（*Sassafras*）的葉化石在中國黑龍江和吉林的晚白堊世，歐洲和北美的晚白堊至上新世均有發現，台灣檫木（*S. randaiense*）分布於中海拔山地。落葉闊葉樹中有2種非特有種，一種野核桃（*Juglans cathayensis*）與大陸共有，主要分布在大陸亞熱帶山區，往南可達廣西、雲南；另一種化香樹（*Platycarya strobilacea*）

廣布於大陸黃河以南地區，往東至朝鮮，日本，西南可達越南北部。顯示了與大陸植物區系的密切關係。

（二）常綠闊葉林

常綠闊葉林在台灣的分布面積很廣，是各植被類型中發育最好的類型之一，組成種類十分豐富，主要的喬木樹種有殼斗科，樟科和山茶科等。在表19中的11種優勢種中，狹葉櫟（*Cyclobalanopsis stenophylloides*）、大葉石櫟（*Lithocarpus kawakamii*）和赤柯（台灣青岡）（*Cyclobalanopsis morii*）為台灣特有種。大葉苦櫧（*Castanopsis kawakamii*）、長尾尖葉櫧（米櫧）（*Castanopsis carlesii*）、台灣苦櫧（台灣錐）（*Castanopsis*

常綠闊葉林內部

常綠闊葉林外觀

formosana）和木荷（*Schima superba*）為中國特有種，它們也是大陸亞熱帶常綠闊葉林喬木層重要樹種（陸陽，1987；賴明洲，2000）。木荷和台灣苦櫧在雨林喬木上層成為重要組成樹種。其餘4種，雖然分布到日本、朝鮮、越南、泰國、緬甸和印度，但它們的主要分布區仍然處於中國大陸亞熱帶。這就清楚地看出：台灣常綠闊葉林優勢種的地理分布顯示出台灣地區的現代植物區系與大陸的華南地區、滇黔桂地區和華中地區的密切聯繫以及與華東地區之間的微弱聯繫。

（三）熱帶雨林－季雨林

台灣的雨林－季雨林分布於南部恒春半島東南部和台東南部，以及蘭嶼和綠島（Lai & Hsueh, 2001）。

台灣南部的雨林以肉豆蔻科（Myristicaceae）、桑科（Moraceae）、山欖科（Sapotaceae）、梧桐科（Sterculiaceae）、無患子科（Sapindaceae）和桃金孃科（Myrtaceae）等的種類常成為上層喬木的優勢種，並以肉豆蔻科為其標誌。但東南亞熱帶雨林的典型代表龍腦香科（Dipterocarpaceae）完全不出現於台灣，而在大陸海南（2屬/2種），雲南南部（5/7），西藏東南部（2/2）和廣西南部都有分布，這證明台灣的熱帶雨林已處於熱帶雨林分布區的北部邊緣，典型熱帶雨林的組成種類更趨貧乏。

從表19中台灣的熱帶雨林－季雨林主要優勢種的地理分布可以看出，8種優勢種中，1種為台灣特有種；1種為中國特有；其餘優勢種全部出現於菲律賓，其中4種局限分布於東南附屬島嶼蘭嶼和綠島，表現出台灣「熱帶雨林」在優勢種類組成上與菲律賓之間具有明顯的關係，以及與大陸之間的微弱聯繫，這與上述亞熱帶常綠闊葉林的情形有著十分顯著的差異。

表 19. 台灣的闊葉林主要優勢種

種　名	地理分布
1. 落葉闊葉林	
尖葉槭 *Acer kawakamii*	台灣特有
台灣紅榨槭 *Acer morrisonense*	台灣特有
野核桃 *Juglans cathayensis*	台，大陸亞熱帶山區，南達廣西
化香樹 *Platycarya strobilacea*	台，大陸黃河以南，東至朝鮮、日本，西南達越南
台灣榿木 *Alnus formosana*	台灣特有
台灣檫木 *Sassafras randaiense*	台灣特有
台灣水青岡 *Fagus hayatae*	台，大陸華中（見Shen&Boufford,1988）及西北。浙江水青岡為本種之變種（var. *zhejiangensis*），分布於浙江，var. *pashanica* 則分布於西北
2. 常綠闊葉林	
狹葉櫟 *Cyclobalanopsis stenophylloides*	台灣特有
大葉石櫟 *Lithocarpus kawakamii*	台灣特有
赤柯（台灣青岡）*Cyclobalanopsis mori*	台灣特有
大葉苦櫧 *Castanopsis kawakamii*	台、閩、贛、粵、桂
長尾尖葉櫧（米櫧）*Castanopsis carlesii*	台、川、湘、贛、粵、閩、桂
台灣苦櫧（台灣錐）*Castanopsis formosana*	台—海南間斷分布
木荷 *Schima superba*	台、浙、閩、贛、湘、粵、桂、瓊、黔
青剛櫟 *Cyclobalanopsis glauca*	台、陝、甘、蘇、皖、浙、贛、閩、豫、湘、鄂、粵、桂、黔、滇、藏。朝鮮、日本、印度
赤皮 *Cyclobalanopsis gilva*	台、浙、閩、湘、粵、黔。日本
黃杞 *Engelhardtia roxburghiana*	台、粵、桂、湘、黔、川、滇。印度、緬甸、泰國、越南。
樟 *Cinnamomum camphora*	台、大陸南方及西南各省。越南、朝鮮、日本也有
3. 熱帶雨林—季雨林	
蘭嶼麵包樹 *Artocarpus lanceolata*	蘭嶼、菲律賓
蘭嶼肉豆蔻 *Myristica cagayaniensis*	蘭嶼、綠島、菲律賓（呂宋）
菲律賓肉豆蔻 *Myristica simiarum*	蘭嶼、菲律賓
天仙果 *Ficus formosana*	台、浙、閩、贛、湘、粵、桂、黔、瓊、香港
台灣蒲桃 *Syzygium formosana*	台灣特有
番龍眼 *Pometia pinnata*	台、菲律賓、馬來西亞、波利尼西亞、新幾內亞
山欖 *Planchonella obovata*	台、海南，菲律賓至澳大利亞北部，中南半島、巴基斯坦、印度、琉球
台灣翅子樹 *Pterospermum niveum*	蘭嶼、綠島、菲律賓

（修改自應俊生、徐國士，2002）

六、討論與結論

（一）根據台灣植物區系中被子植物較大科的性質；主要植物群落優勢種在大陸亞熱帶地區的分布情況；熱帶屬（共有726屬，對應溫帶性的屬372屬）在台灣植物區系中的主導地位和這些熱帶屬在大陸亞熱帶地區的地理分布；以及台灣不出現象龍腦香科和豬籠草科那樣的東南亞熱帶典型科，即使肉豆蔻科（肉豆蔻屬2種）也只出現於蘭嶼和綠島而決不參入台灣本島等等來看，台灣種子植物區系的主體具有較明顯的熱帶和溫帶的中間過渡性質——即亞熱帶性質〔參見王荷生（1998），尤指森林區系〕。

（二）在台灣植物區系中台灣被子植物特有屬只有4屬，而台灣被子植物特有種卻十分豐富，約有1,053種，佔全部種數的29％。但中國特有種只有205種，約佔全部種數的5.6％。這種台灣特有種比例遠高於中國特有種的比例現象，似乎表明台灣植物區系是一個古老區系在多次地質事件侵襲後又趨活化的歷史演變的結果。「新老成分並存，共同發展」可以說是台灣植物區系的重要特點。

（三）在台灣1,185個被子植物屬中，只有44屬不產於大陸，即有1,141屬與大陸共有；在台灣2,356種被子植物非特有種中，與大陸共有的比例佔48.2％（1,147種），遠高於日本（共有的比例27.9％），朝鮮（共有的比例9.6％），印度（共有的比例15.8％）和菲律賓（共有的比例16.4％），可見，台灣植物區系與中國大陸的關係最密切，再聯繫到台灣特有種和主要植物群落優勢種的分布情況的分析，台灣植物區系是東亞植物區系的重要組成部分。因此，台灣地區的植物區系無疑應屬於泛北極植物區，而不應該置於舊熱帶植物區（比較吳征鎰，1979, 1998）。

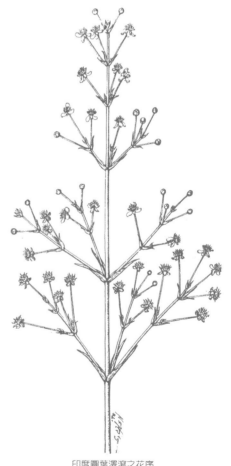

印度圓葉澤瀉之花序

參考文獻

中國科學院中國自然地理編輯委員會. 1988.中國自然地理植物地理（下冊）. 科學出版社.

中國科學院植物研究所. 1960. 中國植被區劃（初稿）. 科學出版社.

方碧眞、卓正大. 1995. 台灣地區種子植物區系的基本特徵. 熱帶地理15(3)：263-271.

王文采. 1989. 中國植物區系中的一些間斷分布現象. 植物研究. 9(1)：1-16.

王文采. 1992. 東亞植物區系的一些分散式樣和遷移路線. 植物分類學報. 30(1)：1-24, (2)：97-117.

王荷生、張鐿鋰. 1994. 中國種子植物特有科屬的分布型. 地理學報49(5)：403-417.

王荷生. 1992. 植物區系地理. 科學出版社.

王荷生. 1998. 中國森林種子植物區系的特徵. 熱帶亞熱帶植物學報 6(2)：87-96.

台灣植物誌編輯委員會. 1975-1978. 台灣植物誌（英文版）. 現代關係出版社.

左家哺. 1996. 台灣的中國種子植物特有屬之分布. 海峽兩岸自然保育與生物地理研討會（二）論文集：228.

吳征鎰、王荷生. 1983. 中國自然地理－植物地理（上冊）. 中國科學院《中國自然地理》編輯委員會. 科學出版社.

吳征鎰. 1979. 論中國植物區系的分區問題. 雲南植物研究1(1)：1-23.

吳征鎰. 1991. 中國種子植物屬的分布區類型. 雲南植物研究增刊Ⅳ：1-139.

吳征鎰. 1998. 在新建議的東亞植物區的背景下台灣植物區系的地位——特論其森林系統分帶的特點和來源. 海峽兩岸植物多樣性與保育論文集：1-8.

吳德鄰. 1999. 薑科植物地理. 路安民（主編）. 種子植物科屬地理. pp. 604-614. 科學出版社.

李俊清. 1996. 海峽兩岸水青岡（*Fagus hayatae*）和高山櫟類（*Quercus* Sect. Suber）生物地理關係研究. 海峽兩岸自然保育與生物地理研討會（二）論文集：229.

李建強. 1999. 山毛櫸科植物的起源和地理分布. 路安民（主編）. 種子植物科屬地理. pp. 218-235. 科學出版社.

李錫文. 1993. 橫斷山脈地區種子植物區系的初步研究. 雲南植物研究15(3)：217-231.

李錫文. 1996. 中國種子植物區系統計分析. 雲南植物研究18(4)：363-384.

徐廷志. 1999. 槭樹科的地理分布. 路安民（主編）. 種子植物科屬地理. pp. 430-437. 科學出版社.

徐國士、宋永昌. 2000. 台灣山地植被的分類. 高山生態多樣性研討會論文集：17-29. 太魯閣國家公園管理處.

朗楷永. 1994. 蘭科植物中一些有意義屬的地理分布格局的研究. 植物分類學報32(4)：328-339.

朗楷永. 1999. 蘭科植物中一些有意義屬的地理分布格局的研究. 路安民（主編）. 種子植物科屬地理. 科學出版社.

耿煊. 1956. 植物分類及植物地理論叢. 國立台灣大學農學院實驗林.

陳子英. 1993. 台灣北部楠櫧林帶闊葉林之植群分析. 台大實驗林研究報告7(3)：127-146.

陳之端. 1999. 樺木科植物的起源和散布. 路安民（主編）. 種子植物科屬地理. pp. 236-258. 科

學出版社.

陳玉峰. 1995. 台灣植被誌，第一卷：總論及植被帶概論. 玉山社.

陳益明. 1991. 台灣東北季風影響下植群生態之研究—以東北部基隆火山群一帶為例. 台灣大學森林學研究所碩士論文.

陸陽. 1987. 廣東省黑石頂與台灣省南鳳山常綠闊葉林的初步比較研究. 生態科學：128-144.

陶君容. 1992. 中國第三紀植被和植物區系歷史及分區. 植物分類學報30(1)：25-43.

章樂民. 1965. 台灣熱帶降雨林生態之研究（一）：環境因子與植物形相之研究. 林試所報告第111號.

章樂民. 1966. 台灣熱帶降雨林生態之研究（二）：植被之研究. 林試所報告第126號.

傅德志、左家哺. 1995. 中國種子植物區系定量化研究. 熱帶亞熱帶學報3(4)：23-29.

湯彥承、路安民、陳之端、張原、張富民. 2002. 現存被子植物原始類群及其植物地理學研究. 植物分類學報40（3）：242-259.

湯彥承. 2000. 中國植物區系與其他地區區系的聯繫及其在世界區系中的地位和作用. 雲南植物研究22(1)：1-26.

路安民. 2001. 台灣海峽兩岸原始被子植物的起源、分化和關係. 雲南植物研究 23(3)：269-277.

劉玉壺、夏念和、楊惠秋. 1999. 木蘭科的起源、進化、和地理分布. 路安民（主編）. 種子植物科屬地理. 科學出版社.

劉棠瑞、蘇鴻傑. 1972. 北插天山夏綠林群落之研究. 台灣博物館科學年刊15：1-16.

劉棠瑞. 1962. 台灣森林植物的植物地理學考察. 日本植物分類地理20：149-157.

賴明洲. 1975. 台灣植物總覽. 199 pp. 台灣中華書局.

賴明洲. 1978. 台灣之植物資源. 中華林學季刊 11(20)：57-66.

賴明洲. 1982. 一種雙瓶梅在東亞之分布的探討. 自然雜誌. 6(7)：45-46.

賴明洲. 1991a. 台灣樘木之正名. 中華林學季刊23(4)：103-106.

賴明洲. 1999. 台灣地帶性植被之區劃與植物區系之分區. 1999生物多樣性研討會論文集：349-400.

賴明洲. 2000. 台灣植被生態學研究現況與發展 國家永續論壇—東部論壇：植被生態學與生物多樣性研討會論文集：1-104.

應俊生、徐國士. 2002. 中國台灣種子植物區系的特性、特點及其與大陸植物區系的關係. 植物分類學報40(1)：1-51.

應俊生、張志松. 1984. 中國植物區系中的特有現象—特有屬的研究. 植物分類學報22(4)：259-268.

應俊生. 1994. 秦嶺植物區系的性質、特點和起源. 植物分類學報32(5)：389-410.

繆汝槐. 1998. 植物地理學. 中山大學出版社.

蘇鴻傑. 1984a. 台灣天然林氣候與植群型之研究（Ⅰ）：氣候因子變異之分析. 中華林學季刊

17(3)：1-14.

蘇鴻傑. 1984b. 台灣天然林氣候與植群型之研究（Ⅱ）：山地植群帶與溫度梯度之關係. 中華林學季刊17(4)：57-73.

蘇鴻傑. 1985. 台灣天然林氣候與植群型之研究（Ⅲ）：地理氣候區之劃分. 中華林學季刊18(3)：33-44.

蘇鴻傑. 1992. 台灣之植群：山地植群帶與地理氣候區. 台灣生物資源調查及資訊管理研討會論文集：39-53. 中央研究植物研究所專刊第11號.

Axelrod, D. I., AI-Shehbaz I. & Raven P. H. 1996. History of the modern flora of china. Proceedings of the First International Symposium on Floristic Characteristics and Diversity of East Asian Plants. pp. 43-55.

Boufford, D. E. 1992. Affinities in the floras of Taiwan and eastern North America. Phytogeography and Botanical Inventory of Taiwan. Institute of Botany, Academia Sinica Monograph Series No. 12. pp. 1-16.

Good, R. 1974. The Geography of the Flowering Plants. London.

Gray, A. 1846. Analogy between the flora of Japan and that of the United States. Amer. J. Sci. Arts. II. 2：135, 136. （Reprinted in Graham, 1972, and in Stuckey, 1978）

Heywood, V. H. 1978. Flowering Plants of the World. Mayflower Books.

Hong, D. Y. 1993. Eastern Asian-North American disjunctions and their biological significance. Cathaya 5：1-39.

Hsieh, C. F. 1989. Structure and floristic composition of the Beech forest in Taiwan. Taiwania：34：28-44.

Hsieh, C. F. 2002. Composition, endemism and phytogeographical affinities of the Taiwan flora. Taiwania 47(4)：298-310.

Hsieh, C. F. & Shen, C. F. 1994. Introduction to the flora of Taiwan, 1：geography, geology, climate, and soils. Flora of Taiwan. 2nd ed. vol. 1：1-3.

Hsu, J. 1983. Late Cretaceous and Cenozoic vegetation in China, emphasizing their connections with North America. Ann. Missouri Bot. Gard. 70：490-508.

Lai, M. J. 1976. *Caldesia parnassifolia* （Alismataceae）, a neglected monocot in Taiwan. Taiwania 21(2)：276-278.

Lai, M. J. 1977. A re-evaluationof a *Caldesia* plant in Taiwan. Taiwania 22(1)：100-104.

Lai, M. J. 1979. Critical studies on some *Begonia* from Taiwan. Taiwania 24：35-37.

Lai, M. J. & I. C. Hsueh 2001. Tropical and subtropical forest formations in Taiwan. （台灣的熱帶及亞熱帶森林群系）. 中華林學季刊34(3)：261-273.

Li, X. W. 1993. A preliminary floristic study on the seed plants from the region of Hengduan mountain. Acta Bot. Yunnan. 15(3)：217-231.

Liu, T. S. & Lai, M. J. 1979. *Geum japonicum* Thunb.(Rosaceae), an additional genus and species for the flora of Taiwan. Quart. Journ.Taiwan Mus. 32(1,2)：33-35.

Palamarev, E. 1989. Paleobotanical evidences of the Tertiary history and origin of the Mediterranean sclerophyll dendroflora. Pl. Syst. Evol. 162：93-107.

Shen, C. F. & Boufford, D. E. 1988. *Fagus hayatae*（Fagaceae）－A remarkable new example of disjunction between Taiwan and central China. Journ. Jap. Bot. 63(3)：96-101.

Su, H. J. 1985. Studies on the climate and vegeation types of the natural forests in Taiwan（III）. A sheme of geographical climate regions. Quart. Journ. Chin. Forest, 18（3）：33-44.

Su, H. J. 1994. Species diversity of forest plants in Taiwan. Biodiversity and Terrestrial Ecosystems （C.-I Peng and C. H. Chou, eds.）, Institute of Botany, Academia Sinica Monograph Series No.14：87-98.

Takhtajan, A. 1986. Floristic regions of the world. University of California Press.

Taylor, D. W. & L. J. Hickey（eds.）1996. Flowering Plant Origin, Evolution and Phylogeny. Chapman & Hall.

Taylor, D. W. & L. J. Hickey 1996. Evidence for and implications of an herbaceous origin for angiosperms. In Taylor, D. W. & L. J. Hickey（eds.）1996. Flowering Plant Origin, Evolution and Phylogeny. Pp. 232-266. Chapman & Hall.

Thorne, R. F. 1999. Eastern Asia as a living museum for archaic Angiosperms and other seed plants. Taiwania 44(4)：413-422.

Tiffney, B. H. 1985. Perspectives on the origin of the floristic similarity between Eastern Asia and eastern North America. Journ. Arn. Arbor. 66(1)：73-94.

Walter, H. 1985. Vegeation of the earth and ecological systems of the geo-biosphere. 3rd Eng. ed. Springer-Verlag, Berlin-Heidelberg-New York-Tokyo, 318 pp.

Willis J. C. 1966. A Dictionary of the Flowesing Plants and Ferns. 7th edition, Cambridge University Press.

Xiang, Q. Y., Soltis, D. E. & P. S. Soltis 1998. The Eastern Asian and Eastern and Western North American floristic disjunction：Congruent phylogenetic pattern in seven diverse genera. Mol. Phylogen. Evol.,10：178-190.

Ying, T. S., Zhang, Y. L. & D. E. Boufford 1993. The Endemic Genera of Seed Plants of China. Science press, Beijing.

Zhang, A. L. & Wu, S. G（eds.）. 1996. Floristic Characteristics and Diversity of East Asian Plants. Proceedings of the First International Symposium on Floristic Characteristics and Diversity of East Asian Plants. July 25-27, 1996. Kunming, Yunnan, China. China Higher Education Press Beijing & Springer-Verlag, Berlin, Heidelberg, New York, London, Paris, Tokyo, Hong Kong.

柒。

台灣的蕨類植物
(Pteridophytes of Taiwan-Ferns and Fern Allies)

柒、台灣的蕨類植物

（Pteridophytes of Taiwan-Ferns and Fern Allies）

一、台灣產蕨類植物的概況

　　亞洲中位居中國、印度之間且主要在北迴歸線以南的中南半島，面積有台灣的數十倍大，其蕨類植物種類總數統計約爲900種，其南部（北緯10度線以南）的馬來半島約有500種，而泰國多山的北部則有大約250種（全泰國有620種）。北迴歸線經過的台灣其蕨類總數已知達672種左右。同樣位在北迴歸線以南的菲律賓群島則更因海洋氣候的影響而分布有高達943種左右的蕨類植物。相較於此，大部分國土位在北迴歸線以北的中國大陸共有63科，227屬，約2,000餘種左右的蕨類（張憲春，1996；臧得奎，1998）（長江以南地區應有爲數較多的種類）。但可以推想，在地球上，愈往赤道南方的熱帶，蕨類種類愈豐富。

　　比起歐洲的152種，北美洲的406種，澳洲的456種，紐西蘭的160種，韓國的230種，日本的630種，小小面積的台灣幾乎擁有全世界最高的蕨類植物種密度。歸究其因，乃因主要位居亞熱帶的地理位置，台灣的南部已進入熱帶範圍的北緣。加上全島地形地貌陡峭複雜，垂直分布同時容納自熱帶、亞熱帶、溫帶及寒帶的氣候與植物帶分布的特色。加上台灣四周環海，深受海洋性氣候影響；且季風盛行，冬季來自北面的強烈東北季風因受中央山脈屏風阻擋，造成西乾東濕的明顯區域化現象，而夏季的西南季風則濕潤了全島。種種原因造就了蕨類植物生育的絕佳環境。

　　全世界的蕨類植物分類系統共有33科（Tryon & Tryon, 1982），台灣地區就有達27科之多，僅有6科不產於台灣，而該6科的蕨類植物全世界僅有15種，只分布於熱帶美洲和馬來西亞的熱帶雨林中（郭城孟，1987，1998）。因分類系統的不同，筆者整理台灣產672種蕨類植物區分爲下列33科（見表20）。

　　《台灣植物誌（第一卷）》（Li *et al.*, 1975）收錄台灣蕨類植物共38科，160屬，575種，5亞種及18變種（蔡進來，1992）。謝萬權著（1981）的《蕨類植物》一書則謂台灣共有蕨類植物37科，143屬，576種，4亞種和95變種。郭城孟（Kuo, 1985）則列出28科，107屬，608種，3亞種和6變種，同一作者（1998）則謂台灣約有627種。牟善傑（2000）估計台灣有620種，2亞科及11變種。

　　喜歡高溫多濕氣候條件的蕨類植物在台灣的陸地生態系統中佔了重要而特殊的角色。除了高種類歧異度及高種密度外，其它的植物區系特色包括了不高的特有種比例〔蔡進來（1992）55種，佔9.2%；Kuo（1985）66種，佔10.7%；牟善傑（2000）50種，佔7.9%，比較上甚低於台灣維管束植物的特有率26%，1,041種〕及偏高的稀有種比例〔228種，佔台灣全部蕨類植物總數的36%（牟善傑，2000）〕，例如熱帶馬來要素（即以馬來西亞植物區系爲主，包括北起菲律賓群島，南與澳洲爲界，東至新幾內亞，西迄馬來半島及蘇門答臘之間的地區）90種中的72%共64種都是稀有種，而且佔台灣稀有蕨類種數的28.2%（牟善傑，2000），大部分

表 20. 台灣蕨類植物統計表（各科的屬／種數）

Aspleniaceae鐵角蕨科1/45	Grammitidaceae禾葉蕨科6/18	Osmundaceae紫萁科1/4
Azollaceae滿江紅科1/1	Hymenophyllaceae膜蕨科5/36	Plagiogyriaceae瘤足蕨科1/7
Blechnaceae烏毛蕨科2/11	Isoetaceae水韭科 1/1	Polypodiaceae水龍骨科15/63
Cheiropleuriaceae燕尾蕨科1/1	Lomariopsidaceae羅蔓藤蕨科3/15	Psilotaceae松葉蕨科1/1
Cyatheaceae杪欏科1/7	Lycopodiaceae石松科 2/23	Pteridaceae鳳尾蕨科12/71
Davalliaceae骨碎補科2/12	Marattiaceae觀音座蓮科 2/5	Salviniaceae槐葉蘋科1/1
Dennstaedtiaceae碗蕨科9/42	Marsileaceae蘋科1/1	Schizaeaceae海金沙科2/4
Dicksoniaceae蚌殼蕨科1/2	Monachosoraceae稀子蕨科1/2	Selaginellaceae卷伯科 1/17
Dipteridaceae雙扇蕨科1/1	Nephrolepidaceae腎蕨科1/3	Thelypteridaceae金星蕨科5/46
Equisetaceae木賊科1/2	Oleandraceae篠蕨科2/2	Vittariaceae書帶蕨科3/10
Gleicheniaceae裏白科2/8	Ophioglossaceae瓶爾小草科 3/10	Woodsiaceae鱗毛蕨科23/200

台灣是蕨類王國，種類豐富

常綠闊葉林內巢蕨類附生於樹幹，狀如飛鳥滿天飛揚之壯觀

槲蕨

筆筒樹為亞熱帶榕楠林帶之指標（張集益攝）

崖薑蕨

萬年松（卷柏屬）

復育之鹵蕨

槲葉石葦

芒萁，生長於向陽開闊地

姿態優美之筆筒樹

筆筒樹孢子極易自播成苗

蘭嶼觀音座蓮

僅侷限於台灣南部的山地霧林帶（即低、中海拔的楠櫧林帶），或蘭嶼及恆春半島東側的熱帶恆濕環境（賴明洲等，2001）。蕨類孢子重量輕，直徑僅20～60μm，易於長距離傳播，大大降低了區域內的生態隔離機會，因而造成了低特有種比例的現象。加上因為台灣位於馬來西亞植物區系的北緣，孢子隨氣流飄送，而將其種類傳播至台灣南部山地類似的環境而形成零星或偶發的稀少種類，其孢子縱能落地萌發，但受限於本身的生態適應性而無法擴張其勢力範圍。

二、台灣蕨類植物的區系分析

台灣的蕨類植物與地理上鄰近的地區互相比較，可歸納為下述的8種不同類型（牟善傑，2000）。泛熱帶（本文特指舊熱帶廣泛分布種）（51種）及馬來要素（90種）兩種成分在氣候、地理屬性上隸屬於熱帶蕨類組成，前者普遍分布於全島，後者則侷限於台灣南部山地的霧林帶及蘭嶼和恆春半島東側。北溫帶要素（20種）則大部分侷限分布於高海拔山區。喜馬拉雅要素（102種）及一部份的華北—日本要素（或稱東北亞要素）（52種）則分布於全台的較高海拔山地。亞洲要素（104種）及華南—西南要素（149種）則於全島的水平北、中、南、東部分區都有分布。台灣特有要素（59種）也幾乎可以分布於台灣全島的水平北、中、南、東部各分區，但不見於中央山脈南段及其他地方的山地霧林帶。

由蕨類植物在台灣分布的豐富多樣性，亦可看出位居東亞植物區系與舊熱帶植物區系之間，台灣成為北方寒溫帶、南方熱帶及中國大陸華南和西南的各種蕨類植物成分匯集之處。

三、台灣蕨類植物的分布

台灣在過去200萬年以來有過數次冷暖交替的氣候變化，其中以發生在距今30,000～10,000年前的大理冰期（又稱玉木冰期，與北美洲的威斯康辛冰期相當），是對台灣的地形與地貌關係最密切的冰期。其時全球的中、低緯度的高山區以及北緯45度以北的低海拔區大都為冰河覆蓋，或者終年積雪不融，尤其在18,000年以前的大理冰期最盛時期（特稱LGM, Last Glacial Maximum），溫度下降最大的地區可達10℃之多。熱帶地區第四紀最後一次冰期的變遷，使得熱帶地區不論海面、平原與高山區的溫度都比現在來的低。由全東南亞在LGM時期的植物變遷來看，其降溫應該至少有3～5℃（Verstappen，1980）。按溫度垂直高度遞減率0.6℃/100m計算，台灣山地在LGM時期的植物變遷高度約下移1,000公尺，而高山的森林界線亦曾下降大約相同的高度。楊建夫（1998）估算台灣高山的現在理論雪線為4,283公尺，而在LGM時期台灣高山的雪線可降至3,500至3,600公尺之間。因此現今只分布於台灣較低海拔山地的蕨類，推論應該是在LGM之後才遷移入台灣，尤其是熱帶性的馬來要素，因為這些熱帶成分在冰期是無法存活於台灣的，至少在大理冰期最旺盛的時期是不存在於台灣的（上述LGM時期台灣山地植物分布約下移至少1,000公尺海拔）。最後一次冰河退卻以後，因為蕨類孢子易於長距離傳播的特性〔容易隨氣流飄送，可達800-1,600公里（見Tryon, 1970）〕，使得中國大陸華南、中南半島、菲律賓群島等地的熱帶蕨類成分隨著其它溫帶成分可以漸次分布到達台灣。

根據台灣蕨類植物區系成分的明顯熱帶、溫帶性質的分隔，充分反映出垂直分布上台灣低平地（熱帶—亞熱帶）、山地（溫帶）植物區系成分分化的特徵。泛溫帶分布型及喜馬拉雅分布型的蕨類植物一般生長在海拔1,800公尺以上地區；泛熱帶分布型、亞洲分布型、西南與東南中國大陸分布型以及馬來西亞區系分布型的蕨類植物，一般生長在海拔1,800公尺以下地區（郭城孟，1998）。榕楠林帶的泛熱帶性種類延伸入暖溫帶的楠櫧林帶，可以解釋為是一種對溫帶氣候的次生適應性。

由垂直分布來看，台灣蕨類植物種類最豐富的地區殆分布於海拔5～700至1,800公尺之間，氣候為暖溫帶的楠櫧林帶，以及5～700公尺以下氣候為亞熱帶的榕楠林帶。根據牟善傑（2000）與郭城孟（1998）的估算，位居台灣中低海拔的這兩個林帶各擁有全台灣40%（253種）及35.4%（224種）的蕨類植物種類，其次為1,800至2,500公尺的針闊葉混合林帶的14.4%（91種）。高海拔山地自鐵杉—雲杉林帶、冷杉林帶至高山灌叢帶所分布的蕨類植物僅佔10.3%（65種）。此亦符合地球上愈往南方赤道熱帶蕨類植物的種類則愈豐富的現象。

台灣中海拔山地因為東北季風帶來的降雨量（尤其是在冬季，是典型的冬雨），使得東北部、東部海岸山脈及中央山脈南段等海拔900至1,600公尺的地區常形成雲霧帶而類似熱帶地區的霧林景觀形相，造成全年恆濕的氣候，而不似台灣中南部平地及低海拔山地因位於中央山脈的雨影區內，阻擋了冬季東北季風帶來的水分，形成類似熱帶地區乾濕季交替分明的氣候。恆春半島東側（見賴明洲等，2001）雖同樣受到東北季風影響，氣候上亦偏向潮濕，雖然未發展分化出霧林，仍差不多是台灣本島分布熱帶植被地區中熱帶恆濕森林或溪谷型蕨類最發達的地區，也擁有許多和蘭嶼共同的種類。蘭嶼則亦因東北季風帶來的豐沛冬季降雨量而保持了全年恆濕的氣候類型，因而也具有明顯的熱帶潮濕蕨類植物區系特色。牟善傑（2000）

著重地區氣候的歧異分化對蕨類植物在台灣地區的水平分布（東、西、南、北面）的影響，是不可多得的佳作。總而言之，海拔500至1,800公尺代表亞熱帶和暖溫帶〔或總稱爲「南方性」（meridional）〕氣候的全島山地孕育著台灣地區最具特色而豐富種類的植被，也是台灣蕨類種類最豐富多樣化的地區。

四、蕨類植物的經濟用途

蕨類植物又被稱爲羊齒植物，在植物界中是一群重要的組成分子。由演化上的觀點來看，它既是原始的維管束植物，又是高等的孢子植物（隱花植物）。它們的生長遍布於各個角落，無論是高山、平地、陸地、水池、田野，甚至在車水馬龍的都市街道屋簷、牆壁、陽台，都可以發現它的蹤跡。台灣位處熱帶邊緣的亞熱帶地區，氣候高溫多雨，且多山林地帶，草木繁茂，恰爲蕨類植物蘊育的最佳溫床。目前已知種類約達六百多種，是一項富有潛力的自然資源及正待開發利用的天然寶藏。

蕨類植物雖然不同於吾人日常生活中所看到的鮮花綠草，沒有花卉的地紅，花朵的芬芳，也沒有令人垂涎的果宜。但是它們在經濟上卻有下列多種用途，不容我們忽視。

（一）**藥用**：蕨類植物中，有許多種類自古以來就被廣泛用於醫藥上，以治療各種疾病。例如：木賊（*Equisetum hiemale*）用爲收斂止血；海金沙（*Lygodium japonicum*）主治淋病；烏蕨（*Sphenomeris chinensis*）可治菌痢、急性腸炎；長柄石韋（*Pyrrosia petiolosa*）可治急慢性腎炎；石韋（*Pyrrosia lingua*）可利尿清熱；萬年松（*Selaginella tamariscina*）可外用治刀傷、止血。台灣民間亦常用金狗毛蕨（*Cibotium barometz*）根莖上密生的金黃色毛來作外傷止血之用。

（二）**食用**：蕨類植物可供食用的種類極多。它們的嫩芽古來就用做蔬菜和救荒食物，統稱爲「蕨菜」。由於各種蕨菜都有特殊的清香味道，又很少受到農藥污染，已經普遍受到大眾歡迎，若干種類並作爲外銷土產商品，例如過溝菜（*Diplazium esculentum*）過去有曬乾外銷日本者。其他較著名者如山蕨菜（*Pteridium aquilinum var. latiusculum*），在春夏之際，當幼葉捲曲尚未展開前採收，食用時，先在開水中煮2至3分鐘，取出後，可炒食或做湯，也可做酸菜、鹽漬或乾菜貯存。山蕨菜的根莖亦可曬乾磨粉，再泡水過濾後，所取出的澱粉俗稱「蕨粉」，可作飴糖、粉條、涼粉，能代替豆粉或藕粉，也可用於釀酒和提取酒精。薇菜（*Osmunda japonica*）又名紫萁，分布於長江以南地區及台灣，除鮮食外，亦可加工成爲乾菜，稱「薇菜乾」，其形如金針菜，風味鮮美。

（三）**綠肥和飼料用**：水田或池塘中的滿江紅（*Azolla pinnata*）是一種水生蕨類植物，它通過與藍綠藻的共生作用，能從空氣中吸取和積聚大量的氮，成爲一種良好的綠肥植物與家畜、家禽類的飼料植物。

（四）**指示植物**：不同的植物種類要求不同的生長環境，有的適應幅度較大，有的較小。後者只有在滿足了它的環境條件的要求下，才能夠生存下去。這種植物相對地指示著當地的環境條件，特稱爲指示植物（Indicator plants）。蕨類植物對外界自然條件的反應具有高度的敏感性，不同的屬或種，常要求不同的生態環境條件，如石韋屬（*Pyrrosia*）、瓦韋屬（*Lepisorus*）生於石灰岩或鈣性土壤上；鱗毛蕨屬（*Dryopteris*）、複葉耳蕨（*Arachniodes*）則生於酸性土壤上；有的則適應於中性或微酸性的土壤上。有的蕨類耐旱性強，適宜於較乾旱的環境；相反地，有的祇能生於潮濕或沼澤地區，如沼澤蕨（*Thelypteris palustris*）。因此，從生

長的某種蕨類植物，可以標示所生長地的地質和理化性等，藉此判斷土壤與森林的不同發育階段，有助於森林更新和撫育工作。其次，蕨類植物的不同種類，也可以反映出所在地的氣候變化情況，藉此我們可以劃分不同的氣候區，如生長著木本杪欏樹、巢蕨類的地區，明顯指示著熱帶或亞熱帶氣候。另外，生長石松的地方，一般而言與鋁礦分布有密切的關係。

（五）觀賞用：蕨類植物多數喜好生長在幽暗林蔭之下，因此極適合當作室內盆栽，作為裝飾觀賞之用。例如鐵線蕨（*Adiantum capillus-veneris*）的翠綠片葉襯托在黝黑潤澤而細如鐵線的葉柄上，姿態風韻極為優美。巢蕨類的台灣山蘇花（*Asplenium nidus*）可盆栽觀其葉叢，或與書帶蕨（*Vittaria flexuosa*）同樣可供栽於水池假山上，給庭園帶來幾分山野氣息。麋角蕨（*Platycerium bifurcatum*）有形如麋角的大形葉片。碎葉腎蕨（*Nephrolepis exaltata* cv. *whitmanii*）可觀其翠綠細膩的葉片。在庭園布置上杪欏科的樹蕨可以代替棕櫚科的樹形。蕨類植物由於少生病蟲之害，在專業栽培管理上，具有種種有利的條件，例如不必施用農藥，而且因它不會開花結果，在施肥上也減少了肥料種類的考慮，如此不但降低生產成本，也節省了許多管理勞力。是故，蕨類在園藝上的經濟價值是無可限量的。

（六）插花材料用：如腎蕨、鳥巢蕨、複葉耳蕨的葉片，筆筒樹捲曲的幼芽等，均是花藝上常用的材料。

（七）盆栽材料用：近年來，園藝事業蓬勃發展，筆筒樹（又名蛇木）或台灣杪欏的通直樹幹常被製成蛇木盆供盆栽蘭花之用，密織的氣生根可裁鋸成蛇木板或蛇木柱，以供栽種蘭花或其他室內陰生觀賞植物。蛇木屑亦為盆栽蘭花的重要介質填充材料。

（八）工藝品用：將筆筒樹外層的氣生根剝去，再用砂紙磨亮，露出心形的葉痕，配以點狀的葉跡，就可以製成各種裝飾品或筆筒。此外，芒萁（*Dicranopteris linearis*）的軸也可以編製各種工藝品。蕨類植物的葉以化學藥品處理腐蝕葉肉並漂白之後，再染上各種花綠顏色，可以製成各色各樣的書籤、賀卡等。

（九）工業用：石松科的孢子，俗稱「石松粉」，為冶金工業的優良脫模劑，可用以提高產品的品質。

五、發展蕨類植物之園藝及造園用途

可能基於地區性的風土人情與生活習慣，台灣地區的園藝界及造園業者甚少注意及蕨類植物的大量應用，徒徒辜負了台灣蕨類植物的豐富資源。筆者近年來考察東南亞國家以及歐、美、日及澳洲等國，發現這些地區的國民對於蕨類植物的愛好大大地超過台灣。就如泰國、菲律賓、印尼、馬來西亞及新加坡等地，在園藝及造園上都相當重視蕨類植物，使用蕨類的數量及種類均比我們強過許多，值得吾人借鏡並迎頭趕上。尤其對於蕨類的繁殖及栽培技術，例如以孢子培育及組織培養大量繁殖蕨類（Brooklyn

蘚生水龍骨

編著者在菲律賓Baler採集蕨類（2002年11月）

蕨類植物是有潛力的造園植物材料（集集農委會特有生物研究保育中心庭院，野小毛蕨、小毛蕨、粗毛鱗蓋蕨、鱗蓋鳳尾蕨及熱帶鱗蓋蕨）

蕨類雜交育種專家泰國Kasetsart大學Charuphant教授

中國科學院昆明植物研究所蕨類種源園

雜交種皺葉鳥巢蕨

中國科學院昆明植物研究所蕨類種源園

鱗毛蕨類盆栽

147

雜交種捲葉鳥巢蕨

杉葉石松

垂枝石松

戟葉黑心蕨

Botanical Garden, 1979；Hoshizaki, 1976；
Davenport, 1977；Foster, 1984； Jones, 2000）
。喜見國內近年已有許多進展，見葉德銘、
李哖，陳進分，全中和，邱文良等人的論文
報告。

園藝業者自東南亞大量進口杉葉石松

六、蕨類植物在造園景觀上的應用

蕨類植物作為造景植物材料之特點可歸
納如下：

（一）植株姿態優美，具有極高的觀賞價
值。

（二）耐陰性強，且終年常綠，是室內植
栽的理想選材。

（三）少病蟲害，需肥份低，大幅降低了
生產及養護的成本。

（四）繁殖容易且快速，且大部份種類生
長迅速，可在短期內培育出茂盛的植株。

（五）不同種類其高矮、葉形、姿態、色
澤等變化萬千，可供園林搭配之用。

在庭園中，蕨類是不可或缺的植物材
料，在不同的庭園，有不同的處理方式。今
日歐美各地，欣賞蕨類者漸多，如欲將蕨類
適意的布置於庭園中，有下列的各項配置原
則：

（一）**與各種植物做適當的組合**：利用蕨
類不同的姿態外形、質地、葉色、生長特
性，可配合地形和環境加以選用配置。大形
的筆筒樹宜單植做為景觀的焦點。叢植的蕨
葉，適合混生其它開花植物，產生紅花綠
葉，相得益彰之效。

（二）**配合庭園構造**：蕨類具有綠意盎然
的葉，清新可愛的芽，常在庭園中散發出浪
漫、雅緻的氣息，尤其在難以處理的狹窄空
地或陰暗的角落，愈發能表現其特有的柔合
之美，故適合於玄關、窗台下、石組、水
池、窄地、牆邊或庭園的一隅。

（三）**慎選適合基地微環境生長的種類**：
依照園址當地的環境與氣候加以選擇適當的
種類。例如向北或大樹下宜選擇好陰性的蕨
類。此外在種植配置時，應盡量保持蕨類植
物原本之自然特性，如原來生長於樹上者，
予以布置於庭園樹木的枝幹上，則可表現其

最真實、自然的風貌，像巢蕨類、尖嘴蕨、麋角蕨和崖薑蕨等。

除了以上三點原則外在庭園中蕨類還有下列各項功能：

（一）強調並做為重點植物，種植不宜太密太擠，植株不能太小，要有強壯，顯著的外型，能聚集所有的焦點。

（二）增加距離的感覺，利用蕨類細緻的質地，優美的外型，可以有距離的感覺。質地粗糙者有封閉的感覺。

（三）加以適當的擺設，可以有隱藏不良視覺的效果。

（四）若另懸掛不同的蕨類於不同的高度，可以有窗簾的效果。

（五）蕨類置於牆上，可以增加牆的高度意象，遮蔽鄰居不雅景觀。

（六）自天花板垂吊下來的蕨類，可以節省空間，並可使室內綠意盎然。

（七）掛在牆上可以增添趣味，例如麋角蕨及巢蕨類。

（八）與岩石互相搭配，可以軟化岩石而互相輝映，使其看起來更柔合。

（九）邊界或基礎種植，例如廊道旁或牆角。

以多種蕨類植物來組合配置，可創造出獨具風格的空間，甚至可發展出以蕨類植物為主題的庭園景觀，特稱之為蕨園（fernery）。

澳洲雪梨植物園內蕨園

蕨園（台中自然科學博物館蕨類特展）

鳥巢蕨搭配水景

長葉腎蕨搭配水景

蕨園展示（台大山地農場）

全緣卷柏為良好植被

因為蕨類具有綠意盎然的葉，清新可愛的芽，常在庭園中散發出浪漫、雅緻的氣息，尤其在難以處理的狹窄空地或陰暗的角落，愈發能表現其特有的柔合美。立體花壇為利用不同高度之植物作立體層次的組合，以強調層次感。依各種蕨類之不同形態與各種植物做適當的組合，可收相得益彰之效。利用蕨類不同的外形、質地、葉色、生長特性，可配合地形和環境加以選用配置。例如大形的筆筒樹宜單植或群植做為景觀的焦點。步道或小徑以蕨類植物作修邊植栽，使得這類植物的群植自成一格，形成一個獨立的蕨園，除了景觀效果外，亦具有提供自然教育寓教於樂的內涵。

由於國民生活水準提高，對於生活環境品質及視覺景觀之要求日漸重視。園林植物材料種類雖多，然而一般的植栽設計個案中展現的效果已無法滿足人們的新鮮感。筆者常於不同場所見到相同的植物種類被重複使用，設計上毫無創新與突破。為使空間使用者對環境有新的體驗及環境設計者對植栽種類有更大的選擇性，開發新的植物材料像蕨類植物是極富潛力的。

蕨類植物不論形態、色澤及群落表現，皆不亞於其它觀賞植物，且較之更具有獨特的風格及品味，雖然國內已有不少實際應用之例子，但其選用者仍侷限於某些少數種類，如鐵線蕨、波士頓蕨、鳥巢蕨、筆筒樹等，對處於世界蕨類植物種密度最高的台灣而言，若不加以大量開發利用，殊為可惜。

以台灣蕨類種類之多，其適用於景觀用途者為數眾多，還需靠有心人士去發掘，將之帶至我們的生活環境中，以彌補其它植物材料之不足。此外，克服技術障礙，以人工方式大量繁殖，才是推廣蕨類植物利用的最務實方法。對於蕨類植物的栽培及園林景觀應用，編著者有下列幾點建議提供參考：

1、繼續研究適於園林景觀應用之蕨類植物的選種，及有關栽培應用的研發和資訊蒐集。

2、利用人工繁殖大量的種苗，以供應市場之需求，並可降低生產成本。

3、以成功的案例為典範，鼓勵園林植栽設計者多嘗試以蕨類植物應用於庭院之配置。

4、除了庭園栽植外，室內環境也頗適合蕨類生長，故中、小型之蕨類植物也可朝盆栽方式來發展。

5、附生性或岩生性之蕨類種類可事先培養於木石而後隨木石直接供應市場需要，以提高其存活率。

6、發展蕨類植物的雜交育種技術，培育觀賞蕨類新品種。

參考文獻

王才義. 1999. 蕨類植物之栽培管理. 黃明得（主編）. 蕨類植物種源蒐集及應用研討會專輯. pp.38-43.

王幸美、葉德銘、李哖. 1999. 試管內培養基成分與無土介質對鐵線蕨孢子發芽與原葉體生長及配子體發育之影響. 中國園藝45(4)：353-360.

石雷、邵莉楣、陳維倫、張實春. 1994. 觀賞蕨類的栽培與用途. 金盾出版社.

全中和. 1998. 台灣山蘇花種苗繁殖（一）. 花蓮區業專訊24：12-13.

全中和. 1999. 台灣山蘇花種苗繁殖（二）. 花蓮區農業專訊30：24-25.

全中和. 1999. 台灣山蘇花種苗繁殖及栽培技術. 黃明得（主編）. 蕨類植物種源蒐集及應用研討會專輯. pp.44-52.

全中和. 1999. 台灣山蘇花種苗繁殖技術. 台灣農業 35：67-68.

江瑞拱、陳進分. 1999. 國家作物種原中心蕨類植物調查表. 黃明得（主編）. 蕨類植物種源蒐集及應用研討會專輯. pp.79-135.

牟善傑. 2000. 台灣蕨類植物的多樣性及其保育. 2000年海峽兩岸生物多樣性與保育研討會論文集：331-359.

邵莉楣（主編）. 1994. 觀賞蕨類的栽培與用途. 金盾出版社.

邱文良、李沛軒、黃曜謀. 2001. 同型孢子蕨類配子體的生殖生物學. 台灣林業科學. 18(1)：67-74.

邱文良、李沛軒、黃曜謀. 2001. 同型孢子蕨類配子體的生殖生物學. 台灣蕨類植物學術研討會論文集：9.

邱文良. 1999. 同型孢子蕨類之配子體. 黃明得（主編）. 蕨類植物種原蒐集及應用研討會專輯. pp.34-37.

胡敬華. 1960. 金狗毛蕨在台灣植物地理及生態學之研究. 師大生物學報84：205-219

孫文章. 1993. 山蘇花切葉栽培及利用. 台南區農業專訊4：3-5.

高秀雲、葉德銘. 2003. 脆鐵線蕨孢子無菌撒播繁殖體系之建立. 台灣林業科學18(1)：33-42.

高秀雲、葉德銘. 2003. 試管內乙烯與激勃素含量對脆鐵線蕨原葉體發育之影響. 台灣林業科學18(1)：25-32.

張正. 2001. 東方狗脊蕨配子體發育與二次配子體發生之研究. 台灣蕨類植物學術研討會論文集：13.

張憲春. 1996. 中國蕨類植物概況. 海峽兩岸自然保育與生物地理研討會（二）論文集：225.

許再文、蔣鎮宇、王唯匡、牟善傑. 1999. 伊藤氏原始觀音座蓮的族群遺傳變異及保育. 自然保育季刊25：43-49.

郭城孟. 1974. 台灣的金星蕨科植物. 台灣大學植物學研究所碩士論文.

郭城孟. 1985. 蕨類植物繁殖及其在造園上之應用. 台北市政府工務局七十四年度園藝講習會. 造園植物栽培第29號.

郭城孟. 1987. 台灣的蕨類植物資源及其保育. 台灣植物資源與保育論文集：165-172.

郭城孟. 1987. 台灣鐵角蕨屬巢蕨類植物補遺. 師大生物學報22：5-12.

郭城孟. 1998. 台灣蕨類植物區系之研究. 邱少婷、彭鏡毅（編）. 海峽兩岸植物多樣性與保育論文集：9-19.

郭城孟. 2001. 蕨類圖鑑. 遠流出版事業股份有限公司.

陳俊仁、謝桑煙、黃山內. 2000. 山蘇花之品種、習性及繁殖. 台南區農業專訊34：1-4.

陳俊仁、謝桑煙、黃山內. 2001a. 山蘇花之栽培與利用. 台南區農業專訊36：1-4.

陳俊仁、謝桑煙、黃山內. 2001b. 山蘇花之栽培與利用（上）（下）. 台灣花園藝月刊169：34-37；170：38-41.

陳進分、江瑞拱. 1998. 蕨類植物. 台灣省台東區農業改良場.

陳進分. 1995. 數蕨類栽培與繁殖技術. 台東區農業專訊：11-14.

陳進分. 1996a. 蕨類繁殖技術. 農業世界157：60-64.

陳進分. 1996b. 麗莎蕨栽培技術. 農業世界158：55-59.

陳進分. 1997. 數種具觀賞價值之台灣原生蕨類. 中華盆花7：22-23.

陳進分. 1998a. 蕨類植物鐵角蕨屬與鳳尾蕨屬簡介. 台東區農業專訊：12-13.

陳進分. 1998b. 鐵線蕨簡介. 農業世界174：41-43.

陳進分. 1999a. 台東區蕨類植物種原蒐集及馴化. 黃明得（主編）. 蕨類植物種源蒐集及應用研討會專輯. pp.65-75.

陳進分. 1999b. 保健用蕨類之繁殖. 台東區農業專訊30：5-7.

陳進分. 2001a. 台灣原生觀賞蕨類遮光栽培之研究. 行政院農業委員會台東區農業改良場研究彙報12：17-22.

陳進分. 2001b. 保健用蕨類植物之栽培與繁殖. 台東區農業專訊35：2-9.

陳進分. 2001c. 觀賞蕨類的栽培及繁殖. 台灣蕨類植物學術研討會論文集：14.

陳進分. 2002. 蕨類在休閒農業之應用. 台東區農業專訊40：20-21.

陳應欽. 2001. 山林蕨響. 人人月曆股份有限公司.

曾宋君、邢福武. 2002. 觀賞蕨類. 中國林業出版社.

黃曜謀、翁紹良、邱文良. 2001. 蕨類孢子的蒐集及保存. 台灣蕨類植物學術研討會論文集：11.

楊建夫. 1998. 台灣高山雪線的重建. 海峽兩岸環境、地形研討會論文集：81-91.

楊春地. 1999. 台灣蕨類產業現況. 黃明得（主編）. 蕨類植物種源蒐集及應用研討會專輯. pp.63-64.

葉德銘、李哖. 1988a. 無機養分對台灣山蘇花生長之影響. 中國園藝35(1)：29-37.

葉德銘、李哖. 1988b. 溫度對山蘇花生長之影響. 中國園藝4(4)：303-310.

葉德銘、李哖. 1989a. 栽培介質、緩效性肥料和廄肥對台灣山蘇花生長之影響. 中國園藝35(1)：38-44.

葉德銘、李哖. 1989b. 溫度與無機養分對波斯頓腎蕨生長之影響. 中國園藝35(2)：103-111.

葉德銘、李咔. 1990. 台灣山蘇花孢子發芽與配子體發育之研究. 中國園藝36(1)：43-53.

葉德銘、高秀雲. 1990. 觀賞蕨類植物. 財團法人七星環境綠化基金會.

葉德銘、高秀雲. 2001. 鐵線蕨孢子無菌播種繁殖體系. 台灣蕨類植物學術研討會論文集：12.

葉德銘. 1987. 波斯頓腎蕨與台灣山蘇花之生長習性及溫度、無機養分和栽培介質對生長之影響. 台灣大學園藝研究所碩士論文.

臧得奎. 1998. 中國蕨類植物區系的初步研究. 西北植物18(3)：459-465.

劉金、林尤興. 觀賞蕨. 中國農業出版社.

蔡佩宜、楊世銘、翁韶良、周雪美. 2001. 台灣特稀有蕨類－台灣原始觀音座蓮孢子萌發因子之研究. 中華植物學會第23屆第一次會員大會暨植物生物多樣性－從基因到生態學研討會論文摘要 p.65.

蔡進來. 1992. 台灣蕨類之資源與研究狀況. 彭鏡毅編. 台灣生物資源調查及資訊管理研習會論文集. 中央研究院植物研究所專刊第十一號. pp. 87-99.

蔡進來. 1999. 台灣的蕨類植物種原及分布. 黃明得（主編）. 蕨類植物種源蒐集及應用研討會專輯. pp.5-33.

賴明洲、簡慶德、薛怡珍、曾家琳. 2001. 台灣南部恆春半島的植群集分析與植被帶區劃之歸屬.（Biocoenosis assemblage analysis and vegetation zonation of Hengchun Peninsula, southern Taiwan）. 東海學報42：95-113.

賴榮祥. 1999. 蕨類植物在保健上之應用. 黃明得（主編）. 蕨類植物種源蒐集及應用研討會專輯. pp.53-62.

謝萬權. 1981. 蕨類植物（修訂版）. 國立中興大學植物學系.

Brooklyn Botanical Garden 1979. Handbook on Ferns. Plants and Gardens Vol.25（1）. 76 pp.

Christ, H. 1910. Die Geographie der Farne. 358 pp. Jena.

Davenport, E. 1977. Ferns for Modern Living. Merchants Publishing Company.

Foster, F. G. 1984. Ferns to Know and Grow. Timber Press.

Hoshizaki, B. J. 1976. Fern Growers Manual. New York.

Jones, D. L. 1987. Encyclopaedia of Ferns. Lothian.

Kuo, C. M. 1985. Taxonomy and phytogeography of Taiwan pteridophytes. Taiwania 30：5-100.

Kuo, C. M. 1992. Phytogeographical Patterns of Taiwan ferns. Phytogeography and Botanical Inventory of Taiwan（Ching - I Peng. Ed.）. Institute of Botany, Academia Sinica Monograph Series No. 12：37-41.

Kuo, C. M. 1998. The rare and threatened pteridophytes of Taiwan. Rare, Threatened, and Endangered Floras of Asia and the Pacific Rim（C-I Peng & Lowry II. Eds.）. Institute of Botany, Academia Sinica Monograph Series No. 16：65-88.

Li, H. L., T. S. Liu, T. Koyama & C. E. DeVol（eds.）. 1975. Flora of Taiwan（1st ed.）, Vol. 1, Pteridophyta and Gymnospermae. Epoch, Taipei.

Tryon, R. 1970. Development and evolution of fern floras of Oceanic Islands. Biotropica 2(2)：76-84.

Tryon, R. M & A. F. Tryon. 1982. Ferns and Allied Plants, with Special Reference to Tropical America. Springer-Verlag, New York, Heidelberg, Berlin.

捌。 台灣的苔蘚植物
（Bryophytes of Taiwan-Mosses, Liverworts and Hornworts）

熱帶及亞熱帶地區的常綠闊葉林是山地垂直帶上的重要基帶。中山的上部因海拔升高而氣溫略低，濕度增大，常綠闊葉林普遍是偏濕性的類型。而在迎風坡上，因為地形雨而使得生境極為潮濕，森林內的大小樹木枝幹以及林下地床均密被苔蘚類，成為常綠闊葉林中一種特殊的類型，稱為「山地常綠闊葉苔蘚林」。至中山的山頂常綠闊葉林的群落其高度變矮，在種類組成上亦以杜鵑花科的樹種為主，因大風及土壤瘠薄，樹木均呈低矮狀，枝幹扭曲，群落的形相和結構介於小喬木林與大型灌叢之間，稱為「山頂苔蘚矮曲林」（吳征鎰（主編），1980）。

亞熱帶和熱帶地區中，山地常綠闊葉苔蘚林分布相當廣泛，例如台灣北部的鴛鴦湖亦可見到典型的林相（Lai, 1977）。群落的形相為林冠連續緊密、波狀，植株密集，林冠高度因地而異，結構上基本分為三層，即喬木層、灌木層和草本層。喬木層以亞熱帶與暖溫帶區系成份佔優勢。附生苔蘚植物極為茂盛，常由幹基包覆至枝椏，形成特殊的「苔蘚林（mossy forest）」景觀。

亞熱帶山地常綠闊葉林和熱帶山地季風常綠闊葉林的上限，隨著海拔高度的逐漸上升至山脊或山頂地帶，尤其是獨峙於雲霧線以上的孤峰或者暴露的山脊，其生境條件皆非常特殊，如山風強烈、氣溫降低、日照較少、氣溫的日變化大、雲霧較多、濕度較大，山頂岩石碎塊較多，土層淺薄、成土過程不良等等，不一而足。在這樣的特殊生境條件下發育的植被，自具有其獨特的群落學特徵，即：

（一）林木生長稠密、分枝低矮且粗壯；

（二）葉型為小型葉或中型葉，革質且多毛茸；

台灣北部鴛鴦湖苔蘚林（鴛鴦湖自然保留區）

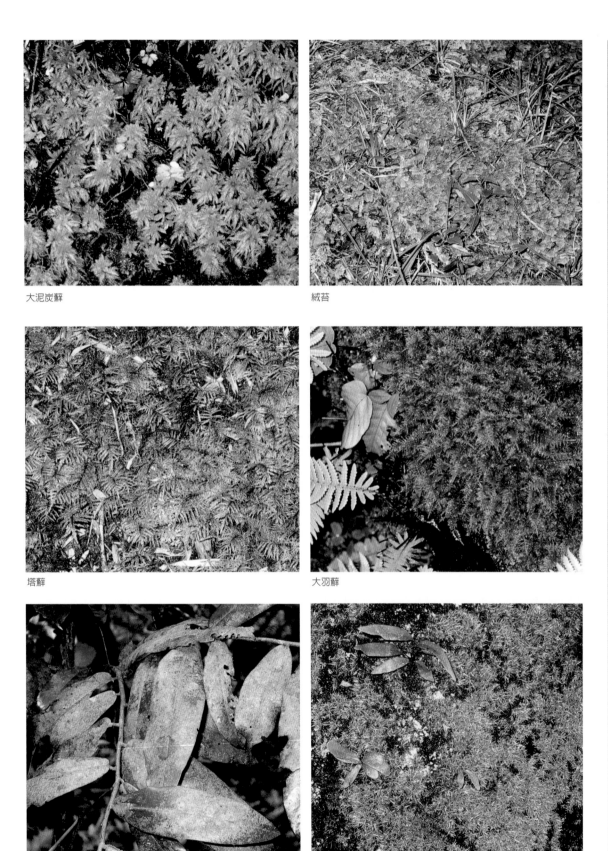

大泥炭蘚

絨苔

塔蘚

大羽蘚

葉附生苔類，附生於毛柿葉面，為雨林的特殊現象

八齒蘚

（三）小枝和葉片多具鱗片等旱生特徵；

（四）枝幹或葉片上密被有附生的苔蘚植物。

根據這些群落學上的特徵，一般常稱之為「山頂常綠闊葉苔蘚林」或「山頂苔蘚矮曲林」。這是亞熱帶山地常綠闊葉林在山頂和山脊的特殊環境條件下，自然界長期歷史發育的一種特殊的群落變型。山頂苔蘚矮曲林均以杜鵑花科的樹木種類為優勢，群落的結構較簡單，種類的組成也較貧乏。台灣由北至南的中海拔山地，如北插天山、溪頭鳳凰山及屏東里龍山、老佛山等均可見到。

以苔類植物在台灣的分布為例，大致上中高海拔山地的種類殆與中國大陸華東、華南與西南的山地、日本及喜馬拉雅東南段者相似，而低海拔山地及外島則與中南半島、馬來西亞、華南沿海地區、婆羅洲、菲律賓群島及琉球相似（林善雄，2000）。

四、苔蘚植物造園──苔園

一般對苔蘚植物的臆想為陰濕、莊重乃至古樸的一種意味及感受。露溼清晨之時，吾人總忍不住會有想把手伸展出去以觸摸被露水打溼的柔軟苔蘚的念頭。同時苔蘚鮮嫩翠綠的色澤，有濃有淡，予人如草的清秀感，也予人如老樹般莊重的年代感，加上其嬌小玲瓏的姿態更令人激賞。若以其它植物或石材搭配對照，則更能顯出其高貴格調。造園者自然想到以之為庭園植栽材料，來構築一種特殊風格的庭園。

將苔蘚植物當作一種園藝植物和造園景觀材料，在台灣算是一種新的嘗試。庭園或遊樂區內樹蔭下陽光不足，一般草地不易建造成功。苔蘚植物均極易藉無性繁殖法進行大量人工繁殖培育。它們在庭園性格創作中係藉群落集體的均勻色澤美感來表達，而非以植物個體姿態作表現。苔蘚之外觀較草地柔細美麗，宜於近觀。在庭園的經營管理上亦具有種種便利，例如不須修剪維護，無須施肥等。同時苔蘚植物耐陰溼，可以鋪植於庭園或公園的蔭地，以代替不耐蔭的草坪。不同種類的苔蘚植物栽植一起，亦可構築一種顏色組合變化，呈現饒富情趣的庭園景觀。以苔蘚植物覆蓋地面，除了可達到極佳的綠化美觀效果外，亦可作水土保持避免沖刷，使土面不致龜裂及塵土飛揚。利用苔蘚植物在庭園布置上可以表現一種古意盎然、幽靜、深遠的自然情趣與景觀。

尖葉歧舌苔

擬木毛蘚

苔蘚植物的覆蓋造成一種古樸美感

庭園中，栽植苔蘚成為草坪狀，並將之視為地被植物者，就稱之為苔蘚園或苔園。苔蘚之美，美在其沈著穩實而閉鎖陰鬱，如有名的日本苔寺（西芳寺）、桂離宮、三千院等，遊客置身其內，感受深長。

苔蘚在庭園中予人的心理反應遠較視覺效果重要。上述的日本名園中，其廣大庭園中並不是以苔蘚為設計主體，苔蘚在其中只是因生緣會的附屬而已。一般的小庭園中，也多半不以苔蘚為表現主體，而是以樹木為主，再加各型各式的岩石及燈籠、小池與曲流，就更加深了苔蘚庭園的古樸意味。苔蘚在這樣的庭園中可以說是更蘊深意，更能表現其特有的美感。

庭園中如單單配植樹木，擺設岩石，製作流水，這種庭園不能說是巧設自然，只能說是充滿了人工美而已。若流水側旁的岩石或地面上，經年後生長了充滿綠意的塊狀苔蘚，則其景觀就迥然不同。人工美化的庭園在苔蘚的配襯下，可呈現整體庭園的盎然古意，並表現出自然的美感。

古代的詩詞中，苔蘚植物常被比喻為幽靜的表徵，如岑參詩「雨濕苔蘚浸階綠」，群芳譜「空庭幽室，陰翳無人行，則生苔蘚」。中國古代的庭園中，由詠苔的古詩句子看來，所描繪的苔蘚情景顯然全是自然生長，並非人工栽植者。真正以人工的技術，在庭園中栽種苔蘚者，則始自日本。

日式庭園因受禪宗思想閉鎖的世界觀影響而有獨特的造園型式與風格，將水、土、岩、樹材料元素妥善配置，使之有高度造型的美感。

苔蘚植物在庭園之中係扮演地被植物的角色，其在植栽設計上可使獨立的元素產生統一感，並造成視覺上連繫性的效果。

五、苔蘚植物之栽培與管理

「苔蘚植物的栽培太難了，失敗率很高」諸如此類的話語常為人廣為流傳，以致使「苔蘚園藝」在台灣並不十分普遍。苔蘚植物性喜陰濕，故在栽植上須特別注意對日照、水分及溫度的配合。其實它的生長可全然省略施肥，鮮少病蟲害發生，故對樂在其中的人而言，其照顧是再容易不過之事。

（一）人工繁殖培育法

1、植生帶栽培法

利用最近開發之草坪植生帶方式，將苔蘚植物均勻撒布在特製之纖維夾層裡，或其中一層代之以尼龍細網。此方式之優點為鋪植後至成長期間，苔蘚植物不易流失，並可免除經常性除草工作。因施工種植方便，此法適合推廣於大面積苔庭或苔地之建造工程。

2、片狀鋪設法

以成片的苔蘚材料，一片片整齊地鋪設於預先整好的地面，用手輕輕壓實，使之與表土密接，則苔蘚便可隨即生長而補滿間隔之空隙。

3、撒莖法

將苔蘚植株用刀剪細成小段或碎片，平均地撒布在已經整好的地面上，其上面覆蓋一層細土，經常充分供水，則苔蘚即以無性繁殖方式生長成為平整的群落。

4、分株栽培法

以5～6棵苔蘚為一束，各間隔約10公分，如播秧苗方式栽植於已經整好的地面，經過一段時間，則可成為密實的苔地。間隔愈窄，則費時愈短。

5、容器栽培法

苔蘚栽培

苔蘚栽培

以塑膠容器盛砂土，再於其內栽種各種苔蘚。此法易於搬運苔蘚材料，且栽種期間易於照顧管理。

（二）苔蘚植物的生長條件

下列自然條件，為在將苔蘚植物置於庭園中時，應予仔細考慮者：

1、日照

苔蘚植物大多不喜日光直射，尤以夏季之際日光毫無遮避的直射最為忌諱。然而缺

乏日光適度的照射，也無法培育良好的苔蘚。

2、溫度

溫度與日光有關，因此，對多季低下的氣溫和夏季的高溫要特別注意。在台灣的平地低海拔地區尤須考慮夏季的高溫；高海拔地區則要注意多季的霜害或雪害，故以選用能耐氣溫變化的種類為佳。

3、水分

苔蘚植物只要有充分的水分，大部份均能生長發育良好。庭園苔蘚不易育成的最主要原因在於供水不適當。苔蘚植物利用的水分，較之泥土中蘊含的水分更為重要的是泥土表面水蒸氣的蒸發狀態。因此，庭園中配置苔蘚植物的栽植地點，一定要考慮全園的供排水系統和隨附風力而流轉於地表的水蒸氣。

4、其它

其它環境的自然條件，例如土質、方位、風、雨量等，均對苔蘚會有或多或少的影響。

（三）苔園之維護管理

苔園或苔地之維護極為簡易，一般不必如普通草坪須施肥或修剪。但須特別留意除草工作，因為雜草會破壞苔地的平整美感。除草除了人工拔除外，可用武田出品克無蹤液劑，稀釋1,000倍使用。遇有苔蘚植物發生白絹病等病害，可用大生水和劑稀釋700倍，或本列多1,000倍使用。

苔蘚地被，極為耐陰

六、適合建造苔園之苔蘚植物種類

（一）馬杉蘚（土馬騣）

（*Polytrichum commune* Hedw.）

　　稀產。僅分布於中高海拔之山地。生長地面。

（二）白髮蘚

（*Leucobryum neilgherriense* C. Muell.）

　　產量豐富。分布於低、中海拔山地之林下或樹幹。

（三）小曲柄蘚

（*Dicranella coarctata*（C. Muell.）Bosch & Sande Lac.）

　　產量並不多。常見於低海拔之丘陵地黏土質地面上。

（四）南亞曲柄蘚

（*Campylopus richardii* Brid.）

　　產量極豐富。分布於低、中海拔之山地林道路旁土堤或岩石上，適於陽性乾旱之生育地。

（五）絲瓜蘚

（*Pohlia flexuosa* Hook.）

　　產量豐富。分布於低海拔之丘陵地黏土質地上，尤常見於茶園地面。

（六）檜蘚

（*Pyrrhobryum spiniforme*（Hedw.）Mitt.）

　　分布於中海拔山地森林地床上。

（七）穗蘚

（*Racopilum cuspidigerum*（Schwaegr.）Aongstr.）

　　常見。分布於低海拔地面或岩石上。

（八）尼氏小金髮蘚

（*Pogonatum neesii*（C. Muell.）Dozy）

　　產量豐富。分布於中、低海拔之山地路旁或開闊地。

優良苔蘚地被──大灰蘚

龍潭小人國苔蘚植被

泰國曼谷花市展售之苔蘚植物供造園用材料

（九）銀蘚

（*Bryum argenteum* Hedw.）

　　常見。分布於中、低海拔，尤其平地較多。

（十）尖葉提燈蘚

（*Plagiomium acutum*（Lindb.）Kop.）

　　常見。分布於低、中海拔林下或陰暗地面。適於中性或潮濕之生育環境。

（十一）大葉提燈蘚

（*Plagiomnium succulentum*（Mitt.）Kop.）

　　常見。分布於中海拔林下。

（十二）鳳尾蘚

（*Fissidens* spp.）

　　種類極多，有小至大型種類，分布於低、中海拔之處。

（十三）青蘚

（*Brachythecium* spp.）

　　多種，產量豐富。分布於中海拔地上或石上。

（十四）大灰蘚

（*Hypnum plumaeforme* Wils.）

　　產量極豐富。分布於低、中海拔地上或石上。

（十五）柔毛眞蘚

（*Bryum cellulare* Hook.）

　　常見。分布於低海拔或平地。

（十六）萬年蘚

（*Climacium dendroides*（Hdew.）Web. & Mohr）

　　稀產。樹形，極爲美觀。分布於高海拔3,000公尺以上之針葉林下地面。

（十七）羽蘚

（*Thuidium cymbifolium*（Doz. & Molk.）Doz. & Molk.）

　　產量豐富。分布於中、低海拔之地上或石上。

中國植被編輯委員會（吳征鎰主編）. 1980. 中國植被. 科學出版社.

王忠魁. 1967. 台灣蘚苔植物之生態及其分布. 台灣林業季刊3(1)：76-106.

牟善傑. 2000. 台灣蕨類植物的多樣性及其保育. 2000年海峽兩岸生物多樣性與保育研討會論文集：331-359.

林善雄. 2000. 台灣蘚類植物彩色圖鑑. 行政院農業委員會.

高謙、賴明洲. 2003. 中國苔蘚植物圖鑑. 台北南天書局.

曹同、沙偉、于晶、張元明. 2000. 中國苔蘚植物多樣性及其保育. 2000年海峽兩岸生物多樣性與保育研討會論文集：317-325.

陳邦杰. 1958. 中國苔蘚植物生態群落和地理分布的初步報告. 植物分類學報7(4)：271-293.

賴明洲. 1990. 苔蘚植物研究手冊. 台大實驗林管理處.

謝長富. 2002. 台灣維管束植物的物種多樣性. 二〇〇二年生物多樣性保育研討會論文集：15-30. 行政院農委會特有生物保育中心.

Chiang, T. Y. 1997. On the phytogeography of mosses in Taiwan. Biol. Bull. National Taiwan Normal University 32(2)：103-114.

Chiang, T. Y. 1998. The mosses of Taiwan：their conservation status. Rare, Threatened, and Endangered Floras of Asia and the Pacific Rim（C. I. Peng & Lowry II. Eds.）. Institute of Botany, Academia Sinica, Monograph Series No. 16：89-110.

Deguchi, H. & Iwatsuki, Z. 1984. Bryogeographical relationships in the moss flora of Japan. J. Hattori Bot. Lab. 55：1-11.

Iwatsuki, Z. 1994. Diversity in bryophytes in Japan. Biodiversity and Terrestrial Ecosystems（C. I. Peng and C. H. Chou. Eds.）. Institute of Botany, Academia Sinica. Monograph Series No. 14：59-74.

Lai, M. J. 1977. Bryoflora of Yuenyang Lake Natural Reserve, Taiwan. The Bryologist 80(1)：153-155.

Lai, M. J. 1989. Floristic studies on the bryophytes and lichens of Taiwan. Tunghai Journ. 30：597-622.

Lai, M. J. & Wang-Yang, J. R. 1976. Index bryoflorae formosensis. Taiwania 21(2)：159-203.

Piippo, S. 1990. Annotated catalogue of Chinese Hepaticae and Anthocerotae. J. Hattori Bot. Lab. 68：1-192.

Redfearn, P. L. Jr., Tan, B. C. & He, S. 1996. A newly updated and annotated checklist of Chinese mosses. J. Hattori Bot. Lab. 79：163-357.

Tan, B. C & P. J. Lin 1996. The origin of tropical Chinese mosses. Proceedings of the First International Symposium on Floristic Characteristics and Diversity of East Asian Plants. pp. 130-136.

Wang, C. K. 1963. Phytogeographical affinities between the moss floras of Formosa and her neighbouring districts. Biol. Tunghai Univ. 17：1-18.

Wang, C. K. 1970. Phytogeography of the Mosses of Formosa. Tunghai University.

玖。 台灣的地衣類
（Lichens of Taiwan）

高山櫟樹幹上附生的長松蘿

台灣冷杉樹幹上附生的台灣寬葉衣

附生於黃心柿葉表面的葉上類蠟盤,為雨林的特殊現象

粗星點梅衣

羊角衣

霜地卷

地圖衣

大裸綠梅衣

黑癭地卷

性長期監測項目,並在32個州內實施以地衣類群落監測森林健康的調查工作(參見網站 http://ucs.orst.edu/~mccuneb/epiphytes.htm及 http://www.wmrs.edu/lichen; McCune, 2000; Rosso & Rosentreter, 1999; Neitlich & Rosentreter, 2000),其樣區的設置係根據干擾過程、環境現況、內部同質性及林分的特性等加以隨機選取。附生性地衣類群落之所以被包括於森林健康監測計畫,主要著眼於其可適度地反應生態系的污染程度或生物多樣性,同時具有操作容易而量化簡單、數據具有明顯意義且可明確判釋、野外調查方法可以加以重複驗證等優點。樣區調查的重點為種類豐富度(species richness)及生物量(biomass)或覆蓋度(coverage)。

台灣地區的地衣類調查已於2000年完成(賴明洲,2001),共有144屬,582種、亞種、變種及變型。此一成果足以提供本項森林健康監測調查工作的可行性。

為進行森林健康監測計畫,在台灣地區擬定展開實際的地衣類樣區監測調查之前,對於樣區的大小、位置選定、參數選取、種類選擇(附生性或地生性地衣種類)應依台灣所處地區的不同特性(熱帶、亞熱帶平地或山地或海拔高地)或數據分析之需要,於事先加以考量評估決定之。

邱祈榮、聶齊平. 2000. 美國森林健康監測評量體系之介紹. 台灣林業26：46-58.（誤將lichen（地衣）翻譯成苔蘚）.

賴明洲. 2001. 台灣地衣類植物彩色圖鑑（一）. 行政院農委會.

賴明洲. 1988. 空氣污染的生物指標－苔蘚地衣類植物. 中華林學季刊21(1)：124-138.

Clarke, R. 1986. The Handbook of Ecological Monitoring. Oxford University Press, N. Y.

Hiert, C. M., Aptroot, A. & H. F. van Dobben 2002. Long-term monitoring in the Netherlands suggests that lichens respond to global warming. Lichenologist 34(2)：141-154.

Lai, M. J. 1989. Floristic studies on the bryophytes and lichens of Taiwan. Tunghai Journ. 30：597-622.

Lai, M. J. 2001. Parmelioid lichen biodiversity and distributional ecology in Taiwan. Fung. Sci 16：39-46.

McCune, B. 2000. Lichen communites as indicators of forest health. The Bryologist 103(2)：353-356.

Neitlich, P. & R. Rosentreter 2000. FHM lichen community indicator results from Idaho, 1996. Bureau of Land Management, Idaho State Office.

Nimis, P. L., Scheidegger, C. & P. A. Wolseley 2002. Monitoring with lichens－monitoring lichens. Nato Science Series, Kluwer Academic Publishers.

Renhorn, K. 1997. Effects of forestry on biomass and growth of epiphytic macrolichens in boreal forests. Department of Ecological Botany, Umea University, Sweden.

Rosso, A. L. & R. Rosentreter 1999. Lichen diversity and biomass in relation to management practices in forests of northern Idaho. Evansia 16(2)：97-104.

Spellerberg, I. F. 1991. Monitoring Ecological Change. Cambridge University Press, N. Y.

Wolseley, P. 1997. Response of epiphytic lichens to fire in tropical forests of Thailand. Bibiotheca Lichenologica 68：165-176.

Wolseley, P. A. & B. Aguirre-Hudson 1991. Lichens as indicators of environmental change in the tropical forests of Thailand. Global Ecology and Biogeography Letters 1：170-175.

Wolseley, P. A. & B. Aguirre-Hudson 1997. The ecology and distribution of lichens in tropical deciduous and evergreen forests of northern Thailand. Journal of Biogeography 24：327-343.

Wolseley, P., Ellis, L., Harrington, A. & C. Moncrieff 1996. Epiphtyic cryptogams at Pasoh Forest Reserve, Negri Sembilan, Malaysia-Quantitative and qualitative sampling in logged and unlogged plots. Conservation, Management and Development of Forest Resources 61-83.

拾。

台灣植被的分布
〈Vegetation and Its Distribution in Taiwan〉

影響台灣的植物群落分布的重要因素是氣候，特別是熱量和水分以及二者的配合狀況。氣候按照緯度有規律的變化，致植物群落的分布也沿著這種環境梯度的改變而有所變化。隨緯度的減少，熱量依次逐漸增高；而隨海拔的升高又引起了熱量和水分的重新分配，所以在全台範圍內形成不同的氣候一植被帶。據此，作者在下面總結了台灣植被的水平分布及山地垂直分布上的特色。

台灣的植物群落因地理及生態環境條件的差異（緯度位置支配了太陽輻射熱量，而海洋大氣水分來源方向又支配著植被的分布），造就了海岸一低平地一山地一亞高山的水平暨垂直分布的規律，也導致了不同的地帶性氣候一植被帶（區）（類型）的分化。然而植物群落的分帶，其間也是有過渡地帶的情形。在一個四周環海，中央山脈山體從臨海低平地區突出的台灣島上，數個不同的地帶性植被帶（區）（類型）交錯相接所形成的壓縮型植被，其水平面的雨林一季雨林一季風常綠闊葉林之間幾乎兩兩相鄰，加上泛熱帶性的水熱生境條件的提供，其相互之間呈現不同程度的過渡性是必然的。榕屬植物在上述三個植被類型中均可見到即是一例。

張宏達（Chang, 1993）認為整個亞洲熱帶和亞熱帶是一個完整的體系，原始的有花植物從三疊紀以後逐漸在華夏古陸發展起來，白堊紀以後並遍布於現在的熱帶地區。所謂北極起源的假設不能解析中國植物區系的組成和來源。不僅現代分布於熱帶和亞熱帶的植物不可能來自北方，連那些被視為溫帶成份的，如槭樹科、杜鵑花科、忍冬科、榛科、樺木科、胡桃科以及報春花科、龍膽科、紫草科、麂蹄草科、岩梅科等，都是亞熱帶山區起源的，例如馬先蒿屬（*Pedicularis*）有80%分布於熱帶山區一熱帶雨林一季雨林區與亞熱帶常綠闊葉林區的分

界線問題，即桂、粵、閩、滇及台灣等地的南部（尤其是台灣南部的低海拔地區）是否應劃分過渡性熱帶區，為目前全中國境內的植被分區仍待詳細研究以解決的問題之一（中國植物學會，1994）。侯向陽（2001）亦討論了溫帶一亞熱帶過渡帶的景觀變遷及其生態意義。

一、台灣植被概述

（一）海岸

台灣四面環海，海灘、河口、珊瑚礁、海岸或濱海地區的植被亦呈現多種多樣，相當特殊而複雜，作者將之統稱為海岸植群（sea-shore vegetation）。濱海地區可惜因經濟開發壓力，土地利用日益增多，自然植被遭受大量破壞，僅在少數管制或開發不易之地區尚得以保留一些殘存植群。這些植群組成植物均具有特殊適應性，如抗風、耐鹽、抗潮、抗旱等，因之植物體常具毛絨，葉部革質或深根性等，不一而足。草本、藤本、灌木及喬木種類均有，所組成之植群因生境、植物種類及形相、結構之差異，大致可區分為下列不同類型：

1、海灘砂地草本植群

位於海岸砂灘上，外側與高潮線相接，內側為灌叢或海岸林。其代表植物如雙花蟛蜞菊、天蓬草舅、蒺藜、長柄菊、馬鞍藤、濱豇豆、濱刀豆、過江藤、濱刺草、龍爪茅等，分布很疏落，覆蓋度很小。為演替起始階段之不穩定群落。

2、海岸岩隙植群

緊鄰海岸之陡峻岩壁，因地形及濱海氣候之影響，沖蝕嚴重，土層淺薄，海岸植物常生長於石縫岩隙之處，如石板菜、茅毛珍珠菜、百金、日本前胡及蘆竹等。

海灘砂生草本——馬鞍藤

海灘砂生草本——番杏

海灘砂生藤本——海埔姜

海灘砂生草本——雙花蟛蜞菊

海灘砂生草本——濱艾

北部海岸岩隙植群

3、海岸常綠灌叢

分布於海岸叢林的外側，靠近高潮線附近，灌木的高度均不大，如海南草海桐、海岸桐、橄樹、白水木、林投、海埔姜、海桐、苦藍盤、烏柑仔、臭娘子及台灣海棗等。

由於灌叢的形成，阻擋了海潮的沖擊，使砂岸穩定並促進砂岸的成土過程，為喬木的入侵創造了有利的生境條件。

4、南亞熱帶海岸林

沿海岸線成狹帶狀的常綠闊葉林，通常葉部較厚、革質，如黃槿、沙朴、苦楝、樹杞、臭黃荊、山欖、海檬果、咬人狗、稜果榕及蟲屎等。通常愈靠近內陸處，因鹽分漸淡，故土壤發育較適灌喬木的生長。

5、熱帶海岸林

台灣南部的植被型中最特殊者，殆為分

海岸岩隙植群——濱當歸

布於恆春半島最南端一隅的「熱帶海岸林（tropical littoral forest或strand forest）」，以棋盤腳樹群系為代表的常綠闊葉林。

典型的海岸植物具有下列幾項特徵，即：

（1）其果實或種子具有特殊的疏鬆組織，

海岸岩隙植群——茅毛珍珠菜

海岸常綠灌叢——苦藍盤

海岸常綠灌叢——林投

俾能漂浮水面，並藉海流傳播異地；

（2）對於異乎尋常的海岸環境有特殊的適應能力，所以由珊瑚礁形成的海島或礁岸，若有植被覆蓋其上，則其天然植被之組成必以海岸植物為主；

（3）其葉型一般較大，葉面被有革質或角質，葉肉肥厚多汁。

熱帶海岸植物極少見於大西洋地區，而以印度洋與西太平洋為其分布範圍，其發源地亦不出此一舊熱帶地區。無根草、車桑仔、黃槿、馬鞍藤及欖楊等，凡熱帶海岸皆有分布。棋盤腳樹（濱玉蕊）（*Barringtonia*

南亞熱帶海岸林植物──咬人狗

南亞熱帶海岸林植物──蟲屎

南亞熱帶海岸林植物──海檬果

南亞熱帶海岸林植物──沙朴

南亞熱帶海岸林植物──刺桐

asiatica）、瓊崖海棠、苦藍盤、文珠蘭、葛塔木（海岸桐）（*Guettarda speciosa*）、銀葉樹（*Heritiera littoralis*）、蓮葉桐（*Hernandia peltata*）、克蘭樹（*Kleinhovia hospita*）、白水木（*Messerschmidia argentea*）、橙樹（*Morinda citrifolia*）、水芫花（*Pemphis acidula*）、水黃皮、欖仁樹及海埔姜等廣布於舊熱帶地區，遍及印度洋與西太平洋海岸地帶。止宮樹（*Allophylus timorensis*）、海檬果及林投之分布則僅限於西太平洋，由馬來西亞延至波里尼西亞。

上述各種海岸植物，除極少數外，於恆春地區皆有分布，其中若干種類於當地各種群落中，尚且以顯要組成分子的姿態出現。除此之外，尚有多種具有荊棘的植物，如魯花樹、變葉裸實（*Gymnosporia diversifolia*）、搭肉刺、林投及土茯苓等是。荊棘亦與當地乾旱生態環境的適應性有關。此一特殊生境的面積雖然不大，但其組成卻極為龐雜，

尤以木本植物為然。就維管植物而言，計有65科、156屬、178種；其中包括雙子葉植物155種，單子葉植物20種，蕨類植物3種。若僅就木本植物而言，即不下115種，實非台灣其他地段之海岸植物所可比擬。而且，就此等木本植物之地理分布而論，這一百多種植物大都廣布於南亞熱帶各地海島，或大陸近海地帶，換言之，即以舊熱帶海岸地區為主。總之，組成分子種類龐雜，木本植物繁眾，以及蕨類植物的貧乏，殆為恆春半島熱帶海岸林的特色。

恆春半島的海林林中以棋盤腳樹及蓮葉桐為優勢，喬木層片尚可見到欖仁、銀葉樹、皮孫木、水黃皮、樹青、大葉山欖、大葉樹蘭、台灣樹蘭、白榕、黃槿、橙樹、蟲屎及稜果榕等，灌木層則主要有止宮樹、枯里珍及過山香。多種榕屬植物以幹生花及支柱根之形相點綴些許類似熱帶雨林的景觀。

天然海岸植被之類似台灣熱帶海岸林

熱帶海岸林的優勢種——棋盤腳樹（小琉球）

熱帶海岸林特徵種——棋盤腳（恆春墾丁香蕉灣）

熱帶海岸林植物——瓊崖海棠

熱帶海岸林的優勢代表性植物——蓮葉桐

白水木亦為熱帶海岸林植物（恆春墾丁）

者，於其他舊熱帶地區亦應有分布。其實印度洋與西太平洋的熱帶海岸地區，均可發現同一類型的天然海岸植被，且皆以「棋盤腳樹群系（*Barringtonia formation*）」名之。台灣的熱帶海岸林即為棋盤腳樹群系的代表之一，同時也是此一群系於東南亞分布的前哨，換言之，台灣的恆春半島可謂棋盤腳樹群系地理分布上的最北界限。另一種穗花棋盤腳樹（玉蕊）（*Barringtonia racemosa*）分布於宜蘭及基隆一帶海岸，但可能因冬季東北季風之影響，不利於發展成為熱帶海岸林；惟此一種亦發現於海南島之海岸。

有關此一海岸林的調查研究頗多，計有佐佐木舜一（1921, 1933）、山田金治（1932）、王仁禮（1948）、李惠林和耿煊（1950）、張慶恩（1960）、胡敬華（Hu, 1961）、王忠魁（Wang, 1975）、張惠珠（1985）及張惠珠等（1985）、柳榗（1968, 1970）將之與紅樹林歸隸為森林群系型的海岸林群系，而黃威廉（1993）則將之歸為闊葉林植被型的海岸林植被亞型。

黃槿亦為熱帶海岸林植物

熱帶海岸林常見樹種——銀葉樹

熱帶海岸林植物——橙樹

恆春半島白榕為熱帶海岸林代表樹種之一

6、紅樹林

台灣紅樹植物種類原有3科6種：

海茄苳	（Avicennia marina）	（馬鞭草科）
欖李	（Lumnitzera racemosa）	（使君子科）
紅茄苳	（Bruguiera gymnorrhiza）	（紅樹科）
細蕊紅樹	（Ceriops tagal）	（紅樹科）
水筆仔	（Kandelia candel）	（紅樹科）
五梨跤	（Rhizophora stylosa）	（紅樹科）

其中原來生長於高雄海灣的細蕊紅樹及紅茄苳兩種已絕種。目前紅樹林群落零星分布於台灣西海岸台北縣淡水與屏東縣大鵬灣之間（薛美莉，1994, 1995a, b），其生育地可概分為海濱、河口、水道、塭岸、陸地及鹽鹼地等，因環境與樹種之差異而呈現不同的林相。譬如淡水河口與東石沿海，因風浪較為平靜，立地較平緩，故繁殖成較大面積的水上密灌叢，但東石因地層下陷及海堤興建而於近年造成紅樹林大量死亡；台南與永安之水道及塭岸生育地受限，僅沿河岸的邊緣呈帶狀分布。

7、珊瑚礁海岸植群

珊瑚礁海岸由造礁珊瑚、有孔蟲、石灰藻等生物殘骸構成的海岸。岸礁緊貼著海岸發育，形成一片廣闊的近岸淺水區，隨著珊瑚的生長而加寬，海岸向海推移。海岸珊瑚礁隆起地形可見於蘭嶼、綠島、恆春半島、小琉球（琉球嶼）、台東海岸沿線的石梯坪、三仙台、小野柳以及台北縣三芝海岸麟山鼻與石門之間等地。因珊瑚礁的母岩為珊瑚石灰岩及海中生物遺體，故所化育成的石灰質土壤含鹽分及pH值都很高，加上位處海岸前線，常遭受強勁風力吹襲，故其生境特殊，因之可以生長其中的植物種類極其有限，大部份均為熱帶廣布種，植株矮小而分枝低，常為單優種，植株的密度大。一般均為耐旱、耐鹽而抗風力強的陽性種類，葉部常呈肉質，或密布白毛。木本植物為了適應高鹽分旱生的環境，枝幹內具有發達的貯水薄壁組織，木質化不完全但髓心部發達，故枝幹脆弱而易折。其代表植物有水芫花。

8、熱帶旱生疏林

分布於西海岸地區及澎湖列島，因雨量少，土壤極端乾燥。有旱季落葉性喬木，矮小而極不整齊，其林下由禾本科和雙子葉植物組成的草本層片極為發達。常見樹種有九芎、黃豆樹、羅氏鹽膚木、光臘樹、朴樹、山埔姜、黃荊、台灣沙朴、糙葉樹、破布子、破布烏、雀榕、九丁樹、構樹、茄苳、小葉饅頭果、土密樹、山黃麻及相思樹等。

9、荊棘疏林（有刺灌叢）

為熱帶地區極端旱生的木本群落，由在乾旱期落葉的喬木和灌木組成，高度很低，約2公尺，葉片常呈羽狀，植物體多刺。東部海岸雖無明顯乾季，但於衝風地帶，海風經年吹襲之處，如長濱、三仙台、小野柳等地，組成分子多為枝幹具刺的灌木或藤本，主要有雀梅藤、魯花樹、台灣柘樹、烏柑仔、雙面刺、飛龍掌血等，植株密度大，分枝多且低矮，樹冠上常纏繞無根藤、土防己、海金沙等藤類，枝幹盤桓交錯，結構密實。

荊棘疏林是砂地植群發展成海岸灌叢或海岸林的一個演替階段。台灣許多地區的荊棘疏林多已被開墾為農耕地。台東海岸殘留的一些群落在台灣其他地區已經難得一見。荊棘疏林的重要作用在於防風固砂，改良土壤，尤其是沿海地區海風凜冽，有了灌叢的阻擋，流砂可以被固定下來；另外也可調節砂灘上酷熱的氣候條件，增加土壤濕度和堆積枯枝落葉，改善土壤的化育（潘富俊，1990）。

嘉義好美寮潟海茄苳林（薛美莉攝）

淡水河關渡水筆仔純林

台南鹿耳門的海茄苳紅樹林

欖李多生育於穩定河道（台南市南海寮）

嘉義海岸木麻黃林下的五梨跤造林

木麻黃為人工防風林海岸綠化主要樹種

了一些河口有紅樹植物及半紅樹植物外，大部份均以禾本科、莎草科植物爲優勢，如蘆葦、濱雀麥、單葉鹹草、雲林莞草、鹽地鼠尾粟及水燭等，以及其他多種伴生植物，常生長於潮間帶。

河口草澤生態系呈現明顯生態序列（ecological series）：濕生序列（hydrosere）、鹽生序列（halosere）及旱生序列（xerosere）的植物或植物群落沿環境梯度彼此相接，其演替亦將隨著淤沙堆積而趨向中生甚至乾生序列邁進，最終演替成以苦藍盤、林投、黃槿、沙朴爲代表之海岸灌叢及海岸叢林。

14、人工防風林帶

主要由木麻黃構成，經自然演替，其林隙及林緣出現不少伴生植物如黃槿、構樹、銀合歡、馬纓丹、朴樹、苦楝、血桐及小葉饅頭果等，以及林床之多數草本植物。

（二）低平地

植被的緯度地帶性、經度地帶性和垂直地帶性的規律是植被分區的重要原則。除了這三種地帶性規律以外，地殼的地質構造分異、地表物質組成和地形的改變所引起的大氣候或局部氣候、水文狀況、土壤以及其他生態條件的差異，對於植被的分布也發生明顯的作用。台灣的植被分布受到緯度地帶性（即熱量地帶性）的影響頗爲顯著，因爲北迴歸線通過島中央位置，等於劃分了南、北兩個不同的氣候—植被區域，即熱帶季雨林、雨林區域與亞熱帶常綠闊葉林區域。

黃威廉（1993）參考錢崇澍等（1956）區分台灣的氣候熱帶範圍的地帶性植被屬「熱帶北緣的季風熱帶季雨林、雨林亞帶」，而亞熱帶氣候範圍的地帶性植被屬「南亞熱帶季風常綠闊葉林亞帶」，將分述於後。

熱帶植被帶—熱帶北緣季風熱帶季雨林、雨林亞帶

本亞帶範圍在北迴歸線以南的台灣南部低海拔地區，包括台東南部、台南、高雄及屏東的低平地和恆春半島以及附屬島嶼小琉球、綠島、蘭嶼。

本亞帶的植被類型反映氣候和土壤的雙重影響，在不同的地形條件中動搖於熱帶雨林、季雨林之間，局部地區爲雨綠林與稀樹草坡之間。台灣並無標準的熱帶雨林，只有在條件較好的地區，由於雨量大，溫度高，濕度大，植被的雨林氣氛則較爲濃厚。如恆春的南仁山、萬里得山以及蘭嶼、綠島等地發育較好。森林類型屬蟲媒的異型林，林內樹種繁多，層次繁複，樹齡不齊，優勢種不明顯，由於高度不一，林冠高低不平。中層上層主要樹種是由肉豆蔻科、棟科、無患子科及豆科等常綠大羽狀複葉的科屬以及桑科、樟科、梧桐科、山欖科及五加科等常綠熱帶科屬組成。特別是肉豆蔻科（蘭嶼、綠島）的出現，標誌著進入熱帶印度、馬來雨林的境界。林內中下層更爲繁雜，大多是常綠裸芽的植物，落葉時間不齊，終年能開花結果。有放射狀的板狀根，地下根系較淺，有些具大量的氣根如榕屬，幹生花的現象在喬灌木及藤本皆有代表性種類。藤本植物林中特多，攀援纏繞交叉覆蓋或伸出很遠，使林內上下更加混亂不清，如鴨腱藤、血藤及黃藤等均是。天南星科藤本在樹幹上及石上很多，其餘附生植物如蘭科、胡椒科、苦苣苔科以及蕨類、苔蘚類及地衣類均樹樹滿布。

中國大陸與台灣地區的季雨林均見於偏南部乾季明顯的地帶，與典型季雨林相

比，本地區的季雨林中具有較多的常綠成分，甚至主要是常綠樹種，故係「半常綠季雨林」。這類季雨林在濕度條件較優之處，則逐漸向熱帶雨林過渡。

熱帶雨林—季雨林區與亞熱帶常綠闊葉林區的分界線問題，即桂、粵、閩、滇及台灣等地的南部（尤其是台灣南部的低海拔地區）是否應劃分過渡性熱帶區，爲目前全中國境內的植被分區仍待詳細研究以解決的問題之一（中國植物學會，1994）。

1、天然植群

台灣南部的雨林由於緯度偏北，並受到季風的影響，爲一種季風熱帶的氣候條件下所發育形成的雨林，故其種類組成，形相與結構均不同於赤道雨林，例如由肉豆蔻科（蘭嶼及綠島）及玉蕊科（恆春半島及東北角）取代龍腦香科，高大的樹蕨類及顯著的棕櫚科藤本如黃藤及水藤和其他木質大藤本，以及天南星科的藤本半附生植物和藤本蕨類等，構成了一幅獨特的熱帶景緻。由於深受季風的影響，生境的水濕條件較佳，特稱之爲「濕潤雨林」。

台灣南部的季雨林是熱帶季風氣候區的地帶性代表植被類型，亦處於熱帶的北緣，

筆筒樹

197

亞熱帶榕楠林帶的指標——筆筒樹（桫欏科樹蕨類）

低平地榕楠林帶最常見的榕

低平地榕楠林帶普遍分布的豬腳楠

低平地榕楠林帶常見的雀榕

巢蕨類在榕楠林帶普遍生長，指示熱帶——亞熱帶氣候

低平地榕楠林帶常見的稜果榕

台灣南部低平地有落葉榕類（高雄柴山大葉赤榕，短期落葉；雀榕則一年落葉不止一次）

台灣由北到南低平地最普遍分布的榕

同屬熱帶林向水平分布延伸最北的類型，故具有一方面向熱帶雨林方向發展，同時也有向亞熱帶常綠闊葉林過渡的特點。其特徵為在乾季或多或少為落葉性，故植被具有比較明顯的乾、濕季的季節變化。也因為受到季風的影響，水濕條件較好，植被的常綠性較明顯，因此係屬於「半常綠季雨林」。而且該地季雨林的落葉期殆於冬季和乾旱季節相結合之時。

隨著常綠闊葉林向南分布，水熱條件更為豐富，使得一些熱帶雨林及季雨林的種類亦滲入常綠闊葉林中，在在都可顯示出常綠闊葉林向熱帶森林轉變過渡的趨勢。季風常綠闊葉林實際上即是亞熱帶常綠闊葉林向熱帶雨林、季雨林過渡的類型。

地帶性的（包括垂直地帶性）植被類型，如前述的熱帶雨林、熱帶季雨林、山地雨林、亞熱帶季風常綠闊葉林等，在全台其分布殆為相互連續者，因此它們的演替關係極為密切，例如熱帶雨林的次生類型和熱帶季雨林者極為類似，在形相及結構和種類組成上都十分相近。季雨林的次生類型，其上層喬木多殼斗科及樟科的種類，這又與原生的常綠闊葉林十分類似。熱帶季雨林和季風常綠闊葉林雖然演替關係不太密切，但其次生類型的落葉樹種則大致相同，例如九芎即是一例。由上述地帶性植被類型的演替關係，可以看出台灣的植被殆具有熱帶和亞熱帶植被之間的強烈過渡性特徵（黃威廉，1993）。

2、次生植群

由台灣地區的植被圖檢視，可以發現低平地的植被已因人為活動的干擾及自然演替的結果，已然形成大面積相思林及次生林。相思林植群型可視為因植被轉換（vegetation switch）的結果，使得原來的天然植群為其取而代之。

相思樹因為耐旱，且根部具有固氮自行製造養分的作用，競爭力強勢，在演替過程中漸居優勢（高速公路旁）

恆春墾丁相思樹次生林

林相變更後的次生林（屏東縣壽峠）

低平地先驅陽性樹──苦楝

季雨林的次生落葉樹——九芎

中高海拔先驅陽性樹——台灣赤楊

低平地先驅陽性樹——野桐

低平地先驅陽性樹──山黃麻

3、入侵植群（詳見第拾伍章）

台灣地區近年來因為經濟發展迅速，人
為活動頻繁，對生態環境造成不斷干擾，生
物入侵現象極為顯著，入侵植群舉目可見，
到處充斥，例如小花蔓澤蘭、銀合歡、大花
咸豐草、馬纓丹、長穗木、吊竹草、番石
榴、蓖麻等，據最新統計，台灣地區的入侵
植物或外來歸化植物已達326種之多。澎
湖、恆春及台東的沿海受干擾地區已大面積
為銀合歡入侵，使得原生的植群改頭換面。

引進後歸化而造成強勢入侵的木本──番石榴（恆春墾丁）

4、農作區人工植群

水稻田、蔗田、茶園、鳳梨園、果園、
茶園及觀賞植物苗圃等。

5、人工造林地

柳杉、相思樹、油桐、櫸、杉木、台灣
肖楠、楓香、杜英、光臘樹、大葉桃花心
木、樟樹、烏心石等。

強勢入侵之大黍

溪頭森林遊樂區入侵之巴西水竹葉

強勢入侵之野塘蒿

強勢入侵之大花咸豐草

引進之油脂植物，現在到處馴化生長——篦麻

新近入侵，原產於南美洲的翼莖闊苞菊（桃園沿海）

強勢入侵於水道之布袋蓮

全省到處嚴重入侵之銀合歡

平地亦有大面積檳榔園

茶園

甘蔗田

山坡地濫墾種植檳榔

楓香造林地

光蠟樹造林地

相思樹是台灣低平地重要綠化樹種

低平地的植被目前由強勢
並天然更新的相思林取代

孟宗竹林

6、竹林

由竹類構成的常綠木本群落，最常見有桂竹、孟宗竹、綠竹、麻竹及刺竹等。

（三）山地

亞熱帶植被帶——南亞熱帶季風常綠闊葉林亞帶

本亞帶範圍是中國西南、華南亞熱帶的南部，台灣北部亦包括在內，即北迴歸線以北的地區屬之。台灣南部的山地亦可歸入亞熱帶闊葉林植被類型。

地帶性的典型植被屬於熱帶雨林和亞熱帶常綠林之間的過渡類型的特殊季雨林型，低地則為南亞熱帶雨林。群落的熱帶性植被特徵較為顯著，結構複雜，層次較多。喬木層中的附生植物和藤本植物豐富，群落組成的區系成分中熱帶植物的比例仍很大。但和低緯度地區比較，植物的生長發育還具有較明顯的季節性特徵，群落的季相變化也較顯著，一般都表現出具有較固定、較明顯的花期、果期和落葉期。

北溫帶的一年生草本植物，有名的雜草蒲公英屬（*Taraxacum*）在台灣有兩個種：特有種台灣蒲公英（*T. formosananum*）及馴化種西洋蒲公英（*T. officinale*）。分析其在台灣的分布相當有趣，即前者分布於台灣北部的濱海地區，生長季節由冬季至春季；後者則由北部的低海拔平地（例如台北市）至全省的中海拔山地（例如阿里山），中南部之平地均不見其蹤影。推究其原因如下：除蒲公英屬在中南部地區無法適應其生長季的相對高溫外，中南部的生境熱量條件亦打破了它的固定休眠期以致無法在此地帶生長分布。

在丘陵山地海拔800公尺以上，常綠樟

櫟林極為發達。東北部具有較
明顯雨林景觀。林中主要樹種
為樟樹、瓊楠、厚殼桂、楨楠
屬數種如大葉楠、紅楠及香楠
等、錐栗屬數種如台灣錐栗、
青鈎栲、青剛櫟屬數種如青剛
櫟、赤皮、石櫟屬數種如杏葉
石櫟、以及烏心石及木荷等。
並偶混生有馬尾松、油杉、肖
楠及台灣竹柏。落葉樹種除楓
香及赤楊外，種類很少。楓香
為典型亞熱帶的落葉闊葉林建
群種。林內小喬木、灌木極
多，以樟科、山茶科、紫金牛
科、灰木科、野牡丹科、五加
科及茜草科為多；藤本可見梣
藤子、血藤及黃藤等熱帶大藤
本，種類繁多。附生蘭類、蕨
類極多。林下並有樹蕨如台灣
杪欏及筆筒樹等多種，形成大
群叢，因此雨林性質濃厚，林
間空地竹林亦多。

　　南亞熱帶的地帶性植被類
型為南亞常綠闊葉林，在台灣
分布於北迴歸線以北，即玉山
山脈北半部海拔800公尺以下的
丘陵及台地等低平地。常綠闊
葉林雖然在水平分布上是亞熱
帶地區中具有代表性的森林植
被類型，但在熱帶地區的南部
也是山地垂直帶上的重要類
型。中山上部因海拔增高而氣
溫降低，濕度增大，常綠闊葉
林屬偏濕性的類型，例如山地
常綠闊葉苔蘚林及山頂苔蘚矮
曲林等。

　　季風常綠闊葉林係台灣南
亞熱帶的地帶性代表植被類

台灣蒲公英，分布於台灣北部沿海地區

台灣北部山地樟櫟群叢亞熱帶常綠闊葉林（烏來桶後溪）

台灣中部山地樟櫟群叢亞熱帶常綠闊葉林（大雪山森林遊樂區）

台灣北部鴛鴦湖苔蘚林

台灣中部落葉闊葉樹——欅

檜木霧林帶（宜蘭棲蘭山）

型，其分布範圍在台灣玉山山脈北半部低海拔山地及低平地（海拔800公尺以下），傳統上一向籠統稱其爲「亞熱帶雨林」（在廣東及貴州則常稱爲亞熱帶常綠季雨林），其上層的樹種均爲殼斗科及樟科中一些喜暖的種類爲主。尤其是處於水濕條件較爲充分的地區，樟科的種類在群落中有增加的趨勢，山茶科中的木荷屬也有在上層佔優勢者，柃木屬則多在森林下層常見之。

　　南部高雄縣南鳳山最高海拔1,800公尺，年平均溫度22℃以上，年降雨量2,000公釐以上，其植被爲台灣典型的南亞熱帶常綠闊葉林，植被群落可區分出三個主要植群型：萬兩金－大葉楠群落、台灣山豆根－紅楠群落，及大葉石櫟（Pasania kawakamii）－黃杞群落（Miyawaki et al., 1981；陸陽，1987），亦是與東亞地區的照葉林相類似者。若稱之爲「南亞熱帶山地常綠闊葉林」則更恰當。同樣位在高雄縣的荖濃溪流域，

其1,400公尺以下低海拔地區的年平均溫度在16.8～24.4℃，年雨量2,231～3,843公釐，其中有80%以上的雨量集中在夏季，而冬季則出現1到6個月不等的乾季，已具有季風林的特徵，其植被群落可區分出四個主要植群型：長尾栲－黃杞型（1,200公尺以上）、台灣栲－瓊楠型（790～1,100公尺）、大葉楠型（400～1,100公尺）以及糙葉樹－山柚（Champereia manillana）型（320～590公尺）（陳銘賢，1990）。不過若海拔高度上升，雨量因之增加，乾季將隨之消失，落葉之季風林即爲常綠闊葉林所取代。

　　山地海拔升至中山2,000公尺其間爲台灣植群最豐富的常綠闊葉林帶，本地學者通稱之爲「暖溫帶雨林」，以樟科及殼斗科和木荷爲主要優勢種類。

　　由於山地生態條件與植被歷史發展的特殊性，某些分布於水平地帶的植被類型，在山地垂直帶中可能完全缺如。如落葉闊葉林

雖然在中國沿海地區的植被水平地帶系列中佔有顯著地位,但在台灣的熱帶、亞熱帶山地植被垂直帶譜(系列)中卻不存在這一帶,取而代之者為針葉、常綠落葉闊葉混交林帶。因為在熱帶條件下,海拔高度雖然氣溫降低,熱量的季節變化卻不顯著,因而缺乏冬季落葉的闊葉林帶。只有北部的插天山和羅東三星山一帶(為雪山山脈北段,海拔1,500-1,900公尺)分布著由台灣水青岡所構成之夏綠林,為僅有的少數落葉闊葉林,然分布狹隘,僅點綴於常綠林之中。

台灣位居中國大陸之東部受季風環流作用的海洋性地區,山地植被以各種垂直替代的森林植被類型佔優勢,其高山植被則由低溫－中生的灌叢、草甸類型所構成。台灣北部的山地呈現明顯的濕潤亞熱帶山地植被垂直帶譜,然因氣候較濕潤,旱季並不明顯;而有些山地海拔不高,因此缺乏典型的高山、亞高山植被,而為「山頂效應」造成的矮林或灌叢所替代,例如北插天山即為最好的例子。其一般的垂直帶譜結構簡化如下:

常綠闊葉林帶(南亞熱帶山地的基帶則為季風常綠闊葉林帶)－山地常綠落葉闊葉混交林帶或山地常綠針闊葉混交林帶－山頂常綠矮林或山頂常綠灌木草叢

由於山體較低矮,一般缺乏山地寒溫性針葉林帶。但是較高的山地其上部仍會出現冷杉組成的寒溫性針葉林帶(見下述)。

(四)亞高山地

台灣位居低緯地區,高山頂部一般溫度較低,風力強大,全年夜間溫度低(日夜溫差大),尤其是夏季缺乏高溫,幾乎每個夜間都有霜凍,所以植物生長低矮或呈墊狀;然而高緯度地區由於稍溫暖和溫暖季帶的長日照,全年有一定的無霜期,且由於雲霧籠罩,濕度大,因而出現矮灌木、灌木凍原,

此與台灣高山的情況就不一樣。一般低緯地區鄰近山頂的下部常被雲霧所籠罩,濕度高、雨量多,加以冬季又不太冷,全年生長季節較長,因而山地寒溫性針葉林生長茂密,生物生產量也大得多;比起水平的寒溫帶針葉林所在地,雖然夏季溫度高,日光充足而無霜,因而夏季生長得快些,然因雨量和濕度都不高,一年中總生長期遠不及低緯度的山地,因而生物生產量也就較小得多(侯學煜、張新時,1980)。

北迴歸線幾乎正好通過玉山主峰附近,故玉山的地理位置殆座落於熱帶的北緣面而具有向亞熱帶過渡的性質。玉山具有下列簡化的垂直帶譜:

季雨林帶—山地常綠闊葉林帶—山地常綠落葉闊葉混交林與針闊葉混交林帶—山地寒溫性針葉林帶(台灣雲杉與台灣冷杉)—亞高山杜鵑灌叢、草甸(禾草、雜類草)帶

低緯地區的台灣,其高山地區隨海拔高度的升高,山頂高處的空氣稀薄,輻射強度大;而高緯度地區由於雲霧多,輻射強度很弱。這也說明了台灣的高山植物一般均花色豔麗、萬紫千紅,殆為反映強烈太陽輻射的自保性適應。高山的特殊環境造就了一種生態學上的殘留冰原島(nunatak)。在熱帶亞熱帶的國度,吾人有幸在高山的天然植物園中觀賞這些高山草木花卉,委實值得慶幸!在邀遊青山綠水之際,亦請不忘多加珍惜保護。

山地垂直系列中的某些垂直帶和水平分布系列中的某些水平地帶仍然有種類組成(特別是屬)、結構特點和生態特性方面的類似,甚至還有起源發生上的關聯性。例如台灣的熱帶、亞熱帶山地寒溫性(亞高山)針葉林帶與泰加林帶(taiga,即北方針葉林或寒溫帶針葉林)不僅在生態、外貌上十分

涼溫帶山地針葉林的鐵杉（大雪山森林遊樂區）

亞高山冷杉林（合歡山）

相似，還有區系發生上的親緣關係。而包括台灣在內的南方山地的高山、亞高山的植被與極地、亞極地的植被之間也明顯存在一些共有的成分。所以台灣高山地區的亞高山寒溫性針葉林殆為少見而獨特的一種植被類型（錢崇澍等，1956）。

玉山的亞高山寒溫性針葉林是全中國境內陰暗針葉林的一種特殊類型，係北半球分布較南的南方陰暗針葉林。分布範圍已達北緯23°30'北迴歸線以南，可以認為本類型的發生與發展是與北方陰暗針葉林相對獨立的，但亦有其歷史上的聯繫：如林下灌木有小檗屬、薔薇屬、茶藨屬子屬、懸鉤子屬、繡線菊屬、花楸屬、莢蒾屬及忍冬屬等多與北方陰暗針葉林者相同。但本地區地處低緯高海拔山地，因而在生態結構、種類成分和特有種方面都不盡相同。

亞高山針葉林以台灣冷杉及台灣雲杉佔優勢。亦有單獨構成純林，局部地段有台灣鐵杉分布。林下種類一般發育不良，主要有玉山杜鵑、玉山小檗、台灣忍冬、玉山薔薇、台灣茶藨子及玉山懸鉤子等，草本植物有台灣喜多草（台灣愛多葉）、台灣草莓、南湖柳葉菜、山薰香、南湖附地菜、玉山鬼督郵及玉山耳蕨等，多為特有種。

本類型具有的特點是：喬木層樹種有純林亦有其他針葉種類；灌本多為寒溫喜濕種類，具有亞建群層片，有杜鵑屬層片及玉山箭竹層片，特別是區系成分多為台灣亞高山地區的特有種。大體上本類型的分布地區3,000公尺以上的高山植物約有55科、188屬、376種，其中特有種達243種，佔全部總數的65%，如建群層片的台灣冷杉、台灣雲杉，林下灌木的玉山薔薇、玉山小檗、台灣忍冬及台灣茶藨子，林下的草本如台灣耳蕨、台灣草莓及台灣愛多葉等均屬特有種。由此可證明台灣高山隆起時代較新，約和喜馬拉雅同時，由於氣候條件優越，微環境複

雜，和雲南西北、西藏東南一樣、形成許多高山新種。本類型和川西昌都地區的陰暗針葉林，在乾濕程度、海洋性與大陸性程度方面相比，可以說是亞高山針葉林帶東西部份的兩個極端類型（錢崇澍等，1956；黃威廉，1993）。台灣的高海拔植群可以概括歸納為下列四種類型：

1、玉山箭竹矮林

為一種分布於亞熱帶的山地上的溫性竹林，生境之氣溫低，紫外線輻射強，濕潤，土壤為山地草甸土。玉山箭竹（*Yushania niitakayamensis*）現改隸於箭竹屬（*Sinarundinaria*），屬於亞高山矮林類型，主要分布於中央山脈海拔3,000公尺以上的山地。

玉山箭竹原為台灣高海拔地區的特有種類，後來亦發現菲律賓呂宋之高山地區；其地下莖合軸叢生型，因稈柄能延長，故竹稈可為散生，竹稈高45～60公分，徑粗約0.4公分。群落分布的地段與灌叢分布區相若，常與台灣冷杉林或高山杜鵑灌叢和亞高山草甸交錯分布，形成推移帶（tension zone）。因自然火災等因素常由玉山箭竹或高山芒形成一種形式上的演替極盛相（次極盛相或中途演替極盛相）。玉山箭竹的分布海拔高度約在1,600～3,600公尺之間，有各種不同的伴生植物如台灣粉條兒菜、台灣地楊梅、台灣龍膽、細葉沙參及玉山鬼督郵等。高山芒分布高度約在2,800～3,000公尺之間，伴生植物則有台灣黃花茅、一枝黃花及紫苑等。本植群黃威廉（1993, p.177）稱為高山草地。賴國祥（1983）及劉業經等（1984）則稱此為高山箭竹草生地。

2、亞高山草甸（高寒草甸）

通常分布於排水良好的山坡，並位於亞高山森林草上部或林緣處。其組成種類相當豐富，其中以禾本科的種類最多，次為莎草

亞高山針葉林、草甸與玉山箭竹矮林（合歡山）

科、菊科、薔薇、毛茛科、龍膽科及玄參科等。多是北溫帶的科屬，且多特有種，如3,000公尺以上特有種達243種。建群種以多年生根莖禾本草為主，如短柄草屬、拂子茅屬、雀麥屬。多年生叢生禾本草，多年生雜類草和苔草亦有一定數量，而其他一年生植物、蕨類植物及小灌木皆處於次要地位。美麗的高山植物即可於此見到。

3、亞高山灌叢

分布在高山山頂森林上限的亞高山帶，依建群植物生活型的不同，可分為常綠針葉灌叢、常綠革葉灌叢（主要是高山杜鵑類）和高寒落葉闊葉灌叢等。

4、亞高山岩原植群

分布在亞高山草甸以上，在垂直帶譜中居最高的一個植被類型，殆出現在山頂海拔高處，氣溫較低，熱量較少，輻射較強，風速較大等十分惡劣的自然條件下。中央山脈及玉山山脈的高海拔山峰較多，東部又面臨太平洋，由於寒凍風化，岩石不斷崩裂成碎塊，加上坡度陡峭（一般都在40°以上），碎石順坡緩慢滑動，往往形成一個扇狀的岩屑坡或流石灘，更由於近代冰河所形成的冰斗凹地，使高山頂部具有一坡一階的地貌，形成特殊的岩原植群（應紹舜，1978，1992；黃威廉，1993）（《中國植被》（1980）稱為「高山流石灘稀疏植被」）。其土壤多為山地礫石土，土層板淺，礫石極多，故在這種生境條件下，此類高山岩原植物具有特殊的形態特徵和生態外貌。高山岩原植群的區系成分多為北溫帶的科屬，但特有種為數不少，如分布在海拔3,800公尺以上的被子植物計30科、53屬、64種，其中特有種就有54種，佔總數的84%（劉棠瑞，1948）。

亞高山灌叢——玉山杜鵑

亞高山灌叢——玉山圓柏（合歡山東峰3,800公尺）

亞高山灌叢（玉山3,750公尺，吳建業攝）

亞高山灌叢（玉山北峰3,750公尺，吳建業攝）

岩原植被（玉山北峰，吳建業攝）

岩原植被（雪山主峰）

二、水平植物分布

植物分布的水平地帶性，包括由南至北熱量變化的緯度地帶性，和由海洋至大陸內陸中心因水分變化而形成的經向變化，即經度地帶性。

地球表面的太陽輻射熱量隨著地理緯度而有不同。在低緯度地區，全年接受太陽輻射的總量最大，終年高溫。因此，陸地由南至北，形成各種不同的熱量帶，而相應的各種植被類型也形成帶狀分布。一般在濕潤的氣候條件下，植被的類型由南到北依次更替變化著如下的帶狀分布：熱帶雨林 → 亞熱帶常綠闊葉林 → 溫帶落葉闊葉林（夏綠林） → 寒溫帶針葉林 → 極地寒原，反應地球表面的赤道帶、熱帶、亞熱帶、溫帶、寒溫帶、亞極帶及極地帶等七個熱量帶。

陸地上的降水量在同一緯度的不同地點有所不同，通常是由沿海至內陸逐漸減少，海洋上蒸發的大量水汽通過大氣環流輸送至陸地，是陸地上大氣降水的主要來源。因此，沿海地區空氣濕潤，降水量大，植被的分布以森林為主，距海洋較遠的內陸地區，則因降水量減少，乾旱季節長，依次分布著草原或荒漠植被。這是植被分布由東到西的經度地帶性影響。

台灣地區的地理位置，同時受到緯度地帶性規律及經度地帶性規律不同程度的影響。全島四周環海，位居亞洲大陸棚的東側邊緣，受到海洋性氣候（海洋性季風及洋流（或暖流））與海陸交互的影響，全島以森林植被為主。又因所位居的緯度關係，全島天然植被主要以亞熱帶常綠闊葉林植被類型佔最優勢，平地帶熱帶氣候及植被雖然存在（惜原生天然植被殘留不多），然具有明顯過渡性質。

亞洲大陸的東部以亞熱帶地段最為遼闊，橫跨北緯22°到33°之間，在氣候帶的劃分上，一般分為北亞熱帶、中亞熱帶及南亞熱帶。自然帶之間的熱量和水分條件的變化是逐漸的，因之地帶性植被的交替變化並非截然的，導致其兩兩之間常形成過渡性的植被類型。在北亞熱帶的常綠闊葉林中，殆混生一定的夏綠林層片，而南亞熱帶的常綠闊葉林中，也常混生著一定的雨林層片。通常情況下，亞熱帶常綠闊葉林和熱帶雨林之間，也常存在著交錯過渡帶，例如雲南地區。過渡帶亦可稱之為群落交錯帶（zonoecotone）（Walter, 1979），兩種植被類型並排出現在同一大氣候條件之下，並處於激烈競爭狀態中。而該兩種植被類型的棲居立足地取決於局部地形造成的微氣候條件或土壤質地，結果出現了兩種不同植被類型的散亂混雜或鑲嵌的組合。

台灣島面積雖小，但緯度地帶性植被的過渡性卻相當明顯而重要。台灣北部的北插天山及銅山一帶的常綠闊葉林中混生台灣水青岡夏綠林層片，而南部恆春及台東的山地常綠闊葉林谷地中混生以白榕為代表的季雨林象徵。蘭嶼的熱帶林雖較為明顯突出，但仍具有與常綠闊葉林之間的過渡特性。

（一）熱帶植被

宋永昌（1999）提出較新的中國東部植被帶的劃分意見，其中對應熱帶濕潤、半濕潤地區的地帶性植被類型為「熱帶雨林季雨林帶」（tropical rain forest and monsoon forest zone），位於廣東、廣西、雲南、西藏和台灣南部以及海南島和南海諸島嶼。此一植被帶的地帶性植被類型為熱帶雨林向熱帶季雨林過渡的類型，也是Ellenberg and Muller-Dombois（1967）所稱的「熱帶常綠季雨林」，相當於《中國植被》（1980）的「季節雨林」。由於此一植被帶內生境條件複雜而多樣，植群類型歧異度大。原生植被中除了地帶性的熱帶常綠季節林外，在濕度較大的地

區分布有熱帶雨林，在乾旱的生境中分布有熱帶季雨林和半常綠闊葉林，或分別稱之熱帶適雨林、熱帶乾旱落葉林以及熱帶半落葉林。淤泥質海岸有紅樹林，珊瑚礁上有珊瑚礁植被，在石灰岩山地上還有熱性刺灌叢等。整體形成的特有生物群落集（biocoenosis或biocenosis assemblage）棲居於各種特定生境（biotopes）而在全區內形成鑲嵌（mosaic）組合景觀。

台灣恆春半島的最南端、台東外海的離島蘭嶼及海南島南部位於熱帶雨林季雨林帶的南亞帶，面積較小，其地帶性植被稱為「半常綠季雨林」。在乾熱的生境則分布著「落葉季雨林」；在迎風坡的河谷丘陵地也有「濕潤雨林」的分布；而南海的珊瑚礁群島上則分布有特殊的「熱帶珊瑚礁植被」。熱帶雨林季雨林的北亞帶緊鄰本南亞帶，位處季風熱帶的北緣，植群的熱帶特徵不如其南部顯著。這些熱帶地區大部分為海洋包圍，陸地面積不大，又因地處熱帶邊緣，雨林植被的發育並不典型，加之因受到季風影響，而常具有明顯季節性。又因為特定群落生境（biotope）條件複雜，如前所述，熱帶雨林和季雨林可同時存在於不同的地形部位上，並存在著它們之間的過渡類型。

值得吾人特別留意的是，熱帶森林應只分布在平地，低谷和山麓地帶，且已受嚴重干擾破壞，殘留不多。恆春半島地區南仁山、里龍山、老佛山、高士佛山及萬得里山的天然林位於較高海拔山丘，為亞熱帶常綠闊葉林，屬垂直帶的一部份，並不能代表恆春半島的水平地帶的植被，換句話說，山地植被並不具有地帶性意義。若將這些天然林群落認係地帶性植被而將之劃為亞熱帶的一部份（即南亞熱帶），而將殘留在谷地的熱帶林看做是受到局部地形影響發育而成的非地帶性植被，實為對地帶性植被的一種誤解。

世界熱帶雨林研究權威Whitmore（1975, 1985）在其專論《遠東地區的熱帶雨林》一書中，均將台灣排除於熱帶雨林分布範圍之內，可能未考慮到位居該熱帶雨林範圍邊陲地帶的台灣南端恆春半島與蘭嶼的特有植群集實際狀況。IUCN及WCMC（1990）出版的《亞洲及太平洋邊緣地區的熱帶森林地圖》，則已將台灣南端列入「熱帶雨林」，而台灣南端以外地區則列入「熱帶季風林」範圍（另參考Collins et al., 1991）。

（二）亞熱帶植被

氣候的區劃（張寶堃，1959, 1965）的六個熱量帶，實際上可認為是二個帶的六個亞帶，其中赤道帶、熱帶、亞熱帶可作為熱帶的三個亞帶，而暖溫帶、溫帶及寒溫帶是溫帶的三個亞帶。一般認為亞熱帶殆為熱帶和溫帶的過渡帶。但是因為全中國的亞熱帶在世界上佔有獨特的地位（丘寶劍，1993），此乃由於西藏高原的影響和季風的強盛等因素。而所謂典型亞熱帶氣候的地中海氣候，呈冬濕夏乾，此與中國地區的季風氣候為雨熱同季大為不同。竺可楨（1958）論及「中國的亞熱帶」時指出，亞熱帶南界橫貫台灣的中部和雷州半島的北部，但他在1973年《物候學》又指出，南嶺是中國亞熱帶的南界，南嶺以南便可稱為熱帶，其劃界的準則是以終年無冬，熱帶植物的明顯分布，且熱帶作物可正常生長發育等為主。

因此，如何認定亞熱帶便成為氣候帶區劃的關鍵。若亞熱帶的範圍和界線一經確定，則熱帶的界限便可迎刃而解。目前所知將南亞熱帶劃出的學者較多，雖然許多西方學者不承認亞熱帶的存在（例如柯本氏氣候分類就沒有亞熱帶，其熱帶界線定在最冷月平均18℃，而最冷月平均溫度-3～18℃之間稱為暖溫帶）。而熱帶北界的確定也漸歸納出趨向偏南的意見，公認以雷州半島北部為

界線（丘寶劍，1993），向東延伸至台灣南部的恆春半島與蘭嶼、綠島（Hamet-Ahti et al., 1974）（圖21）。

　　台灣的亞熱帶與熱帶分界線西起高雄岡山附近，經大埔至台東的成功（宋永昌，1999），大致與高位隆起珊瑚礁分布地區的北界符合。此一亞熱帶植被帶的地帶性植被類型為常綠闊葉林。

　　台灣的大部分地區位居「亞熱帶常綠闊葉林帶」的南亞帶（宋永昌，1999），亦即《中國植被》（1980）的「南亞熱帶季風常綠闊葉林地帶」，向東延伸至福建南部及廣東、廣西的中部。地帶性植被類型中含有較多而顯著的熱帶成分，《中國植被》（1980）稱之為「季風常綠闊葉林」，《福建植被》（1990）另稱之為「南亞熱帶雨林」，係熱帶雨林、季雨林向中亞熱帶常綠闊葉林（照葉林）的過渡類型，分布於「亞熱帶常綠闊葉林植被區域」東部亞區域（《中國植被》，1980）的最南地區，種類的組成中含有較多熱帶性成分，群落結構較複雜，具有一定的熱帶雨林特徵和形相外貌。

三、垂直植物分布

　　台灣面積不大，然而中央南北縱走的山體龐大，強烈顯示其山地植被的特色，因此，山地植被亦是台灣植被的主體。

　　從平地到高地山頂，氣候條件有所差異，台灣地區通常海拔每升高100公尺，氣溫大約下降0.6℃，溼度也隨海拔升高而增大。在山地特定的生態環境條件下，山體自下而上因海拔高度變化，在不同海拔高度的區段分布不同的植被類型，這種山地植被所表現的帶狀分化的分布規律稱為垂直地帶性。而其垂直帶系列稱為「垂直帶譜」。在山地植被的垂直帶譜中，最下部的帶與山地所在的平地植被帶（即水平帶）一致時，即

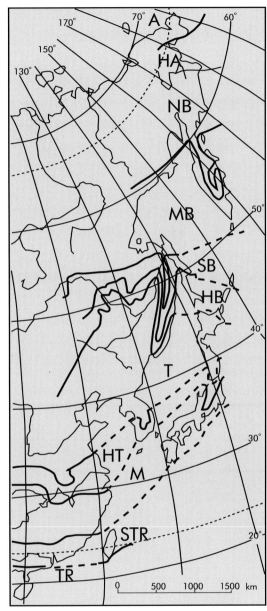

TR：熱帶性植被區　　　STR：亞熱帶植被區
B：寒帶性植被區　　　　A：極地植被區
HT：半溫帶性植被區　　T：溫帶性植被
M：過渡性南方（Meridional）植被區

圖21. 東亞地區不同生物氣候型之植被區劃

（引自 Hämet-Ahti *et al.*,1974）

稱之爲「基帶」。不同水平地帶性植被基帶上產生的植被垂直帶譜是不同的。

植群在垂直方向上的成帶分布，大致上和地球上的水平分布順序互相對應。若以赤道濕潤地區的高山植被分帶，與從赤道到極地的水平植被分帶作一比較，吾人可明顯看出：自平地至山頂和自低緯至高緯的排列順序大致上相似，而垂直帶與水平帶上相對應的植被類型的形相基本上也是相類似的，因爲在緯度上和海拔高度上，其熱量的遞減有其相似之處。植被的垂直帶和水平帶之間有如大樓在地面的倒影一般。若某一高山垂直帶的水平起點位居赤道南北的不同緯度帶上而不是正好在赤道上，則這些緯度上山地植被的帶狀分布，與該緯度開始到極地爲止的水平植被帶分布順序相對應。

山地植被垂直帶譜的系列特點取決於山地所處的緯度或水平植被帶，一般以所在地的水平植被帶爲山地垂直帶譜的基帶，分布於山麓與低山。帶譜的結構從北向南趨於複雜，層次增多。亦即不同緯度起點的山地植被帶層次多寡不同，愈近赤道地區，高山上的垂直帶層次愈多，在具有完整垂直帶系列的熱帶高山則可達6～7帶。逐漸向極地推移，則山地的植被帶的層次愈趨減少，極地地區則整個山體爲冰雪封蓋，只有近山麓處的一個植被帶——凍原帶。總之，植被分布的垂直地帶性是以水平地帶性爲基礎（圖22）（雲南大學生物系，1980）。

從圖22的植物群落在山地的垂直分布序列中可以發現，植物群落在垂直方向上的成帶分布，和地球上的水平分布順序有其相對應性。由山的下部向上，可以分爲森林帶、灌叢帶、草甸帶，在很多高山上還有高山凍原荒漠帶，再向上就是終年積雪的冰雪帶。

台灣島除恆春半島外，大部份地區座落於亞熱帶水平帶段上，故山地植物垂直帶譜的基帶爲亞熱帶，而中央山脈最頂部上未到達雪線（永久積雪帶），故垂直帶譜並不完整。同時，植被垂直帶的高度經常相對應於不同地區的水分狀況而發生垂直位移，加之植被垂直帶上升到一定高度後，植被的發育又受到氣溫降低的限制。

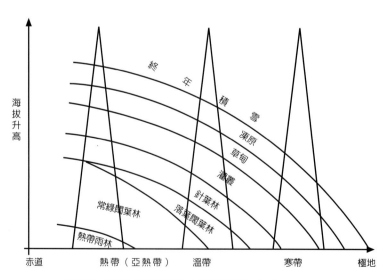

圖22. 植被垂直帶和水平帶相對應的示意圖

台灣的山地垂直帶的水平起點不是在赤道地區，而是在赤道以北的緯度帶上，則這一緯度帶上山地植被的帶狀分布，同樣與該緯度帶開始到極地止的水平植被帶分布順序相應。台灣玉山位於熱帶、亞熱帶過渡帶上，從山麓到高海拔山頂的植被垂直帶譜相當明顯。

台灣中部山地的植物垂直帶譜上，由低平地以至高海拔森林界線可以見到以常綠闊葉林－針葉林為主的森林植被帶分化如下（表22，表23）：

四、結論與討論

在水分條件的遞增或遞減情況下，植被亦存在著過渡性，例如熱帶地區，隨著水分條件的減少，熱帶雨林可交替出現不同的植被類型如下：熱帶雨林→季節性雨林→季雨林→稀樹喬木林→多刺疏林→稀樹乾草原。台灣恆春半島的熱帶植被類型常引起爭議，即導因於這種植被類型過渡的複雜性，以及植物分布上的交錯性。如果認為陸地上的水平地帶性植被可按緯度線或經度線截然劃分，或認為一切地帶性類型間的界線都是平直的，並不十分正確。

亞洲東部濕潤季風氣候帶的山地植被垂

表 22. 台灣中部山地垂直帶譜之森林植被帶及溫度範圍

altitudinal zone 高度帶	forest vegetation zone 森林植被帶	alt. (m) 海拔高度	tm (℃) 年均溫度	wi (℃) 溫量指數	equivalent climate zone 相對應氣候帶
Subalpine 亞高山帶	Krummholz 灌叢	>3,600	<5	<12	Subarctic 亞寒帶
	Abies zone 冷杉林帶	3,100 - 3,600	5-8	12 - 36	cold-temperate 冷溫帶
Upper montane 山地上層帶	*Tsuga - Picea* zone 鐵杉雲杉林帶	2,500 - 3,100	8-11	36 - 72	cool-temperate 涼溫帶
Montane 山地帶	*Quercus* (upper) zone 櫟林帶（上層）	2,000 - 2,500	11 - 14	72 - 108	temperate 溫帶
	Quercus (lower) zone 櫟林帶（下層）	1,500 - 2,000	14 - 17	108 - 144	warm-temperate 暖溫帶
Submontane 山地下層帶	*Machilus - Castanopsis* zone 楠櫧林帶	500 - 1,500	17 - 23	144 - 216	subtropical 亞熱帶
Foothill 山麓帶	*Ficus - Machilus* zone 榕楠林帶	<500	>23	>216	tropical / subtropical 熱帶/亞熱帶

（修改自 Su, 1984）

表 23. 台灣山地垂直帶譜的主要植被型

群系型	氣候—植被帶	植被型	海拔高	主要代表植物
草甸、灌叢	亞寒帶 亞高山灌叢	草甸、針闊葉灌叢	森林界線以上約 3,200公尺以上	玉山圓柏、玉山杜鵑、高山草本植物
森 林	冷溫帶亞高山 針葉林帶	香柏林	3,400公尺以上	玉山圓柏
		冷杉林	2,800-3,700公尺	冷杉
		玉山箭竹林	2,800公尺以上	玉山箭竹
		雲杉林	2,000-3,000公尺	雲杉、冷杉、鐵杉、狹葉櫟、昆欄樹
	涼溫帶 山地針葉林帶	鐵杉林	2,000-3,000公尺	鐵杉、華山松、二葉松、雲杉、高山櫟
		山地松林	2,000-3,000公尺	二葉松、華山松、高山櫟、高山鬼芒、玉山箭竹
	暖溫帶 山地針葉林帶	檜木林	1,600-2,400公尺	扁柏、紅檜、鐵杉、雲杉、華山松、昆欄樹、森氏櫟
		其他針葉混交林	1,700-2,300公尺	雲杉、鐵杉、二葉松、華山松、昆欄樹、校力、木荷
	暖溫帶山地 雨林帶	針闊葉混交林	1,200-2,500公尺	紅檜、扁柏、鐵杉、香杉、二葉松、帝杉、肖楠、樟櫟群叢
		暖溫帶 常綠闊葉林	500-2,100公尺	樟櫟群叢—樟科、殼斗科、木荷、厚皮香
	熱帶雨林 季雨林帶	熱帶雨林、季雨林 或季風常綠 闊葉林	北部500公尺以下 南部700公尺以下	楠類、樟類、榕樹類、茄苳、九芎

（修改自蘇鴻傑，1978）

直帶譜中常呈現出：丘陵帶（亞熱帶、暖溫帶）常綠闊葉林（照葉林）—山地帶（涼溫帶）落葉闊葉林（夏綠林）—亞高山帶（冷溫帶或寒溫帶或亞寒帶）針葉林的帶狀分化。對應台灣的山地植物垂直帶譜中，在常綠闊葉林帶之上的涼溫帶段，地帶性夏綠林從缺是一特點，形成僅有溫帶性針葉林廣泛分布的明顯特性。與台灣緯度相差不多的東喜馬拉雅山的垂直帶譜中亦有類似夏綠林從缺的情形。

王忠魁（1957, 1962）是第一位主張台灣存在高山寒原者，並經以後學者如柳榗（1968-71）、蘇鴻傑、劉業經（1972, 1994）等學者沿用至今。編著者認為台灣的高海拔山地雖然分布著北方寒帶性植群，然因坡度陡峭，土壤中並未發育出永凍層或活動層，

稱其爲高山寒原（或凍原、苔原）恐有不妥（見第拾貳章）。

寒原爲一種寒帶植群類型。其植群是由耐寒小灌木、多年生草類、蘚類和地衣類構成的低矮植群，尤以蘚類和地衣較發達爲群落植物組成的顯著特徵。這是由於寒原氣候的嚴酷性，如寒冷、強風、基質的寡營養性與凍土的發育不適於高等植物的發育所致。雪被對於寒原植群具有很大的生態意義，在它的保護下，寒原的小灌木與草類得以發育，且群落的高度取決於冬季雪被的厚度，在雪被很薄或無雪被處，以及氣候嚴寒的高山帶上部則僅有地衣類存在。

所謂「高山植被」一般指在山地森林界線（timber line）以上到常年積雪帶下限之間，由適冰雪與耐寒旱的植物成分所組成的植被群落。高山植被按垂直高度的分異還可以再分爲幾個層次（張新時於吳征鎰主編1980）。台灣的高山植被隸屬其中一種「亞高山植被帶」——係高山植被向山地森林或其他山地植被（草原、荒漠）的過渡植被帶，也是山地森林與高山植被相互矛盾競爭——演替和統一——結合的地段，是多樣的亞高山灌叢、矮曲林、草甸、草原、凍原等植被相結合的垂直帶。其下限在森林界線，大致是最暖月均溫不超過10℃的界限。「亞高山（subalpine）」一詞在植被或植群生態的文獻中有多種的涵義，有時將山地寒溫性針葉林當作亞高山植被；也有以森林界限線（林限）以上至「眞高山植被帶」之間的過渡帶當作亞高山帶，且不包括森林植被類型。惟有的學者質疑此一觀點，因爲其認爲亞高山帶通常仍然是可以生長森林的地帶；其次，亞高山帶似乎不能根據固定的海拔高度來決定，因爲不同地點的環境條件各不相同。較合理的觀點應該是高海拔森林不易生長的特殊生境下的非帶狀分布的草本植被帶。

北迴歸線附近的玉山主峰在地理上靠近熱帶。其高海拔山頂處的高山植被是熱帶的國度中相當獨特的部份。在這種複雜的環境及多種多樣的生態條件中所孕育出來的植群實在值得吾人珍惜並深入研究。

位居濕潤亞熱帶—熱帶的台灣，在山地植被垂直帶譜中的寒溫（亞高山）針葉林帶上方，例如玉山（3,995公尺），雪山（3,886公尺）及南湖大山（3,797公尺）等山系高海拔的山頂高地，其植被類型前人均有討論。柳橲（1971）稱高山林木界線（timber line）（約3,500～3,600公尺）以上的植群爲「高山寒原（alpine tundra）」，即高山寒帶苔原之意，可分爲兩種群落：即開放式草本群落和香柏及高山杜鵑爲主的灌叢。（但如上所述，筆者確認台灣地區並不存在高山寒原。）在冷杉林的林下常有玉山箭竹遍布，於此一亞高山針葉林林帶亦有玉山箭竹、高山芒及巒大蕨（*Pteridium aquilinum* subsp. *wightii*）形成之「高山草原過渡群叢」。又謂高山寒原與亞高山針葉樹林二種植群型相鄰地區常有一交錯區（ecotone）云云。蘇鴻傑（1978）將森林界限（即森林界線）以上（約3,200公尺）的植群統稱之爲高山植物群系，其形相類似高山寒原，除了針闊葉灌木叢（conifer-hardwood scrub）及草本植物群落外，另有由玉山箭竹形成之小面積演替中途的草原（亦夾有少量的高山植物）。蘇鴻傑（1988b）稱冷杉林帶及鐵杉林帶之海拔所分布的禾本科植物（玉山箭竹及高山芒）群落爲「高山草原」。柳橲（1963），王忠魁（1974），林俊義等（1989）及郭城孟（1990）亦均採用高山草原一詞。

查考「草原（steppe）」一詞，係與稀樹乾草原（savanna）爲同屬於旱生性的草本植被，主要以多年生旱生草本植物（如針茅屬 *Stipa*）所組成的植群類型，分布於溫帶半乾旱地區及青康藏高原；而旱生類型的稀樹乾

草原在熱帶地區則僅見於乾熱河谷、海濱等地區，且絕大部份是次生的，故並不具有地帶性意義，多為零散分布，且不形成連續性的區域。草原是由於所處地區的氣候特點，尤其是水熱條件組合特點所決定的，故在地球上佔有一個固定的自然地帶。台灣的氣候濕熱，並無典型的草原植被分布，故過去本地學者稱呼的所謂「高山草原」恐有待商榷。青康藏高原4,000公尺以上的山地和高原所分布的「高寒草原」有別於典型乾草原、荒漠草原及草甸草原（吳征鎰（主編），1980），為草原中的高寒類型，是在高山和青康藏高原寒冷條件下，由非常耐寒的旱生矮草本植物（或小灌木）為主所組成的植物群落。經常混生一些墊狀植物。草甸草原則是草原群落中喜濕潤的類型，建群種為中旱生或廣旱生的多年生草本植物，經常混生大量中生或旱中生植物，它們主要是雜類草；其次為根莖禾草與叢生苔草。

黃威廉（1993）稱玉山之垂直帶上部3,600-3,950公尺所分布者為「亞高山草甸」植被類型，常成小片狀而與玉山杜鵑灌叢複合分布於迎風的冷濕坡面，主要種類有髮草、曲芒髮草、高山梯牧草、台灣短柄草、紫紅羊茅等禾草種類，並混生短芒苔草、多花燈心草、玉山鬼督郵、高山香青、細葉薄雪草、山沒藥、線葉鼠麴草、玉山老鸛草（單花牻牛兒苗）等雜類草本。此種生境的水濕條件殆為中濕至稍濕性，故非旱生性植物所形成的「草原」可以比擬者。

「草甸」是一種由多年生中生草本植物為主體的群落類型，為於適中的水分條件下（包括大氣降水、地面逕流、地下水和冰雪融水等各種來源的水分）形成和發育者。而中生植物則包括旱中生植物和濕中生植物。以這樣的植物作為建群種所形成的群落，稱之為草甸（meadow）。

草甸一般不呈現地帶性分布。在中國境內主要分布在青康藏高原東部、北方溫帶地區的高山和山地以及平原低地和海濱。分布區域的氣候為較寒冷者。在高原和山地降水量較高（約400-700公釐）、大氣比較濕潤；在草原區和荒漠區低地，降水量雖然較少（多在400公釐甚至100公釐以下），但地表逕流和地下水豐富。土壤的土層較深厚，富含有機質，生草化明顯，肥力較高，主要為各種不同類型的草甸土（高山草甸土、亞高山草甸土、山地草甸土、泛濫地草甸土、鹽化草甸土及潛育草甸土等）或黑土（參考金恆鑣等，1990）。

草甸植被的群落類型較為複雜，種類組成上比較豐富，建群植物主要以禾木科、莎草科、薔薇科、菊科以及豆科、蓼科等的種類較多，優勢度較大，對群落的建成具有重要作用；牻牛兒苗科、鳶尾科、夾竹桃科的某些種類也可成為建群種或優勢種。此外，毛茛科、藜科、唇形科、玄參科、虎耳草科、龍膽科、桔梗科、敗醬科、報春花科、傘形科，百合科及燈心草科等也有一些種類加入，惟係群落的次要成分（吳征鎰（主編），1980）。

典型的草甸主要由典型中生植物所組成，是適應於中溫、中濕環境的一類草甸群落，主要分布於溫帶森林區域和草原區域，此外也見於荒漠區和亞熱帶山地森林區海拔較高的山頂高地。在亞熱帶山地森林區，典型的草甸主要分布在亞高山帶，形成以雜類草為主的」亞高山草甸」；而在荒漠區，典型草甸多出現於山地針葉林帶和亞高山灌叢帶，常與針葉林和亞高山灌叢交錯或鑲嵌分布。典型草甸的種類組成比較豐富。尤其在山地森林區，多種雜類草構成了群落的建群層片，草群密茂，外貌華麗，且常混生大量林下草本植物，甚至和林床植物的組成完全相同。

雲南大學生物系（1980）則謂山地草甸

分布於高山地區的上部，可分為亞高山草甸和高山草甸二大類型。亞高山草甸是指亞高山帶以內的草甸，由植株較高的多年生草本植物所構成，種類多種多樣，層次多而季相顯著，以多種雙子葉植被為優勢，例如毛茛科、繖形科、蓼科、薔薇科、龍膽科、唇形科及石竹科；禾本科植物常處於次要地位，此還有多種單子葉植物。這些植物，除了個別的科屬外（如禾本科、莎草科），一般都是花大，色艷，葉綠而脆，在夏秋季之際形成非常美麗的亞高山五花草甸。在森林界線以上的真高山區，則分布著高山草甸，高山草甸的特點是草層比較低矮，形相和結構也較單純，常由一些特殊的高山植物所組成。群落中莎草科的苔屬（*Carex*）和嵩草屬（*Cobresia*）植物佔優勢，在草叢之間散生多種多樣的雙子葉植物及其它單子葉植物，植株低矮，花色美麗。

　　至於因海拔高度升高而形成的溫度遞減率，在台灣地區的南北兩端較為偏低，此為受到大山塊加熱效應（Massenerhebungseffekt）的影響，導致同一植被帶（類型）的海拔分布高度，由北部向中部逐漸升高，復又向南部漸次降低。這也造成所謂台灣南北兩端山地植被的「植被帶壓縮（compression of vegetation zones）」現象。

台東縣延平鄉紅鬼湖新近發現之台灣杉巨木（林務局提供）

中國植物學會（編）. 1994. 中國植物學史. 科學出版社.

王忠魁. 1974. 台灣高山草原之由來及演進與亞極群落之商榷. 生物與環境. 中央研究院生物研究中心專刊4：1-16.

王伯蓀、彭少麟. 1997植被生態學—群落與生態系統. 中國環境科學出版社.

丘寶劍. 1993. 關於中國熱帶的北界. 地理科學13(4)：297-305.

吳征鎰（主編）（中國植被編輯委員會）. 1980. 中國植被. 科學出版社.

吳建業. 1996. 台灣中部山地における針葉樹林の生態學的研究. 日本東京大學博士論文.

宋永昌. 1999. 中國東部森林植被帶劃分之我見. 植物學報41(5)：541-552.

宋永昌. 2001. 植被生態學. 華東師範大學出版社.

林俊義、林良恭、陳玉峰、陳東瑤. 1989. 太魯閣國家公園高山草原生態體系調查. 太魯閣國家公園.

林鵬（主編）. 1990. 福建植被. 福建科學技術出版社.

竺可楨. 1958. 中國的亞熱帶. 科學通報8(17)：524-528.

侯向陽. 2001. 溫帶-亞熱帶過渡帶的景觀變遷及其生態意義. 應用生態學報12(2)：315-318.

侯學煜、張新時. 1980. 中國山地植被垂直分布的規律性. 中國植被編輯委員會編著. 中國植被. 科學出版社. Pp. 738-745.

柳榗. 1963. 小雪山高山草原生態之研究. 林試所報告第92號.

柳榗. 1968. 台灣植物群落分類之研究（I）：台灣植物群系之分類. 26 pp. 林試所研究報告第166號.

柳榗. 1970. 台灣植物群落分類之研究（III）：台灣闊葉樹林諸群系及熱帶疏林群系之研究：36 pp. 國科會年報4(2).

柳榗. 1971a. 台灣植物群落分類之研究（II）：台灣高山寒原及針葉林群系. 林試所研究報告第203號.

柳榗. 1971b. 台灣植物群落分類之研究（IV）：台灣植物群落之起源發育及地域性之分化. 中華農學會報（新）76：39-62.

張惠珠、徐國士、邱文良、甘漢銑、朱成本1985. 香蕉灣海岸林生態保護區植物社會調查報告. 78 pp. 墾丁國家公園管理處.

張慶恩1960. 香蕉灣海岸原生林之植物. 屏東農專學報2：1-14.

張寶堃. 1959. 中國氣候區劃. 中國科學會自然區劃工作委員會. 科學出版社.

張寶堃. 1965. 中國氣候區劃. 國家自然地圖集地圖說明. 國家地圖集編纂委員會.

黃威廉. 1982. 台灣玉山植物群落的垂直分布. 貴陽師範學院學術論文集：79-87.

郭城孟. 1990. 八通關草原生態之研究. 內政部營建屬：64 pp..

陳銘賢. 1990. 台灣西南部荖濃溪流域低海拔區域之植群分析. 台灣大學森林學研究所碩士論文.

陸陽. 1987. 廣東省黑石頂與台灣省南鳳山常綠闊葉林的初步比較研究. 生態科學128-144.

雲南大學生物系（編）. 1980. 植物生態學. 人民教育出版社.

劉棠瑞. 1948. 台灣玉山之高山植物. 台灣省立博物館季刊1(2)：46-60.

劉棠瑞. 1959. 台灣植物分布論. 台大實驗林叢刊第24號.

劉業經. 1984. 台灣高山箭竹草生地之植物演替與競爭機制. 中華林學季刊17(1)：1-32.

潘富俊. 1990. 草木（東部海岸風景特定區遊憩解說叢書3）. 交通部觀光局東部海岸風景特定區管理處.

賴明洲、簡慶德、薛怡珍、曾家琳. 2001. 台灣南部恆春半島的植群集分析與植被帶區劃之歸屬. 東海學報42：95-113.

賴明洲. 2000. 台灣植被生態學研究現況與發展. 國家永續論壇－東部論壇：植被生態學與生物多樣性研討會論文集：1-104.

賴國祥. 1983. 台灣高山箭竹草生地之植物演替與競爭機制. 中興大學森林學研究所碩士論文.

錢崇澍、吳征鎰、陳昌篤. 1956. 中國植被區劃草案. 中國科學院植物研究所.

應紹舜. 1978. 台灣高山寒原及岩原植物的研究. 台大實驗林報告122：193-210.

應紹舜. 1992. 玉山地區高山岩原植物之研究. 台大農學院報告32(4)：317-340.

薛美莉. 1994. 台灣紅樹林概況. 環境教育21：60-66.

薛美莉. 1995a. 記台灣的紅樹林. 116 pp. 台灣省特有生物研究保育中心.

薛美莉. 1995b. 台灣紅樹林重要生育地調查. 紅樹林生態系研討會論文集：1-14. 台灣省特有生物研究保育中心.

蘇鴻傑. 1978. 中部橫貫公路沿線植被、景觀之調查與分析. 台灣大學與觀光局合作研究報告：95-176. 台灣大學森林系生態研究室.

蘇鴻傑. 1988. 台灣國有林自然保護區植群生態之調查研究－雪山香柏保護區植群生態之研究. 林務局保育系列 台灣大學、林務局合作.

Chang, H. T. 1993. The integrality of tropical and subtropical flora and vegetation. Acta Sci. Nat. Uni. Sunyatseni 32(3)：55-65.

Collins, N. M., Sayer, J. A. & Whitmore, T. C. （eds.）1991. Conservation Atlas of Tropical Forests. Asia and the Pacific. Macmillan Press, London.

Ellenberg, H. & Mueller-Donbois, D. 1967. Tentative physiognomic-ecological classification of the main plant formations of the Earth. Ber Geobot Inst ETH Stiftung Riibel（Zurich）37：21-55.

Hämet-Ahti, L., Ahti, T. & Koponen, T. 1974. A scheme of vegetation zones for Japan and adjacent regions. Ann. Bot. Fenn. 11：59-88.

Hu, C. H. 1961. Floral composition difference between the communities on the western and eastern coasts on the tip of Hengchun Peninsula. Bot. Bull. Acad. Sinica 2（2）：119-141.

IUCN & WCMC. 1990. Tropical Forests of Asia and the Pacific Rim.

Lai, M. J. & I. C. Hsueh 2001. Tropical and subtropical forest formations in Taiwan.（台灣的熱帶及亞熱帶森林群系）. 中華林學季刊34(3)：261-273.

Liu, T. 1972. The forest vegetation of Taiwan. Quart. J. Chin. Forestry 5(4)：55-86.

Miyawaki, A., Suzuki, K. & Kuo, C. M. 1981. Pflanzensoziologische Untersuchungen in Taiwan（Republic of China）, Erster Bericht：Kusten-Vegetation und immergrune Laubwalder auf dem Berg Nan-Fong-San. Hikobia Suppl.1：221-233.

Natural History Museum and Institute, Chiba. 1997. Lucidophyllous forests in southwestern Japan and Taiwan. Natural History Research, Special Issue No.4.

Numata, M. 1984. The relationship between vegetation zones and climatic zones. 日生氣誌21(1)：1-10.

Oono, K., Hara, M., Fujihara, M. & Hirata, K. 1997. Comparative studies on floristic composition of the lucidophyll forests in Southern Kyushu, Ryukyu and Taiwan. Nat. Hist. Res., Special Issue No. 4：17-79.

Su, H. J. 1984. Studies on the climate and vegeation type of the natural forest in Taiwan（Ⅱ）. Altitudinal vegetation zones in relation to temperature gradient. Quart. Journ. Chin. Forest. 17(4)：57-73.

Walter, H. 1979. Vegeation of the earth.（3rd Eng. Transl. By J. Wieser）. Springer, New York.

Walter, H. 1985. Vegeation of the earth and ecological systems of the geo-biosphere. 3rd Eng. ed. Springer-Verlag, Berlin-Heidelberg-New York-Tokyo.

Wang, C. K. 1957. Zonation of vegetation on Taiwan. M. Sc. Dissertation, New York State University College of Forestry.（unpublished）

Wang, C. K. 1962. Some environmental conditions and responses of vegetation on Taiwan. Biol. Bull. Tunghai Univ. 11：1-19.

Wang, C. K. 1975. Ecological study of the tropical strand forest of Hengchun Peninsula. Biol. Bull. Tunghai Univ. 41：1-28.

Whitmore, T. C. 1975. Tropical Rain Forests of the Far East. Oxford University Press, New York.

Whitmore,.T. C. 1984. Tropical Rain Forests of the Far East. 2nd. Ed. 352 pp. Clarendon Press, Oxford.

拾壹。台灣南部恆春半島的熱帶植被
〔Tropical Vegetation in Hengchun Peninsula,
Southern Taiwan〕

拾壹、台灣南部恆春半島的熱帶植被

（Tropical Vegetation in Hengchun Peninsula, Southern Taiwan）

本文探討台灣南部恆春半島的氣候帶與植被帶分劃上的歸屬與植群型的歸類問題。恆春半島劃歸「熱帶雨林季雨林帶」的南亞帶，此一熱帶植被帶的界線約在恆春港口溪以南（宋永昌，1999），或甚至稍微偏北一點至楓港溪為界。由個別特定的群落生境反應出的極盛相植群所構成的特有植群集包括東半部（以南仁山為代表）有落葉榕類及茄苳等落葉樹分布的平地帶季雨林；西半部（以里龍山為代表）的山地帶季風常綠闊葉林；以及以棋盤腳與蓮葉桐為優勢的熱帶海岸林，高位珊瑚礁植群和珊瑚礁海岸植群。這些植群型大致表現了恆春半島的熱帶植被屬性。

一、前言

本文主要探討台灣南部恆春半島的氣候帶與植被帶的劃分與植被類型的歸屬問題。因植被帶的界線未必和氣候帶界線一致，故嘗試以構成植被的群落類型，尤其是能夠反應氣候條件的地帶性類型，亦即極盛相植群，作為劃分植被帶和植被區的主要根據。分析恆春半島特有的生物群落（植群）集（biocoenosis assemblage），由個別特定群落生境（biotope）的觀點，及其所棲居的各種不同植群型（plant communities）的屬性，可以歸納出本區的植被帶的歸屬問題。

本文重要名詞釋義條列如下，其它相關的名詞可參考賴明洲（2000）。

（一）特定群落生境（biotope）：一種特定形式的地理或生境（habitat），反應出其上所棲居的生物體（植物、動物及微生物）的屬性，例如草生地、森林或微生境（microhabitat）。

（二）生物群落（biocoenosis / biocenosis）：棲居在一個特定的生境（biotope）上的生物群體（community）。

（三）生物群落集（biocoenosis assemblage）：一個區（region）或帶（zone）內的生物群落的集合。相當於Walter（1985）的地帶生物群落（zonobiome）。若特指植物者，則稱之為「植群集」。

（四）植被（vegetation）：整個地球表面上全部植物群落的總和，稱之為植被，而植物群落乃是植被的基本單元。植被即「植物的覆蓋」之意。同時植被也是一個地區的所有植物群落的總稱，係由一個或多個不同的植物群落組合而成的自然綜合體。因此，在這個意義上，植被即植物群落的總稱或同義語。而植物群落則是在一定生境條件下，一些植物有規則的組合，它具有一定的種類組成，外貌結構，並佔有一定的空間地區。植物與植物之間、植物與環境之間形成一定的生態聯繫，同時具有發生、演替上的一致性和規律性。因此，植被的分類應根據植物群落本身的所有特徵。對於不同的分類階級單位，則或偏重於某一些具體特徵，如高階分類單位則偏重於生態外貌特徵，而中階分類單位則或偏重種類組成和群落結構。

（五）植群（vegetation communities—柳榗，1968）：地區植被中不同的植物群落，

稱之為植群。此名詞常用於台灣地區的植物生態植被研究報告或文獻之中，如王子定（1962）《育林學原理》，以及蘇鴻傑教授的著作中。蘇鴻傑教授將植物社會或植被（vegetation）均稱之為植群。作者認為植群有時亦可指「植物群落」一詞。「植群」可用於較小部份範圍地區的植被，如山地植群或高山植群，而「植被」則泛指整個較大範圍地區面狀分布的總體植物群落，如中國植被、台灣植被。更有的時候是植物群系或群叢的簡稱。

（六）植被類型（vegetation type）：植被類型（植群型）是關於植被實際現況的一定總結，它的分類或劃分亦是最複雜的問題，因植被分類反映各植被類型的固有特徵及其與生境之間的固有聯繫。植被類型的劃分，是把各種各樣的植物群落，根據它們所有的特徵，比較它們之間的相似性和相異性，從而納入一定的分類等級系統，以劃分出不同的植被類型，進而探討它們的發生、發展和演替規律。

（七）地帶性植被與非地帶性植被：隱域植被（azonal vegetation）是可見於不同地帶或任何地帶的植物群落，它們很少取決於氣候帶，通常極端的土壤條件所控制的土壤極盛相（頂級）植物群落，例如泥炭蘚群落、沼澤森林、岩石植被等。顯域植被（zonal vegetation）則是隨著地帶性規律變化的植物群落，它或多或少相應於氣候頂級群落，反映著與大區域優勢氣候條件的密切關係，為在沒有顯著的人為干擾情況下，在非極端性土壤或中生性土壤或中生性生境下發育的植物群落。或者說顯域植物群落是指該地帶的典型群落或極盛相（頂級）群落，例如熱帶雨林在熱帶是顯域植物群落。而常綠闊葉林在亞熱帶是顯域植物群落等等，它們的分布都嚴格地遵循著特定的地帶性，無論是水平地帶性或是垂直帶性。並充分地反映著特定

地帶的特性（王伯蓀，1987）。

（八）植被區劃（vegetation zonation；division of vegetation）：根據植被的空間分布及其組合等區域特徵，將之劃分為若干植被區域、植被帶（植群帶）、植被區及其內若干植被小區（district）。

（九）植被帶、植群帶（vegetation zone）：指地球表面廣大的甚至跨洲的，形相相似的帶狀植物分布。另亦指因地區自然環境地質、母岩、土壤和氣候條件匯集而成的區域型植物群落的集合。

二、台灣南部的熱帶植被

（一）台灣的熱帶範圍

任美鍔、曾昭璇（1991）於討論中國熱帶的範圍時，特別論及台灣島因受強大黑潮影響，全島平原地區的氣候炎熱，海岸多處顯現珊瑚礁地形，足以說明是熱帶性較強的地區，故台灣應全部劃入熱帶範圍（張鏡湖，1987）。此外，有些學者也並未完全否定台灣劃入亞熱帶南部（即所謂「南亞熱帶」）的說法，但將熱帶北界劃定得太過於偏北，由台灣中部（約北迴歸線的位置）穿過廣州經南寧北側向西（《中國植被》（1980）；黃威廉，1993）；或將熱帶北界偏南至恆春半島最南端穿越雷州半島北部一線（Hämet-Ahti *et al.*, 1974）。

氣候區劃（張寶堃，1959, 1965）的六個熱量帶，實際上可認為是二個帶（zone）的六個亞帶（subzone），其中赤道帶、熱帶、亞熱帶可作為熱帶的三個亞帶，而暖溫帶、溫帶及寒溫帶則是溫帶的三個亞帶。一般認為亞熱帶殆為熱帶和溫帶的過渡帶。然而全中國的亞熱帶在世界上佔有獨特的地位（黃秉維，1992；丘寶劍，1993），此乃由

於西藏高原的影響和季風的強盛等因素。而所謂典型亞熱帶氣候的地中海氣候，呈冬濕夏乾，此與中國地區的季風氣候為雨熱同季大為不同。竺可楨（1958）論及「中國的亞熱帶」時指出，亞熱帶南界橫貫台灣的中部和雷州半島的北部，但他在1973年所出版的《物候學》一書中又指出：南嶺是中國亞熱帶的南界，南嶺以南便可稱為熱帶，其劃界的準則是以終年無冬，熱帶植物的明顯分布，且熱帶作物可正常生長發育等為主。

因此，如何認定亞熱帶便成為氣候帶區劃的關鍵。若亞熱帶的範圍和界線一經確定，則熱帶的界限便可迎刃而解。目前已知將南亞熱帶劃出的學者較多，雖然許多西方學者不承認亞熱帶的存在（例如柯本氏氣候分類就沒有亞熱帶，其熱帶界線定在最冷月平均18℃，而最冷月平均溫度-3～18℃之間稱為暖溫帶）。而熱帶北界的確定也漸歸納出趨向偏南的意見，公認以雷州半島北部為界線（丘寶劍，1993），向東延伸至台灣南部的恆春半島與蘭嶼、綠島（Hämet-Ahti *et al.*, 1974）。

宋永昌（1999）在實地考察台灣後，認為台灣的熱帶植被線是一條從高雄岡山穿過中央山脈南端至台東成功的界線，包括了東港外海的小琉球及台東的蘭嶼、綠島等離島，並再以恆春的港口溪（徐國士、宋永昌，1995）或以包括恆春半島最高峰里龍山在內的楓港溪為界（此為編著者的意見），劃分熱帶雨林季雨林的南、北兩個亞帶。此一植被區內的熱帶性植被其板根及幹生花現象不及熱帶雨林典型，但也有存在發現。

跨越北迴歸線的台灣島，面積不大，其陸地範圍卻橫跨了二個氣候帶及植被帶。全島的植被帶又可依生物群落集觀念再劃分為三個亞帶，如第拾章圖20及表21所示。

（二）熱帶地帶性森林植被

宋永昌（1999）提出較新的中國東部植被帶的劃分意見，其中對應熱帶濕潤、半濕潤地區的地帶性植被類型為「熱帶雨林季雨林帶」（tropical rain forest and monsoon forest zone），位於廣東、廣西、雲南、西藏和台灣南部以及海南島和南海諸島嶼。此一植被帶的地帶性植被類型為熱帶雨林向熱帶季雨林過渡的類型，也是Ellenberg and Muller-Dombois（1967）所稱的「熱帶常綠季雨林」，相當於《中國植被》（1980）的「季節雨林」。由於此一植被帶內生境條件複雜而多樣，植群類型歧異度大。原生植被中除了地帶性的熱帶常綠季節林外，在濕度較大的地區分布有熱帶雨林，在乾旱的生境中分布有熱帶季雨林和半常綠闊葉林，或分別稱之熱帶適雨林、熱帶乾旱落葉林以及熱帶半落葉林。淤泥質海岸有紅樹林，珊瑚礁上有珊瑚礁植被，在石灰岩山地上還有熱性刺灌叢等。整體形成的特有生物群落集（biocoenosis或biocenosis assemblage）棲居於各種特定生境（biotopes）而在全區內形成鑲嵌（mosaic）組合的景觀。

台灣恆春半島的最南端及海南島南部位於熱帶雨林季雨林帶的南亞帶，面積較小，其地帶性植被稱為「半常綠季雨林」。在乾熱的生境則分布著「落葉季雨林」；在迎風坡的河谷丘陵地也有「濕潤雨林」的分布；而南海的珊瑚礁群島上則分布有特殊的「熱帶珊瑚礁植被」。熱帶雨林季雨林的北亞帶緊鄰本南亞帶，位處季風熱帶的北緣，植群的熱帶特徵不如其南部顯著。這些熱帶地區大部份為海洋包圍，陸地面積不大，又因地處熱帶邊緣，雨林植被的發育並不典型，加之因受到季風影響，而常具有明顯的季節性。又因為特定群落生境（biotope）條件複雜，熱帶雨林和季雨林可同時存在於不同的地形部位上，並存在著它們之間的過渡類

型。過渡帶亦可稱之為群落交錯帶（zonoecotone）（Walter, 1979），兩種植被類型並排出現在同一大氣候條件之下，並處於激烈競爭狀態中。而這二種植被類型的棲居立足地取決於局部地形造成的微氣候條件或土壤條件，結果出現了兩種不同植被類型的散亂混雜或鑲嵌的組合。

　　世界熱帶雨林研究權威Whitmore（1975, 1985）在其專論《遠東地區的熱帶雨林》一書中，均將台灣排除於熱帶雨林分布範圍之內，可能未考慮到位居該熱帶雨林範圍邊陲地帶的台灣南端恆春半島與蘭嶼的特有植群集實際狀況。IUCN及WCMC（1990）出版的《亞洲及太平洋邊緣地區的熱帶森林地圖》，則已將台灣南端列入「熱帶雨林」，而台灣南端以外地區則列入「熱帶季風林」範圍（另參考Collins et al., 1991）。徐國士、宋永昌（2000）亦確認熱帶雨林及季雨林在恆春半島的存在。

　　值得吾人特別留意的是熱帶森林應只分布在平地、低谷和山麓地帶，且已受嚴重干擾破壞，殘留不多。恆春半島地區的南仁山、里龍山、老佛山、高士佛山及萬得里山的天然林位於較高海拔山丘，為山地帶亞熱帶常綠闊葉林，屬垂直帶的一部份，並不能代表恆春半島的水平地帶的植被，換言之，山地植被並不具有地帶性意義。若將這些天然林群落認係地帶性植被而將之劃為亞熱帶的一部份（即南亞熱帶），而將殘留在谷地的熱帶林看做是受到局部地形影響發育而成的非地帶性植被，實為對地帶性植被的一種誤解。

　　在水分條件的遞增或遞減情況下，植被亦存在著過渡性，例如熱帶地區，隨著水分條件的減少，熱帶雨林可交替出現不同的植被類型如：熱帶雨林 → 季節性雨林 → 季雨林 → 稀樹喬木林 → 多刺疏林 → 稀樹乾草原。恆春半島的熱帶植被類型常引起爭議，

即導因於這種植被類型過渡的複雜性，以及植物分布上的交錯性。如果認為陸地上的水平地帶性植被可按緯度線或經度線截然劃分，或認為一切地帶性類型間的界線都是平直的想法，並不十分正確。

（三）季風林與季雨林

　　遠離赤道的東南亞低緯地區，其氣候殆為受季風影響的區域氣候，漸有明顯乾期出現，有時可長達數月之久。在南緯地區，有南洋群島東爪哇及以東各島；北緯地區則包括中南半島各國。此區的植被，在濕季多雨時亦能繁茂得有若熱帶雨林一般，然到乾季之際則必有落葉現象，此乃因為該區的植物為適應乾旱而落葉以減少水分由葉部蒸散的現象（此謂「乾落葉」現象，有別於溫帶地區因溫度降低而致植物落葉的「冷落葉」）。此種植被特稱之為季風林（monsoon forest），中國大陸學者常稱之為季雨林（中文英譯成monsoon rain forest）。

　　季雨林有人嚴格限定為熱帶乾旱落葉林，然而Schimper（1903）則將其概念擴大為熱帶乾旱落葉的以及或多或少落葉的或半落葉的森林。《中國植被》（1980）將季雨林分為「落葉季雨林」及「半常綠季雨林」；熱帶雨林則分為「濕潤雨林」和「季節雨林」。

　　中國大陸的雲南地區亦地處低緯地區，光、熱量較為豐富。其季風氣候亦極為明顯，冬季盛行乾燥的大陸季風，夏季則盛行濕潤的海洋季風，呈現年溫差小而日溫差大的現象，冬季較為溫暖，年雨量集中，但季節分配不均勻，有乾、雨季之分。總之，雲南全境主要受到西南季風控制，同時又有高原氣候的特質，因而冬乾夏濕，冬暖夏涼，四季的差別不甚明顯。夏秋季時，從雲南西南方的印度洋吹來濕熱的季風，在青康藏高原的阻擋下形成了特殊的環流系統，造成高

溫多雨的氣候。相對地，冬春季受到來自熱帶大陸西風環流的影響，在青康藏高原的阻擋下，又形成南支急流，造成溫暖、晴朗、少雨的氣候。此種氣候條件對植物的生長發育和休眠越冬極為有利。也因為這樣乾半年、濕半年的特殊氣候下所發育出來的植被，其種類組成，分布與生態特性，均與亞洲東部有所不同（陳介等，1983）。而雲南全省的植被類型從熱帶雨林、季雨林、亞熱帶常綠闊葉林、溫帶針葉林到高山凍荒漠均可見到。

恆春半島的季風林相較於雲南省，因位處亞洲大陸東部邊陲地位，受海洋氣候調節而呈現強烈的海洋性特質，季風林植被的組成、形相及結構均有極大不同。

三、恆春半島的範圍與植物區系的分化

（一）恆春半島的範圍

恆春半島由於在過去的地質史上台灣與中國大陸之間的陸塊離合，加上恰位於南、北方植物區系的交匯處，故北限邊際分布種於本區特別明顯；因此其天然植被殊異於台灣其它地區，其植物相組成涵蓋熱帶與亞熱帶成分。恆春半島與台灣本島之間雖無地理上的分隔，但是由於植物種類及分布之獨特性，恆春半島被視為一個植物地理學上的獨立島嶼（Li & Keng, 1950）。佐佐木舜一（1921）將恆春半島廣義地界定為範圍較大的恆春半島係指由西部枋寮穿越中央山脈的浸水營，到東部之出水坡及大武一線以南；以及狹義地界定為範圍較小的恆春半島係指楓港溪至達仁一線以南。在此之後，研究恆春半島植被的學者，亦多以後者視為恆春半島的範圍，如李惠林和耿煊（1951）、耿煊（1956）、章樂民（1965, 1966）、葉慶龍

（1994）。

（二）恆春半島植物區系分化的形成

地球的氣候在過去曾歷經過多次的冰河期與間冰期而產生冷暖與乾濕的變化。根據地質年代的記錄，白堊紀時期台灣位於東亞大陸的東南邊，是為南、北植物區系匯集之過渡帶。當時全球的植被殆可分為三個區系，即白堊紀熱帶植物區系、白堊紀北極植物區系、白堊紀南極植物區系。台灣由於高山聳峙，所以當時海拔2,200公尺以下的地區屬於白堊紀熱帶植物區系，2,200公尺以上的地區則屬白堊紀北極植物區系，故目前台灣的各種植物群落都是由這兩個原始植物區系歷經多次冰河期與間冰期所分化而成。到了第四紀時，恆春半島才慢慢突出於東亞大陸的南界，儼然成為北方物種南遷與南方物種退卻的匯聚地區，間冰期北方溫帶物種因溫度上升而北遷、向上子遷或演化適應，南方熱帶種類則可由中南半島經陸路而至（柳榗，1968），或為經由洋流、季風與颱風帶來南方的海漂植物，與藉由氣流長距傳播孢子的泛熱帶蕨類植物。因此，恆春半島乃歷經多次地球地質年代冰河期的氣候影響，形成現今複雜的植物區系。

儘管恆春半島的地理位置特殊，扮演著南、北植物區系成分匯聚區域的角色，然尚不足以解釋恆春半島的植物分布界線的存在。因為在沒有地理隔閡的條件下，其當地植被的分化應是漸進式的過渡型。例如許多恆春特有植物在恆春半島以外的人為栽植環境下依然能夠存活與繁衍，顯示出部份種類植物侷限於恆春半島的原因並非單純氣候熱量因素，而是天然環境與種間競爭交互作用下的結果，亦即恆春半島特殊的地理及生態環境條件，使得部份舊熱帶成分得以受到保存，並衍生出許多分化種類。因此，地理位置與區系成分的遷徙在多次冰河期與間冰期

中提供了南、北植物區系在恆春半島的分布和參與演化的機會，而環境因子與種間競爭決定了現存種類分化與植被組成的結果。

四、恆春半島的氣候與環境特性

　　恆春半島南向突出於台灣陸地，狹窄的地形受到冬、夏季季風交互影響，形成東、西迥異的氣候環境，由過去學者對恆春半島植被類型的劃分可知，恆春半島氣候大致可以分成西半區與東半區兩個氣候區。恆春半島東西兩側之氣候與植群形相雖有明顯之差異，然而要劃出其地理分界線則頗爲困難（Su，1985），尤其恆春半島西部與西南部地區植被破壞殆盡，次生植被因土壤裸露而愈顯乾燥；而半島南端上的高位珊瑚礁植群組成上的不同，此乃因土壤母質之差異而未可完全歸因於氣候因素，因此難以從植群分析中劃分其氣候界線。

　　恆春半島生態環境因子非常複雜，孕育出了恆春半島植被組成的多樣性與獨特性，綜觀其因素，大致可以從氣候與環境特性二方面加以討論闡釋之：

（一）恆春半島的熱帶氣候

　　葉慶龍（1994）將恆春半島的氣候分成西半區與東半區，並由當地測站資料、等雨量線、等溫線推估出二個區域的氣候資料，作爲本文分析恆春半島氣候的根據，並比較西半區與東半區在氣候上的差異：

1、桑士偉氣候分類

　　恆春半島西半部在桑士偉氣候分類上爲 $B_4A'w_2a'$ 型氣候，而東半區則爲 $B_4A'wa'$，兩者皆爲熱帶濕潤氣候（見表24），唯一的差別在於冬季時的缺水程度；西半區冬季時缺水程度大於東半區。

2、Mohr 指數

　　熱帶地區氣候從濕潤過渡到乾燥的過程中，最主要的變異在於每年中乾季的變化，而有效水分取決於明顯的雨量跟隨季節性之分布，其對植群型變異幅度之影響大於年總雨量（Whitmore, 1975）。Mohr（1933）將印度尼西亞地區月平均雨量大於100公釐的月份視爲濕潤，月平均雨量小於60公釐者視爲乾燥，而月平均雨量介於60～100公釐時則認爲水分或多或少接近於平衡，如此用以計算乾濕季月份數量，並依此一概念繪製爪哇地區氣候圖表，且將之應用於農業上。Schmidt & Ferguson（1951）指出，Mohr與柯本的系統有相同的缺點，因爲挾帶著雨水的季風也許提早或延遲數個星期，若使用數年的月平均雨量則模糊了季風開始與結束時的強度，同時也無法顯示出非常乾的季節。爲了克服這個問題，Schmidt & Ferguson（1951）利用Mohr指數，分別逐年計算乾季與濕季的月份，然後再加以平均。Whitmore（1975）整理過去遠東地區氣象資料，並計算其Mohr指數繪製成氣候圖，其中Mohr指數介於0～14.3者視爲重濕型（perhumid），14.3～33.3者視爲輕微季節性型（slightly seasonal），33.3～100者視爲季節性型（seasonal），而指數介於100～300者則視爲強烈季節性型（strong seasonal）。Mohr指數（Q）計算方式如下：

$$Q = \frac{乾旱月數}{濕潤月數} \times 100$$

　　比較恆春半島西半區與東半區Mohr指數可知（見表25），東半區屬於季節性氣候區而西半區則是介於季節性與強烈季節性氣候區，這反映出恆春半島氣候有明顯季節性的變化，其中又以西半區更爲顯著。

表 24. 恆春半島桑士偉氣候分類表

分區 ＼ 說明	Ih	Ia	Im	T-E指數	T-E 夏季集中率	氣候類型
西南區	53.00	40.00	29.00	178.82	24%	B₄A'w₂a'（熱帶濕潤氣候，冬季大量缺水，有效溫度分布均勻）
東南區	51.20	22.60	37.60	177.80	31%	B₄A'wa'（熱帶濕潤氣候，冬季中度缺水，有效溫度分布均勻）

（本書整理）

表 25. 恆春半島西半區與東半區Mohr指數比較

分區 ＼ 說明	乾燥月數	濕潤月數	Mohr Index	說明
西半區	6	6	100%	強烈季節性（strong seasonal）
東半區	3	6	50%	季節性型（seasonal）

（本書整理）

3、恆春地區生態氣候圖

比較恆春半島西半區與東半區的生態氣候圖可知（見圖23、圖24），這二個地區夏季的雨量豐沛，然在冬季時西半區則有長達5個月的乾燥期，東半區則因東北季風帶來雨水而無乾季發生。

4、台灣南部地區溫量指數

本文在此以高雄、台東、屏東、恆春半島等地七個測站溫度資料（見表26），計算並比較其溫量指數之差異（見圖25）。其中以恆春半島西半部245.7℃最高，依Kira（1995）對熱帶溫量的定義（溫量指數240℃以上為熱帶），恆春半島西半區為台灣南部地區唯一屬於熱帶氣候的地方，恆春半島東半部為地勢較高，山巒層疊，因此溫量指數較低，為227.3℃。其它地區溫量指數亦在220～240℃之間，由這些溫量分布的特徵顯示出台灣南部位於熱帶與亞熱帶的推移帶。

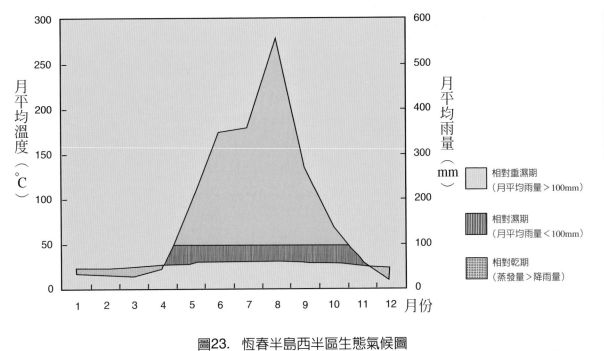

圖23.　恆春半島西半區生態氣候圖

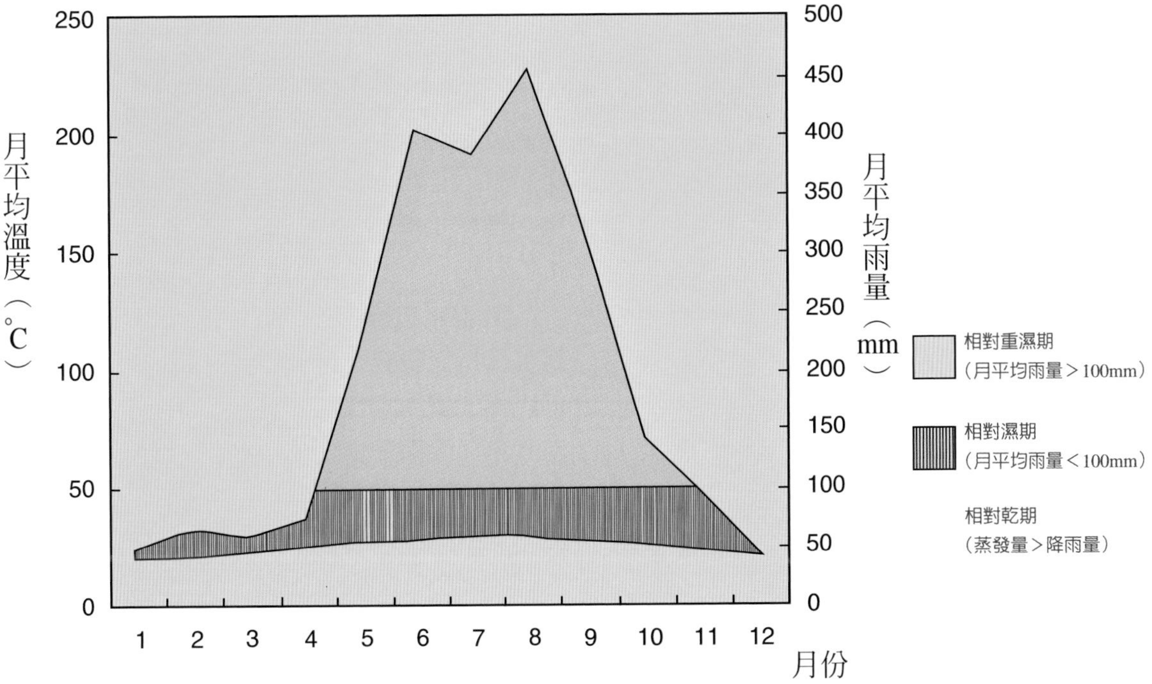

圖24.　恆春半島東半區生態氣候圖

表 26. 溫量指數比較

地區	1月	2月	3月	4月	5月	6月	7月	8月	9月	10月	11月	12月	溫量指數
西半區	20.2	21.0	23.0	25.2	27.1	27.8	28.4	27.8	27.6	26.4	23.8	27.4	245.7
東半區	18.9	19.8	21.9	23.9	25.9	26.9	28.1	27.4	26.6	25.2	22.6	20.1	227.3
高雄	18.9	18.6	21.6	25.8	26.9	28.7	28.5	28.4	28.2	27.0	23.2	19.5	235.2
屏東糖場	18.8	18.9	21.8	26.2	27.1	28.8	28.4	28.3	28.2	27.3	23.2	19.5	236.4
屏技	18.5	18.4	21.4	25.5	26.3	28.4	27.5	27.2	27.0	26.2	22.3	18.9	228.0
台東成功	18.7	17.5	20.0	24.4	25.1	27.0	27.0	26.9	26.4	25.5	21.5	19.1	219.6
太麻里	19.7	18.2	21.2	25.6	25.7	28.8	28.3	28.1	27.6	26.2	22.3	20.2	231.6

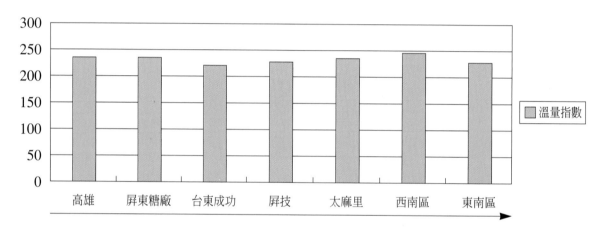

緯度由北而南

圖25. 台灣南部溫量指數比較圖

（二）季風與地形的交互作用

　　季風的型態明顯地影響了恆春半島雨量的地理與季節分布。一般而言，夏季西南氣流之降雨海拔高度最高可達2,000公尺，而東北季風的最大降雨量約在海拔400～500公尺處（蘇鴻傑，1992）。因此，夏季西南氣流可以越過恆春半島中部之山脈到達恆春半島東半區，使得整個恆春半島夏季均能獲得豐沛的雨量。冬季時，東北季風所挾帶的水氣則因受到恆春半島中部山脈的阻擋，使得恆春半島西南區產生長達5個月的乾旱期，這說明了恆春半島因為氣候及地形因素的差異，造就了東南區與西南區的植被組成有很大的差別。

　　蘇中原（1986）進行墾丁國家公園森林植群分析之研究時，認為影響本區植群分布的因素主要為水分及東北季風。並認為水分多、東北季風中至強的生態環境的樣區多位於南仁山塊近稜線或山頂位置，此與過去溪邊呈現較陰濕之概念不同。探究其原因是因為旱季時東北季風所帶來的潮濕水氣被海拔稍高之稜線所攔截，因而形成稜線較溪谷潮濕，也可由稜線樣區出現筆筒樹的例子加以輔證；溪邊的樣區則風力最小，水分僅次於

稜線樣區。此外，山脈除了阻擋了水氣，同時也使強烈的東北季風氣流產生變化，形成恆春半島多處的強風區域。恆春半島東半部山脈迎風坡面首當其衝，成為東北季風風速最強烈區域之一，山背與溪谷地區則因受到山脈屏障而有不同的風速與雨量，這也使得恆春半島東半部植群分布與組成相當複雜。然而恆春半島山脈均不高，雖然阻擋了東北季風的水氣，卻未能有效減緩風勢，當東北季風越過恆春半島東部、中部之山脈進入西半部丘陵與平原區域，形成強烈的下壓氣流，即所謂的落山風，其風速猶勝於東半部，致使西半部在季節性乾季時植生環境更顯乾旱。

（三）季風對植被發育生長的影響

台灣南部地區一到恆春半島的部份，其月平均風速有明顯增強趨勢，尤其是東北季風盛行的月份，平均風速為其它地區兩倍以上。恆春半島地形狹長低平，終年受季風影響甚劇，明顯有別於台灣南部的其它地區，此極可能形成整個恆春半島的植物區系特化的成因之一。亦即台灣本島的植被帶南向伸入恆春半島的部份，因受到強烈季風吹襲影響之故，使得恆春半島的植被在台灣南部地區形成特異分化，而逐漸與中北部的其它植被形成區隔。有關季風對植群生長與分布之影響過去學者們探討極多，茲歸納如表27。

（四）海洋性特質與珊瑚礁石灰岩母質

恆春半島三面環海，地形狹長而窄，故整個恆春半島受海洋性氣候的影響頗劇。此外，突出的半島地形除了受到海洋性氣候的調節外，同時也承接了洋流所帶來的南方熱帶地區的海飄植物，形成獨特的熱帶海岸林。熱帶海岸植物匯聚於此除了洋流的飄送外，珊瑚礁石灰岩母質海岸更提供了熱帶植物靠岸的港口，此一特色概可由太平洋熱帶島嶼地區珊瑚礁石灰岩所形成的熱帶海岸植被獲得解答（Dieter & Fosberg, 1998）。

綜合上述氣候與環境特質可知，恆春半島乃因季風與地形交互作用的結果，形成乾濕與風力組合下複雜的小生境，同時加上珊瑚礁母質的出現更提高了恆春半島的生境多樣性，也因此難以看出恆春半島植被的分布在氣候上的規律性；此外南方熱帶植物藉由洋流飄移至此，更為原本複雜的恆春植被添加新的變數。

五、恆春半島植被研究文獻回顧

恆春半島植被組成複雜，又由於地理區位上位於熱帶與亞熱帶交會區域的特性，因此引起許多學者的注意。在諸多研究恆春半島學者中，有記載可查者最早為英人C. Wilford於1858年至恆春半島地區採集調查始（劉棠瑞、劉儒淵，1977），此後陸續至恆春半島採集的學者不計其數。早期恆春半島植被的研究多集中於標本採集、鑑定工作，到了1932年，佐佐木舜一發表〈紅頭嶼の植物相〉一文，認為蘭嶼的植物與恆春半島所產者有密切之關係，次年再發表〈鵝鑾鼻海岸林之特性〉一文，分析恆春半島南端海岸原生林間106種木本植物之地理分布，認為鵝鑾鼻海岸林甚至整個恆春半島之植物區系與菲律賓間之關係最為密切，佐佐木舜一的觀點開啟了恆春半島植物地理學的研究。

1950年劉棠瑞教授及耿煊等人至恆春半島採集，次年李惠林與耿煊共同發表〈台灣南部之植物地理親緣〉一文，認為恆春半島雖與台灣本島相連，然就其所產植物之科、屬、種與台灣所產者比較頗具特異性，其與台灣本島植物區系之親緣關係不甚密切，反而與蘭嶼、綠島之植物，頗多有相關之處，其次為菲律賓，故主張將恆春半島與蘭嶼、

表 27. 季風對植群生長與分布之影響

研究者／年代	說　　明
胡敬華 （1952）	探討季風與台灣海岸植被之關係時，提出台灣最南端海岸一帶原始海岸林充滿熱帶色彩，許多植物在台灣僅分布於此狹窄區域而未見於其它地區，但與馬來、菲律賓一帶植物共通，如棋盤腳、臘樹（蓮葉桐）等分布於舊熱帶中心地區之植物。此一現象乃由於熱帶海岸植物樹種之植株、果實與種子極易在海上漂流，因而藉潮流與季風飄移而來。
陳幸鐘 （1975）	研究七星山植群生態時，發現七星山山腹北面（迎風坡）爲草地群落，喬木生長不易，南面因受七星山保護而有森林形成。
Grace （1977）	在《植物對風的反應》一書中，根據Wilton（1964）認爲海岸附近風引起的負面效應包括鹽霧、低溫效應、風力、乾燥效應及風所帶來的化學物質。
關秉宗 （1984）	於鹿角坑溪集水區之研究中，提出東北季風影響下，迎風坡面植被呈現下列特徵： 1. 歧異度偏低之趨勢。 2. 森林社會層次不發達。 3. 部份中海拔植物，降低分布高度而出現於研究區內。 4. 海拔800 m處出現林木界線。
Su （1985）	研究台灣植群類型時，指出東北季風平均風速超過4 m / sec，受其影響下的包括樹高、樹冠形、葉的質地及森林形相的改變，致使硬葉林及灌叢於向海面及暴露地出現。
陳益明 （1991）	研究基隆火山群東北季風影響下之植群特性，茲說明如下： 1. 森林層次化少、樹高降低、樹木密度增大、與東南區相似。 2. 東北氣候區中，越靠近海邊地區殼斗科種數明顯下降，樟科則維持相當之歧異度。 3. 硬葉林、硬葉灌叢爲東北季風影響下之特殊林型。 4. 在東北季風影響下，出現南北分布型之植物如金平氏冬青、唐杜鵑。東北區及東南區氣候共同特徵爲冬季潮濕、風大、沒有乾季。
謝宗欣、謝長富 （1991）	於南仁山區研究亞熱帶森林樹種組成與分布型時，認爲迎風坡與背風坡植物種類差異極大，並將南仁山植被依立地環境與種類組成分爲迎風坡型、溪谷型、風力中等型、廣泛分布型等4類型。
謝長富等 （1991）	進行墾丁國家公園永久樣區調查時，闡釋風力大小在種間競爭與植群組成上的差異，並繪製出南仁山植物社會中植物對風力干擾反應的機制（如圖26）。
Sun et al. （1996）	研究台灣南端風力梯度變化下的亞熱帶季風林結構與種類組成時，認爲造成不同的植群結構與種類組成是由於風的應力與土壤養分交互作用下的影響（如圖27），而不僅只是過去學者所提出有關風的物理破壞力因素而已。

（本書整理）

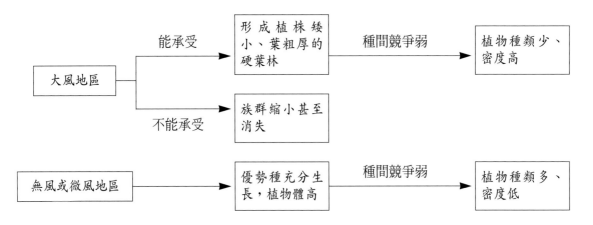

風力強地區種間競爭弱，植物種類少且密度高；無風或微風地區種間競爭強，植物種類多且密度低。

圖26. 風力對南仁山植物社會之干擾反應的機制

（修改自謝長富等，1992）

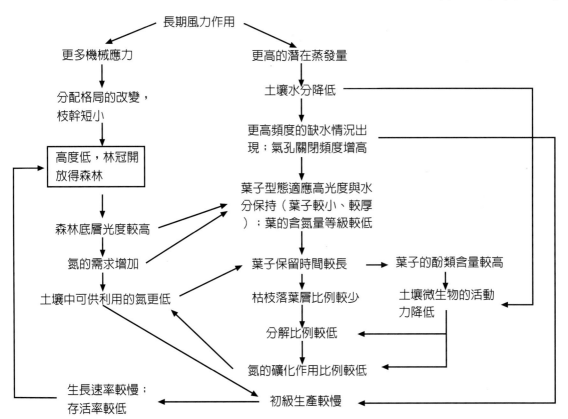

風力較強的地區由於更強的機械應力與更高的潛在蒸發量，

導致植物外貌與生理機能、土壤養分、水分以及林地光度的改變。

圖27. 假設季風林的結構與種類組成在長期強風效應下的因果關係之推論

（引自 Sun *et al.*, 1996）

綠島合而爲一獨立的自然區域，視爲南中國植物成分與菲律賓、馬來西亞成分匯流之所，而爲此兩大植物區系之分界面。

近三十年來，恆春半島植被相關研究工作仍持續著，研究內容除了植物分類、植物地理等範疇外，植群生態相關研究也逐漸展開，從各種角度切入恆春植被的探討。有關恆春半島近三十年的研究，大致上可以分爲恆春半島全區植被的群研究，以及區域性的植群研究，茲分述如下：

（一）Hu（1961）發表〈恆春半島東海岸與西海岸植物之差異〉，就半島東、西兩岸植物之結構、組成以及影響該兩岸植物構成之因素加以探討。

（二）章樂民（1965, 1966）發表〈台灣熱帶降雨林生態之研究（一）、（二）〉，將恆春半島海拔500公尺以下之山區劃爲熱帶季風林之範圍，並調查其環境因子、植物形相與植群類型，並研究其演替情形。1967年，章樂民再發表〈恆春半島季風林生態之研究〉一文，認爲在植物形相上，恆春季風林介於熱帶降雨林與季風林之間，並將恆春季風林分爲東半部的季風雨林以及西半部的乾燥林。

（三）葉慶龍（1994）發表〈恆春半島山地植群生態及其保育評估〉，並依特徵種（排列在前）與優勢種（排列在後）將恆春半島植群分成內荖子－土樟型、相思樹型、克蘭樹－欖仁型、澀葉榕－茄苳型、樹青型、大葉樹蘭－大葉南型、米碎枰木－珊瑚樹型、墨點櫻桃－嶺南青剛櫟型、星刺栲－奧氏虎皮楠型（見表28）。

（四）劉棠瑞、劉儒淵（1977）將南仁山植群分爲水生及濕生植物群落、草本植物群落、灌叢群落、森林群落（包含山地森林與海岸林）與海濱植物群落等5個植物群落。印度栲－金斗椆－星刺栲群叢、浸水營石櫟

－嶺南青剛櫟群叢、嶺南青剛櫟－短尾葉石櫟－青剛櫟群叢、茄苳－榕樹聯合群叢、大葉楠－香楠－香葉樹－黃杞群叢等5個群叢，並認爲各群叢分布及組成與其生育地之方位與受風力大小有密切之關係。在植物形相方面，雖然在背風溪谷或靠近海岸林處有板根與幹生果等特徵，但僅見於少數種類植物，林中亦缺乏枝葉覆蓋樹冠的大型木質性纏繞植物，故認爲南仁山區天然闊葉林雖有類似熱帶雨林的多種特徵，但與典型的熱帶雨林相較差異仍大，應爲熱帶季風雨林。

（五）蘇鴻傑（1977）將墾丁風景特定區的天然植群分爲海岸植物群落、高位珊瑚礁灌叢群落、台地或山麓草原、季風林群落、季風灌叢群落與疏林群落等6個群落。

（六）蘇中原（1986）分析墾丁國家公園的植群，分成星刺栲－港口木荷型、大葉楠－江某型、樹青－山柚子型、黃心柿－白榕型、克蘭樹－黃豆樹型、內荖子－土樟型、相思樹－黃荊型等7個植群型。並利用列表比較法，藉由生態種群的建立，區劃出各個環境梯度下的指標種（見表29）。

（七）徐志彥（1987）及劉和義（1997）亦曾簡述恆春墾丁國家公園自然植被之分類（見表30）。

（八）謝宗欣、謝長富（1991）分析南仁山區亞熱帶森林樹種組成和分布類型，認爲南仁山植群分布與組成受風力影響極大，大致可以分爲迎風坡與背風坡兩個類群植物社會。由於樹種組成、歧異度、密度、高度均等不同，且兩個植物社會的樹種大多可以自行更新等情形，應視爲一穩定植物社會。若以樹種各方面的密度與生育地對照，又可將該區植物之分布劃分爲四大類型見，表31。

（九）邱文良（1991）以指標植物雙向分析法，調查分析恆春自然保護區之植物社會，並分爲相思樹型、九芎－白雞油型、紅

表 28. 恆春半島植群分類

植群型分類	主要分布與組成
內苳子—土樟型	分布於墾丁台地西、北、南側一帶，包括大山母山、赤牛嶺、大小尖山山頂、港口、下老佛山一帶。特徵種爲內苳子；優勢樹種爲土樟、黃荊、九芎、魯花樹、刺裸實。
相思樹型	分布於大尖石山、門馬羅山、社頂高位珊瑚礁、港口西方、社皆坑、老佛山海拔高130m處。特徵種爲相思樹；優勢樹種有黃荊、九芎、紅柴、相思樹、過山香等。
克蘭樹—欖仁型	分布於白沙彌溪、石牛溪谷一帶，爲半落葉樹林。特徵種爲克蘭樹；優勢種爲欖仁、月橘、無患子等。
澀葉榕—茄苳型	分布於墾丁高位珊瑚礁自然保留區、社頂珊瑚礁、滿州山、埤亦山、豬老束山等地。特徵種爲澀葉榕，優勢種爲茄苳、九芎、土楠、白榕等。
樹青型	分布於佳洛水至出風鼻大草原、南仁山塊東南側向海山坡、溪流，由於強風掃過，植群屬硬葉林。特徵種爲樹青；優勢種有大頭茶、魯花樹、樹青等。
大葉樹蘭—大葉楠型	分布於南仁山塊、老佛山七孔瀑布一帶。特徵種爲大葉樹蘭；優勢種有大葉楠、咬人狗、茄苳、石苓舅、豬母乳、樹杞、軟毛柿、江某等。
米碎柃木—珊瑚樹型	分布於老佛山海拔高310~520m處，里龍山海拔高600~740m處。特徵種爲米碎柃木；優勢種爲小葉樹杞、樹杞、江某、大頭茶、台灣赤楠、倒卵葉楠、珊瑚樹、九芎、大葉楠、印度栲、相思樹等。
墨點櫻桃—嶺南青剛櫟型	分布於里龍山海拔高670~1,000m稜線衝風處和突出山頭之背風側及北里龍山海拔高750~850m處。特徵種爲墨點櫻桃；優勢種有江某、南仁鐵色、嶺南青剛櫟、長果木薑子、猴歡喜、台灣杜鵑、紅花八角、台灣樹蔘、銹葉野牡丹等。
星刺栲—奧氏虎皮楠型	分布於港口溪以北，九棚溪以南之南仁山塊，海拔高200m至稜線的森林社會。特徵種爲星刺栲；優勢種爲奧氏虎皮楠、烏心石、烏來冬青、杜英、倒卵葉楠、長果木薑子、綠背楊桐、長尾柯、小葉木犀、銹葉野牡丹、金平冬青、革葉冬青、杏葉石櫟、紅花八角、嶺南椆、江某、大頭茶、港口木荷等。

（整理自葉慶龍，1994）

表 29. 墾丁國家公園生態種群與分布環境

生態種群組成	分佈與環境特徵
台灣石櫟、嶺南椆、校力、長尾柯、紅花八角、星刺栲、銹葉野牡丹、倒卵葉楠、革葉冬青	南仁山塊山坡中部至稜線處，風力甚大、冬季雨量尚稱充足
山棟、大葉樹蘭、高士佛椌木、印度栲、落葉榕	南仁山塊近溪谷陰濕及山麓之處背風處
台灣梣、恆春楊梅、蚊母樹	南仁山東南角，風力極強處
象牙樹、黃心柿、鐵色	高位珊瑚礁生育環境
苦棟、黃豆樹、克蘭樹、台灣皂莢	恆春半島西半區溪谷附近之落葉性植物社會
內苳子、小刺山柑、烏柑、刺裸實、相思樹	恆春半島西半區山坡中部至稜線之半落葉性植物社會，生育地風力強勁，冬季嚴重缺水

（引自蘇中原，1986）

表 30. 墾丁國家公園植被分類

研究者／年代	墾丁國家公園植被分類		
徐志彥（1987）自然植被	海濱植物群落	1. 臨海珊瑚礁植群 2. 砂地（砂丘）草本植群 3. 灌木植群	4. 海岸林植群 5. 高位珊瑚礁植群
	山地植物群落	1. 水生及濕生群落 2. 草本植物群落	3. 灌叢植物群落 4. 森林群落
劉和義（1997）自然植被	海濱植物群落	1. 珊瑚礁植群 2. 草本植群	3. 灌木植群 4. 海岸林植群
	山地植物群落	1. 水生及濕生植群 2. 草原植群	3. 灌叢植群 4. 森林植群

表 31. 南仁山植群分布類型

植群分佈類型	植物種類組成與特徵
迎風坡型	分布於迎風陡坡區，主要植物種類有楊桐、嶺南楊、台灣枹木、大頭茶、松田冬青、金平冬青、杏葉石櫟、日本賽衛矛、武威山新木薑子、小葉木犀、台灣柯、菲律賓羅漢松、楊桐葉灰木、港口木荷、小葉赤楠、恆春山茶、大明橘、恆春石斑木、唐杜鵑、南嶺堯花、倒卵葉楠、錫蘭灰木和厚皮香等。此群植物在葉片型態上呈現厚葉、具蠟質光亮與葉形較小等特徵，這些構造似乎都有防止水分散失的功能。
溪谷型	此類型植物僅分布於溪谷附近，主要種類有頜垂豆、水冬瓜、水金京、大野牡丹、假赤楊、山刈葉、山龍眼、大葉楠、香楠和水同木等。此類植物葉形皆較大，質地較薄。
風力中等型	此類型植物不出現於迎風陡坡區，主要種類有樹杞、瓊楠、廣東瓊楠、狗骨仔、星刺栲、小葉樟、錐果櫟、金斗櫟、枹木、銳葉木薑子、紅楠、江某、南仁山新木薑子、短尾柯、山杉和黑星櫻等
廣泛分布型	此類型植物大部份區域均可出現，有長尾栲、奧氏虎皮楠、恆春福木、紅花八角、山豬肝、細葉饅頭果、烏來冬青、烏心石舅、杜英、十子木和革葉冬青等。

(整理自謝宗欣、謝長富，1991)

柴—樹青型、紅柴—黃心柿型及黃心柿—鐵色—毛柿型等5型，並討論各主要樹種之天然更新情形。

（十）Sun *et al.*（1996）研究台灣南端風力梯度變化下亞熱帶季風林的結構與種類組成時，認為造成不同的植群結構與種類組成是由於風的應力與土壤養分交互作用下的影響，而不僅只是過去學者所提出有關風的物理破壞力因素而已。張焜標、張耀聰（2000）分析恆春半島佳樂水瀑布上游溪岸之森林植群，並分成水冬瓜、咬人狗—筆筒樹型與蚊母樹型。根據主要樹種之族群結構分析，顯示水冬瓜、咬人狗—筆筒樹型大部份優勢樹種呈鐘型分布，顯示該族群在演替過程中處於衰退的狀態，蚊母樹型主要樹種皆為反J型，顯示更新能力良好。

綜觀恆春半島過去植被研究，已由早期單純的標本採集、種類鑑定之摸索階段，漸漸的進入植物地理、植群生態、植群演替趨勢等多元化的研究，均可提供許多後續研究之參考。惟由於恆春半島的過度開發，使得許多研究侷限於部份未遭受破壞或是干擾輕微之區域而難以完整建構恆春半島的原來植被。

六、恆春半島的植被類型歸類

恆春半島的氣候特性為終年高溫、熱帶海洋性季風和暖流，高位珊瑚礁石灰岩母質，特殊地理區位（位居植被過渡帶而分布許多北限邊際分布種）與包被於海洋的狹長半島型（有若海島型）陸塊所承受的海洋性特質，在在都影響到恆春地區複雜的植被現況。茲依植群的組成（尤其是優勢種或特徵種）、植被形相及植物社會結構加以分析探討。綜合恆春半島的植被類型可概分成東半部、西半部、半島南端高位珊瑚礁植群與熱帶海岸林四大類型：

（一）恆春半島東半部

　　恆春半島東半部植被組成相當複雜，其中南仁山的植被可爲本區典型植被的代表。謝宗欣與謝長富（1991）進行南仁山區亞熱帶森林樹種組成與分布類型研究，將該區之植物分布劃分爲四大類型，包括迎風坡型、溪谷型、風力中等型、廣泛分布型等四型。而根據謝、謝（1991）和劉棠瑞、劉儒淵（1977）南仁山植群調查結果，迎風坡型主要以殼斗科爲優勢；溪谷型則爲茄苳—榕樹類聯合群叢，具有一定的落葉樹成分；風力中等型則以樟科植物爲主；廣泛分布型則有長尾栲、奧氏虎皮楠、恆春福木、紅花八角、山豬肝、細葉饅頭果、烏來多青、烏心石舅、杜英、十子木和革葉多青等。

　　謝、謝（1991）認爲本區在東北季風來

欖仁溪山頂爲代表的恆春半島東半部熱帶植被（謝長富攝）

臨時帶來充沛的雨量，未有乾旱的時期，自不宜以季風林稱之；迎風坡主要以殼斗科、樟科、茶科、木蘭科爲主所組成之森林，因此明顯地應列入亞熱帶常綠闊葉林的林型中，此外亦有主張將南仁山溪谷型植被爲熱

南仁山爲代表的恆春半島東半部熱帶植被（謝長富攝）

恆春半島西半部落葉次生林

帶雨林，山地部份為季風雨林者。南仁山植被組成雖然複雜，但可從地帶性與非地帶性因素加以釐清。迎風坡所形成之硬葉林景觀，乃因地形、強風所致，並非該氣候帶下典型的地帶性植被，其成因可能為強風造成部份植物種類在競爭上的優勢抑或冬季東北季風所帶來的低溫使得殼斗科植物分布帶下移，同時造成榕楠林帶的壓縮至溪谷與風力較弱之區域。據此仍不足以作為植被帶劃分之根據，或植被類型之認定。反觀背風坡與溪谷植群，受風程度較小，植物種類則以楠、榕屬植物為主，尤其溪谷型有較多的落葉榕類、茄苳等落葉樹，可視為典型地帶性植被之代表，故恆春半島東半部應如同章樂民（1967），蘇、蘇（1988）等所認定的季雨林或季風林無誤。

（二）恆春半島西半部

　　恆春半島西半部相當乾燥，冬季有長達5～6個月的乾季，加上落山風的吹襲使得植生環境更行惡劣。該區由於早期開發殆盡，多為干擾後的次生林，樹型低矮。樹種以黃荊、相思樹、克蘭樹、刺裸實、黃豆樹、銀合歡及土樟為主，呈現半落葉林景觀，是為典型季風林。本區里龍山海拔500公尺以上地區，雖然冬季雨量不多，但是由於冬季霧氣使得該區得以保持濕潤，呈常綠闊葉林形相。

黃荊

（三）高位珊瑚礁植群

　　台灣南部恆春半島是台灣及全中國具有隆起珊瑚礁（隆起礁）地形發育最好的地區（王鑫，1989）。台灣隆起珊瑚礁雖然分布於全台海岸附近。但發育良好的隆起珊瑚礁大部份集中在台南到鵝鑾鼻附近，這是地質年代過去沿岸裙礁隆起成陸的遺跡，由「珊瑚石灰岩」（或稱珊瑚礁石、群煊石、係由珊瑚、貝殼及藻類等生物遺骸堆積形成礁石，再經膠結而成）形成，因易溶於與水，已有岩溶地形的發育，故這些隆起地面常呈卡斯特地形起伏，土壤則爲鈣質紅土。其它著名隆起珊瑚礁地形均鄰近恆春地區，如小琉球、鳳山、壽山、半屏山、小岡山及大岡山等地的隆起珊瑚礁。

　　在南亞熱帶的南部低平地上和石灰岩等特殊生境條件的作用下，季雨林亦可局部地區跨帶分布，成爲非地帶性植被類型（吳征鎰（主編），1980），如廣西桂林的青梅林（*Vatica astrotricha* Hance, 龍腦香科）即是一例。因此除了氣候因素外，土壤母質亦爲影響植群類型與組成的重要因素之一。恆春半島南端大小尖山以東、港口溪以南地區，是以高位珊瑚礁爲母質的森林植群，其中又以社頂、墾丁高位珊瑚礁自然保留區爲典型，生育有許多珊瑚礁岩生植物，此類型母質的森林環境較一般相同氣候條件下之生育地更爲乾燥，土壤養分亦較低，因此植物種類與組成和鄰近地區也不同。根據張慶恩等（1985）及葉慶龍（1994）的調查與作者實地踏勘，受干擾後的高位珊瑚礁植被以相思樹、血桐、九芎、稜果榕、茄苳爲優勢，珊瑚礁岩植群上層以小葉榕、雀榕、大葉赤榕、山豬枷、白榕等榕屬植物爲主，下半部則伴生紅柴、樹青、咬人狗、茄苳等植物，枯枝落葉層少，土壤較爲乾燥。若位於干擾較少之背風區域，珊瑚礁岩上的植群仍相似，上層喬木以茄苳、無患子、大葉山欖、

毛柿

白榕

恆春墾丁高位珊瑚礁植群（墾丁高位珊瑚礁自然保留區）

白榕獨樹成林景觀（墾丁港口）

重陽木（茄苳）

恆春墾丁社頂由榕屬佔優勢的高位珊瑚礁植群

咬人狗、白榕與楠木類為優勢；下層則以毛柿、黃心柿與鐵色為主，具有較厚且潮濕的枯枝落葉層，上層喬木的幼苗除大葉山欖少量分布外，下層幾乎清一色為毛柿、黃心柿與數量中等的鐵色。其中黃心柿、鐵色、毛柿、象牙樹、大葉山欖、皮孫木、紅柴、樹青、山柚、火筒樹、枯里珍等都堪稱為高位珊瑚礁之特徵種（蘇、蘇，1988；游孟雪，1999），亦顯示出高位珊瑚礁植群的獨特性，明顯不同於恆春半島其它地區。

恆春半島除了高位珊瑚礁發育良好外，沿岸西起楓港，東至旭海約90公里海岸則分布一種特殊珊瑚礁海岸（岸礁），沿岸裙礁發達，有時則形成造型奇特的珊瑚礁岩塊。此類岸礁孕育以水芫花為優勢的植物社會，屬於海濱植物群落的臨海珊瑚礁植群（徐志彥，1987），不論是生育環境、植物形相與組成均迥異於高位珊瑚礁植群。

（四）熱帶海岸林

熱帶海岸林係以各種熱帶海岸植物所組成的常綠闊葉林植被類型。恆春半島熱帶海岸林位於香蕉灣與南仁鼻二處，其中規模較大者為香蕉灣海岸林，由香蕉灣至船帆石一帶海邊，全長約1.5公里，面積約28公頃；另一處熱帶海岸林則位於南仁鼻，規模較小。由於過度開發致使海岸林迅速消失，目前香蕉灣海岸林已被墾丁國家公園劃定為生態保護區，以保留台灣僅存稍具規模的熱帶海岸林。香蕉灣熱帶海岸林共計有178種維管束植物，以棋盤腳與蓮葉桐為優勢，其它常見樹種尚有銀葉樹、欖仁、皮孫木、樹青、水黃皮、大葉山欖、紅柴、白榕、黃槿與白水木等。

香蕉灣海岸林植物組成充滿熱帶色彩，許多植物在台灣僅分布於此狹窄區域而未見於其它地區，但與馬來、菲律賓一帶植物共通，如棋盤腳、臘樹（蓮葉桐）等為分布於舊熱帶中心地區之植物。此一現象乃由於熱帶海岸植物樹種之植株、果實與種子極易在海上漂流，因而藉潮流與季風漂移而來（胡敬華，1952；Li, 1953）。Wang（1975）分析恆春半島熱帶海岸林成分來源包括泛熱帶

臨海珊瑚礁植群——水芫花

紅柴及其他高位珊瑚礁伴生植物

海檬果

白水木

棋盤腳為特徵種的熱帶海岸
林（恆春墾丁香蕉灣）

型、舊熱帶型與西太平洋型，茲分述如下：

1、泛熱帶型：無根藤、車桑子、黃槿、馬鞍藤、繖楊等。

2、舊熱帶型：棋盤腳、瓊崖海棠、白花苦藍、文珠蘭、葛塔德木、銀葉樹、蓮葉桐、克蘭樹、白水木、水芫花、水黃皮、欖仁、草海桐、蔓荊等。

3、西太平洋型：止宮樹、海檬果、林投等。

此外，海岸林樹種除了分布於海岸珊瑚礁地區一帶，亦有部份種類分布於高位珊瑚礁、溪谷及受干擾的次生地區，這顯示海岸林成分有向海岸以外的天然林滲入分化之趨勢，因此海岸林可說是恆春半島山地森林的熱帶成分來源之一。

綜合上述恆春半島植被分布與組成情形，其植被類型歸屬，殆可分為地帶性氣候下的季風林與墾丁台地一帶非地帶性的高位珊瑚礁植群。雖然國內學者有東半部季風雨林與西半部季風林的分法，如章樂民（1965, 1966, 1967）、蘇鴻傑、蘇中原（1988）等意見，然而季雨林有時亦稱季風林（王伯蓀，1987），故季雨林或季風林是一個混淆的名詞，包含的範圍從濕潤的大陸龍腦香季雨林、潮濕柚木林到中南半島的乾燥柚木林。因此這個名詞廣泛地包含了熱帶雨林至熱帶疏林間的整個過渡區域，也因此常常有學者為了表示區別而又另外創立許多名詞如半落葉林、落葉季雨林之名稱。

七、結論

在地景鑲嵌體內，各區塊間的空間排列關係，對於地景結構與功能之維持，甚至地景鑲嵌體的動態變化具有根本的影響。

推移帶（Ecotone, 或稱交錯帶）形成的主因，主要是因為環境因子的梯度變化而引起生長於其上的群落，在空間分布上產生不連續的情形，而當兩個群落在其不連續的地方相接、整合，此一相接的過渡帶即為推移帶。由於推移帶位於兩個或多個群落相整合的地方，有所謂的邊緣效應，因此推移帶的生物多樣性較鄰近的區塊內來的高。此可用以解釋位於熱帶北緣的恆春半島植被變化與生物多樣性高的原因。

台灣南部恆春半島位於地球熱帶的北界，植被帶生境條件複雜，植群類型多樣化。由個別特定的群落生境反應出的極盛相植群所構成的特有植群集包括東半部（以南仁山為代表）的分布有落葉榕類及茄苳等落葉樹的平地帶季雨林；西半部（以里龍山為代表）的山地帶季風常綠闊葉林；以棋盤腳與蓮葉桐為優勢的熱帶海岸林，高位珊瑚礁植群和珊瑚礁海岸植群。這些植群型大致表現了恆春半島的熱帶植被屬性。茲歸納其植群集如圖28。肉豆蔻熱帶雨林則分布於蘭嶼。「熱性竹林或竹灌叢」有刺竹（*Bambusa stenostachya* Hackel）、長枝竹（*B. dolichoclada* Hay.）、內門竹（*B. naibunensis*（Hay.）Nakai）及莎勒竹（*Schizostachyum diffusum*（Blanco）Merr.）。「熱性針葉樹」有菲律賓羅漢松（*Padocarpus rumphii* Blume）（產恆春半島及大武山海拔1,000公尺以下）、蘭嶼羅漢松（*P. costalis* Presl）（產蘭嶼）、台灣穗花杉（*Amentotaxus formosana* Li）（產台東縣大武、恆春半島里龍山）及台東蘇鐵（*Cycas taitungensis* Shen, Hill, Tsou & Chen）（產台東清水和海岸山脈）。另外，恆春半島的東、西岸及台九公路楓港往壽卡方向的南向山坡於冬旱季時均有以落葉灌木黃荊為優勢的次生植被，伴生刺裸實、魯花樹、雀梅藤、烏柑仔及雙面刺等「荊刺灌叢」，然被落葉性銀合歡（喬木）入侵極為嚴重。「熱

帶疏林」次極盛相始不存在，但有少許九芎、克蘭樹、雞母珠、羅氏鹽膚木、土密樹及相思樹等次生性脈絡可尋。

　　整體植被帶座落於「熱帶雨林季雨林帶」的南亞帶，此一熱帶植被帶的界線約在恆春港口溪以南（宋永昌，1999），或甚至稍微偏北一點至楓港溪為界。

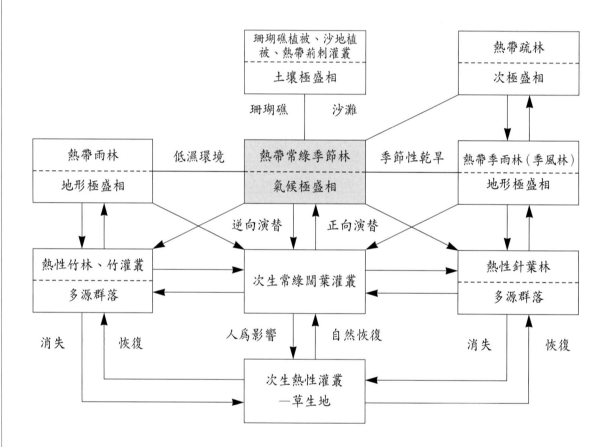

圖28. 恆春半島「熱帶雨林、季雨林帶」植群集分析

（修改自宋永昌，1999）

中國科學院《中國自然地理》編輯委員會. 1984. 中國自然地理氣候分冊. 科學出版社.

中國科學院《中國自然地理》編輯委員會. 1985. 中國自然地理總論分冊. 科學出版社.

王子定. 1962. 育林學原理. 台灣大學叢書，324 pp..

王伯蓀. 1987. 試論季雨林的地帶性. 植物生態學與地理植物學學報11(2)：154-157.

王鑫. 1989. 墾丁國家公園地形景觀簡介. 內政部營建署墾丁國家公園管理處.

丘寶劍. 1962. 我國亞熱帶的界線問題. 地理2：41-45.

丘寶劍. 1993. 關於中國熱帶的北界. 地理科學13(4)：297-305.

任美鍔、曾昭璇. 1991. 論中國熱帶的範圍. 地理科學11(2)：101-108.

吳中論. 1985. 我國熱帶範圍劃分的商確. 熱帶林業科技1：1-2.

吳征鎰（主編）.（中國植被編輯委員會）. 1980. 中國植被. 科學出版社.

宋永昌. 1999. 中國東部森林植被帶劃分之我見. 植物學報41(5)：541-552.

李惠林、耿煊. 1951. 台灣南部之地理親緣. 林產月刊11：6-7.

竺可楨. 1958. 中國的亞熱帶. 科學通報8(17)：524-528.

竺可楨、宛敏渭. 1973. 物候學. 科學出版社.

邱文良. 1991. 恆春自然保護區植群之研究. 林業試驗所報告6(3)：203-227.

柳榗. 1968. 台灣植物群落分布之研究（Ⅰ）. 台灣林業試驗所報告第166號.

胡敬華. 1952. 論季風與台灣海岸植被之關係. 科學教育9(9)：5-8.

徐志彥. 1987. 墾丁國家公園之植生研究. 植物資源與自然景觀保育研討會論文集：129-136. 中華民國自然生態保育協會.

徐國士、宋永昌. 1995. 台灣植被的分類與分區方案，走向21世紀的中國生態學論文集：292-293. 中國生態學會，珠海.

徐國士、宋永昌. 2000. 台灣植被的分類與分區. 國家永續論壇－東部論壇：植被生態學與生物多樣性研討會論文集：119-150. 國立東華大學.

耿煊. 1956. 植物分類及植物地理論叢（初集）27：恆春半島在植物地理上的位置. 台灣大學林業叢刊第4號：96-100.

張焜標、張耀聰. 2000. 恆春半島佳樂水瀑布上游溪岸之森林植群分析. 屏東科技大學學報9(1)：9-19.

張慶恩、葉慶龍、鍾玉龍. 1985. 墾丁國家公園社頂自然公園植被及景觀調查規劃報告. 保育研究報告第15號.

張鏡湖. 1987. 世界農業的起源. 台灣大學.

張寶堃. 1959. 中國氣候區劃. 中國科學會自然區劃工作委員會，科學出版社.

張寶堃. 1965. 中國氣候區劃. 國家自然地圖集地圖說明. 國家地圖集編纂委員會.

陳介等. 1983. 雲南的植物. 雲南人民出版社.

陳幸鐘. 1975. 七星山植物生態之研究. 台灣大學植物研究所碩士論文.

陳益明. 1991. 台灣東北季風影響下植群生態研究—以東北部基隆火山群島一帶為例. 台灣大

學森林學研究所碩士論文.

章樂民. 1965. 台灣熱帶降雨林生態之研究（一）：環境因子與植物形相之研究. 台灣林業試驗所報告第111號.

章樂民. 1966. 台灣降雨林生態之研究（二）：植被之研究. 台灣林業試驗所報告第126號.

章樂民. 1967. 恆春半島季風林生態之研究. 台灣林業試驗所報告第145號.

游孟雪. 1999. 墾丁高位珊瑚礁森林的組成及結構分析. 東海大學生物學士碩士論文.

黃秉維. 1992. 關於中國熱帶界線問題（Ⅰ）：國際上熱帶和亞熱帶定義. 地理科學12. 2.：97-107.

黃威廉. 1993. 台灣植被. 中國環境科學出版社.

葉慶龍. 1994. 恆春半島山地植群生態及其保育評估. 台灣大學森林學研究所博士論文.

劉和義. 1997. 墾丁國家公園植物生態簡介. 內政部營建署墾丁國家公園管理處.

劉棠瑞、劉儒淵. 1977. 恆春半島南仁山區植群生態與植物區系之研究. 台灣省立博物館科學年刊20：51-151.

賴明洲. 2000. 台灣植被生態學研究現況與發展. 國家永續論壇—東部論壇：植被生態學與生物多樣性研討會論文集：1-104. 國立東華大學.

謝宗欣、謝長富. 1980. 南仁山區亞熱帶森林樹種組成和分布類型. 台灣省立博物館年刊33：121-146.

謝長富、陳尊賢、孫義方、謝宗欣、鄭玉斌、王國雄、鄭夢淮、江裴瑜. 1992. 墾丁國家公園亞熱帶雨林永久樣區之調查，墾丁國家公園亞熱帶雨林永久樣區之調查. 墾丁國家公園保育研究報告第85號.

關秉宗. 1984. 台灣北部鹿角坑溪森林集水區森林植群多變數分析法之比較研究. 台灣大學森林學研究所碩士論文.

蘇中原. 1986. 台灣南部墾丁國家公園森林植群之多變數分析. 台灣大學森林學研究所碩士論文.

蘇鴻傑. 1977. 墾丁風景特定區植被景觀之調查與分析. 台灣大學研究報告：1-36.

蘇鴻傑. 1992. 台灣之植群：山地植群帶與地理氣候區. 台灣生物資源調查及資訊管理研習會論文集：39-53.

蘇鴻傑、蘇中原. 1988. 墾丁國家公園植群之多變數分析. 中華林學季刊24(4)：17-23.

佐佐木舜一. 1921. 恆春半島に於ける森林植物分布觀. 台灣省博物學會報11(52)：1-38.

佐佐木舜一. 1932. 紅頭嶼の植物相. 日本生物地理學會會報3：24-35.

Collins, N. M., J. A. Sayer and T. C. Whitmore（eds.）1991. Conservation Atlas of Tropical Forests. Asia and the Pacific. Macmillan Press, London.

Dieter, M. D. and F. R. Fosberg 1998. Vegetation of the Tropical Pacific Islands. Springer-Verlag New Yourk, Inc.

Ellenberg, H. and D. Mueller-Donbois 1967. Tentative physiognomic-ecological classification of the main plant formations of the Earth. Ber Geobot Inst ETH Stiftung Riibel（Zurich）37：21-55.

Grace, J. 1977. Plants Response to Wind. London.

Hamet-Ahti, L., T. Ahti and T. Koponen 1974. A scheme of vegetation zones for Japan and adjacent regions. Ann. Bot. Fenn. 11：59-88.

Hu, C. H. 1961. Floral composition difference between the communitues occurring on the western and eastern coasts on the tip of Hengchun Peninsula. Botanical Bull. of Academia Sinica 2 (2)：119-142.

IUCN and WCMC 1990. Tropical Forests of Asia and the Pacific Rim.

Kira, T. 1995. Forest ecosystems of East and Southeast Asia in a global perspective. In E. O. Box, R. K. Peet, T. Masuzawa, I. Yamada, K. Fujiwara and P. F. Maycock：Vegetation science in forestry. 1-21 pp. Kluwer Academic Publishers.

Li, H. L. and H. Keng 1950. Phytogeographical affinities of southern Taiwan. Taiwania 1：103-128.

Li, H. L. 1953. Floristic interchanges between Formosa and the Philippines. Pacific Sci. 7：179-186.

Mohr, E. C. J. 1933. Debodem der tropen in het algemeen en die van Ned.-Indie in het bijzonder. Medek. Kon. Ver. Kol. Inst. Afd. Handelsmuseum 31, Dl.i, le stuk.

Numata, M. 1984. The relationship between vegetation zones and climatic zones. 日生氣誌21(1)：1-10.

Sasaki, S. 1930. On the geographical distribution of Formosan plants. In：Nippon Chiri Taikei（Taiwan-hen）「Japanese Encyclopaedia of economic geography（Formosa）」pp. 245-255. Tokyo.（in Japanese）

Schimper, A. F. W. 1903. Plant Geography. Clarendon, Oxford.

Schmidt, F. H. and J. H. A. Ferguson 1951. Rainfall types based on wet and dry period ratios for Indonesia with western New Guinea. Verh. Djawatan Met. Dan Geofiski. Djakarta 42.

Su, H. J. 1985. Study on the climate and vegetation types of the natural forests in Taiwan.（Ⅲ）. A scheme of geographical climate regions. Quart. Journ. Chin. For. 18(3)：33-44.

Sun, I. F., C. F. Hsieh and S. P. Hubbell 1996. The structure and spicies composition of a subtropical monsoon forest in southern Taiwan on a steep wind-stress gradient. Biodiversity and the Dynamics of Ecosystems. DIWPA Series Volume 1：147-169.

Walter, H. 1985. Vegeation of the earth and ecological systems of the geo-biosphere. 3rd Eng. ed. Springer-Verlag, Berlin-Heidelberg-New York-Tokyo, 318 pp.

Wang, C. K. 1975. Ecological study of tropical Strand Forest of Hengchun Peninsula. Biol. Bull. Tunghai Univ. 41：1-28.

Whitmore, T. C. 1975. Tropical Rain Forests of the Far East. Oxford University Press, New York.

Whitmore,.T. C. 1985. Tropical Rain Forests of the Far East. 2nd. ed. 352 pp. Clarendon Press, Oxford.

Wilton, W. C. 1964. The forests of Labrador. Canada Dept. of Forestry, publication no. 1066.

拾貳。台灣不存在高山寒原

(Tundra in Taiwan?)

拾貳、台灣不存在高山寒原

（Tundra in Taiwan?）

台灣高海拔山地分布的植被類型中，最具爭議性者殆非「高山寒原」莫屬（賴明洲，2000）。自王忠魁（1957, 1962）、柳榗（1968）、院士級植物生態學者周昌弘（1990：植物生態學，p.366，聯經大學叢書11）、郭城孟（1991，於黃世孟主編：植物－基地規劃導論，p.158，中華民國建築學會；1998，台灣蕨類植物區系之研究，p.15；2001，蕨類入門，p.73，遠流；2001，福爾摩沙的生命力－台灣的實用植物，p.4，文建會；2002，發現綠色台灣－台灣植物專輯，p.17，p.180（王震哲執筆））、Kuo（1985）、蔣鎮宇（1989）、蔣鎮宇等（1997，師大生物學報32(1)：9-11），迄今為止所有國家公園管理處的諸多出版品及網站中，以及目前網路上的諸多網站，舉凡如國科會數位博物館計劃——台灣文化生態地圖：植物生態館，有關走訪生態台灣——高山寒原（http://tcemap.gcc.ntu.edu.tw/sub_4/tundra.html）、國立自然科學博物館有關台灣自然生態展示區活動內容「福爾摩沙～誰的家——認識台灣溪口海岸、霧林、高山寒原的生態面貌，以及生物與環境的依存關係」之活動單元內容（http://www.nmns.edu.tw/New/Education/ActivitySheet/unit14/index.htm）、行政院新聞局生態保育網有關台灣生態保育與世界同步內容（http://www.gio.gov.tw/info/ecology/Chinese/cold/cold.htm）、中華民國永續生態旅遊協會生態福爾摩沙有關台灣的生態內容（http://www.ecotour.org.tw/b1.htm）、台灣空中文化藝術學苑課程內容第十二集高山寒原生態（http://www.ttv.com.tw/air_art/）、大葉大學共同科教學中心徐歷鵬有關台灣自然生態的教學文件有關高山寒原植物社會內容（http://www.dyu.edu.tw/~lphsu/htm/taiwanhtm/11/ben.htm）、中華民國自然步道協會理事長林俶圭有關台灣的植物生態帶（上）內容（http://naturet.ngo.org.tw/gogo/et04.htm）、彰師大生物系草原生態系補充資料（http://www.bio.ncu.edu.tw/~8523024/class/8/newpage2.htm）等均將台灣的高海拔山地所謂「森林界線」以上之植被類型籠統稱作「高山寒原」，而將生育於高山寒原的植物很含混地就順便稱之為「高山植物」，謂在其中可以見到密集或零星的灌木叢以及碎石坡云云。

「寒原（tundra）」又稱作凍原或苔原，為地球上一種重要的生物群落區（biome），並且是一種自然景觀的類型，是由各組成要素相互制約、作用而形成，同時也是一種獨特的生態系統，具有一定的地質、生態環境、地貌、土壤條件和植物組成。以下就世界各地的寒原作比較分析並探討之，俾尋求台灣地區的高山環境是否達到具備寒原形成的條件的答案。筆者翻遍所有世界權威植被相關文獻，仍未找到台灣地區存在寒原分布的說法。此一疑問促使筆者長期以來為探索這一正確答案，而遠渡重洋赴北歐與中國大陸、日本等地實地考查，並與多位國際著名植被學者討論，終於真相大明。盼國內勿再以訛傳訛積非成是貽笑國際。

一、何謂寒原

　　寒原為寒帶地區最常見的植被類型，是冷濕形極地自然景觀類型，在歐亞大陸和北美大陸及附近島嶼環極地呈帶狀分布。tundra一詞源自芬蘭語tunturi，原來係指地帶性無林景觀植被類型。一般可分極地寒原及山地寒原（mountain tundra），極地寒原多位於極地的平原地區，因此又稱之為平原寒原；山地寒原主要分布在寒原地帶的森林和泰加林地帶的山地上；而分布在溫帶針闊葉混交林地帶和闊葉林地帶山地的森林界限以上高山帶的則稱高山寒原（alpine tundra）。而寒原多有永凍層（permafrost）的存在，因此又常被稱作凍原，再者，由於寒原是指極圈內寒冷氣候條件下的無林地區，由於其地面多覆蓋著厚苔蘚層故又名苔原。

　　事實上，tunturi是芬蘭北部拉普蘭地區（Lappland）拉普人（即索米人（Suomi））的語言。拉普蘭地區居民是一群以狩獵和放牧馴鹿為生的少數民族，他們把當地低矮平緩的圓頂山丘稱為tunturi，主要生長著由灌木、小灌木、多年生草本和苔蘚類、地衣類組成的植被，而不長喬木；這樣像地毯的植被，就被稱作tundra。在拉普蘭地區一些山丘名稱都冠有tunturi一詞，如Rukatunturi、Karhutunturi、Nuotunturi等，而一些典型苔原植物的芬蘭文俗名也綴有tunturi一詞，如 *Salix glauca*（*tunturipaju*）、*Arctotaphylos alpina*（*tunturikynsimo*）、*Draba flandizensis*（*tunturikynsino*）等。

　　寒原植被是由耐寒小灌木、多年生草類、蘚類和地衣類構成的低矮植被，尤以蘚類和地衣類較為發達，為群落植物組成的顯著特徵。這是由於寒原氣候寒冷、強風、基質寡營養性與凍土的發育而不適於高等植物的發育所致。此外，雪被對於寒原植被具有很大的生態意義，在它的保護下，寒原的小灌木與草類得以發育，群落的高度殆取決於冬季雪被的厚度，在雪被很薄或無雪被處，以及氣候嚴寒的高山帶上部則僅有地衣類存在。

二、寒原的起源

　　根據植物化石資料，北半球高緯度地區在第三紀以前仍然屬於喜暖性森林，只是在第三紀末由於氣候變冷和變乾，這種森林漸漸被亞寒帶針葉林所替代；由於第四紀初的氣候逐漸變冷，才為寒原的形成創造了條件。寒原最先出現在東西伯利亞北部，因為在冰期，歐洲大陸、西西伯利亞和北美大部分地區為冰河所覆蓋，只有東西伯利亞北部，冰河影響較小，乃存在古老的寒原核心，從山區逐漸向平原擴散。

　　在第四紀初，古老的寒原分成東西二支，環繞北極伸展，形成帶狀分布，隨著冰期與間冰期的交替，北極大陸冰帽週期性地向南擴張和收縮。與此同時，寒原生物也不斷向南遷移，在這過程中，有些種類大批死亡直到消失；有些種類則幸存下來，並和從高山遷移下來的種類相會合。當冰河退卻時，這些種類中的一部分向北移動；另一部分則退縮到山上，並在那裡保存下來，成為山地寒原的組成部分，舉凡如動物中的黑緣豆粉蝶、雪兔和雷鳥等；植物中的矮樺、多瓣木、珠牙蓼、腎葉山蓼等。有些研究報告甚至指出寒原帶北部的形成年齡比整個寒原帶還要短，這是因為在冰期之時，北部地區仍處在冰河覆蓋的環境，只是在冰後期，冰河退縮以後，才開始形成。因此，寒原生態系統可以說是陸地生態系統中最年輕的。

　　台灣高山地區有無冰河地形，學術界各有不同看法（楊建夫，1999）。但有些學者將歷經浩劫，而能逃過以往的環境變化（如冰河作用）而存活下來的古老動物或植物

寒原在植被景觀上常呈現苔蘚地衣寒原類型。

由於北極寒冷荒漠白天溫度經常上升到0℃以上復又降到0℃以下（融冰泥流），造成植物生長變得極為稀疏。當寒原局部形成冰雪時，將導致潮濕的土壤體積增加，以及植被下面泥炭冰丘形成凍丘，或稱之為「固體丘寒原（bult tundra）」。由於秋季永凍層上和融凍層下夾有一層濕潤而未凍結的地方，地面有可能在某些地點衝開上面的結凍殼，並以一層液性粘土將植被掩蓋了起來，這樣比周圍高出幾公釐的光裸的冰斑就形成了所謂的「冰斑寒原（pathchy tundra）」。而南極只有4%的土地沒有冰帽，在這種土地上幾乎沒有什麼表土，滿布著的是礦物碎屑，有時在沒有積雪的海濱地區以及陡峻的懸崖和岩屑堆上，由於南極諸島大部分在南緯56°以南，儘管冬天並不寒冷，但夏季寒冷，所以各島均無樹木。諸島上最常見的都是薔薇科的*Acaena*屬植物，禾本科的羊茅屬（*Festuca*）和早熟禾屬（*Poa*）的叢生禾草草地，以及苔蘚地衣類。

（一）寒原的氣候

1、極地寒原——北極寒原氣候寒冷，年平均氣溫在0℃以下，冬季漫長而嚴寒，最低溫可達-70℃，有6個月不見太陽；夏季短暫而寒冷，整個晝夜都有太陽照射，最熱月平均氣溫 0°～10℃之間。植物生長期很短，大約只有兩個月左右。極圈靠近海岸的地區會受洋流影響溫度，冬季均溫由-20至-30℃，夏季均溫由-10至最高的16℃（但是通常不會超過10℃），出現10℃以上之高溫則與人類活動與紫外線直射等等原因之影響有關。風速約在每小時48～97公里。年降雨量不多，在俄羅斯歐洲地區為200～300公釐，亞洲東北部為100公釐左右，北美阿拉斯加地區則為120公釐上下。由於降雨次數多，

氣溫低且蒸發弱，所以空氣相對濕度大。此外，風大雲多，更增加北極寒原氣候的嚴酷性。

2、高山寒原——山地寒原的氣候與北極寒原相似，不同的是北極圈以外的山地全年均有白天黑夜之分，日溫差大，降雨較多（舉凡如長白山可達1,075～1,239公釐），日照強烈，故紫外線較多。溫度受緯度高低與海拔高度影響，海拔高度每降91公尺則溫度下降2℃，冬季平均溫度最低會降至-18℃，夏季溫度則可能升高至10℃。

（二）寒原的土壤

1、極地寒原——凍土層的上部冬凍夏融，稱為活動層（active layer），其厚度隨土層的質地而異，約在25～100公分之間，黏質土的為0.7-1.2公尺，砂質土的為1.2～1.6公尺。活動層的厚度對生物的活動和土壤的形成具有十分重大的意義。前已述及因為在活動層中，植物根系始能伸展自如，動物也因此才能挖掘洞穴活動，有機物質才能有效積累和分解。永凍層的存在阻礙地表水下滲，導致沼澤的形成。暖季和冷季的交替常使地表呈現一系列奇特現象，如由寒凍風化和融凍作用形成的石環、多邊形土、融凍泥流、冰丘與熱融陷穴等地貌形態，它對生物特別是植被分布起著重要的影響。由於長期不斷地歷經冬天結凍與夏季解凍的作用而導致土壤流失，以致於地表形成巨大的裂縫，有15%的活動層因地表裸露與坡地而排水佳，但是其餘的85%則因為排水不良而形成沼澤，在活動層下方有大約90～600公尺厚的永凍層，使得水分無法排泄，而低溫與無氧狀態使得有機物質無法分解而形成潮濕的土塊，稱為泥煤。

2、高山寒原——幾乎沒有永凍層，同時，由於坡度的因素，使得排水容易但也容易造成山崩或雪崩的情況發生。

（三）緯度與海拔高度

1、極地寒原——緯度較高的極地寒原在極圈極地平原海拔高度約在300公尺以上，緯度稍低者靠近極圈的區域則海拔高度要達到1,200公尺以上。

2、高山寒原——出現在森林界線以上，在緯度較爲南端的高山則出現在高度約2,400～3,000公尺左右，山地寒原的氣候與北極寒原相似，不同的是北極圈以外的山地全年均有白天黑夜之分，日溫差大，降雨較多（如上述長白山可達1,075～1,239公釐），日照強烈，紫外線較多。而歐亞大陸之高山寒原之緯度分布受第四紀冰河作用的影響外，還受到北太平洋季風氣候制約。

（四）寒原的植物

組成寒原的植物種類比較貧乏，根據不完全統計可知北半球寒原植被總共大約有66科230屬900種左右的維管束植物，苔蘚地衣類生長良好，而多年生草類和小灌木則在它們的保護下生存。組成以冷濕型地毯式植被類型爲主。寒原植物抗寒和忍受生理乾旱能力高強，在非常寒冷的環境中營養器官也不會受到損傷，有些植物甚至在雪被下才開始生長和開花。寒原植物的特徵可總結以下數點：

1、以矮小灌木爲主，例如牛皮杜鵑、仙女木，並且混有大量草本植物，如高山茅香、蒿草，以及苔蘚類植物，如砂蘚、眞蘚和地衣類如鹿蕊、雀蕊等。

2、具有寒旱生型態特性，肉質葉，密生鱗片。

3、植株通常不超過10～20公釐，成匍匐狀、墊狀、蓬座狀。

4、植物生長期約65～75天，幾乎沒有一年生植物。

5、生長緩慢，莖部短縮，枝條粗糙，節間短，生育期短促。

6、爲保持熱量，草本植物的葉子往往密集叢生。

7、花朵大而鮮豔。

8、植物層次少，結構簡單，地上部分一般分爲1～3層，包括灌木層、草本層和苔蘚地衣層。地下部分集中在融凍層上部，構成單層根系。生活型以地上芽和地面芽佔優勢。

（五）寒原的動物

由於寒原的植物種類少，生態環境又十分嚴酷，可供動物棲息的環境不多，自然棲息此區的動物種類就不多，一般哺乳類動物體型成巨大者，身體多成圓球狀，具有很厚的毛皮和脂肪層，以適應低溫的環境。其中比較典型的種類如北極狐、白熊、有蹄旅鼠、挪威旅鼠、鄂畢旅鼠、黃腹旅鼠、雪鴞、鐵爪鵐、毛腳鵟、寒原雷鳥、柳雷鳥、賊鷗、雪兔、馴鹿、麝牛及狼等。幾乎沒有爬行類和兩棲類，就連昆蟲的種類也很少；但在夏季蚊、蠅比較多。由於寒原的冬季嚴寒，大地雪封、土層凍結，只有少數的一些動物在這裡挖洞休眠和儲藏食物；絕大多數動物，特別是鳥類，在嚴寒到來之前即進行季節遷徙，到寒原帶以外的地區避寒過冬，等待第二年氣溫回暖後再飛返回來。

五、台灣玉山的自然環境

玉山地區雖地處台灣亞熱帶氣候區之中央，坐落北迴歸線23°附近，但因海拔在300～3,996公尺之間，氣溫隨著高度上升而遞減，形成溫帶、寒帶兩種氣候型態。在海拔3,500公尺以上之山區，年平均溫爲5℃，1、2月之月平均溫度降至0℃以下，3、11、

12月之平均溫於5℃以下，而夜間溫度可至0℃以下。海拔2,500公尺處年平均溫約10℃，夏天涼爽，爲良好之避暑地。平均降雨量約3,600公釐左右，全年降雨天數約140天，集中於5～8月間。其中自5～6月上旬主要是梅雨期，雨季長而雨量少；6～8月颱風及夏日暴雷，雨季長而量多。全區冬乾夏濕，對比極爲明顯，11、12月屬乾季期間，每月降雨量僅爲8月雨量之八分之一。玉山地區中央地帶因地勢高，空氣流通，且高度超過水氣凝結集中之地帶，年平均相對濕度僅80%；其餘地區則在85%以上。各月相對濕度變化不大，僅11～1月間因雨量少較乾燥，月相對濕度在75%以下。

若將台灣玉山地區的生態環境與一般高山寒原的生態環境加以比較分析，即可看出有許多相異之處，也可用來說明台灣地區並不存在高山寒原生態系統的充分理由（見表33）。由楊建夫等（2000, 2001）的研究推估，台灣高山的雪線（永久積雪帶）高度在現代約爲4,350公尺，故植物垂直帶譜並不完整（也就是說台灣的現代寒原應該位在接近比目前玉山山體更高的地方），然而玉山目前最高峰僅達3,996公尺。

表32. 玉山氣候站氣候資料統計表（1971～2000年）

項目說明 月份	降雨量 （公釐）	降雨日數 （天）	平均氣溫 （℃）	相對濕度 （%）	最高氣溫 （℃）	最低氣溫 （℃）
1月	116.0	8	-1.5	69	2.9	-5.0
2月	148.9	8	-1.1	78	2.7	-4.1
3月	138.9	8	1.0	80	5.0	-2.1
4月	248.9	14	3.3	82	7.6	0.3
5月	454.2	21	5.5	85	9.8	2.5
6月	513.3	19	7.0	83	11.6	3.9
7月	361.5	18	7.7	79	13.2	4.2
8月	499.4	21	7.5	84	12.7	4.1
9月	257.2	17	7.0	80	12.6	3.5
10月	152.7	13	6.3	74	12.5	2.4
11月	77.8	9	3.9	68	9.8	0.2
12月	85.6	6	0.7	66	5.8	-2.8
合計／平均	3054.4	162	3.9	77	8.9	0.6

（引自玉山國家公園全園區年平均氣象資料）

表 33. 高山寒原與玉山的自然環境比較表

自然環境＼地區	高山寒原	玉山地區
緯度分布	緯度南界為北緯52度左右	緯度坐落於北緯23度左右
年平均溫度	0℃以下	3.9℃
降雨量	降雨量約為100公釐，長白山區較多約為1,000公釐	降雨量約為3,000公釐
乾濕季之分	無明顯乾濕季差別	有乾濕季之分
降雪情況	降雪天數多	只有冬季少數幾天會降雪，且積雪厚度很小
永凍層或活動層	大部分存在，厚薄不一	不存在
植物特徵	見「寒原的植物」一節	類似或不同
動物相	見「寒原的動物」一節	不同

雪山主峰的高地植被景觀，嚴格來說應該是岩原植被或高山流石灘稀疏植被

中國植被編輯委員會. 1980. 中國植被. 科學出版社.

李文華等. 1981. 長白山主要生態系統生物生產量的研究. 《森林生態系統研究》(Ⅱ). 科學出版社.

周昌弘. 1990. 植物生態學. 聯經大學叢11.

柳榗. 1968. 台灣植物群落分類之研究 (Ⅰ): 台灣植物群系之分類. 26 pp. 林試所研究報告第166號.

梅益 (總編輯). 1990. 中國大百科《地理學卷》. 大百科出版社.

郭城孟. 1991. 植物. 黃世孟 (主編). 基地規劃導論. p.158 中華民國建築學會.

郭城孟. 1998. 台灣蕨類植物區系之研究. 邱少婷、彭鏡毅 (編). 海峽兩岸植物多樣性與保育論文集: 9-19.

郭城孟. 2001. 《鄉土文化專輯》自然篇之二: 福爾摩沙的生命力—台灣的實用植物. p.4 行政院文化建設會.

郭城孟. 2001. 蕨類入門. p.73 遠流出版公司.

郭城孟. 2002. 發現綠色台灣—台灣植物專輯. p.17, p.180 (王震哲執筆) 行政院農委會林務局、永續發展協會.

黃錫疇. 1984. 歐亞大陸東部高山苔原的南緣. 地理科學4(4): 293-302.

黃錫疇. 1999. 長白山高山苔原研究的進展. 地理科學19(1): 2-9.

黃錫疇、郎惠卿. 19960. 長白山高山苔原初步觀察. 自然地理與環境研究—黃錫疇論文選集. 科學出版社.

黃錫疇、趙魁義. 1989. 拉普蘭德與長白山苔原的對比研究. 地理科學9(1): 8-15.

楊建夫. 1999. 台灣冰河地形的新發現: 證實雪山圈谷群冰斗. 台灣山岳22: 90-93.

楊建夫、王鑫、崔之久、宋國城. 2000. 台灣高山區第四紀冰期的探討. 中國地理學會會刊28: 255-272.

楊建夫、崔之久、王鑫、宋國城. 2001. 台灣高山第四紀冰河地形探討. 第五屆台灣地理學術研討會暨石再添教授榮退紀念學術研討會論文集: 57-74.

蔣鎮宇. 1989. 玉山苔蘚植物生活型之研究. 台灣大學植物學研究所碩士論文.

蔣鎮宇、羅健馨、許再文. 1997. 台灣高山寒原新發現的兩種蘚類植物. 師大生物學報32(1): 9-11.

賴明洲. 2000. 台灣植被生態學研究現況與發展. 國家永續論壇—東部論壇: 植被生態學與生物多樣性研討會論文集: 1-104.

錢宏. 1989. 長白山高山凍原—植物分類、植物區系、植物生態 (博士論文摘要). 生態學進展6(3): 226.

錢宏. 1990a. 長白山高山凍原植物群落的生態優勢度. 生態學雜誌9(2): 24-27, 58.

錢宏. 1990b. 長白山高山凍原維管植物區系地理. 地理科學10(4): 316-325.

錢宏. 1992. 長白山高山凍原植被. 森林生態系統研究6: 72-95.

錢宏. 1993. 亞洲東部與北美西部（北極和高山）凍原植物區系的關係 植物分類學報31(1)：1-16.

錢宏、高謙. 1990. 長白山高山凍原苔蘚植物區系及其與北極凍原苔蘚植物區的關係. 植物學報32(9)：716-724.

Kaplan, E. 1995. The Tundra. Marshall Cavendish Inc.

Kuo, C. M. 1985. Taxonomy and phytogeography of Taiwan pteridophytes. Taiwania 30：5-100.

Rosswall, T. & O. W. Heal 1975. Structure and function of tundra ecosystems：papers presented at the IBP Tundra Biome V. International Meeting on Biological Productivity of Tundra, Abisko, Sweden, April 1974 Swedish Natural Science Research Council.

Wang, C. K. 1957. Zonation of vegetation on Taiwan. M. Sc. Dissertation, New York State University College of Forestry.（unpublished）

Wang, C. K. 1962. Some environmental conditions and responses of vegetation on Taiwan. Biol. Bull. Tunghai Univ. 11：1-19.

Weigel, M. 2000 Encyclopedia of biomes. Vol 3：River and Stream, Seashore, Tundra, Wetland. U・X・L

大葉大學共同科教學中心徐歷鵬有關台灣自然生態的教學文件中有關高山寒原植物社會內容

http://www.dyu.edu.tw/~lphsu/htm/taiwanhtm/11/ben.htm

中華民國永續生態旅遊協會生態福爾摩沙有關台灣的生態內容

http://www.ecotour.org.tw/b1.htm

中華民國自然步道協會理事長林俶圭有關台灣的植物生態帶（上）內容

http://naturet.ngo.org.tw/gogo/et04.htm

台灣空中文化藝術學苑課程內容第十二集高山寒原生態

http：//www.ttv.com.tw/air_art/

玉山全園區年平均氣象資料

http://www.ysnp.gov.tw/weather/weather.html

玉山氣象站氣候資料統計表

http://www.cwb.gov.tw/V4/index.htm

百科知識網有關「凍原生態」及「凍原植被」內容https://www.wordpedia.com/

行政院新聞局生態保育網有關台灣生態保育與世界同步內容

http://www.gio.gov.tw/info/ecology/Chinese/cold/cold.htm

國立自然科學博物館有關台灣自然生態展示區活動內容「福爾摩沙～誰的家－認識台灣溪口海岸、霧林、高山寒原的生態面貌，以及生物與環境的依存關係」之活動單元內容

http://www.nmns.edu.tw/New/Education/ActivitySheet/unit14/index.htm

國科會數位博物館計劃－台灣文化生態地圖：植物生態館，有關走訪生態台灣－高山寒原

http://tcemap.gcc.ntu.edu.tw/sub_4/tundra.html

彰師大生物系草原生態系補充資料

http://www.bio.ncu.edu.tw/~8523024/class/8/newpage2.htm

拾參。印度圓葉澤瀉之生育環境與種內型態之變異

〈Habitat and Variation of the Aquatic *Caldesia grandis*〉

拾參、印度圓葉澤瀉之生育環境與種內型態之變異

（Habitat and Variation of the Aquatic *Caldesia grandis*）

一、前言

台灣大學植物學系師生一行，於65年7月15日在宜蘭縣員山鄉雙連埤附近的草埤調查泥炭蘚群落時，偶然發現該一小面積的沼澤性濕地內生長一種有趣的水生單子葉植物，其外貌及生長型極類似慈菇屬的水芋（*Sagittaria trifolia* Linn.），但其葉爲近於圓形而非戟形。惜當時僅採得此一植物之幼小花莖。經攜回台北後，與國立台灣大學植物學系標本館內所藏的標本比較結果，發現其與自荷蘭萊登標本館交換而來之一新幾內亞所產的標本*Caldesia parnassifolia*（Bsssi *ex* Linn.）Parl.（NEW GUINEA : Western Highlands, alt. 1920 公尺, leg. *W. Vink* 6512）極爲相近（請參閱賴明洲，1976b）。該屬植物在台灣過去的植物文獻上均未見有記載。

同年8月上旬，筆者再度前往，始於同一地點採得此植物之花。花序圓錐狀，高約40～60公分，花每簇3朵輪生，具有披針形而頂端漸尖的苞片；花兩性，花梗長1.2～2公分；花萼三片，綠色，長3～4公分，花瓣三片，白色，約大於花萼之2倍；雄蕊10～12枚，心皮15～17個，長餘半圓形之花托上，長約3公釐，具有縱脊，花柱細長喙狀。植株直立，全株光滑堅挺；葉爲根生；葉片長6～7公分，寬6～8公分；葉圓形至微扁心形，基部稍凹；葉脈9～11條，於葉之兩極端聚斂，脈紋於葉腹面明顯隆起；葉柄長30～55公分，徑0.3～0.6公分，近柄之基部處有兩翼鞘。

觀察標本：宜蘭縣員山鄉雙連埤附近附近10公里處草埤，*leg. M. J. Lai 8602.* 此一標本現保藏於國立台灣大學植物學系標本館（TAI）內。

二、印度圓葉澤瀉之生育環境與伴生植物

印度圓葉澤瀉生育的地點，爲一低海拔且小面積之沼澤濕地性生育地，海拔高度僅700公尺左右。根著生於淺水之中。水質測量結果顯示其地爲一pH值僅3.5之極端泥濘酸性環境。此一沼澤性濕地表面，幾全爲一種狹葉泥炭蘚（*Sphagnum cuspidatum* Ehrh. ex Hoffm.）所覆蓋。該種泥炭蘚已經筆者鑑定爲台灣尚未發現之新紀錄種苔蘚類植物（見賴明洲，1976）。在雙連埤附近另一沼澤濕地滿埤中可見有與泥炭蘚（*Sphagnum palustre* Linn.）混生者。草埤之沼澤地植物群落中，與印度圓葉澤瀉伴生之主要被子植物種類計有：

Brasenia schreberi Gmel. 蓴菜

Cyclosorus interruptus（Willd.）H. Ito 毛蕨

Eleocharis dulcis（Burn. f.）Trin. 水燈心草

Eriocaulon nantoense Hay. 南投精穀草

Polygonum thunbergii Sieb. & Zucc. 戟葉蓼

Scirpus triangulates Roxb. 水毛花

Utricularia bifida Linn. 耳挖草

三、圓葉澤瀉屬各種之分布與種間形態之差異

圓葉澤瀉屬（*Caldesia*）（或稱澤苔草屬）全世界僅有3種，主要分布於舊熱帶地區。茲將各種類略述於下（據Hartog, 1957）：

1、圓葉澤瀉

Caldesia parnassifolia（Bsssi ex Linn.）Parl., Fl. ItalianaⅢ：598.1858（= *C. reniformis*（D. Don）Mak., Bot. Mag. Tokyo XX：34. 1906）

葉片闊橢圓形或近於圓形；葉尖稍銳，葉基深心形；葉脈13～17條。雄蕊6枚；心皮5～8枚。花柄上有時長包鱗嫩枝（turions）。瘦果橢圓形，具有縱脊。

分布：非洲北部及中部，馬達加斯加至歐洲中、南部，東南亞（西里伯島，摩鹿加群島及新幾內亞），中國大陸、日本及澳洲北部。均生長於低海拔沼澤濕地。琉球最近亦有發現。

2、印度圓葉澤瀉

Caldesia grandis Samuel., Sevnsk Bot. Tidskr. 24：116. 1903.

葉片腎臟形；葉尖凹頭，葉基截形；葉脈13～17條。雄蕊9（-11）；心皮（12-）17（-20）枚。花柄上亦長有包鱗嫩枝。瘦果與上一種相同。本種比前種體型大而粗糙。

分布：印度。

3、疏果圓葉澤瀉

Caldesia oligococca（F. v. M.）Buch., Bot. Jahrb. 2：479. 1888.（=*C. acanthocarpa*（F. Muell.）Buchenau in Englar's Bot. Jahrb. Ⅱ：479. 1882）

葉片卵圓形，具有透明斑點，葉尖稍鈍，葉基深心形；葉脈9～17條。雄蕊6枚；心皮2～10枚。瘦果具有四脊刺狀突起。

分布：西非（奈及利亞），東南亞（印度、錫蘭、中南半島及爪哇）至澳洲東部及北部。生長於水池、溝渠或河岸。

四、圓葉澤瀉之種內地理型態差異

據上節所述，圓葉澤瀉屬其種間之差異主要在於葉形、雄蕊數目及心皮數目之不同。而筆者發現圓葉澤瀉這一個種則因生長於不同地理區域，致其型態上之變異範圍甚大，然其種內（intraspecific）變異性仍帶商榷之處極多，過去均未有學者特別注意研究。Buchenau（1903）曾提出本種可大略區分為三個變種：

var. *minor*（Micheli）Buch., Alismat. 16. 1903. 葉片心臟形，葉脈5～11條；雄蕊6枚；心皮8～10枚。分布於歐洲中部及埃及。

var. *major*（Micheli）Buch., Alismat. 16. 1903. 葉片廣卵形、圓形至腎形，葉基深心形，葉脈11～15條。植株及花序均較前者為大。分布於馬達加斯加、印度、中國大陸及澳洲北部。

var. *nilotica* Buch., Alismat. 16. 1903. 花柱短小。其餘特徵介於上二變種。

值得注意的是，Buchenau氏謂本種之雄蕊數為6，但註明「in var. *major* usque 9？」。分布於印度之var. *major*可能即Samuelsson氏後來於1930年命名的新種 *Caldesia grandis*。Hartog（1957, p.320）僅謂歐洲與舊熱帶所產之同一種圓葉澤瀉似有差異存在，但未指出詳細之變異範圍。

在過去文獻的描述中，圓葉澤瀉屬之雄蕊數目，均記載為6個（Hutchinson 1959,1973），然Hartog（1957）記述印度圓葉澤瀉（*Caldesia grandis*）之雄蕊數為9～

復育之印度圓葉澤瀉

11，故其在屬的描述中始提到本屬的雄蕊數可爲6枚以上至11枚。台灣發現的種類就是雄蕊較6爲多者。可見本屬植物雄蕊數目的變異性有加以強調的必要，否則在種類的鑑定上勢必引起混淆。

　　據大井三次郎（1965）日本植物誌及牧野富太郎（1961）日本植物圖鑑之記載，並觀察台灣省林業試驗所臘葉標本館所藏來自日本產的標本結果，日本地區的圓葉澤瀉其葉片均爲腎臟形，葉基深心形，葉脈9～13條，雄蕊6枚，心皮6～9枚。他們都採用 *Caldesia reniformis* 的學名。但觀察草埤所產的標本，其葉近於圓形，葉基略爲心形，葉脈9～11條，雄蕊之數目爲10～12，心皮爲15～17枚。而台大植物系標本館中來自新幾內亞產之標本經觀察其葉片亦近於圓形，葉基不爲明顯心形，葉脈10～11條，雄蕊9～

10枚，心皮約12枚左右。此新幾內亞產之標本上的特徵與前節Hartog氏所描述者，及日本所產者皆不盡符合，但與本省產的標本則極爲相近。顯然Hartog氏所述之馬來西亞產者，與日本、歐洲（見Hegi 1906, p. 154）所產者較爲接近。Buchenau（1903）、Hartog（1957），北村四郎（1964）及初島住彥等諸學者均認爲 *Caldesia reniformis* 爲 *C. parnassifolia* 之異名。值得一提的是Hartog（1957）顯然沒有注意到新幾內亞產的圓葉澤瀉有近於圓形之葉片，其雄蕊數超過6枚，心皮之數目比5-8爲多（達12枚）等之變異性。

　　編著者認爲圓葉澤瀉這一種因地理分布之差異而導致其形態上之變異範圍極大，其葉片可爲腎形乃至近於圓形，葉基可爲心形至截形，葉脈9至13條，雄蕊數目自6枚至12

枚，心皮有5至17枚等變異。其分布自非洲之北、中部，馬達加斯加至歐洲中、南部，東南亞洲，中國大陸、日本、琉球及澳洲北部均有生長。但若接受此一變異觀念為圓葉澤瀉廣義種之範圍，則其與印度圓葉澤瀉（Caldesia grandis）之間的關係及差異尚有待進一步的研究。若將圓葉澤瀉之種的觀念及變異範圍縮小，則本省產之此一植物必為一新種植物，其葉形及其雄蕊的數目顯然是重要的區別特徵。然在材料欠缺，無法與其他地區所產之植物材料詳細比較的情況下，且種內的變異未被確定前貿然為之，必屬非善之舉。筆者仍認為台灣產的這一種植物與其他地區所產的近緣植物之間的真正關係，尚須進一步專論性的研究始可解決。筆者（1977）再經詳細研究，台灣的此一種圓葉澤瀉應該正確鑑定為印度圓葉澤瀉（Caldesia grandis Samuel.）。

又草埤所產的這一植物與分布於美洲的Echinodorus屬亦極為類似，即花為兩性，雄蕊8枚以上，心皮著生於橢圓形之花托上，每一心皮具有多條縱脊，花柱多少為喙狀，瘦果具有喙部。

日本軍閥篡改南京大屠殺史實，舉世憤慨。台灣也有人學會顛倒事非，篡改歷史的習慣。楊遠波、林仲剛等（2001）編故事報導(p. 111)：「據說在1975年前後，有位學生（姓名不詳云云），在宜蘭雙連埤附近的草埤採了一種不知名的澤瀉科植物。他帶回到台北之後，在沒花沒果的情況下，只好將該種植物束諸高閣。次年，賴明洲先生根據在草埤採集的標本……云云」。印度圓葉澤瀉的發現經過，早已由李逸萍（1993）詳實報導過。我今日終於明白，當年自野外辛苦採集回來栽培於研究室外的供觀察研究用的植株，經常被不明（可能忌妒心甚強的）人士盜竊或刻意破壞的原因了。經過了二十五年多的光陰才證實一件內心的迷惑，也足以告慰吾心了。這位黑夜怪客，我真不懂您的心啊！

自從二十五年多以前偶然於宜蘭草埤發現全台灣唯一產地的印度圓葉澤瀉之後，最近筆者有機會重返舊地考察，原生育地已幾乎完全改樣而不復認得，且現場遍尋印度圓葉澤瀉良久而不復再發現，恐已因生育地天然演替，或遭人為過度採集而（即將）絕滅，此一物種的保育問題深值吾人省思。

印度圓葉澤瀉

李逸萍. 1993. 誰來拯救稀有植物. 綠生活雜誌50：30-34.

楊遠波、顏勝紘、林仲剛. 2001. 台灣水生植物圖誌. 行政院農業委員會.

北村四郎、村田源、小山鐵夫. 1964. 原色日本植物圖鑑—草本篇Ⅲ. 單子葉類. 保育社.

Buchenau, F. 1903. Das Pflanzenreich. 16 Heft. Ⅳ. 15. Alismataceae. 66 pp. Leipzig.

Hartog, C. Den 1957. Alismataceae. In Flora Malesiana, Ser. I, 5(3)：317-334.

Hatusima, S. 1971. Flora of the Ryukyus. Biological Education Society of Okinawa.

Hegi, G. 1906. Illustrierte Flora von Mittel-Europa. Munchen.

Hutchinson, J. 1959. The Families of Flowering Plants. 2nd ed., 1973, 3rd ed. The Clarendon Press. Oxford.

Lai, M. J. 1976a. *Sphagnum cuspidatum* new to Taiwan. Taiwania 21(2)：203.

Lai, M. J. 1976b. *Caldesia parnassifolia*（Alismataceae）, a neglected monocot in Taiwan. Taiwania 21(2)：276-278.

Lai, M. J. 1977. A re-evaluation of the variation of a *Caldesia* Plant in Taiwan. Taiwania 22：100-104.

Makino, T. 1961. Makino's New Illustrated Flora of Nippon. 20 ed, 1970. The Hokuryukan Co., Tokyo, Japan.

Ohwi, J. 1965. Flora of Japan（in English）. Edited by F. G. Meyer & E. Walker. Smithsonian Institution, Washington, D. C.

拾肆。台灣地區的植物紅皮書

〔Plant Red Data Book-Rare and Endangered Plants in Taiwan〕

拾肆、台灣地區的植物紅皮書

（Plant Red Data Book-Rare and Endangered Plants in Taiwan）

本章探討台灣地區（包括蘭嶼、綠島、澎湖）有關稀有及保護上重要之植物種類之認定與分級評定。

稀有植物種類之認定必須就其稀有程度（rarity）與危險性（danger degree）兩項因素同時予以考慮之，即依時間及空間分布上的稀有程度而認定者或依危險性之理由而認定者。

各國植物紅皮書中均有其地區性自訂之評級或保護指標，然目前基本上仍以Lucas & Synge（1978）和IUCN（1980）所訂之評級最廣受採用。其通用之評級為：1、絕滅級（extinct, Ex）；2、瀕危級（endangered, E）；3、漸危級（vulnerable, V）；4、稀有級（rare, R）；5、未定級（indeterminate, I）。

一、前言

《中華民國文化資產保存法》之第六章第四十九條中，明示自然文化景觀依其特性可區分為生態保育區、自然保育區及珍貴稀有動植物三種。「文化資產保存法施行細則」第六章第六十九條則對珍貴稀有動植物定義為：本國所特有之動植物或族群數量上稀有或絕滅危機之動植物。目前文建會為積極推動自然文化景觀之保護，促進文化資產保存法之實施，曾委託中華民國自然生態保育協會完成《台灣地區具有被指定為自然文化景觀之調查研究報告》（張豐緒等，1985），建議了一份類似紅皮書（Red Data Book）形式的稀有動植物名錄。其中植物一共臚列

130科、374種。另外則於其附錄《台灣地區具有被指定為自然文化景觀之建議書》中，建議台灣蘇鐵、蘭嶼羅漢松、台灣穗花杉、台灣油杉、台灣水青岡、清水圓柏、南湖柳葉菜、烏來杜鵑及紅星杜鵑等九種亟待保護之植物種類，擬根據文化資產保存法，予以指定優先保護之，並擬在指定之後，進行更詳盡的調查俾做為經營管理工作的根據。

人類文明的壓力使原來較廣大的自然環境日益狹窄，甚多生物物種因未予以適當的經營管理與保護，逐漸呈現絕滅之危機。任一生物無論其目前對人類是否有益，對於整個生態體系及基因之保存皆有一定之功能及價值。各國莫不致力確保其自然資源以供後代子孫永續利用。國際自然資源保護聯盟（IUCN）於1974年成立了瀕危植物委員會（Threatened Plants Committee TPC），接著世界各國亦陸續積極進行其全國性的保護稀有及瀕危植物工作計畫，諸如北美洲（Ayensu , 1981；Fay, 1981）、澳洲（Good & Lavarack, 1981）、紐西蘭（Given, 1981）、南非（Hall et al., 1980）、蘇聯（Beloussova & Denissova, 1981）、日本（沼田眞, 1976；日本自然保護協會, 1987, 1989）、歐洲（1983）、英國（Perring & Farrell, 1983）、芬蘭（Rassi & Vaisanen, 1987）及中國大陸（傅立國，1989）。

台灣地區有關稀有植物之論文著述，迄目前為止有下列：柳榗、徐國士（1971）、蘇鴻傑（1980, 1988）、徐國士和呂勝由（1980）、徐國士（1983）、徐國士和呂勝由（1984）、徐國士等（1985）、賴明洲

（1987 a, b, 1991, 1996, 1997）、徐國士等（1987）、賴明洲與柳榗（1988）、柳榗等（1987）、彭國棟（1996, 1999）、Su（1998）等。

自然界中植物種類繁多，不同觀察者殆偏重於自己的研究範圍，每由於專業經驗的不同，故對「稀有度（rarity）」一辭常有不同的解釋與看法。一般言之，「稀有」係指在時間上和空間上的變化現象。前者指一個植物物種在一定的時間內變得稀少或普通，係藉其族群變動的速率決定之。就空間而言，稀有度與其所生育之處所有極大相關，亦即一個植物物種之稀少或眾多係與次列各項因素有關：1、各個生育地（habitats）之大小；2、各別生育地之數量；3、生育地之容納量（carrying capacity）；4、該生育地可持續生存之時間；5、植物本身之散布能力；6、掠食者（predator）與病原體（pathogens）之影響等。

分布空間與可生育之地域（habitable site）觀念揭示了保存物種龐雜度（diversity）與保存個別植物物種兩者迥然不同。目前關於如何保存物種之龐雜度已有芻議（諸如自然保護區之設置等），然針對如何保存單一物種之方案則尚未普及建立。

（一）稀有及瀕危植物之保存

1、植物種質（germ plasm）或稱植物遺傳資源（plant genetic resource）保存之需要性。

生物種（species）的誕生、發展、衰退和絕滅是一個漫長的過程，殆以自然選擇的方式，緩慢地進行，然本世紀以來，人口激增，經濟發展加上科技之進步，改變且加速了這一個過程，其結果造成了許多物種的迅速消失，以及大量生物種類瀕臨絕滅危機的邊緣。

植物種質保存是為植物育種上的需要，及為保持生態體系平衡所必需者。

2、植物種質保存的途徑

（1）就地保存（in situ conservation）：即通過保護植物原來所處的自然生態系統來保存植物種質。建立保護區是保存瀕危植物資源最好的途徑。

（2）遷地保存（ex situ conservation）：將整個植物體遷出其自然生育地而保存在植物園或樹木園等地點。近年來植物園已逐漸在植物種質保育的任務上扮演重要的角色。

（3）離體保存：即設立種子庫、基因銀行等方式貯藏植物的種子、根或莖等部份。

3、植物種質的就地保存

此工作至少應包括三方面的工作：制止破壞植物的生境，防止商業性開發的植物採集，及監測、控制和研究。

根據國外的經驗教訓，往往從瀕危植物名錄出現至以瀕危種法規正式公布名單之間的時間耽擱得愈久，這方面的損失就愈大，也就是所謂「最後一分鐘」或「最後的標本」的危險性愈大（張宇和等，1985）。

（二）稀有及瀕危植物之保育經營管理

鄰國日本根據其自然保全法第五條規定，每五年須舉辦一次全國性之自然環境保全基礎普查。植物之調查內容包括植生調查與特定植物群落調查二項。第一次舉行於1973年，第二次舉行於1978～1979年。由稀有植物之保育工作觀點視之，此殆為最首要之基礎工作。納入保護之對象植物種類名單，必根據前述之全面普查登錄（inventory）工作執行的結果，並經過選定（selection）步驟之後據以擬定之。 納入保護之對象經選定之後，仍須做長期監測（monitoring）之

工作，由管理單位圖示其生育地位置，記錄其族群數量，並確認其潛在之威脅因素。必要時，再採取隔離保護或人爲保護措施（manipulation）從事保育之工作。因爲外在環境、植物本身均在持續變化，建立完整檔案記錄（documentation）實屬必要，因其提供了監測作業之永久計錄。

二、稀有度與危險度之分級評定方法

稀有植物的保育實際執行業務中，對於何類植物應該列入保護的名單，以及每一個別植物之稀有度與危險度的評級應如何決定等問題，通常有待制定一種評估的準則做爲比較上之基準，俾供實際評估作業之用。若全面普查工做執行不夠徹底，抑或分類學之研究不周全時，每易導致稀有植物名錄之遺漏現象；或者雖以納入爲稀有植物名錄者，亦屢見其實際之稀有性質或程度並未經過確實之評估程序。

（一）稀有度與危險度分級評定準則之選定（criteria for rarity and danger degree measure）

1、國際自然資源保育聯盟評級（IUCN Red Data Book Categories）：共區分爲絕滅（Ex）、瀕危（E）、漸危（V）、稀有（R）及未定者（I）五級（Lucas & Synge, 1978）。各級之評定準則如下：

絕滅級（extinct, Ex）：指已不再出現於野外自然生育地者。

瀕危級（endangered, E）：指族群數目刻已銳減，且自然生育地亦日漸減少。假如構成威脅的原因繼續存在，則將處於可能絕滅危險者。這些植物通常其地理分布有明顯的侷限性，僅僅生存於典型的地方或出現。在脆弱的生育地，可能因爲它們的生殖能力很

弱，或它們所據以生長的特殊生育地遭受破壞，被劇烈地改變或已退化至不適其生長；或者由於過度開發，病蟲害等爲害所致。

漸危級（vulnerable, V）：指因人爲的或自然的原因，如生育地的開發破壞，或其它環境因子所改變等所致，在可以預見的將來，很可能成爲瀕危的種類。

稀有級（rare, R）：指族群在全球的分布上很少，然卻無絕滅危機，亦非處於漸危之狀況。如單屬科、單種屬或少種屬的代表種類，或分布區內只有很少的群體，或是由於存在於非常有限的地區內，可能很快地消失，或者雖有較大的分布範圍，但只是零星存在著的種類。

未定級（indeterminate, I）：指不易於現階段確定係上述何一等級者。

2、稀有度（rarity）**或瀕危植物之認定準則**（criteria for the identification of endangered species）：Du Mond（1973）及Beloussova & Denissova（1981）。特著重考慮分布狹隘之固有種（endemics）、隔離分布種（disjuncts）、邊際分布種（species on the edge of their range）、子遺殘存種（relics or remnants）或高山冰原島（nunatak）等因素。依時間及空間分布上的稀有程度而認定者：

（1）珍稀之子遺殘存或斷續（隔離）分布種（relics, remnants or disjuncts）：第三紀後半期以後的地質史上的變動結果，原先廣泛生長於北半球溫帶地區的屬群，至今大部份殘存在東亞及北美東部兩地，例如流疏樹、台灣馬鞍樹、台灣穗花杉、鐘萼木、台灣水青岡等則爲中國或台灣地區之珍稀子遺殘存種。

（2）分布狹隘之特有種（narrow endemics）：爲台灣的固有特產種類，而且

存在於非常有限的地區內，可能很快地消失。例如紅頭鐵莧、烏來杜鵑。

（3）邊際分布種（species on the edge of their range）：為舊熱帶分布之北限種，尤以分布於蘭嶼、綠島及恆春半島等地區者，如賽赤楠、恆春鉤藤等。

（4）族群稀少種（small population species）：僅存在於典型或有限的生育地，或在其分布區內只有很少的群體，或雖有較大的分布範圍，但只是零星存在著的種類。如吊鐘花、馬銀花、大武杜鵑、柞木、苦檻藍、日本卷柏、台灣奴草、圓葉澤瀉等。

3、危險度（danger degree）之評定準則（criteria for assessing the degree of threat）：參照 Hartley & Leigh（1979）。依危險性之理由而認定者，大致有下列因素：

（1）開發行為，例如：

森林伐採（logging）

草地或草原之開發（destruction of grassland）

濕地、池沼或河川之開發（destruction of wetland）

石灰岩等之採掘（mining）

水壩建設（construction of dum for electric and water supply）

道路工事（construction of road）

　其他的開發行為

（2）採集行為，例如：

園藝用途之採集（collection for horticulture）

藥用之採集（collection for pharmacy）

（3）其他：

植物演替之進行（succession）

野生化動物之食害（herbivory by naturalized animals）

不明原因（unknown）

台灣萍蓬草（瀕危級）

表 34. 各國稀有及瀕危植物保護等級之比較表

IUCN	德國Federal Republic of Germany	蘇聯 U.S.S.R.	瑞典挪威丹麥 Sweden Norway Denmark	芬蘭 Finland
絕滅級 Extinct, Ex	Ausgestorben oder verschollen	-	Försvunna Utryddete Uddøde & mugligvis uddøde	Disappeared, D
瀕危級 Endangered, E	Vom Aussterben bedroht	I	Akut hotade Direkte truete Akut truede	Endangered, E
漸危級 Vulnerable, V	Stark gefährdet, gefahrdet	II	Sårbara Sårbare Sårbare	Vulnerable, V
稀有級 Rare,R	Potentiellt gefhrdet（part）	III	Sllsynta Sjeldne Sjældne	Rare, Mr
-	Potentiellt gefährdet（part）	V（part）	Hänsynskravände Hensynskrevende Hensynskræ vende	In need of monitoring, mostly Md
未定級 Indeterminate, I	Potentiellt gefährdet（part）	IV（part）	- Usikre -	Poorly known, Mp
疑問級 Insufficiently known, K	Potentiellt gefährdet（part）	IV（part）	Obestämda - -	Poorly known, Mp
脫離危險級 Out of danger, O	Potentiellt gefährdet（part）	V（part）	Utom fara - -	

（引自 Rassi & Vaisanen, 1987）

為提供比較起見，茲列出有關德國、蘇聯、瑞典、挪威、丹麥及芬蘭等各國有關稀有及瀕危植物保護等級之異同如表34。

（二）稀有及瀕危植物之評估
（assessment of rare and threatened plants）

應用上述稀有度與危險度分級評定準則，對所有指定列入保護之台灣地區珍貴稀有植物名錄逐一進行評估工作。

一葉蘭（葉永廉攝）

苦檻藍（瀕危級）

八角蓮（漸危級）

欖李（瀕危級）

（三）保育現況之評估（conservation status reports documented）

以「保育現況評估報告表」（conservation status data sheet）（賴明洲，1987a）逐一對指定優先保護之珍貴稀有植物種類進行保育現況評估工作，其登錄內容大致有：珍貴稀有植物種類之基本資料，以及稀有度與危險度分級評定暨分析，兼論其保育措施或方案之研擬等。此一階段之工作著重於長期監測以及保育措施之執行。完成之珍貴稀有植物保育現況報告始成為長期監測工作有效根據之永久記錄檔案資料。

三、台灣地區稀有及瀕危植物種類之認定與保護等級之評定結果

（廖日京、彭仁傑校訂）

（一）蕨類植物 PTERIDOPHYTA

1.ACROSTICHACEAE 蕨科

Acrostichum aureum L. 鹵蕨

　　花蓮縣富里，恆春半島佳洛水。新舊熱帶各地。族群稀少。稀有。

2.ADIANTACEAE 鐵線蕨科

Gymnopteris vestita（Wall.）Underw. 金毛裸蕨

　　宜蘭縣，新竹縣觀霧，嘉義縣阿里山，南投縣東埔、能高越嶺線。中國大陸西

南、喜馬拉雅、巴基斯坦。族群稀少。
稀有。

Hemionitis arifolia（Burm.）Moore 澤瀉
蕨

台南縣左鎮鄉、曾文水庫。印度、錫
蘭、緬甸、中南半島、菲律賓、馬來西
亞。族群稀少。漸危。

3.ASPIDIACEAE 三叉蕨科

Ctenitopsis subfuscipes Tagawa 排灣擬肋毛
蕨

南投縣和社，高雄縣扇平，恆春半島。
狹隘固有。稀有。

Pteridrys cnemidaria（Christ）C. Chr. &
Ching 突齒蕨

台中縣八仙山。錫蘭、緬甸、中國大
陸、泰國、菲律賓。族群稀少。稀有。

4.ASPLENIACEAE 鐵角蕨科

Asplenium ruta-muraria L. 銀杏葉鐵角蕨

花蓮縣太魯閣、清水山。北美洲、歐
洲、喜馬拉雅、巴基斯坦、日本。族群
稀少。稀有。

5.ATHYRIACEAE 蹄蓋蕨科

Athyrium vidalii（Fr. & Sav.）Nakai 山蹄
蓋蕨

新竹。韓國、日本。族群稀少。稀有。

Diplazium chinense（Bak.）C. Chr. 華雙苞
蕨

恆春半島墾丁公園。中國大陸，日本。
族群稀少。稀有。

Woodsia okamotoi Tagawa 岡木氏岩蕨

南湖大山、南橫關山。狹隘固有。稀
有。

6.BLECHNACEAE 烏毛蕨科

Brainea insignis（Hook.）J. Sm. 蘇鐵蕨

南投縣蕙孫林場、關刀溪、東卯山、北
東眼山。泰國、馬來亞、印尼、菲律
賓、中國大陸華南。族群稀少。稀有。

Diploblechnum fraseri（A. Cunn.）DeVol
假桫欏

台東縣浸水營、大樹林山。紐西蘭、印
尼、菲律賓。族群稀少。漸危。

Woodwardia harlandii Hook. 哈氏狗脊蕨

台北縣大桶山、阿玉山。琉球、中國大
陸華南、海南島、菲律賓。族群稀少。
稀有。

7.CYATHEACEAE 桫欏科

Alsophila fenicis（Copel.）C. Chr. 蘭嶼筆
筒樹

蘭嶼。菲律賓。邊際分布。稀有。

Alsophila loheri（Christ）Tryon 南洋桫欏

台東縣浸水營。菲律賓、北婆羅洲。邊
際分布。稀有。

8.DRYOPTERIDACEAE 鱗毛蕨科

Acrorumohra subreflexipinna（Ogata）H.
Ito 微彎假複葉耳蕨

花蓮縣嵐山。狹隘固有。稀有。

Diacalpe aspidioides Blume 紅線蕨

南投縣巒大林區望鄉工作站，屏東縣北
大武山。錫蘭、印度、馬來亞、越南、
菲律賓、中國大陸華南。族群稀少。稀
有。

Paesia taiwanensis Shieh 台灣曲軸蕨

台東縣卑南山。狹隘固有。稀有。

Polystichum prescottianum（Wall. ex Mett.）
Moore 南湖耳蕨

中央山脈南湖大山、雪山。中國大陸西
藏、喜馬拉雅、巴基斯坦。族群稀少。
稀有。

Polystichum xiphophyllum（Bak.）Diels 關山耳蕨

台東知本主山。中國大陸西部。族群稀少。稀有。

9.GLEICHENIACEAE 裏白科

Diplopterygium laevissimum（Christ）Nakai 鱗芽裏白

宜蘭縣鴛鴦湖。中國大陸、日本、菲律賓。族群稀少。稀有。

10.GRAMMITIDACEAE 禾葉蕨科

Calymmodon cucullatus（Nees & Bl.）Presl 姬荷苞蕨

台東縣浸水營。菲律賓、印尼、馬來亞。族群稀少。稀有。

Ctenopteris mollicoma（Nees & Bl.）Kunze 南洋蒿蕨

台東縣浸水營。蘇門答臘、馬來半島、婆羅洲。族群稀少。稀有。

Ctenopteris subcorticola Tagawa 擬虎尾蒿蕨

台東縣浸水營。狹隘固有。稀有。

Ctenopteris tenuisecta（Blume）J. Sm. 細葉蒿蕨

台東縣浸水營。印尼、馬來亞、菲律賓。族群稀少。稀有。

Grammitis adspersa Blume 無毛禾葉蕨

台北縣阿玉山。爪哇、安南、菲律賓、馬來亞。族群稀少。稀有。

Grammitis fenicis Copel. 擬禾葉蕨

台東縣浸水營。印尼、菲律賓。族群稀少。稀有。

Scleroglossum pusillum（Blume）v. A. v. R. 革舌蕨

台北縣烏來哈盆。馬來西亞、泰國、菲律賓、印尼。族群稀少。稀有。

11.HYMENOPHYLLACEAE 膜蕨科

Microgonium bimarginatum v. d. Bosch 叉葉單葉假脈蕨

台北縣烏來。馬來西亞、泰國、太平洋群島。族群稀少。稀有。

Nesopteris thysanostoma（Makino）Copeland 球桿毛蕨

恆春半島，蘭嶼。菲律賓、琉球。邊際分布。稀有。

12.ISOETACEAE 水韭科

Isoetes taiwanensis DeVol 台灣水韭

台北縣七星山夢幻湖。狹隘固有。瀕危。

13.LINDSAEACEAE 陵齒蕨科

Tapeinidium pinnatum（Cav.）C. Chr. var. *biserratum*（Blume）Shieh 二羽達邊蕨

恆春半島南仁山，蘭嶼。馬來亞半島、菲律賓、蘇門答臘、爪哇及新幾內亞。邊際分布。稀有。

14.LYCOPODIACEAE 石松科

Lycopodium appressum（Desv.）V. Petr. 小杉葉石松

中央山脈南湖大山、玉山。北半球寒帶、日本、中國大陸西南。族群稀少。稀有。

Lycopodium phlegmaria L. 垂葉石松

台北縣烏來，高雄縣扇平，屏東縣鬼湖，恆春半島南仁山。舊世界熱帶、日本、琉球。族群稀少。稀有。

Lycopodium salvinoides（Hert.）Tagawa 小垂葉石松

南投縣日月潭，屏東縣鬼湖，恆春半島南仁山、老佛山。中國大陸、日本、琉

球、菲律賓。族群稀少。稀有。

Lycopodium squarrosum Forst. 杉葉石松

全省中海拔山區。熱帶亞洲、太平洋群島及非洲。族群稀少。稀有。

15.MARATTIACEAE 觀音座蓮舅科

Archangiopteris itoi Shieh 伊藤氏原始觀音座蓮

台北縣烏來，南投縣蓮花池。狹隘固有。漸危。

Marattia pellucida Presl 觀音座蓮舅

蘭嶼。菲律賓。邊際分布。稀有。

16.ONOCLEACEAE 球子蕨科

Matteuccia orientalis（Hook.）Trev. 東方莢果蕨

宜蘭縣思源埡口、太平山。韓國、日本、中國大陸及喜馬拉雅。族群稀少。稀有。

17.OPHIOGLOSSACEAE 瓶爾小草科

Botrychium lunaria（L.）Sw. 扇羽陰地蕨

中央山脈南湖大山、大霸尖山、雪山、秀姑巒山。北半球溫帶、歐洲北部、亞洲、北美洲。族群稀少。稀有。

Helminthostachys zeylanica（L.）Hook. 錫蘭七指蕨

恆春半島墾丁公園，蘭嶼。錫蘭、印度、中國大陸華北、菲律賓、琉球、太平洋群島、新加里多尼亞及澳洲。邊際分布。漸危。

18.OSMUNDACEAE 紫萁科

Osmunda claytoniana L. 台灣絨假紫萁

中央山脈雪山、合歡山。北美洲、東亞、中國大陸、喜馬拉雅。族群稀少。稀有。

Osmunda cinnamomea L. var. *fokiensis*

Copel. 分株假紫萁

宜蘭縣礁溪。亞洲。族群稀少。稀有。

19.POLYPODIACEAE 水龍骨科

Aglaomorpha meyeniana Schott. 連珠蕨

恆春半島南仁山。菲律賓。邊際分布。稀有。

Belvisia mucronata（Fee）Copel. 尖嘴蕨

南投縣溪頭。錫蘭、馬來西亞、菲律賓、太平洋群島。族群稀少。稀有。

Loxogramme biformis Tagawa 二形劍蕨

嘉義縣阿里山。狹隘固有。稀有。

Phymatodes longissima（Blume）J. Sm. 水社擬茀蕨

南投縣日月潭。印度、非洲、馬來西亞、菲律賓、中國大陸、海南島。族群稀少。稀有。

20.SALVINIACEAE 槐葉蘋科

Salvinia natans（L.）All. 槐葉蘋

低地水塘。歐洲、亞洲、非洲、北美洲。族群稀少。漸危。

21.SCHIZAEACEAE 海金沙科

Actinostachys digitata Wall. ex J. Sm. 莎草蕨

恆春半島南仁山、佳洛水。中國大陸廣東、海南島、越南、菲律賓、太平洋群島。族群稀少。稀有。

Schizaea dichotoma（L.）Sm. 分枝莎草蕨

台東，恆春半島萬里得山。琉球、印度、緬甸到澳洲及紐西蘭。族群稀少。稀有。

22.SELAGINELLACEAE 卷柏科

Selaginella boninensis Bak. 小笠原卷柏

恆春半島南仁山，台東縣大武、蘭嶼。

小笠原群島、菲律賓。邊際分布。稀有。

Selaginella heterostachys Bak. 姬卷柏
南投。日本、中國大陸、菲律賓。族群稀少。稀有。

Selaginella nipponica Fr. & Sav. 日本卷柏
南投縣溪頭。日本、中國大陸。族群稀少。稀有。

23.THELYPTERIDACEAE 金星蕨科

Stegnogramma dictyoclinoides Ching 溪邊蕨

台東縣浸水營、巴龍池。中國大陸西南、越南。族群稀少。稀有。

24.VITTARIACEAE 書帶蕨科

Antrophyum sessilifolium（Cav.）Spring 蘭嶼車前蕨

蘭嶼。菲律賓。邊際分布。稀有。

Vaginularia trichoides（J. Sm.）Fee 一條線蕨

屏東。印尼、菲律賓、中國大陸、海南島。族群稀少。稀有。

（二）裸子植物 GYMNOSPERMAE

25.AMENTOTAXACEAE 穗花杉科

Amentotaxus formosana Li 台灣穗花杉
台東縣大武，屏東縣里龍山。狹隘固有。殘留孑遺。瀕危。

26.CEPHALOTAXACEAE 粗榧科

Cephalotaxus wilsoniana Hayata 台灣粗榧
全省中海拔山地。狹隘固有。殘留孑遺。漸危。

27.CUPRESSACEAE 柏科

Calocedrus formosana（Florin）Florin 台灣肖楠

北部、中部海拔300～1800公尺。狹隘固有。稀有。

Juniperus chinensis L. var. *tsukusiensis* Masamune 清水圓柏

花蓮縣清水山。日本南部（鹿兒島）。族群稀少。漸危。

28.CYCADACEAE 蘇鐵科

Cycas taitungensis C.F.Shen 台東蘇鐵
台東縣紅葉溪、海岸山脈。殘留孑遺。瀕危。

29.PINACEAE 松科

Keteleeria davidiana（Franch.）Beissner var. *formosana* Hayata 台灣油杉
台北縣坪林，台東縣枋山、大武。狹隘固有。殘留孑遺。瀕危。

Pinus massoniana Lamb. 馬尾松
苗栗縣三義火炎山及花蓮。中國大陸。族群稀少。漸危。

Pinus morrisonicola Hay. 台灣五葉松
台北縣石碇，台中縣谷關，南投縣埔里、眉原，全省其他海拔1,900公尺以下地區。海南島。族群稀少。漸危。

30.PODOCARPACEAE 羅漢松科

Podocarpus costalis Presl 蘭嶼羅漢松
蘭嶼海濱岩石上。菲律賓。邊際分布。瀕危。

Podocarpus fasciculus de Laub. 叢花百日青
中部。中國大陸、海南島。族群稀少。漸危。

Podocarpus fleuryi Hickel 大葉竹柏
台北縣淡水、坪林、龜山。中國大陸華南、寮國、北越。族群稀少。漸危。

Podocarpus macrophyllus（Thunb.）Lamb. var. *maki* Sieb. 小葉羅漢松

花蓮縣和平，台東縣大武。中國大陸及日本南部。族群稀少。漸危。

Podocarpus nagi（Thunb.）Zoll. et Moritz. 山杉（竹柏）

台北縣烏來，恆春半島，台東縣大武。中國大陸華南、日本、琉球。族群稀少。漸危。

Podocarpus nakaii Hay. 桃實百日青

南投縣埔里、魚池、蓮華池、日月潭、。狹隘固有。漸危。

Podocarpus philippinensis Foxw. 菲律賓羅漢松

屏東縣大武山，恆春半島。菲律賓。邊際分布。漸危。

31.TAXACEAE 紅豆杉科

Taxus mairei（Lemee & Levl.）S. Y. Hu ex Liu 台灣紅豆杉

台中縣大雪山、八仙山，嘉義縣阿里山，台東，花蓮縣清水山。中國大陸西南。殘留孑遺。漸危。

32.TAXODIACEAE 杉科

Taiwania cryptomerioides Hayata 台灣杉

中央山脈，太平山、觀霧、大雪山、丹大、觀高、延平、大鬼湖、知本主山。殘留孑遺。狹隘固有。漸危。

（三）被子植物 ANGIOSPERMAE

雙子葉植物 DICOTYLEDONEAE

33.ACANTHACEAE 爵床科

Hemiadelphis polysperma（Roxb.）Nees 小獅子草

高雄。印度、中國大陸華南。族群稀少。稀有。

Hygrophila laucea（Thunb.）Miq. 水蓑衣

北、中、南部。日本、琉球。族群稀少。稀有。

Hygrophila pogonocalyx Hay. 大安水蓑衣

台中縣清水、大安。族群稀少。漸危。

Rungia chinensis Benth. 明萼草

恆春半島。中國大陸華南。族群稀少。稀有。

34.ACERACEAE 楓樹科

Acer buergerianum Miq. var. *formosanum*（Hayata）Sasaki 台灣三角楓

台北縣鷺鷥潭、萬里、基隆仙洞。狹隘固有。稀有。

Acer palmatum Thunb. var. *pubescens* Li 台灣掌葉槭

北部、中部山地。狹隘固有。稀有。

35.ANACARDIACEAE 漆樹科

Rhus hypoleuca Champ. ex Benth. 裏白漆

台中縣八仙山。中國大陸華南。族群稀少。稀有。

Semecarpus cuneiformis Blanco 鈍葉蕃漆

蘭嶼南部。菲律賓、西里伯。邊際分布。稀有。

36.ANNONACEAE 番荔枝科

Goniothalamus amuyon（Blanco）Merr. 恆春哥納香

恆春半島墾丁公園、關山、香蕉灣。菲律賓。邊際分布。漸危。

37.APOCYNACEAE 夾竹桃科

Alyxia taiwanensis Lu et Yang 台灣鏈珠藤

台中縣烏石坑、中橫青山。狹隘固有。

稀有。

38.AQUIFOLIACEAE 冬青科

Ilex arisanensis Yamamoto 阿里山冬青
南投縣巒大山、遙拜山，嘉義縣奮起湖。狹隘固有。稀有。

Ilex cochinchinensis（Lour.）Loes. 革葉冬青
台東縣大武，恆春半島南仁山、高士佛。中南半島北部及海南島。族群稀少。稀有。

Ilex crenata Thunb. 假黃揚
花蓮縣畢祿山、嵐山。日本。族群稀少。稀有。

Ilex kusanoi Hayata 蘭嶼冬青
蘭嶼。琉球。邊際分布。稀有。

Ilex lonicerifolia Hayata var. *matsudae* Yamamoto 松田氏冬青
台東縣大武、浸水營，屏東縣壽卡、南仁山。狹隘固有。稀有。

Ilex taiwanensis（S. Y. Hu）Li 長梗花冬青
桃園縣北插天山。狹隘固有。稀有。

39.ARALIACEAE 五加科

Aralia taiwaniana Y. C. Liu & F. Y. Lu ex Lu 台灣刺五加
台中大雪山，南投縣翠峰、能高山。狹隘固有。稀有。

Pentapanax castanopsisicola Hayata 台灣五葉參
桃園縣塔曼山，南投縣溪頭鳳凰山，嘉義縣阿里山，南橫向陽，台東縣境界山及北大武山，花蓮縣碧綠神木、二子山。狹隘固有。稀有。

Sinopanax formosana（Hayata）Li 華參
中高海拔山區。狹隘固有。稀有。

40.ARISTOLOCHIACEAE 馬兜鈴科

Aristolochia foveolata Merr.（= *Aristolochia kaoi* Liu & Lai）高氏馬兜鈴
恆春半島、雙流、浸水營、歸田。菲律賓。邊際分布。稀有。

Aristolochia zollingeriana Miq.（= *Aristolochia kankauensis* Sasaki） 港口馬兜鈴
恆春半島、蘭嶼。蘇門答臘、爪哇、菲律賓、琉球。邊際分布。稀有。

41.ASCLEPIADIACEAE 蘿藦科

Cynanchum lanhsuense Yamazaki 蘭嶼牛皮消
蘭嶼、綠島。狹隘固有。稀有。

Heterostemma brownii Hayata 布朗藤
新竹。狹隘固有。稀有。

Stephanotis mucronata（Blanco）Merr. 舌瓣花
台北縣竹子湖、大桶山、北宜公路、宜蘭縣大南澳南溪。亞洲南部。族群稀少。稀有。

Telosma cordata（Burm. f.）Merr. 淺色夜香花
屏東。熱帶亞洲。族群稀少。稀有。

42.BALANOPHORACEAE 蛇菰科

Balanophora dioica R. Br. ex Royle 粗穗蛇菰
蘭嶼。越南、中國大陸、喜馬拉雅東部（尼泊爾）、緬甸。邊際分布。稀有。

Balanophora kuroiwai Makino 琉球蛇菰
恆春關山。琉球。邊際分布。稀有。

Balanophora tobiracola Makino 海桐生蛇菰
蘭嶼。日本、琉球。邊際分布。稀有。

43.BALSAMINACEAE 鳳仙花科

Impatiens tayemonii Hayata 黃花鳳仙花

新竹縣觀霧、宜蘭縣思源埡口。狹隘固有。稀有。

44.BEGONIACEAE 秋海棠科

Begonia austrotaiwanensis Peng & Chen 南台灣秋海棠

高雄縣茂林、六龜。狹隘固有。稀有。

Begonia buimontana Yamam. 武威山秋海棠

屏東縣大武山。狹隘固有。稀有。

Begonia fenicis Merr. 蘭嶼秋海棠

蘭嶼、綠島、恆春半島九棚。菲律賓、琉球。邊際分布。稀有。

Begonia tarokoensis Lai 太魯閣秋海棠

花蓮縣崇德立霧山。狹隘固有。稀有。

45.BERBERIDACEAE 小蘗科

Dysosma pleianth（Hance）Woodson 八角蓮

北部大屯山、七星山，宜蘭，桃園。中國大陸東南及華中。殘留子遺、族群稀少。漸危。

Mahonia oiwakensis Hayata 阿里山十大功勞

中央山脈中海拔山區。狹隘固有。稀有。

46.BORAGINACEAE 紫草科

Coldenia procumbens L. 臥莖同籬王果草

屏東、高雄。亞洲、非洲、澳洲、美洲。族群稀少。稀有。

Trigonotis nankotaizanensis（Sasaki）Masamune & Ohwi ex Masamune 南湖附地草

中央山脈南湖大山、雪山。狹隘固有。

47.BRETSCHNEIDERACEAE 鐘萼木科

Bretschneidera sinensis Hemsl. 鐘萼木

台北縣七星山馬槽至大油坑一帶。中國大陸（雲南、廣東、廣西、江西、浙江、湖南、貴州、湖北與四川）。殘留子遺。瀕危。

48.BUXACEAE 黃楊科

Buxus liukiuensis（Mak.）Mak. var. *longipedicellata* Hatusima 高山黃楊

花蓮縣清水山。琉球。族群稀少。稀有。

Pachysandra axillares Fr. var. *tricarpa* Hayata 三角咪草

中央山脈。狹隘固有。稀有。

Sarcococca saligna（Don）Muell.-Arg. 柳狀野扇花

中央山脈。喜馬拉雅。族群稀少。稀有。

49.CABOMBACEAE 蓴菜科

Brasenia schreberi Gmel. 蓴菜

宜蘭雙連埤及草埤。北美洲東部、亞洲及澳洲東部。殘留子遺、族群稀少。漸危。

50.APPARIDACEAE 白花菜科

Capparis floribunda Wight 多花山柑

恆春半島墾丁公園。印度、錫蘭、緬甸、馬來西亞、摩鹿加群島、泰國、東爪哇、菲律賓。邊際分布。漸危。

51.CAPRIFOLIACEAE 忍冬科

Lonicera kawakamii（Hayata）Masamune 川上氏忍冬

中央山脈南湖大山、玉山、大霸尖山。

狹隘固有。稀有。

Lonicera oiwakensis Hayata　追分忍冬

　花蓮縣畢祿溪。狹隘固有。稀有。

Viburnum betulifolium Batal.（＝ V. *lobophyllum* Graeb.）樺葉莢蒾

　花蓮縣大禹嶺。中國大陸。族群稀少。稀有。

Viburnum plicatum Thunb. var. *formosanum* Liu & Ou　台灣蝴蝶木

　宜蘭縣思源埡口，嘉義縣眠月，南投縣杉林溪，花蓮縣嵐山。狹隘固有。稀有。

52.CELASTRACEAE 衛矛科

Euonymus morrisonensis Kanehira & Sasaki 玉山衛矛

　南投縣塔塔加鞍部，能高越嶺線。狹隘固有。稀有。

Euonymus pallidifolia Hayata　淡綠葉衛矛

　恆春半島。狹隘固有。稀有。

Maytenus emarginata（Willd.）Hou　蘭嶼裸實

　蘭嶼。狹隘固有。稀有。

Tripterygium wilfordii Hook. f. 雷公藤

　基隆、台北縣石碇。東亞、日本。族群稀少。稀有。

53.COMBRETACEAE 使君子科

Lumnitzera racemosa Willd.　欖李

　台南、高雄旗津。熱帶非洲、亞洲、太平洋群島至澳洲。族群稀少。瀕危。

54.COMPOSITAE 菊科

Artemisia fukudo Makino 濱艾

　基隆、宜蘭縣東澳烏石鼻。日本、韓國。族群稀少。稀有。

Aster chingshuiensis Liu & Ou 清水山馬蘭

　花蓮縣清水山、嵐山。狹隘固有。稀有。

Aster takasagomontanus Sasaki 雪山馬蘭

　中央山脈南湖大山、雪山、大霸尖山。狹隘固有。稀有。

Chrysanthemum morii Hayata　森氏菊

　花蓮縣清水山、綠水、太魯閣峽谷。狹隘固有。稀有。

Vernonia maritima Merr. 濱斑鳩菊

　恆春半島鵝鑾鼻、小蘭嶼。熱帶亞洲。邊際分布。稀有。

55.CONVOLVULACEAE 旋花科

Ipomoea stolonifera（Cyrillo）Poir. 白花馬鞍藤

　西海岸雲林、嘉義、台南海濱，小琉球，澎湖，恆春半島，綠島。熱帶、亞熱帶，中國大陸華南。族群稀少。稀有。

Merremia hederacea（Burm. f.）卵葉姬旋花

　中南部。熱帶亞洲及澳洲北部。族群稀少。稀有。

Merremia umbellata（L.）Hall. f. 毛姬旋花

　台東縣知本。熱帶非洲、亞洲及澳洲。族群稀少。稀有。

Helwittia sublobata（L. f.）O. Ktz. 吊鐘藤

　高雄。舊熱帶。族群稀少。稀有。

56.CORNACEAE 山茱萸科

Cornus kousa Buerg. 四照花

　台北縣，桃園縣，花蓮縣。日本、韓國及中國大陸。族群稀少。稀有。

Helwingia japonica（Thunb.）Dietr. subsp. *formosana*（Kanehira & Sasaki）Hara

& Kurosawa　台灣青莢葉

　　中央山脈及溪頭。狹隘固有。稀有。

57.CRASSULACEAE　景天科

Sedum uniflorum Hook. & Arn.　疏花佛甲草
　　宜蘭縣沿海。日本、琉球。族群稀少。
　　稀有。

58.CRUCIFERAE　十字花科

Draba sekiyana Ohwi　台灣山薺
　　中央山脈玉山、雪山。狹隘固有。稀
　　有。

Lepidium virginicum L.　獨行菜
　　北部海濱，宜蘭縣蘇澳。北美洲。族群
　　稀少。稀有。

59.DIAPENSIACEAE　岩梅科

Shortia exappendiculata Hay.　裂緣花
　　北部，中部，東部山區。狹隘固有。稀
　　有。

60.DROSERACEAE　茅膏菜科

Drosera burmanni Vahl　金錢草
　　台北、桃園。中國大陸、印度、菲律
　　賓、澳洲。族群稀少。稀有。

Drosera indica L.　長葉茅膏菜
　　新竹、桃園。熱帶亞、非洲及澳洲。族
　　群稀少。瀕危。

Drosera peltata Sm. var. *lunata* Clarke　茅膏
菜
　　新竹、桃園。印度、日本、塔斯馬尼亞
　　島。族群稀少。瀕危。

61.EBENACEAE　柿樹科

Diospyros discolor Willd.　毛柿
　　高雄壽山，恆春半島。菲律賓。邊際分
　　布。漸危。

Diospyros vaccinioides Lindl.　楓港柿

　　恆春半島楓港。中國大陸廣東及香港。
　　族群稀少。漸危。

Diospyros ferrea（Willd.）Bakhuizen　象牙
木
　　恆春半島、蘭嶼。印度、馬來西亞、澳
　　洲至琉球。邊際分布。稀有。

Diospyros kotoensis Yamazaki　蘭嶼柿
　　蘭嶼。狹隘固有。稀有。

62.EHRETIACEAE　厚殼樹科

Cordia cumingiana Vidal　呂宋破布子
　　恆春半島、蘭嶼。菲律賓。邊際分布。
　　漸危。

63.ELATINACEAE　溝繁縷科

Elatine triandra Schkuhr.　三蕊溝繁縷
　　北部，南投縣日月潭。北半球、歐洲及
　　北美洲。族群稀少。稀有。

64.ERICACEAE　杜鵑花科

Enkianthus perulatus（Miq.）Schneid.　吊
鐘花
　　桃園縣北插天山。日本。族群稀少。稀
　　有。

Rhododendron breviperulatum Hay.　南澳杜
鵑
　　宜蘭縣，南投縣。狹隘固有。稀有。

Rhododendron hyperythrum Hayata　紅星杜
鵑
　　台北縣七星山、北插天山、金瓜石。狹
　　隘固有。漸危。

Rhododendron kanehirai Wilson　烏來杜鵑
　　台北縣北勢溪鷺鷥潭至碧山村。狹隘固
　　有。絕滅。

Rhododendron kawakamii Hay. var.
flaviflorum Liu & Chuang　黃花著生杜鵑
　　宜蘭縣大元山、太平山，嘉義阿里山。

狹隘固有。稀有。

Rhododendron longiperulatum Hay. 大屯杜鵑

台北縣大屯山。狹隘固有。稀有。

Rhododendron nakaharai Hay. 中原氏杜鵑

台北縣七星山。狹隘固有。稀有。

Rhododendron noriakianum Suzuki 南湖大山杜鵑

中央山脈高地。狹隘固有。稀有。

Rhododendron ovatum Planch. 馬銀花

南投縣東卯山、南東眼山、關刀溪。中國大陸東部。族群稀少。稀有。

Rhododendron sikayotaizanense Masam. 志佳陽杜鵑

中央山脈志佳陽大山。狹隘固有。稀有。

Rhododendron simsii Planch. 唐杜鵑

恆春半島。中國大陸、日本、琉球。邊際分布。稀有。

Rhododendron tashiroi Maxim. 大武杜鵑

屏東縣大武山。日本南部、琉球。族群稀少。稀有。

65.EUPHORBIACEAE 大戟科

Acalypha hontauyuensis Keng 紅頭鐵莧

蘭嶼。狹隘固有。稀有。

Acalypha suirenbiensis Yamamoto 花蓮鐵莧

花蓮縣小清水。狹隘固有。稀有。

Claoxylon brachyandrum Pax & Hoffm. 假鐵莧

恆春半島南仁山及蘭嶼。菲律賓。邊際分布。稀有。

Euphorbia formosana Hayata 台灣大戟

台東。狹隘固有。稀有。

Euphorbia garanbiensis Hayata 鵝鑾鼻大戟

恆春半島鵝鑾鼻。狹隘固有。稀有。

Euphorbia tarokoensis Hayata 太魯閣大戟

花蓮太魯閣。狹隘固有。稀有。

Excoccaria agallocha L. 土沉香

西南部海岸及恆春。亞洲熱帶海岸、澳洲、西波里尼西亞。邊際分布。稀有。

Mallotus tiliaefolius（Blume）Muell.-Arg. 椴葉野桐

恆春半島、枋山、楓港、牡丹灣以南至港口。菲律賓群島、蘇門答臘、新幾內亞及澳洲北部。邊際分布。稀有。

66.EURYALACEAE 芡科

Euryale ferox Salisb. 芡

北部。東亞，印度北部及克什米爾。族群稀少。漸危。

67.FAGACEAE 殼斗科

Cyclobalanopsis repandaefolia（Liao）Liao 波葉椆

台東縣大武、浸水營。狹隘固有。漸危。

Fagus hayatae Palib. ex Hayata 台灣水青岡

桃園縣北插天山，宜蘭縣三星山。中國大陸浙江、安徽。殘留子遺。漸危。

Pasania chiaratuangensis（Liao）Liao 大武栲

台東縣大武。狹隘固有。漸危。

Pasania dodonaeifolia Hayata 柳葉栲

台東縣大武、浸水營。狹隘固有。漸危。

Pasania formosana（Skan）Schott. 台灣栲

恆春半島南仁山東邊。狹隘固有。稀有。

Quercus aliena Blume var. *acuteserrata* Maxim. apud Wenzig　孝孝櫟

新竹紅毛港、牛口嶺。中國大陸東北、韓國、日本。族群稀少。絕滅。

Quercus dentata Thunb.　柞櫟（槲樹）

台中縣東勢及屏東三地門。中國、韓國、日本。族群稀少。瀕危。

Quercus serrata Thunb. var. *brevipetiolata*（A. DC.）Shen　青栲櫟

台中縣東卯山。中國大陸。族群稀少。漸危。

68.FLACOURTIACEAE　大風子科

Homalium cochinchinensis（Lour.）Druce 天料木

桃園縣、苗栗縣獅頭山、台中大坑、南投縣、高雄縣。中南半島、華南。族群稀少。稀有。

Xylosma senticosum Hance　柞木

台北縣石碇，新竹五峰，花蓮和平、太魯閣，台東縣浸水營，海岸山脈。中國大陸、日本。族群稀少。稀有。

69.GENTIANACEAE　龍膽科

Gentiana tentyoensis Masamune　厚葉龍膽

花蓮縣天祥。狹隘固有。稀有。

Nymphoides peltata（Gmel.）O. Ktze　莕菜

北部。韓國、日本、中國大陸。族群稀少。稀有。

70.GERANIACEAE　牻牛兒苗科

Geranium carolinianum L.　野老鸛草

桃園縣沙崙。中國大陸華東、華南，北美洲。族群稀少。稀有。

Geranium wilfordii Maxim.　老鸛草

中橫公路，宜蘭縣思源埡口。中國大陸、韓國及日本。族群稀少。稀有。

71.GESNERIACEAE　苦苣苔科

Cyrtandra umbellifera Merr.　雄胞囊草

蘭嶼。菲律賓。邊際分布。稀有。

Lysionotus ikedae Hatusima　蘭嶼石吊蘭

恆春半島壽卡，蘭嶼。狹隘固有。稀有。

Rhynchetechum formosana Hatusima　蓬萊同蕊草

台北。狹隘固有。稀有。

72.GOODENIACEAE　草海桐科

Scaevola hainanensis Hance　海南草海桐

嘉義，台南安平。中南半島、海南島。族群稀少。稀有。

73.GUTTIFERAE　福木科

Garcinia linii Chang　蘭嶼福木

蘭嶼。狹隘固有。稀有。

Garcinia multiflora Champ.　恆春福木

屏東縣三地門，台東縣大武，恆春半島。中國大陸華南、香港。邊際分布。稀有。

Hypericum formosanum Maxim.　台灣金絲桃

基隆，台北縣大屯山、石碇。狹隘固有。稀有。

Hypericum nakamurai（　Masamune）Robson　清水金絲桃

花蓮縣曉星山、清水山、嵐山。狹隘固有。稀有。

Hypericum nokoense Ohwi　能高金絲桃

中央山脈北二段。狹隘固有。稀有。

Hypericum subalatum Hay.　方莖金絲桃

台北縣屈尺，花蓮縣水源地。狹隘固有。稀有。

74.HAMAMELIDACEAE 金縷梅科

Corylopsis pauciflora Sieb. & Zucc. 小葉瑞木

台中縣八仙山。日本中南部。族群稀少。稀有。

Distylium gracile Nakai 細葉蚊母樹

花蓮縣和平、小清水、太魯閣。狹隘固有。稀有。

Distylium racemosum Sieb. & Zucc. 蚊母樹

恆春半島。韓國、日本、琉球。邊際分布。稀有。

Sycopsis dunnii Hemsl. 尖葉水絲梨

南投縣蓮花池、埔里，台中縣東卯山、光明橋，屏東縣大漢山，花蓮縣和仁。中國大陸。族群稀少。稀有。

75.HERNANDIACEAE 蓮葉桐科

Hernandia sonora L. 蓮葉桐

恆春半島香蕉灣、蘭嶼。舊世界熱帶。邊際分布。稀有。

Illigra luzonensis（Presl）Merr. 呂宋青藤

恆春半島楓港。菲律賓。邊際分布。稀有。

76.ICACINACEAE 茶茱萸科

Gonocaryum calleryanum（Baill.）Becc. 柿葉茶茱萸

恆春半島墾丁公園東邊、港口。菲律賓。邊際分布。稀有。

77.LAURACEAE 樟科

Beilschmiedia tsangii Merr. 廣東瓊楠

台東縣大武，恆春半島。中國大陸。邊際分布。稀有。

Cinnamomum austro-sinense H.T. Chang 野牡丹葉肉桂

台北縣碧湖、烏來、哈盆，宜蘭。狹隘固有。稀有。

Cinnamomum brevipedunculatum Chang 小葉樟

恆春半島南仁山，台東縣歸田，大武。狹隘固有。稀有。

Cinnamomum japonicum Sieb. 天竺桂

蘭嶼。中國大陸華南、日本、韓國、琉球。邊際分布。稀有。

Cinnamomum kotoense Kanehira & Sasaki 蘭嶼肉桂

蘭嶼。狹隘固有。稀有。

Cinnamomum osmophloeum Kanehira 土肉桂

全省。狹隘固有。漸危。

Dehaasia triandra Merr. 腰果楠

蘭嶼。菲律賓。邊際分布。稀有。

Endiandra coriacea Merr. 三蕊楠

蘭嶼。菲律賓北部。邊際分布。稀有。

Lindera erythrocarpa Mak. 鐵釘樹

宜蘭縣太平山、鴛鴦湖與新竹縣山區。日本、中國大陸。族群稀少。稀有。

Lindera strychnifolia（Sieb. & Zucc.）Vill. 天台烏藥

南投縣。東亞及菲律賓。族群稀少。稀有。

Litsea garciae Vidal 蘭嶼木薑子

蘭嶼。菲律賓。邊際分布。稀有。

Sassafras randaiense（Hayata）Rehder 台灣檫樹

中央山脈。狹隘固有。殘留孑遺。漸危。

78.LECYTHIDACEAE 玉蕊科

Barringtonia asiatica（L.）Kurz 棋盤腳樹

恆春半島香蕉灣、蘭嶼。舊世界熱帶。邊際分布。漸危。

Barringtonia racemosa（L.）Blume ex DC. 水茄苳

基隆，宜蘭，恆春九棚。舊世界熱帶。邊際分布。稀有。

79.LEGUMINOSAE 豆科

Apios taiwanianus Hosokawa 台灣土圞兒

宜蘭縣武陵農場，南投縣霧社，高雄縣天池。狹隘固有。稀有。

Caesalpinia decapetala（Roth）Alston 雲實

北橫蘇樂、高義，南橫新武呂橋。中國大陸、爪哇、馬來西亞、巴基斯坦、喜馬拉雅東部。族群稀少。稀有。

Cassia sophora L. var. *penghuana* Y. C. Liu et F. Y. Lu 澎湖決明

澎湖。狹隘固有。稀有。

Entada koshunensis Hayata & Kanehira 恆春鴨腱藤

恆春半島高士佛、南仁山及佳洛水。狹隘固有。稀有。

Entada phaseoloides（L.）Merr. 鴨腱藤

全省低海拔。熱帶。族群稀少。稀有。

Entada pursaetha DC. 台灣鴨腱藤

高雄縣六龜，恆春半島墾丁公園。非洲、印度、中國大陸、菲律賓、新幾內亞、澳洲。邊際分布。稀有。

Gleditisa rolfei Vidal 恆春皂莢

恆春半島。狹隘固有。稀有。

Glycine clandestina Wendl. 澎湖大豆

澎湖。澳洲、中國大陸。族群稀少。稀有。

Indigofera byobiensis Hosok. 貓鼻頭木藍

恆春半島貓鼻頭。狹隘固有。稀有。

Indigofera ramulasissima Hosok. 太魯閣木藍

花蓮縣太魯閣。狹隘固有。稀有。

Indigofera zollingeriana Miq. 蘭嶼木藍

恆春半島，蘭嶼、綠島。馬來西亞、菲律賓及中國大陸華南。邊際分布。稀有。

Maackia taiwanensis Hoshi & Ohashi 台灣馬鞍樹

台北縣北投、竹子湖。日本。殘留子遺。漸危。

Mucuna gigantea（Willd.）DC. 大血藤

恆春半島南仁灣、鵝鑾鼻。馬來西亞到波里尼西亞。邊際分布。稀有。

80.LENTIBULARIACEAE 狸藻科

Utricularia minor L. 小狸藻

宜蘭縣南澳神秘湖。亞洲溫帶地區，南至喜馬拉雅山區及南洋群島。族群稀少。稀有。

Utricularia striatula S. Sm. 圓葉挖耳草

花蓮太魯閣至天祥。亞洲南部。族群稀少。稀有。

81.LOGANIACEAE 馬錢科

Buddleia formosana Hatusima 彎花醉魚木

花蓮太魯閣。狹隘固有。稀有。

Fagraea ceilanica Thunb. 灰莉

恆春半島壽卡及南仁山，蘭嶼。海南島。邊際分布。稀有。

Gardneria shimadai Hayata 島田氏蓬萊葛

台北縣大屯山，雲林縣石壁山，嘉義阿里山奮起湖，花蓮縣清水山，屏東縣里龍山。狹隘固有。稀有。

Strychnos henryni Merr. & Yamamoto ex Yamamoto 台灣馬錢

恆春半島。狹隘固有。稀有。

82.LYTHRACEAE 千屈菜科

Rotala hippuris Makino 水杉菜

桃園縣八張犁、埔心。日本。族群稀少。稀有。

83.MAGNOLIACEAE 木蘭科

Magnolia kachirachirai（Kanehira & Yamamoto）Dandy 烏心石舅

屏東縣恆春半島，台東縣大武。狹隘固有。漸危。

84.MALPIGHIACEAE 黃褥花科

Ryssopterys timoriensis（DC.）Juss. 翅實藤

蘭嶼。澳洲北昆士蘭、馬來西亞、密克羅尼西亞。邊際分布。稀有。

Tristellateria australasiae A. Richard 三星果藤

恆春半島，蘭嶼。馬來西亞、澳洲、太平洋群島。邊際分布。稀有。

85.MALVACEAE 錦葵科

Abutilon theophrasti Medicus 莔麻

台北縣淡水。印度、亞熱帶廣泛分布。族群稀少。稀有。

Thespesia populnea（L.）Solad. ex Correa 繖楊

恆春半島南灣、帆船石、香蕉灣及港口。廣布全球熱帶區。邊際分布。稀有。

86.MELASTOMATACEAE 野牡丹科

Bredia rotundifolia Y. C. Liu & C. H. Ou 圓葉布勒德藤

雲林縣小黃山，南投縣北東眼山，花蓮縣瑞里。狹隘固有。稀有。

Medinilla hayataiana Keng 蘭嶼野牡丹藤

蘭嶼。狹隘固有。稀有。

Medinilla intermedium Dunn 水社野牡丹藤

中部。馬來西亞至中國大陸華南、琉球、日本。族群稀少。稀有。

Osbeckia crinita Benth. apud Wall. 闊葉金瑞香

南投縣。印度、中南半島、中國大陸華南。族群稀少。稀有。

87.MELIACEAE 楝科

Aphanamixis polystachya（Wall.）R. N. Parker 山楝

恆春半島佳洛水，蘭嶼。印度、錫蘭、馬來西亞、緬甸、印尼、菲律賓、中國大陸華南。邊際分布。稀有。

Dysoxylum cumingianum C. DC. 蘭嶼椌木

蘭嶼。菲律賓。邊際分布。稀有。

88.MENISPERMACEAE 防己科

Stephania cephalantha Hayata 大還魂

北部。中國大陸華南。族群稀少。稀有。

Stephania merrilli Diels 蘭嶼千金藤

蘭嶼。菲律賓。邊際分布。稀有。

89.MORACEAE 桑科

Ficus esquiroliana Levl. 大赦婆榕

高雄縣茂林、屏東縣。中國大陸東南沿海各省及雲南，越南、緬甸及印尼。族群稀少。稀有。

Ficus heteropleura Bl. 尖尾長葉榕

蘭嶼。狹隘固有。稀有。

Ficus tannoensis Hayata 濱榕

宜蘭、花蓮、台東沿海。狹隘固有。稀有。

90.MYOPORACEAE 苦檻藍科

Myoporum bontioides A. Gray 苦檻藍

中南部西海岸，澎湖。中國大陸華南、日本。族群稀少。瀕危。

91.MYRICACEAE 楊梅科

Myrica adenophora Hance var. kusanoi Hayata 恆春楊梅

恆春半島南仁山東邊。狹隘固有。稀有。

92.MYRISTICACEAE 肉豆蔻科

Myristica cagayanensis Merr. 蘭嶼肉豆蔻

蘭嶼。菲律賓。邊際分布。稀有。

Myristica simarum A. DC. 菲律賓肉豆蔻

蘭嶼。菲律賓。邊際分布。稀有。

93.MYRISNACEAE 紫金牛科

Ardisia brevicaulis Diels 短莖紫金牛

桃園縣北插天山、北橫四稜。中國大陸華南。族群稀少。稀有。

Ardisia brevicaulis Diels var. *violacea* （Suzuki）Walker 裏菫紫金牛

桃園縣福山、巴陵、四稜。狹隘固有。稀有。

Ardisia elliptica Thunb. 蘭嶼紫金牛

蘭嶼、綠島、恆春半島鵝鑾鼻港口。馬來西亞、菲律賓、琉球。邊際分布。稀有。

Ardisia kusukusensis Hayata 高士佛紫金牛

恆春半島。狹隘固有。稀有。

Ardisia maclurei Merr. 麥氏紫金牛

台北縣。中國大陸海南島。族群稀少。稀有。

Ardisia miaoliensis Lu 苗栗紫金牛

苗栗。狹隘固有。稀有。

Ardisia stenosepala Hay. 阿里山雨傘仔

南投縣溪頭，嘉義縣奮起湖。狹隘固有。稀有。

Myrsine africana L. 小葉鐵仔

花蓮縣太魯閣峽谷。非洲、阿拉伯半島、印度、中國大陸。族群稀少。稀有。

94.MYRTACEAE 桃金孃科

Acmena acuminatissima（Blume）Merr. & Perry 賽赤楠

蘭嶼。中國大陸華南、緬甸、泰國至菲律賓。邊際分布。稀有。

Syzygium claviflorum（Roxb.）Wall. 棒花赤楠

蘭嶼。中國大陸華南、泰國、印度支那及馬來半島。邊際分布。稀有。

Syzygium densinervium Merr. var. *insulare* Chang 密脈赤楠

蘭嶼，恆春半島南仁山、佳洛水。狹隘固有。稀有。

Syzygium euphlebium（Hayata）Mori 細脈赤楠

恆春半島壽卡。狹隘固有。稀有。

Syzygium lanyunense Chang 蘭嶼赤楠

蘭嶼、綠島。狹隘固有。稀有。

Syzygium paucivenium（Robins.）Merr. 疏脈赤楠

蘭嶼。菲律賓北部。邊際分布。稀有。

Syzygium tripinnatum（Blanco）Merr. 大花赤楠

蘭嶼。菲律賓。邊際分布。稀有。

95.NYMPHAEACEAE 睡蓮科

Nuphar shimadae Hayata 台灣萍蓬草

桃園縣八張犁、埔心西部及頂寮。狹隘

固有。瀕危。

Nymphaea nouchali Burm. f. 白花睡蓮
嘉義。東南亞至馬來西亞。族群稀少。
稀有。

Nymphaea tetragona Georgi 子午蓮
南投。東亞由西伯利亞經中國大陸到日
本，北美洲。族群稀少。漸危。

96.OLACACEAE 鐵青樹科

Schoepfia jasminodra Sieb. & Zucc. 青皮木
南投縣杉林溪，屏東縣霧台阿禮、北大
武山，台東縣知本主山。中國大陸。族
群稀少。稀有。

97.OLEACEAE 木犀科

Chionanthus retusus Lindl. & Paxton 流疏
樹
台北縣林口，桃園縣龍潭，新竹縣蓮花
寺。中國大陸、韓國、日本。殘留子
遺。瀕危。

Jasminum superfluum Koidz. 琉球茉莉花
新竹、宜蘭山區，花蓮縣太魯閣峽谷。
琉球。族群稀少。稀有。

Ligustrum matudae Kanehira 銳葉女貞
恆春半島雙流。狹隘固有。漸危。

Ligustrum seisuiense Shimizu & Kao 清水
女貞
花蓮縣清水山。狹隘固有。稀有。

Osmanthus enervius Masamune & Mori 無
脈木犀
桃園縣小鳥來，新竹縣觀霧，台東縣浸
水營、大武，屏東縣里龍山。琉球。族
群稀少。稀有。

98.ONAGRACEAE 柳葉菜科

Epilobium nankotaizanense Yamamoto 南湖
柳葉菜

關山、奇萊山主峰、南湖大山、中央尖
山、馬勃拉斯山及雪山。狹隘固有。稀
有。

Ludwigia ovalis Miq. 卵葉水丁香
台北縣大屯山，桃園縣大溪，宜蘭縣神
秘湖。日本、中國大陸華北。族群稀
少。稀有。

Ludwigia perennis L. 小花水丁香
台南縣麻豆、佳里。非洲、亞洲之熱帶
與亞熱帶，中國大陸、馬來西亞、澳
洲、新喀里多尼亞。族群稀少。稀有。

99.OROBANCHACEAE 列當科

Christisonia sinensis G. Beck 假野菰
南湖大山。中國大陸。族群稀少。稀
有。

100.PAPAVERACEAE 罌粟科

Macleaya cordata（Wild.）R. Br. 博落迴
新竹縣觀霧。中國大陸、日本。族群稀
少。稀有。

101.PIPERACEAE 胡椒科

Piper kawakamii Hayata 恆春風藤
恆春半島。狹隘固有。稀有。

102.PITTOSPORACEAE 海桐科

Pittosporum illicioides Makino var.
angustifolium Lu 細葉海桐
台中縣和社，南投縣丹大溪，嘉義縣阿
里山眠月，花蓮縣畢祿溪、達見、能高
越。狹隘固有。稀有。

Pittosporum moluccanum Miq. 蘭嶼海桐
蘭嶼。馬來西亞。邊際分布。稀有。

103.PLUMBAGINACEAE 藍雪科

Linonium wrightii（Hance）Ktze. 烏芙蓉
蘭嶼、綠島。中國大陸、琉球、小笠原

群島。邊際分布。稀有。

104.POLYGALACEAE 遠志科

Polygala arcuata Hayata 巨葉花遠志
南投縣關刀溪，屏東縣浸水營、北大武山。狹隘固有。稀有。

105.POLYGONACEAE 蓼科

Polygonum maackianum Regel. 長戟葉蓼
台北。日本、韓國、中國大陸。族群稀少。稀有。

Polygonum tomentosum Willd. 絨毛蓼
中南部。印度、非洲、中國大陸華南、馬來西亞。族群稀少。稀有。

106.PRIMULACEAE 報春花科

Stimpsonia chamaedryoides Wright ex Gray 施丁草
台北縣大屯山、七星山，桃園。日本、琉球、中國大陸。族群稀少。稀有。

107.PYROLACEAE 鹿蹄草科

Monotropa hypopithys L. 錫杖花
南投縣合歡山，中央山脈南湖大山、玉山、大霸尖山。族群稀少。稀有。

108.RAFFLESIACEAE 大花草科

Mitrastemon kawasasakii Hayata 台灣奴草
台北縣烏來，南投縣，嘉義縣，花蓮縣太魯閣，台東縣海岸山脈。中國大陸福建省南靖。族群稀少。稀有。

Mitrastemon kanehirai Yamamoto 菱形奴草
南投縣蓮華池。狹隘固有。漸危。

109.RANUNCULACEAE 毛茛科

Aconitum formosanum Tamura 蔓烏頭
台中縣中橫思源埡口、二子山。狹隘固有。稀有。

Clematis akoensis Hayata 屏東鐵線蓮
屏東縣及台東縣山區。狹隘固有。稀有。

Clematis terniflora DC. var. *robusta*（Carr.）Tamura 鵝鑾鼻鐵線蓮
恆春半島南端。韓國、日本、琉球、中國大陸、小笠原。邊際分布。稀有。

Clematis owatarii Hayata 大渡氏牡丹藤
屏東縣歸田、南仁山、高士佛、士林山。狹隘固有。稀有。

Ranunculus morii（Yamam.）Ohwi 三葉毛茛
中央山脈。狹隘固有。稀有。

110.RHAMNACEAE 鼠李科

Colubrina asiatica（L.）Brongn. 亞洲濱棗
恆春半島枋寮、鵝鑾鼻海岸。印度、非洲、馬來西亞、菲律賓、澳洲及波里尼西亞。邊際分布。稀有。

111.RHIZOPHORACEAE 紅樹科

Bruguiera gymnorrhiza（L.）Lam. 紅茄苳
高雄。熱帶東南非洲、馬達加斯加、東南亞經馬來西亞到澳洲及波里尼西亞。族群稀少。絕滅。

Ceriops tagal（Perr.）C. B. Robins. 細蕊紅樹
高雄。東非、馬達加斯加、印度、馬來亞、中國大陸華南到密克羅尼西亞和澳洲。族群稀少。絕滅。

Kandelia candel（L.）Druce 水筆仔
台北縣淡水竹圍及八里，新竹紅毛港、嘉義縣東石。印度、馬來西亞、中國大陸華南、日本南部、琉球。族群稀少。漸危。

Rhizophora mucronata Lam. 五梨跤

嘉義縣塭港，台南縣四草、鯤鯓。非洲
東部、熱帶亞洲、南洋群島、太平洋諸
島至澳洲。族群稀少。瀕危。

112.ROSACEAE 薔薇科

Geum japonicum Thunb. 日本水楊梅

南投縣天池至能高。中國大陸、日本。
族群稀少。稀有。

Malus hupehensis（Pamp.）Rehd. 湖北海棠

宜蘭縣思源埡口。中國大陸。族群稀
少。稀有。

Osteomeles anthyllidifolia Lindl. 小石積

蘭嶼。華南、日本、琉球。邊際分布。
稀有。

Photinia ardisifolia Hayata 台東石楠

台東縣海岸山脈。狹隘固有。稀有。

Potentilla tugitakensis Masamune 雪山翻白草

中央山脈。狹隘固有。稀有。

Pyrus kawakamii Hay. 台灣野梨

北部、中部山麓。狹隘固有。瀕危。

Rubus liui Yang & Lu 柳氏懸鉤子

宜蘭縣與新竹縣交界鴛鴦湖，南投縣鳶
峰，花蓮縣曉星山、清水山。狹隘固
有。稀有。

Spiraea tarokoensis Hayata 太魯閣繡線菊

南投縣奧萬大，花蓮縣小清水。狹隘固
有。稀有。

Stephanandra incisa（Thunb.）Zabel 冠蕊木

花蓮縣太魯閣、嵐山，桃園縣拉拉山。
韓國、日本。族群稀少。稀有。

113.RUBIACEAE 茜草科

Borreria stricta（L. f.）G. G. W. Meyer
長葉鴨舌草

台東。熱帶亞洲、非洲。族群稀少。稀
有。

Cephalanthus naucleoides DC. 風箱樹

宜蘭、北部沼地。亞洲南部、北美洲。
族群稀少。漸危。

Galium tarokoense Hayata 太魯閣豬殃殃

花蓮縣太魯閣、清水山。狹隘固有。稀
有。

Galium trifidum L. 小葉四葉葎

宜蘭縣南澳神秘湖、鴛鴦湖。歐洲、亞
洲。族群稀少。稀有。

Lasianthus hiiranensis Hayata 南仁山雞屎樹

恆春半島高士佛、南仁山。菲律賓、爪
哇、馬來半島。邊際分布。稀有。

Mussaenda macrophylla Wall.大葉玉葉金花

蘭嶼。印度、馬來半島、菲律賓。邊際
分布。稀有。

Mussaenda taiwaniana Kanehira 台灣玉葉金花

桃園，南投縣埔里、日月潭。狹隘固
有。稀有。

Uncaria hirsuta Haviland 倒吊風藤

中央山脈以西。中國大陸。族群稀少。
稀有。

Uncaria rhynchophylla Miq. 鈎藤

台北縣烏來，桃園縣楊梅山、那結山，
台中縣大雪山林道。中國大陸、日本。
族群稀少。稀有。

Uncaria setiloba Benth. 恆春鈎藤

恆春半島壽峙、南仁山，蘭嶼。菲律
賓、摩鹿加群島。邊際分布。稀有。

114.RUTACEAE 芸香科

Acronychia pedunculata（L.）Miq. 降眞香
台北縣萬里、澳底火炎山、福隆，台中大坑及沙鹿，南投縣九九峰。印度至馬來亞、中國大陸華南。族群稀少。稀有。

Citrus taiwanica Tanaka et Shimada 南庄橙
苗栗明德水庫、花蓮縣小清水，恆春半島墾丁公園。狹隘固有。瀕危。

Phellodendron amurense Rupr. var. *wilsonii*（Hayata & Kanehira）Chang 台灣黃蘗
宜蘭縣太平山，桃園縣拉拉山，南投縣溪頭，嘉義縣阿里山自忠。狹隘固有。漸危。

115.SALICACEAE 楊柳科

Salix kusanoi（Hayata）Schneider 水社柳
宜蘭縣南澳南溪神秘湖、雙連埤，南投縣日月潭，恆春半島南仁山。狹隘固有。稀有。

Salix morii Hayata 森氏柳
台東縣孤巒溪及南投縣能高山。狹隘固有。稀有。

Salix okamotoana Koidz. 高雄柳
高雄。狹隘固有。稀有。

Salix tagawana Koidz. 花蓮柳
花蓮縣大水崛。狹隘固有。稀有。

Salix takasagoalpina Koidz. 台灣山柳
中央山脈。狹隘固有。稀有。

116.SAPINDACEAE 無患子科

Eurycorymbus cavaleriei（Lev.）Rehd. & Hand.-Mazz. 假欒樹
台北縣陽明山、烏來，花蓮縣，台東縣。中國大陸華南。族群稀少。稀有。

117.SAXIFRAGACEAE 虎耳草科

Chrysosplenium hebetatum Ohwi 大武貓兒眼睛草
中央山脈。狹隘固有。稀有。

Deutzia cordatula Li 心基葉溲疏
台北縣陽明山、觀音山，台中縣谷關、烏石坑，南投縣九九峰，彰化縣八卦山。狹隘固有。稀有。

118.SCROPHULARIACEAE 玄參科

Centranthera cochinchinensis（Lour.）Merr. 胡麻草
新竹。韓國、日本、琉球、中南半島。族群稀少。稀有。

Euphrasia nankotaizanensis Yamamoto 南湖碎雪草
中央山脈南湖大山、雪山、玉山。狹隘固有。稀有。

Euphrasia tarokoana Ohwi 太魯閣小米草
花蓮縣清水山。狹隘固有。稀有。

Legazpia polygonides（Benth.）Yamazaki 三翅萼
恆春半島欖仁溪。中國大陸、緬甸、密克羅尼西亞。邊際分布。稀有。

Limnophila trichophylla（Komarov）Komarov 石龍尾
桃園縣八張犁。中國大陸華中、日本。族群稀少。漸危。

Paulownia fortunei Hemsl. 泡桐
桃園縣，南投縣，宜蘭縣，嘉義縣阿里山，花蓮縣。中國大陸。族群稀少。漸危。

Paulownia kawakamii Ito 白桐
台中縣松茂、梨山、佳陽，花蓮縣畢祿、慈恩。狹隘固有。漸危。

Paulownia taiwaniana Hu & Chang 台灣泡桐

全省。狹隘固有。漸危。

119.SIMARUBACEAE 苦木科

Ailanthus altissima（Miller）Swingle var. *tanakai*（Hayata）Kanehira & Sasaki 臭椿

桃園縣巴陵，宜蘭縣思源埡口、武陵農場，台中縣梨山。狹隘固有。稀有。

Picrasma quassioides Benn. 苦樹

南投縣、花蓮縣太魯閣綠水及長春祠。印度、中國大陸、日本。族群稀少。稀有。

120.STAPHYLEACEAE 省沽油科

Euscaphis japonica（Thunb.）Kanitz 野鴉椿

台北市內湖、陽明山、台北縣汐止，宜蘭澳底。中國大陸華中至華東、華南，海南島、日本、琉球。族群稀少。稀有。

121.STYRACACEAE 安息香科

Styrax matsumurae Perkins 台灣野茉莉

南投縣日月潭。狹隘固有。稀有。

122.SYMPLOCACEAE 灰木科

Symplocos cochinchinensis（Loux.）Moore 鐵銹葉灰木

台北縣鷺鷥潭，桃園縣慈湖、石門水庫。印度、緬甸、泰國、中南半島、日本、馬來西亞。族群稀少。稀有。

Symplocos nokoensis（Hayata）Kanehira 能高灰木

南投縣鳶峰、雲海。狹隘固有。稀有。

Symplocos shilanensis Liu et Lu 希蘭灰木

台東縣大武，恆春半島壽卡、里龍山、南仁山。狹隘固有。稀有。

123.THEACEAE 茶科

Anneslea fragrans Wall. var. *lanceolata* Hayata 細葉茶梨

台東縣大武、歸田、土板，恆春半島壽卡、里龍山、南仁山。狹隘固有。稀有。

Camellia furfuracea（Merr.）Cohen-Stuart 垢果山茶

南投縣蓮花池，高雄縣六龜。中國大陸、中南半島。族群稀少。稀有。

Camellia hengchunensis Chang 恆春山茶

恆春半島南仁山。狹隘固有。稀有。

Camellia japonica L. var. *hozanensis*（Hayata）Yamamoto 鳳凰山茶

南投縣溪頭鳳凰山、關刀溪，花蓮縣清水山。琉球群島。族群稀少。稀有。

Camellia salicifolia Champ. 柳葉山茶

南投縣蓮花池，嘉義縣奮起湖，台南縣關仔嶺。中國大陸華南、香港。族群稀少。稀有。

Eurya rengechiensis Yamamoto 蓮花池柃木

南投縣蓮花池。狹隘固有。稀有。

124.THYMELACEAE 瑞香科

Wikstroemia mononectaria Hayata 烏來蕘花

台北縣烏來、大桶山。狹隘固有。稀有。

125.TILIACEAE 田麻科

Berrya ammonilla Roxb. 六翅木

屏東縣大漢林道。印度南部、錫蘭、菲律賓。邊際分布。稀有。

126.ULMACEAE 榆科

Celtis biondii Pamp. 沙楠子樹

埔里北坑，恆春墾丁公園。中國大陸。稀有。

Celtis philippensis Blanco 菲律賓朴樹

蘭嶼。海南島、菲律賓、馬來西亞至熱帶澳洲。邊際分布。稀有。

Celtis nervosa Hemsl. 小葉朴

高雄壽山、大武溪右側。狹隘固有。稀有。

127.VERBENACEAE 馬鞭草科

Callicarpa hypoleucophylla Lin & Wang 裏白杜虹花

高雄縣南鳳山、姑子崙山、藤枝，台東縣大漢山、大武。狹隘固有。稀有。

Callicarpa japonica Thunb. 女兒茶

基隆，龜山島。中國大陸、日本。族群稀少。稀有。

Callicarpa longissima（Hemsl.）Merr. 長葉紫珠

台北縣烏來。中國大陸華南。族群稀少。稀有。

Callicarpa remotiserrulata Hayata 恆春紫珠

恆春半島壽卡、南仁山，台東縣大武。狹隘固有。稀有。

Premna chevalieri P. Dop. 尖葉豆腐柴

恆春半島南仁山。越南、寮國、中國大陸華南、海南島。邊際分布。稀有。

Premna octonervia Merr. & Metc. 八脈臭黃荊

恆春半島南仁山。越南、寮國、中國大陸華南、海南島。邊際分布。稀有。

128.VIOLACEAE 菫菜科

Hybanthus enneaspermus（L.）F. Muell. 鼠鞭草

恆春半島南端。非洲、馬達加斯加島、印度、錫蘭、中南半島、中國大陸海南島、爪哇、菲律賓、婆羅洲、新幾內亞至澳洲。邊際分布。稀有。

Viola biflora L. 雙黃花菫菜

中央山脈南湖大山、雪山、合歡山。歐洲高海拔山區、北美洲、亞洲及北半球寒冷地區。族群稀少。稀有。

單子葉植物 MONOCOTYLEDONEAE

129.ALISMATACEAE 澤瀉科

Alisma canaliculatum A. Braun & Bouche 澤瀉

桃園。中國大陸、日本、琉球。族群稀少。瀕危。（目前野外久已未見自然生育地，有可能已滅絕）

Caldesia grandis Samuel. 圓葉澤瀉

宜蘭縣員山鄉草埤。印度、新幾內亞。族群稀少。漸危。

Sagittaria pygmea Miq. 瓜皮草

桃園縣大園，台中縣大甲。中國大陸、韓國、日本、琉球。族群稀少。漸危。

Sagittaria quayanensis H. B. K. subsp. lappula（D. Don）Bogin 櫛蓢草

桃園。亞洲熱帶，中國大陸。族群稀少。漸危。

130.APONOGETONACEAE 水蕹科

Aponogeton natans Engl. & Kreuse 水蕹

桃園，台中縣清水。錫蘭、印度、馬來西亞、中國大陸、華南。族群稀少。漸危。

131.BURMANNIACEAE 水玉簪科

Burmannia liukiuensis Hayata 琉球水玉簪

南投縣神木村。日本。稀有。

Burmannia nana Fukuyama & Suzuki 小水玉簪

蘭嶼。狹隘固有。稀有。

132.COMMELINACEAE 鴨跖草科

Floscopa scandens Lour. 蔓襄荷

台北縣石碇，恆春半島南仁山。印度、喜馬拉雅、馬來西亞、東南亞、澳洲。族群稀少。稀有。

133.CYPERACEAE 莎草科

Bolboschoenus planiculmis（F. Schmidt）T. Koyama 雲林莞草

西海岸海濱。中國大陸、日本、庫頁島。族群稀少。稀有。

Carex capillacea Boott 單穗苔

宜蘭縣鴛鴦湖。中國大陸、日本、喜馬拉雅、馬來西亞、澳洲。族群稀少。稀有。

Carex maculata Boott 寬囊果苔

台北。中國大陸、印度、錫蘭、日本、馬來西亞西部。族群稀少。稀有。

Carex metallica Leveille 寬穗苔

台北。韓國南部、日本西部、琉球。族群稀少。稀有。

Carex sachalinensis F. Schmidt subsp. *alterniflora*（Franch.）T.Koyama 輪葉宿柱苔

花蓮。日本。族群稀少。稀有。

Pycreus unioloides（R. Br.）Urban 水社扁莎

南投縣日月潭。亞洲泛熱帶。族群稀少。稀有。

Rhynchospora alba（L.）Vahl 白刺子芫

宜蘭縣鴛鴦湖。西印度群島、巴西北部、亞洲南部至日本九州。族群稀少。稀有。

Rhynchospora malasica C. B. Clarke 馬來刺子芫

南投縣日月潭。日本、琉球、馬來西亞、泰國、馬來半島。族群稀少。稀有。

Scleria biflora Roxb. 二花珍珠茅

台北。中國大陸華南、印度、錫蘭、中南半島、琉球、菲律賓、馬來西亞。族群稀少。稀有。

Scleria levis Retzius 毛果珍珠茅

台北。中國大陸東北、印度、錫蘭、日本、馬來西亞、澳洲。族群稀少。稀有。

Scleria lithosperma（L.）Swartz 石果珍珠茅

台南。泛熱帶。族群稀少。稀有。

Scleria rugosa R. Brown 皺果珍珠茅

台北。亞洲、大洋洲：印度、錫蘭、中南半島、中國大陸華南、東北、日本、馬來西亞、密克羅尼西亞、澳洲、新喀里多尼亞島。族群稀少。稀有。

Scleria sumatrensis Retzius 印尼珍珠茅

屏東。中國大陸東北、印度、錫蘭、馬來西亞、熱帶澳洲。族群稀少。稀有。

134.DIOSCOREACEAE 薯蕷科

Dioscorea cumingii Prain & Burk. 蘭嶼田薯

蘭嶼。菲律賓。邊際分布。稀有。

135.ERIOCAULACEAE 穀精草科

Eriocaulon chishingsanensis Chang 七星山穀精草

台北縣大屯山。狹隘固有。稀有。

Eriocaulon sexangulare L. 大葉穀精草

台北陽明山國家公園，桃園沼地。中國大陸、琉球、印度、錫蘭、中南半島、馬來西亞、非洲。族群稀少。稀有。

Eriocaulon nantoense Hayata var. *trisectum*（Satake）Chang 蓮花池穀精草

南投。狹隘固有。稀有。

136.GRAMINEAE 禾本科

Aristida chinensis Munro 華三芒草

台北、台中。中國大陸華南、越南。族群稀少。稀有。

Centotheca lappacea（L.）Desv. 假淡竹葉

蘭嶼。中國大陸華南、馬來西亞、印度、非洲。邊際分布。稀有。

Cynodon arcuatus J. S. Presl ex C. B. Presl 恆春狗牙根

恆春半島。中國大陸華南、緬甸、東南亞、馬來西亞。族群稀少。稀有。

Garnotia acutigluma（Steud.）Ohwi 銳穎葛氏草

海濱地區。琉球、馬來西亞、新幾內亞。族群稀少。稀有。

Glyceria leptolepis Ohwi 假鼠婦草

南投。中國大陸、蘇聯、韓國、日本。族群稀少。稀有。

Hygroryza aristata（Retz.）Nees ex Wight & Arn. 水禾

宜蘭縣蘇澳。中國大陸華南、印度、緬甸、越南、東南亞。族群稀少。瀕危。

Isachne miliaceae Roth 類黍柳葉箬

沼地。中國大陸、印度、東南亞。族群稀少。稀有。

Melica onoei Franch. & Sav. 小野臭草

台中縣中橫梨山。中國大陸華北、日本、韓國。族群稀少。稀有。

Neyraudia reynaudiana（Kunth）Keng ex Hitchc. 類蘆

高雄縣六龜。中國大陸、印度、緬甸、馬來西亞。族群稀少。稀有。

Phaenosperma globosa Munro ex Oliver 顯子草

花蓮縣太魯閣。中國大陸、日本、韓國。族群稀少。稀有。

Poa sphondyodes Trin. var. *kelungensis*（Ohwi）Ohwi 基隆早熟禾

北部及東北部海岸。狹隘固有。稀有。

Polypogon monspeliensis（L.）Desf. 長芒棒頭草

雲林縣西螺。歐洲、西非洲溫帶。族群稀少。稀有。

Schizachyrium fragile（R.Br.）A. Camus var. *shimadae*（Ohwi）C. Hsu 尖葉裂稃草

南投。狹隘固有。稀有。

Thaumastochloa chenii C. Hsu 其昌假蛇尾草

恆春半島鵝鑾鼻。狹隘固有。稀有。

Tripogon chinensis Hack. 中華草沙蠶

南部。中國大陸、西伯利亞東部。族群稀少。稀有。

137.HYDROCHARITACEAE 水鱉科

Blyxa japonica（Miq.）Aschers. & Giirke 日本簀藻

台北縣淡水，桃園新豐，新竹縣湖口。韓國、日本。族群稀少。漸危。

Halophila ovalis（R. Br.）Hook. f. 卵葉鹽藻

台東小港，澎湖望安。中國大陸、印度、爪哇、馬來西亞、菲律賓、日本。族群稀少。稀有。

Hydrocharis dubia（Blume）Backer 水鱉

屏東縣海口。日本、琉球、菲律賓、印度、澳洲。族群稀少。稀有。

Thalassia hemprichii（Ehrenb.）Aschers. 泰來藻

恆春半島、綠島。印度、爪哇、馬來西亞、琉球、菲律賓。邊際分布。稀有。

Vallisneria gigantea Graebner 大苦草

　　高雄澄清湖。日本、馬來西亞。族群稀少。稀有。

138.HYPOXIDACEAE 仙茅科

Hypoxis aurea Lour. 小金梅

　　北部海邊。中國大陸、印度、日本、馬來西亞。族群稀少。稀有。

139.JUNCACEAE 燈心草科

Luzula multiflora Lejeune 山間地楊梅

　　台北縣大屯山、七星山。中國大陸華北、千島群島、堪察加半島、日本、北美、歐洲、澳洲。族群稀少。稀有。

140.LEMNACEAE 浮萍科

Lemna trisulca L. 品字萍

　　台東。爪哇、菲律賓、日本。族群稀少。漸危。

Sprirodela punctata（G. F. W. Meyer）Thompson 紫萍

　　台北縣，宜蘭縣。澳洲、印度、爪哇、菲律賓、日本。族群稀少。稀有。

141.LILIACEAE 百合科

Allium bakeri Regel var. *morrisonense*（Hayata）Liu & Ying 野薤

　　玉山。狹隘固有。稀有。

Allium grayi Regel 山蒜

　　北部。日本、琉球。族群稀少。稀有。

Aspidistra mushaensis Hayata 霧社蜘蛛抱蛋

　　南投縣霧社。狹隘固有。稀有。

Lillium callosum Sieb. & Zucc. 野小百合

　　苗栗縣卓蘭。日本、琉球。族群稀少。稀有。

Lilium speciosum Thunb. var. *gloriosoides*

Baker 豔紅鹿子百合

　　台北縣石碇。中國大陸。族群稀少。瀕危。

Scilla scilloides（Lindey）Druce 綿棗兒

　　北部。中國大陸東北、香港、韓國、日本、琉球。族群稀少。稀有。

Thysanotus chinensis Benth. 異蕊草

　　新竹。中國大陸、菲律賓、澳洲。族群稀少。稀有。

142.NAJADACEAE 茨藻科

Najas ancistrocarpa A. Br. ex Megnus 士林拂尾草

　　台北縣士林。北美洲、日本。族群稀少。漸危。

Najas browniana Rendle 高雄茨藻

　　高雄縣茄苳。爪哇、婆羅洲。族群稀少。稀有。

Najas japonica Nakai 日本茨藻

　　台北士林。日本。族群稀少。稀有。

Najas marina L. 大茨藻

　　高雄澄清湖。世界廣泛分布。族群稀少。稀有。

143.ORCHIDACEAE 蘭科

Agrostophyllum inocephalum（Schauer）Ames（= *Agrostophyllum formosanum* Rolfe）無頭千葉蘭

　　恆春半島。菲律賓。邊際分布。稀有。

Anoectochilus koshunensis Hay. 恆春金線蓮

　　全省中海拔山區。琉球。族群稀少。稀有。

Armodorum labrosum（Lindl. ex Paxt）Schltr. 龍爪蘭

　　南部，東部。琉球、緬甸、印度、泰

國。族群稀少。稀有。

Arundina graminiflora（D. Don）Hochr. 竹葉蘭

　　北部，中部。中國大陸華南、喜馬拉雅經馬來西亞、印尼至太平洋群島。族群稀少。稀有。

Bulbophyllum hirundinis（ Gagnep.）Seidenf. 朱紅冠毛蘭

　　南投縣蓮華池。狹隘固有。稀有。

Bulbophyllum riyanum Fukuyama 白花豆蘭

　　台北縣烏來阿玉山、花蓮林田山。狹隘固有。稀有。

Bulbophyllum umbellatum Lindl. 繖形捲瓣蘭

　　嘉義縣阿里山。中國大陸西南、喜馬拉雅、越南。族群稀少。稀有。

Bulbophyllum wightii Reichb. f. 大花豆蘭

　　恆春半島南仁山。錫蘭。族群稀少。稀有。

Calanthe schlechteri Hara 羽唇根節蘭

　　東部山區。日本。族群稀少。稀有。

Calanthe striata R. Br. var. *sieboldii* Maxim. 黃根節蘭

　　中北部山區。日本。族群稀少。稀有。

Calanthe tricarinata Lindl. 繡邊根節蘭

　　宜蘭南湖大山。中國大陸（新疆、雲南）、日本。族群稀少。稀有。

Cephalantheropsis calanthoides（Ames）Liu & Su 白花肖頭蕊蘭

　　北部。菲律賓。族群稀少。稀有。

Cheirostylis takeoi（Hayata）Schltr. 全唇指柱蘭

　　中部、南部。琉球。族群稀少。稀有。

Chiloschista segawai（Masamune）Masamune et Fukuyama

大蜘蛛蘭

　　台中縣中橫梨山。狹隘固有。稀有。

Corybas taiwanensis Lin et Lu 紅盔蘭

　　桃園縣那結山。狹隘固有。稀有。

Cymbidium ensifolium（ L.） Sw. var. *misericors*（Hayata）Liu & Su 焦尾蘭

　　全省。狹隘固有。稀有。

Cymbidium faberi Rolfe 九華蘭

　　中央山脈中、高海拔山區。中國大陸。族群稀少。稀有。

Cymbidium formosanum Hayata 台灣春蘭

　　北部，中部。中國大陸西南（雲南）。族群稀少。稀有。

Cymbidium kanran Makino 寒蘭

　　全省。日本南部、琉球。族群稀少。稀有。

Cymbidium sinense Willd. 報歲蘭

　　全省300～1,000公尺海拔山區。中國大陸、日本南部、琉球。族群稀少。漸危。

Cymbidium tortisepalum Fukuyama 菅草蘭

　　中部中、低海拔山區。狹隘固有。稀有。

Cypripedium debile Reichb. f. 小喜普鞋蘭

　　花蓮縣清水山。中國大陸、日本。族群稀少。稀有。

Cypripedium japonicum Thunb. 日本喜普鞋蘭

　　中央尖山，花蓮縣清水山。中國大陸、日本。族群稀少。稀有。

Cypripedium macranthum Sw. 奇萊喜普鞋蘭

　　南投縣霧社奇萊山、花蓮縣清水山。歐洲東部、西伯利亞、中國大陸、日本。族群稀少。稀有。

Dendrobium crumenatum Sw. 鴿石斛

綠島。錫蘭、緬甸、泰國、馬來西亞。
邊際分布。稀有。

Dedrobium linawianum Reichb. f. 金石斛

台北縣烏來福山、苗栗縣南庄。中國大
陸。族群稀少。稀有。

Dendrobium miyakei Schlt. 紅花石斛

蘭嶼。狹隘固有。稀有。

Didymoplexis pallens Griff. 吊鐘鬼蘭

恆春半島。日本、中南半島、喜馬拉
雅、印尼、澳洲。邊際分布。稀有。

Disperis siamensis Rolfe ex Downie 遠東雙
袋蘭

恆春半島，蘭嶼。琉球、泰國。邊際分
布。稀有。

Ephemerantha comata（Blume）Hunt &
Summerh. 木斛

恆春半島。菲律賓、馬來西亞、婆羅
洲、西里伯斯、爪哇、新幾內亞、澳
洲、太平洋諸島。邊際分布。稀有。

Eria javanica（Sw.）Bl. 大葉絨蘭

南投縣竹山。中南半島、蘇門答臘、爪
哇、西里伯斯、菲律賓。族群稀少。稀
有。

Eulophia graminea Lindl. 禾草芋蘭

中南部低海拔山區及海邊草地、恆春半
島海岸、鵝鑾鼻。中國大陸華南、香
港、中南半島、菲律賓、印度、緬甸、
錫蘭、馬來西亞。族群稀少。稀有。

Flickingeria tairukounia（Ying）Lin 尖葉
暫花蘭

花蓮縣太魯閣、小清水。狹隘固有。稀
有。

Galeola altissima（Bl.）Reichb. f. 蔓莖山
珊瑚

全省。日本、菲律賓、馬來西亞、爪
哇。族群稀少。稀有。

Goodyera biflora Lindl. 黃花斑葉蘭

宜蘭縣曉星山、太平山。中國大陸、韓
國、日本、尼泊爾、印度。族群稀少。
稀有。

Goodyera fumata Thwaites（= *Goodyera
formosana* Rolfe）尾唇斑葉蘭

恆春半島。琉球、泰國、中南半島、錫
蘭、錫金。邊際分布。稀有。

Goodyera repens（L.）R. Br. 南投斑葉蘭

桃園縣插天山。歐洲、西伯利亞、中國
大陸、日本、北美洲。族群稀少。稀
有。

Habenaria polytricha Rolfe 裂瓣玉鳳蘭

全省。日本、琉球、菲律賓。族群稀
少。稀有。

Haraella retrocalla（Hayata）Kudo香蘭

中部山區。狹隘固有。稀有。

Hemiphila cordifolia Lindl.（= *Hemipilia
formosana* Hayata）玉山一葉蘭

中央山脈南湖大山、玉山。喜馬拉雅。
族群稀少。稀有。

Hetaeria agyokuana（ Fukuyama）
Nackejima（= *Zeuxine agyokuana* Fukuyama）
白點伴蘭

台北縣烏來。日本、琉球。族群稀少。
稀有。

Holcoglossum quasipinifolium（Hayata）
Schltr. 松葉蘭

中央山脈中、高海拔山區。狹隘固有。
稀有。

Liparis cordifolia Hook. f. 溪頭羊耳蘭

全省低、中海拔山區。喜馬拉雅山區西
北部、錫金、印度。族群稀少。稀有。

Liparis makinoana Schltr.（＝ *Liparis sasakii* Hayata）尾唇羊耳蘭

嘉義縣阿里山。日本。族群稀少。稀有。

Liparis somai Hay. 高士佛羊耳蘭

屏東縣恆春半島牡丹、高士佛。狹隘固有。稀有。

Nervilia aragoana Gaud. 東亞脈葉蘭

中南部低海拔季風氣候區，恆春半島。日本、琉球、中國大陸西南部、中南半島、菲律賓、尼泊爾、錫金、印度、馬來西亞、爪哇、蘇門答臘、新幾內亞、澳洲、太平洋諸島。族群稀少。稀有。

Nervilia plicata（Andr.）Schltr. 紫紋脈葉蘭

全省中南部低海拔山區。中國大陸華南、雲南、四川。泰國、緬甸、菲律賓、錫金、印度、馬來西亞、新幾內亞、澳洲。族群稀少。稀有。

Oberonia rosea Hook. f. 劍葉莪白蘭

恆春半島南仁山。馬來半島。邊際分布。稀有。

Pachystoma formosanum Schltr. 台灣粉口蘭

南橫公路。狹隘固有。稀有。

Peristylus calcaratus（Rolfe）S. Y. Hu 貓鬚蘭

南投縣竹山。泰國、香港。族群稀少。稀有。

Phalaenopsis aphrodie Reichb. f. 台灣蝴蝶蘭

恆春半島，台東縣大武、蘭嶼。菲律賓。邊際分布。瀕危。

Phalaenopsis equestris（Schauer）Reichb. f. 桃紅蝴蝶蘭

小蘭嶼。菲律賓。邊際分布。漸危。

Pleione formosana Hayata 台灣一葉蘭

阿里山、中央山脈、花蓮。狹隘固有。稀有。

Ponerorchis taiwanensis Ohwi 台灣紅蘭

中央山脈。狹隘固有。稀有。

Thelasis clausa Fukuyama 閉花八粉蘭

花蓮縣太魯閣。狹隘固有。稀有。

Thelasis triptera Rchb. f. 三翼八粉蘭

高雄縣三民、茂林，花蓮縣清水山、太魯閣神秘谷。中國大陸、泰國、馬來西亞、蘇門答臘、菲律賓。族群稀少。稀有。

Thrixspermum eximum L. O. Williams 異色瓣蘭

恆春半島里龍山。菲律賓。邊際分布。稀有。

Thrixspermum fantasticum L. O. Williams 金唇風鈴蘭

台北縣烏來，台東，蘭嶼。琉球、菲律賓。族群稀少。稀有。

Thrixspermum kusukusense（Hayata）Schltr. 高士佛風鈴蘭

南投縣蓮華池、屏東縣大武山。狹隘固有。稀有。

Thrixspermum subulatum Seichb. f. 肥垂蘭

南投縣鹿谷，台東縣大武。菲律賓、泰國、蘇門答臘、爪哇。族群 稀少。稀有。

Tipularia odorata Fukuyama 南湖蠅蘭

北部。狹隘固有。稀有。

Tuberolabium kotoense Yamamoto 蘭嶼管唇蘭

蘭嶼。菲律賓。邊際分布。稀有。

Vanda lamellata Lindl. 雅美萬代蘭

小蘭嶼。琉球、菲律賓。邊際分布。稀有。

144.PALMAE 棕櫚科

Livistona chinensis（Jacq.）R. Br. var. *subglobosa*（Hassk.）Beccari 蒲葵

宜蘭龜山島。日本、琉球、密克羅尼西亞。族群稀少。稀有。

Phoenix hanceana Naudin var. *formosana* Beccari 台東海棗

基隆和平島，恆春半島，花蓮海端，台東海岸山脈。狹隘固有。漸危。

Pinanga bavensis Beccari 山檳榔

蘭嶼。中南半島、中國大陸華南。邊際分布。稀有。

145.PHILYDRACEAE 田蔥科

Philydrum lanuginosum Banks & Sol. ex Gaertn. 田蔥

桃園縣南嵌、大園、埔心，宜蘭縣雙連埤。澳洲、馬來西亞、琉球、日本。族群稀少。漸危。

146.POTAMOGETONACEAE 眼子菜科

Potamogeton cristatus Regel & Maack 冠果眼子菜

新竹以北之北部地區。中國大陸、日本、琉球、蘇聯遠東地區。族群稀少。漸危。

Potamogeton maachianus A. Benn. 微齒眼子菜

宜蘭縣南澳神秘湖。西伯利亞、日本、中國大陸。族群稀少。稀有。

Potamogeton oxyphyllus Miq. 線葉藻

南投縣日月潭，屏東縣南仁湖。韓國、日本、中國大陸。族群稀少。稀有。

147.SMILACACEAE 菝葜科

Smilax luei T. Koyama 呂氏菝葜

南投縣蓮華池。狹隘固有。稀有。

Smilax nantoensis T. Koyama 南投菝葜

南投縣蓮華池。狹隘固有。稀有。

Smilax nipponica Miquel 七星牛尾菜

台北縣七星山。日本、韓國、中國大陸。族群稀少。稀有。

148.SPARGANIACEAE 黑三稜科

Sparganium fallax Graebner 東亞黑三稜

宜蘭縣鴛鴦湖、草埤。中國大陸、日本。族群稀少。稀有。

149.XYRIDACEAE 蔥草科

Xyris formosana Hayata 桃園草

桃園，新竹縣竹北。狹隘固有。漸危。

150.ZANNICHELLIACEAE 角果藻科

Halodule pinifolia（Miki）Hartog 線葉二藥藻

屏東縣車城至海口之海岸、墾丁。印尼、馬來西亞、菲律賓、琉球。族群稀少。稀有。

Zannichellia palustris L. 角果藻

高雄，屏東。熱帶及亞熱帶。族群稀少。漸危。

151.ZOSTERACEAE 甘藻科

Zostera japonica Ascher. & Graebner 甘藻

新竹、台中、台南，高雄。歐亞、非洲。族群稀少。稀有。

四、結論及討論

所謂稀有及瀕危植物乃指在時間上和空間上族群的變化現象。當其族群逐漸減少，生育地範圍日趨狹隘，因此而有絕滅危機者。而這些植物不論其目前是否對人類有益，但對於整個生態體系之平衡及基因之保存皆有一定之功能與價值。基於人類長期的利益，任何一種植物之絕滅對人類都是一種損失。故而從事稀有及瀕危植物種類之調查，以便予以保護。但常由於人力、財力、時間及其他因素的限制而未能適時全部予以保護，以致使一些亟待保護之種因延誤而未能保護以致絕滅，造成無可彌補之損失。故而擬進一步從事稀有及瀕危植物保護等級分級之評估，決定保護措施之優先順序，以期能使一些亟待保護之種能夠及時予以優先保護，並避免不幸的絕滅情況之可能發生。

本文僅就台灣產的四千多種維管束植物（包括蕨類及種子植物——即裸子植物和被子植物兩類）依其稀有程度及危險性兩項因素評選之，計區分為絕滅級者4種，瀕危級者21種，漸危級者61種，稀有級者424種，合計共為510種（見表35台灣地區稀有及瀕危植物保護等級之評定總表）。

稀有及瀕危植物保護等級之分級雖有其客觀的準則，如族群數量，分布狀況，人為迫害之程度，自然衰退之情況。但由於此等準則多為相對的情況而非絕對之數據，以致在判定級別時難免有主觀之認定。如烏來杜鵑與紅星杜鵑二者皆為狹隘固有族群稀少者，由於前者分布海拔較低人類活動頻繁，故將前者列為瀕危級（現已野外絕滅）而將後者列為漸危級，但目前人類活動即或較高海拔地區亦相當頻繁，故若將紅星杜鵑列為瀕危級當亦無不可。但稀有及瀕危植物分級之主要目的僅為提供保護措施優先順序之參考，並未否定其應予以保護之情況。故本文之分級結果雖難免有主觀之認定，如有不當尚祈各界專家不吝賜正，惟祈有助於使一些亟待保護之物種能夠及時優先予以保護則幸甚焉。

表 35. 台灣地區稀有及瀕危植物保護等級之評定總表

	蕨類植物 （24科）	裸子植物 （8科）	雙子葉植物 （96科）	單子葉植物 （23科）	合　計 （151科）
絕滅級	0	0	4	0	4
瀕危級	1	4	12	4	21
漸危級	5	12	30	14	61
稀有級	49	1	254	120	424
合　計	55種	17種	300種	138種	510種

（本書整理）

中國稀有瀕危植物調查與研究課題組. 1991. 第二批中國稀有瀕危植物名錄.

中華民國文化資產保存法. 1982. 民國七十一年五月二十六日公布.

中華民國文化資產保存法施行細則. 1984. 民國七十三年二月二十三日公布.

吳德鄰、胡長宵（主編）. 1988. 廣東珍稀瀕危植物圖譜. 中國環境科學出版社.

宋朝樞、徐榮章、張清華. 1989. 中國珍稀瀕危保護植物. 中國林業出版社.

日本自然保護協會、世界野生生物基金日本委員會. 1987. 保護上重要植物.

柳榗、徐國士. 1971. 台灣稀有及有滅絕危機之植物種類. 中華林學季刊4 (4)：89-96.

柳榗等. 1987. 台灣稀有植物群落生態調查（Ⅱ）. 農委會76年生態研究第013號.

徐國士、呂勝由. 1980. 台灣稀有及有滅絕危機之植物. 台灣省政府教育廳.

徐國士、呂勝由. 1984. 台灣的稀有植物. 台灣自然大系 12. 渡假出版社有限公司.

徐國士. 1983. 台灣稀有植物的保護. 大自然創刊號：53-57.

徐國士. 1987. 台灣的稀有植物. 台灣植物資源與保育論文集：139-157.

徐國士等. 1985. 墾丁國家公園稀有植物調查報告. 內政部營建署墾丁國家公園管理處.

徐國士等. 1987. 台灣稀有植物群落生態調查. 農委會75年生態研究第014號.

國家環境保護局. 1987. 中國珍稀瀕危保護植物名錄第一冊. 科學出版社.

張宇和、盛誠桂. 1985. 植物的種質保存. 上海科學技術出版社.

張豐緒等. 1985. 台灣地區具有被指定為自然文化景觀之調查研究報告. 行政院文化建設委員
　　會. 中華民國自然生態保育協會合作計畫.

陳擎霞、吳聰奇、康士林. 1989. 桃園池沼稀有植物. 農委會.

傅立國（主編）. 1989. 中國珍稀瀕危植物. 上海教育出版社.

彭國棟. 1996. IUCN最近物種保育等級及其應用. 自然保育季刊13：6-18.

彭國棟. 1999. 世界自然保育聯盟物種瀕危等級. 台灣省特有生物研究保育中心.

廖日京. 1993. 台灣木本植物學名目錄. 台灣大學森林學系.

劉棠瑞、賴明洲. 1982. 淡水河口竹圍地區水筆仔紅樹林來源問題之探討. 中華林學季刊
　　15(3)：85-86.

賴明洲、陳學潛. 1976. 圓葉澤瀉之生育環境與種內形態變異之研究. 中華林學季刊9(4)：91-
　　98.

賴明洲. 1987a. 稀有植物資源之分類評估與普查登錄. 東海學報28：1031-1044.

賴明洲. 1987b. Conservation and assessment of rare and threatened vascular plant species in
　　Taiwan. XVI Pacific Science Congress, Seoul, Abstract p.153.

賴明洲. 1990. 台灣東部新發現的新種植物—太魯閣秋海棠. 造園季刊4：125.

賴明洲. 1991. 台灣地區植物紅皮書—稀有及瀕危植物種類之認定與保護等級之評定. 行政院
　　農委會80年生態研究第12號. 113 pp.

賴明洲. 1996. 台灣地區稀有及瀕危植物種類之認定與保護等級之評定. 東海大學學報37(6)：

73-111.

賴明洲. 1997. 台灣地區植物紅皮書種類的區系意義. 海峽兩岸自然保育與生物地理研討會論文集. 林曜松（編）. pp.219-221. 台灣大學動物學系.

賴明洲、李瑞宗. 1991. 陽明山國家公園鹿角坑溪生態保護區植物生態研究. 內政部營建署陽明山國家公園管理處.

賴明洲、柳榗. 1988. 台灣地區稀有及臨危植物滅絕危險度之評估（一）木本植物. 農委會 77 年生態研究第 003 號.

蘇鴻傑. 1988. 台灣國有林自然保護區植群生態之調查研究─阿里山一葉蘭保護區植群生態之研究. 林務局.

蘇鴻傑. 1988. 台灣國有林自然保護區植群生態之調查研究─南澳闊葉樹保護區植群生態研究. 林務局.

蘇鴻傑. 1988. 墾丁國家公園蘭科植物相及其保育之研究. 內政部營建署墾丁國家公園管理處保育研究報告第 41 號.

我が國にすける保護上重要な植物種及ぴ群落に關する研究委員會種分科會. 1989. 我が國にずける保護上重要な植物種の現狀.（財）日本自然保護協會 世界自然保護基金日本委員會.

岩槻邦男. 1990. 日本絕滅危の植物. 海鳴社.

沼田眞等. 1976. 保護上重要の生物 1.植物. 自然保護：353-370. 東京大學出版會.

Ayensu, E. S. 1981. Assessment of threatened plant species in the United States. In H. Synge（ed.）. The Biological Aspects of Rare Plant Conservation. pp.19-58. John Wiley and Sons Ltd.

Beloussova, L. and L. Denissova 1981. The USSR Red Data Book and its compilation. In H. Synge（ed.）. loc. cit. 93-100.

Du Mond, D. M. 1973. A guide for selection of rare, unique and endangered plants. Castanea 38(4)：387-395.

European Committee for the Conservation of Nature and Natural Resources 1983. List of Rare, Threatened and Endemic Plants in Europe. Strasbourg.

Fay, J. J. 1981. The endangered species program and plant reserves in the United States. In H. Synge（ed.）. loc. cit. 477-452.

Given, D. R. 1981. Threatened plants of New Zealand：Documentation in a series of islands. In H. Synge（ed.）. loc. cit. 67-79.

Good, R. B. & P. S. Lavarack 1981. The status of Australian plants at risk. In H. Synge （ed.）. loc. cit. 81-92.

Halll, A. V., de Winter, M., de Winter. B. & van Oosterhout, S. A. M. 1980. Threatened Plants of Southern Africa. South African National Scientific Programmes Report No. 45.

Hartley. W. and J. Leigh 1979. Australian Plants at Risk. Australian National Parks and Wildlife Service Occasional Paper No. 3, Canberra.

IUCN Conservstion Monitoring Centre 1986. Plants in Danger：What Do We Know．IUCN, Gland, Switzerland, and Cambridge, U. K.

IUCN Threatened Plants Committee Secretariat 1980. How to Use the IUCN Red Data Book Categories. Royal Botanical Garden, Kew, Richmond, Surrey, England.

Liu,T.S. & M.J. Lai 1979. *Geum japonicum* Thunb.（Rosaceae）, an additional genus and species for the flora of Taiwan. Quart. J. Taiwan Mus. 32（1, 2）：33-35.

Lucas, G. and H. Synge 1978. The INCN Plant Red Data Book. IUCN, Morges, Switzerland.

Perring, F. H. and L. Farrell 1983. British Red Data Books：1. Vascualr Plants. Royal Society for Nature Conservation.

Rassi, P. and R. Vaisanen 1987. Threatened Animals and Plants in Finland. Helsinki.

Su, H. J. 1998. An ecological evaluation of the threatened seed plants of Taiwan. Rare, Threatened, and Endangered Floras of Asia and the Pacific Rim（C. I. Peng & P. P. Lowry II, eds.）. Institute of Botany, Academia Sinica Monograph Series No. 16, pp. 47-64.

WCMC. 1994. Taiwan Conservation Status Listing of Plant. IUCN.

拾伍、台灣的外來入侵植物
（Plant Invasion in Taiwan）

1982年國際科學聯盟（International Council of Scientific Unions）的SCOPE委員會（Scientific Committee on Problems of the Environment）曾經召集一個「生物入侵生態學（Ecology of Biological Invasion）」研究計畫群，針對下面的課題進行研究：1、一個物種是否演變為入侵種（invader）的決定因素；2、一個物種是否演變為入侵種的環境特性。由1及2的研究成果尋求最有利的入侵種有關的防治方式、措施或策略。

澎湖大部份空地均被強勢銀合歡入侵，原來植被已不復見

藉由入侵植物的研究與瞭解，可引起公眾對其危害威脅自然或半自然環境或生態系的認知與重視。此一認知將有助於防止群眾任意將該類入侵植物引入新環境。政府或相關學術研究機構亦應採取具體保育措施或策略以防止入侵植物對生態系及生物多樣性所產生的威脅。

台灣地區近年來因為經濟發展迅速，人為活動頻繁，對生態環境造成不斷干擾，生物入侵現象極為顯著，除了河川中的吳郭魚及水岸的福壽螺外，入侵植群舉目可見，到處充斥，例如小花蔓澤蘭、銀合歡、大花咸豐草、馬纓丹、長穗木、吊竹草、番石榴、蓖麻等，據最新統計，台灣地區的入侵植物或外來歸化植物已達326種之多。

布袋蓮到處在水溝河道生長

研究台灣地區的入侵植群為當今首要急務之一，首先要針對入侵植物的正確定義，入侵現象所引起的干擾及威脅，入侵的過程與步驟，入侵植物的特徵分析，入侵等級的評估，研擬入侵植物的防治等方面著手，進行野外實地調查觀測，防治措施與策略的探討等工作。並引發各界對入侵植物的重視，

空曠荒廢地最強勢的入侵野草——加拿大蓬

溪頭森林遊樂區柳杉林下為巴西水竹葉入侵

入侵的紫花藿香薊可算一種鄉間的觀賞野花

引進後逸出的歸化植物──馬纓丹

紅毛草到處在中南部生長

令人頭痛的最新入侵植物──小花蔓澤蘭

墾丁高位珊瑚礁自然保留區被吊竹草嚴重入侵

新近入侵台灣南部的刺軸含羞木（楊勝任提供）

共同加強其防治相關的保育工作。

一、入侵植物的定義與相關名詞釋義

植物的傳播，可藉由人類的活動而快速蔓延。人類活動引起的資源不當利用或造成污染而導致生育地的直接破壞，殆為造成生物多樣性危害的主要威脅。尤有甚者，乃為外來物種對自然及半自然生育地（natural and seminatural habitats）形成的威脅，而且此一威脅乃為持續性而遍布者。一般而言，若開發利用或污染一旦停止，則生態系便展開恢復的過程。然而，當外來種的引進雖然停止，但是已存在的外來種個體並不會因此而消失，有時反而繼續拓展擴散而更為強化，形成一種嚴重而遍布性的威脅。

Cronk & Fuller（1995）將「入侵植物（invasive plant）」作如下的定義：其係一種不必藉由人類直接協助而可在自然或半自然的生育地進行以自然的方式拓展擴散的外來植物種類，並可導致群落的組成、結構或生態系統發生顯著的變化者。

此一定義界定了「入侵植物」與引進入之後極度干擾人為或農作生育地的「隨人植物（ruderals）」和「雜草（weeds）」的明顯差異。後二者乃存在於非自然的生育環境。

茲定義與入侵植物相關的其他名詞說明如下：

（一）**入侵物種**（invaders）：入侵自然或半自然環境的動、植物及微生物。入侵動物常見者有哺乳類、魚類或昆蟲。

（二）**外來種**（aliens）：非一個地區自生的（native or indigenous）物種，由其他地區自然或人為引進到另一個地區。

（三）**外來植物**（exotic plants）：非一個地區自生的植物種類。

（四）**引進植物**（introduced plants）：非本地區自生的植物種類，系由另外地區引入者。

（五）**歸化植物（馴化植物）**（naturalized plants）：外來種因水土氣候上的適應而可在野地自然存活，並藉自播能力散布繁衍。木本植物如木棉、長穗木、銀合歡及馬纓丹；草本植物如藿香薊、加拿大蓬、孟仁草及大花咸豐草。

洪丁興等（1993）謂歸化植物為野生化外來植物的總稱，概分成二類：

1、**自然的歸化植物**：在不知覺中渡入本地區而形成野生狀態者，例如長柄菊、昭和草、加拿大蓬、西洋蒲公英、饑荒草、大野塘蒿、豬草、孟仁草、紅毛草等許多野草。國際間貨物及穀物交易由來已久，學術機構與種苗商亦常引入種子與苗木，這類植物的種子可能混雜於外來貨物或包裝箱中，經由港口或機場侵入，一旦可適生於本土環境，即拓殖蔓延呈野生化狀態。但是有些植物是藉由風力、水流、鳥類等自然因數的力量帶入，而非人為因素，這類植物仍屬本地區的自生植物，而非歸化植物。

2、**人為的歸化植物**：因食用、藥用、觀賞用、牧草用、飼料、綠肥用等目的而以人工方式引進，栽培後逸出形成野生狀態者。

（六）**逸出植物**（escapes）：外來具有經濟利用價值的植物，尤其是園藝栽培種因適應本地氣候而馴化者，並可在野地自然存活及自播繁衍。例如天人菊、落地生根、長春花、馬纓丹、毛地黃及穗花山奈。

（七）**隨人植物**（ruderals）：常伴隨人為活動地區（如村莊、市鎮、公園）而出現的植物種類。

（八）**雜草（野草）**（weeds）：沒有經濟價值的自生或外來草本、藤本或亞灌木植物種類。

（九）**自生植物（原生植物）**（native or indigenous plants）：一個地區原產的植物種類，相對於外來引進植物。

（十）特產種（固有種）（endemics）：為一個地區所特產的物種，而為其他地區所未見者。

（十一）干擾（disturbance）：任何一種環境因數，只要對生態系統的作用強度超過正常情況下出現的強度，便可能造成生態系統的結構和動態以及相應的環境發生變化，謂之干擾。干擾因素主要有下列八種：

1、火的干擾：例如完全的大火毀林引起次生演替，而較輕的火燒會引起群落的波動。天竺草（大黍）（*Panicum maximun*）原產熱帶非洲，當初引種是為了台中大度山的水土保持，但已蔓延至中部山坡地，並沿著高速公路向南、北部急速拓殖。天竺草是火燒適存種，日後可能成為本島中、低海拔火燒頻繁地區之優勢種。此為火因素干擾所造成的著名例子。

2、氣候性干擾：例如旱、澇、颱風、極端溫度等引起群落的變化。

3、土壤性干擾：例如由土壤pH值變化或某種礦質元素（例如磷）短缺引起群落的變化。

4、地因性干擾：例如地震、火山、土石流等引起群落變化。

5、動物性干擾：例如由於昆蟲的過度發生引起群落變化。

6、植物性干擾：例如由新物種進入群落引起群落的變化。保留區入侵植群之干擾即為此一性質的干擾。

7、污染性干擾：例如由於廢氣或廢水引起群落變化，有的學者以為污染性干擾應屬於人類干擾。

8、人類干擾：人類干擾系指人類對生物群落的作用力，其規模能改變生態系統正常變化，但不足以改變生物群落的宏觀類型。例如對森林打枝、間伐等。人類破壞系指人類對生態系統的作用力，大於生態系統的承受能力，其結果使生態系統的性質改變。例如皆伐、嚴重的森林火災等。

（十二）威脅（threats）：因干擾而引起的生態系統的危害，其規模及破壞程度可以加以等級評估。

二、入侵植物的干擾對生態系的威脅

茲將國外報導入侵植物所引發對自然生態系統的威脅分別闡述如下：

（一）外來種的單種立地取代原地的紛雜系統

在模裏西斯和夏威夷，草莓番石榴（桃金孃科，*Psidium cattleianum*）業已擴張到在一些大塊的濕常綠林地佔優勢，在那些地方外來然而旺盛生殖的植生取代了本地植生。另一個大洋島（oceanic island）的例子是大溪地的*Miconia calvescens*（野牡丹科）：這種植物已經覆蓋了大溪地25%的地面，主要侵入高地雲林（upland cloud forest）。在不列顛群島，*Rhododendron ponticum*（一種杜鵑花）業已侵入許多類生育地。在合適的情況下，這種植物會形成濃密而無法穿行的立地（stand），妨礙本地植物種的更新，同時使鳥和其他動物的棲息地面積減小。許多種相思樹（*Acacia*）在南非廣表的低地和山地fynbos（一種不閉合的灌叢地）擴張，往往形成幾乎沒有其他種的立叢，導致當地的生物紛雜度（biodiversity）降低。一種槐葉蘋（*Salvinia modesta*）這種水生雜草已經在回歸帶和亞回歸帶的許多淡水生態系裏佔優勢。它的個體會密聚成一層漂浮的氈子，在蔽風處可以蓋住整個水體。這些氈子降低水體的受光量和含氧量，最後使當地原來的水生動物相和水生植物相被取代掉。台灣恒春半島西側低平地迎風坡、台東沿海地區、小琉球

及澎湖地區的原生植被已遭強勢的銀合歡入侵，幾乎嚴重破壞而改頭換面。

（二）直接威脅本地動物相

馬纓丹（*Lantana camara*, 馬鞭草科）在加拉巴哥斯群島形成無法穿行的濃密立地，因而縮小了一種瀕危的鳥（暗尾海燕，*Pterodroma phaeopygia*）的繁殖場所。木賊葉木麻黃（*Casuarina equisetifolia*）在佛羅里達的海岸帶擴張到干擾在那裏築巢的海龜（*Caretta caretta*）和北美鱷（*Crocodylus acutus*）。雖然本地動物受威脅的例子很多，也有植物侵入使本地動物得到好處的例子：在南非，雜斑五色鳥（*Lybius leucomelas*）的地理範圍曾經由於引進的*Acacia*所形成的密叢提供了更多的築巢地和果實而相當可觀地擴張。還有一種情況是：侵入的植物用左手直接壓下了某些本地動物同時用右手直接使另外一些本地動物得益。

（三）改變土壤化學

在夏威夷，能夠用根瘤固氮的一種楊梅（*Myrica faya*）提高了年輕的火山土的養份狀態。這會對這種天然養份貧瘠的生態系產生長期而且重大的影響－很多本來由於土壤過於貧瘠而沒法侵入的外來種得此之便可能終於能夠侵入這種生育地。聚鹽植物一種龍鬚海棠（番杏科，*Mesembryanthemum crystallinum*）在死亡之後會把終生積聚的大量鹽份完全釋出到生態系裏，這樣就鹽鹼化了它所侵入的地方，從而妨礙本地植生的建立。

（四）改變地貌過程

大米草（*Spartina anglica*，禾本科）業已侵入許多地區的河口泥灘（包括紐西蘭的幾處地點），並且改變了所侵入之處的沈積

過程。在某些地方，侵入的木賊葉木麻黃加強了沙丘侵蝕。*Ammophila arenaria*（禾本科）通常乃是為了穩定沙丘而被引進的，它在許多因此而引進它的地區顯示出極強的侵略性，但據說這種植物在紐西蘭反而使某些沙丘系統變得更不穩定。

（五）導致植物絕滅

植物侵入導致本地植物絕滅而有案可查的例子並不多，因為侵入者通常只是眾多促成因數之一。不管怎樣，有些發生於大洋島上的絕滅事例幾乎完全可以歸因於侵入。模裏西斯的梧桐科單種特有屬的*Astiria rosea*在絕滅之前只殘存於一處，這個地點現在長著濃密的外來植物密叢——這是使它絕滅的最可能的原因。許多侵入種侵入長有特有種、罕見種、或瀕危種的所在，因此有可能要為這些種的日後絕滅分攤一些罪責。一種相思樹*Acacia saligna*在南非現在正直接威脅著幾個IUCN登錄在案的瀕危種；一種西番蓮（*Passiflora mollissima*）正嚴重地威脅著夏威夷的雨林——許多特有種的家；一種杜鵑花（*Rhododendron ponticum*）正威脅著愛爾蘭西部的疏林（woodland）裏某些罕見的大西洋苔蘚植物的存活；一種女貞（*Ligustrum robustum*）在模裏西斯業已侵入長有許多特有種的濕常綠林；馬纓丹（*Lantana camara*）在加拉巴哥斯群島正威脅著幾種罕見的菊科植物；羽絨狼尾草（*Pennisetum setaceum*）在夏威夷正威脅著幾種被美國野生動物局列為瀕危的植物；*Ageratina adenophora*（菊科）正在澳洲的新南威爾斯威脅著兩種特有灌木（*Acomis acoma*和*Euphrasia bella*）的存活。

（六）改變野火體制

侵入植物能改變野火的頻率和強度。野火頻率依於幹期頻率、點燃事件，以及植生的易燃度（決定點燃事件的成功率）。許多

野火適應種借著特殊的生物學性質（諸如產制揮發油或枯立物）來提高成功點燃的頻率；這樣，野火在它們與其他植物的競爭關係上就很重要。一種白千層（*Melaleuca quinquenervia*）近於完美地適應於野火；在佛羅里達，這種侵入樹已經提高了野火的頻率，因而損害了本地植生。幾種*Hakea*（山龍眼科）密集地感染南非，已經提高了所侵入處的野火強度，因為它們迅速地大量累積可燃物。就像上面述及的這種白千層*Melaleuca quinquenervia*和許多其他的野火適應種（如放射松*Pinus radiata*）一樣，幾種*Hakea*（哈克屬，山龍眼科）的種子是延遲釋出的（serotinous）——火能促使它們的果實釋出種子。就本地種而言，在火焚更密集之後，有些種會直接蒙受重大的傷害，而另外一些種則間接地在更新上碰到困難。

（七）改變水文狀況

在夏威夷，許多原來長著回歸帶雨林的地方現在幾乎長滿了一種須芒草（*Andropogon virginicus*, 禾本科）。這種夏榮多枯的草的乾枯部份會形成濃密的氈子，使當地的徑流量升高，從而導致土壤侵蝕作用加快。相反地，能長得比較高的外來植物在侵入不閉合的本地植生之後會使當地的徑流量降低。借著它較本地的fynbos灌木者為大為密的冠層，哈克屬（山龍眼科）的一種*Hakea sericea*的立叢顯著地提高了蒸發散量，因此降低了從當地排出的水量（以及當地人所能獲得的水量）。

三、入侵植物的特徵

生物種的侵入可以預測嗎？曾經有人試著描述農業生育地上的「理想雜草」的特徵，然而界定各種各樣的天然生育地上的「理想的侵入植物」的確較不容易。無論如何，生育地的性質在決定侵入事件上似乎跟侵入植物本身的性質一樣重要。在侵入植物的名單裏什麼樣的生長形（growth form）都有一雖然在天然或半天然生育地上最成功的種以樹為多，而且迄今為止大多數是多年生植物。例如在紐西蘭，在受保護的天然地區裏，50%以上的侵入種是喬木或者高於3公尺的灌木。

侵入種在種子傳播機制、繁殖系統、和種子生態這三方面顯示其不同之處：

（一）種子傳播機制

「理想雜草」同時適應於長距離和短距離傳播方式。在那些在保育上重要的侵入種裏，最常被發現的種子傳播機制（seed dispersal mechanism）是靠鳥。在紐西蘭，超過半數的木本侵入種有鳥傳的肉質果，這種機制事實上同時允許長距離和短距離的種子運送。就相對種數來判斷，依賴動物似乎是傳播種子最有效的方法。鳥或哺乳動物在采到果實並吃掉它們之後或則就地吐出種子或則在體外或腸道內（可以久到一百小時）傳送種子。種子的高效率風傳只能遂行於開啟的生育地，因而足以配合的生育地有限。靠風的長距離傳播不規律，而且種子必須夠輕一種子所貯藏的養份因而也有限。對比之下，動物傳種子可以相當大一這樣所貯藏的養份比較能夠支應萌長於蔭處的幼苗所需一而這有助於一個外來種的成功。就一個侵入種而言，長距離傳播許給這個種更多建立新的侵入點的機會。相較於在原地擴張，建立新拓殖地更能增加侵入種的族群與當地既有植物群落的接觸邊緣；這可以提高侵入種的擴張速率，我們因而更難控制它們。下面舉出幾個成功的鳥傳侵入種的例子：

1、在澳洲，許多自生的相思樹屬（*Acacia*）種是蟻傳的，其他的種或則鳥傳或則鳥蟻兼傳。有幾種澳洲的相思樹業已侵入南非，其

中最成功的是那些鳥傳的種，如*Acacia cyclops, A. melanoxylon, A. saligna*。蟻傳的 Acacia pycnantha在南非還沒有擴展得怎麼遠。那些鳥傳的種（除了*A. saligna*之外－這個種也被螞蟻和哺乳動物所傳播）有膨大的亮紅種卑以吸引鳥類。鳥傳-成功這個關聯的例外有兩個：*A. longifolia*和*A. mearnsii*。它們的侵入性都極強，尤其是沿著水道與河谷。它們都是水傳的種，雖然A. longifolia能吸引若干鳥為它傳播－這對建立新的感染點很重要。

2、一種西番蓮（*Passiflora mollissima*）碩大的肉質果由鳥和野化豬傳播－這使所有控制這個侵入種的企圖垮掉。許多孤立的感染──有些在不可到達之處──可以被假定為本來由長距離鳥傳所建立，而豬則促成了從這些點開始的局地感染。

3、馬纓丹(*Lantana camara*)這種無所不在的回歸帶雜草產自鳥傳的種子。它在澳洲侵入本來沒有幾種鳥傳植物的硬葉植物生育地，在傳播媒介方面缺乏競爭有助於長穗木在澳洲的成功。在St. Helena島上，引進的mynah鳥（*Acridotheres tristis*）廣泛而且有效地傳播這種植物。

4、波葉海桐（*Pittosporum undulatum*）的種子表面很黏，既可以在鳥腸內也可以黏附在鳥的體外被運送。這種植物正在成功地侵入未干擾過的回歸帶雨林。

（二）繁殖系統

就「理想雜草」而言，最合適的繁殖系統（breeding system）據說是自體相容的（self-compatible），而不是強制性自體傳粉的（obligatorily self-pollinated）或者無融合生殖的（apomictic）。自體相容允許小族群在沒有合適的傳粉者的情況下仍能結籽。強制性自體傳粉可能導致內交（inbreeding），使得族群缺乏變異和活力。

就活躍於天然生育地上的侵入植物而言，這個規律似乎撐不住。

在紐西蘭的本地植物相裏，雌雄性異株（dioecious）者佔12～13%，這個比率被公認為很高（例如不列顛群島的這個數位不過是3%）。就其繁殖系統資訊收載於本書的那些植物而言，13%是雌雄性異花異株（dioecious），11%是雌雄性異花同株（monoecious），其他的是雌雄性同花。這個異花異株比率跟紐西蘭的本地植物相的差不多。

雌雄性異花異株與雌雄性異花同株是兩種能促進異體傳粉（cross-pollination）從而促進外交（outbreeding）的機制。無論如何，許多成功的雌雄性異花異株侵入種不是發展出克服異株不利的方法就是當初以夠大的個體數進入新地區，因此它們從一開始就能順利地結籽。有幾種異株的侵入植物能夠有效地營養生殖。這對水生種尤其攸關（諸如 *Lagarosiphon major, Myriophyllum aquaticum*, 輪葉黑藻*Hydrilla verticillata*），它們主要靠營養方式來生殖並且能夠有效地水傳。被引進新加坡的木質攀援植物帶鱗莖薯蕷（*Dioscorea bulbifera*）從那裏的植物園以營養生殖的方式擴張進鄰近的雨林裏，然而由於缺乏有效率的傳播它的擴張很有限（四公里而已）。木賊葉木麻黃曾經被廣泛栽種來穩定沙丘；有鑒於這種強勢侵入樹乃是一種異株植物，它應該早已克服了當初的結籽困難。雌雄性異花同株所面對的問題與異株所面對的差不多。有些同株的侵入種是自體相容的，這允許它們能在孤立狀態或小族群狀態下合適地結籽。放射松（*Pinus radiata*）是一個例子：毬果在樹上的排置方式有利於外交的發生，但是在旁邊沒有同種個體的時候自體傳粉和受精可以發生。這樣，不管個體的外在繁殖處境如何，自體相

容總可以保證在不受內交之害的情況下得到適量的種子。

當然，大多數侵入種的花是完全花（兩性花），但是我們不知道關於許多侵入種的交配相容性的資訊。強制性自體受精在種子植物裏難得見到，雖然有些機會性一年生草顯示很強的自體受精性。大多數植物是擁有若干自體受精能力的外交者。侵入種似乎也如此。自體受精的能力比較高的種在拓殖時比較佔便宜。不管怎樣，許多成功的完全花侵入種有很強的外交機制。侵入種往往是為了園藝或農業的目的而被大量引進者，如木賊葉木麻黃（*Casuarina equisetifolia*），一種杜鵑花（*Rhododendron ponticum*），*Ammophila arenaria*，放射松（*Pinus radiata*），一種西番蓮（*Passiflora mollissima*）等，它們因此未必蒙受強外交機制的不利之處——雖然如果它們只開始於一個地點那麼它們可能在許多小感染點不能成功地建立可活族群——而這可能會限制它們的擴張速率。茲舉例闡明幾種主要的樣式如下：

1、侵入南非的那些相思樹屬（*Acacia*）種顯然是強制性外交者。其中若干種（如*Acacia saligna*）已經廣布於南非，它們由於感染能力很強所以極難被控制。這些種範圍如此廣袤的擴張曾經受助於為了穩定沙丘和供給板材的大量種植，但是仍然主要歸因於它們豐沛的種子產量（儘管缺乏自體受精）以及極有效率的鳥傳。

2、西番蓮屬*Passiflora mollissima*是一種自體相容的木質攀援者，得利於自體受精和異體受精。這個繁殖系統特徵加上長距離傳播適應使這種植物能擴張到遠離主侵入點（常綠雨林）的孤立地點。

3、布袋蓮（*Eichhornia crassipes*）也是一種自體相容植物，雖然生殖主要靠營養方式——這允許孤立的種子苗迅速地形成新的感染。布袋蓮顯示殘遺的自體不兼容機制——

三花柱性（tristyly）。三花柱植物有三種個體（即三種表像型），每一種個體只能製造一種其花柱（相對於花冠和雄蕊的）長度特定的花，而成功的傳粉與受精只能遂行於表像型不同（也就是花柱長度不同）的個體之間。

4、正在夏威夷製造問題的一種狼尾草（*Pennisetum clandestinum*）的繁殖系統是權變性無融合生殖（facultative apomixis）。這樣的繁殖系統既有助於迅速拓殖又允許一些外交從而使族群內部存在一些變異。權變性無融合生殖因此看起來像是侵入種的理想繁殖系統。

5、*Ageratina adenophora*是一種強制性無融合生殖（obligatorily apomictic）植物〔即指無配子結籽（agamospermy）〕，因為它是三倍體。〔無融合生殖曾經被建議為侵入種的特徵，但是更正確地說，這是雜生性（weediness）的特徵。〕這種植物在草原和農地長得最好，在侵入未觸動的天然或半天然生育地時並不總能成功。然而不管怎樣，許多重要的保育地點也受過干擾，而且它在澳洲威脅兩種特有灌木的存活。

（三）種子生態

就雜草而言，種子長命是有利的。有些證據顯示許多侵入種的種子能休眠一段時期，例如含羞草屬的*Mimosa pigra*，相思樹屬的*Acacia melanoxylon*，*Acacia longifolia*，*Acacia saligna*，一種西番蓮*Passiflora mollissima*，*Ulex europaeus*。這種特質經常使控制它們的努力受到挫折。幾種能夠成功於火燒頻仍的生育地的侵入者的種子只在火燒之後才得以自果實中釋出（也就是指延遲釋籽性〔serotiny〕），就像在哈克屬的*Hakea suaveolens*，*H. sericea*，一種白千層*Melaleuca quinquenervia*，放射松（*Pinus radiata*）這些種。

許多侵入種——即便是那些最後可以長到很高的——生殖成熟地相當早——而且那時就能夠產制大量種子（例如羞草屬的 *Mimosa pigra*，一種鐵線蓮 *Clematis vitalba*，一種白千層 *Melaleuca quinquenervia*，一種相思樹 *Acacia saligna*）。那些能夠成功地侵入有林生育地的種經常同時展現出演替早期種（種子產量大、生長快）和演替晚期種（競爭力強、耐蔭）的特徵。一種杜鵑花 *Rhododendron ponticum*、草莓番石榴（*Psidium cattleianum*）和一種女貞 *Ligustrum robustum* 都是結合雜生性與高競爭力的灌木的好例子。

四、入侵等級評估（evaluation of invasive potential）

入侵植物對生態系的干擾或威脅，可以根據：1、發生入侵現象的生育地環境屬性，及2、對生態系中其他物種的危害或絕滅可能性，而加以規模或破壞程度的分級（見表36）。

五、入侵的階段

植物入侵的過程可以被分成下列幾個時期：

（一）引進期（introduction）

入侵植物的引種包括有意或無意的把植物體從一個地方移植至另一個地方。

（二）馴化期（naturalization）

所謂入侵植物的引進是指，入侵植物被孤立於最初引種的自然或半自然天然植群以外的地區。當族群數量很少時，入侵植物必須承擔遺傳上與生態上的風險，而且也許族群因而無法增加，這個時期是為馴化期。入侵植物是否能順利馴化取決於植物種類以及引進地點是否十分接近天然植群，以增加外來植群入侵的機會；其他因素還有入侵植物本身的生物特徵（成功的繁殖系統與生殖作用）與環境因素（氣候、季節周期與土壤狀況）。

表 36. 入侵植物入侵等級（invasive categories）分級表

分級	分級評估準則
0	非雜草或入侵種類
1	受嚴重干擾地或人工耕作地的小型雜草種類
1.5	第1級的強勢廣佈雜草種類
2	供家畜食用的牧草地、人工造林地或人工溝渠水體的雜草種類
2.5	第2級的強勢廣佈雜草種類
3	入侵半自然或自然生境（某些具有保育價值）的種類
3.5	第3級的強勢廣佈入侵種類
4	入侵重要的自然或半自然生境（如：種類豐富的植群、自然保護區、具有稀有種或特產種的地區）的種類
4.5	第4級的強勢廣布入侵種類
5	威脅到其他動、植物種類而導致其絕滅的入侵種類

（引自 Cronk & Fuller, 1995）

（三）適應期（facilitation）

被引進的植物族群通常難以擴張，除非受到某種助力使其得以延伸。例如適當的散布媒介，生態系統內部受到干擾以及沒有蟲害等。對於新環境的遺傳適應透過適應個體的選擇（微演化適應），是一種簡易化的促進作用形式。其他促進作用還包括藉由人類散布於野外。例如在模裏西斯的草莓番石榴（*Psidium cattleianum*），當地大量種植作爲果樹以釀製水果酒，使得生物控制的引進無法實現。在英國的某些莊園有一種杜鵑花 *Rhododendron ponticum*，過去森林開拓時因爲它美麗且吸引人的花朵而被保留下來，同時也助長了人們對它的散播（有些案例則是因爲美麗的種子）。因此，入侵植物的外表特徵有助於它的傳播，像是吸引人的外表，可食用的果實或是甜美的花蜜等，這些重要的入侵適應可以透過宣導管理來加以防治。

（四）拓展期（spread）

如果外來植物的拓展已經受到幫助，則它的拓展速度取決於植物本身生長與生殖的速度，像是被入侵的生育地之自然狀況包括適宜的周遭環境以提供繁殖；種子散布的能力是決定拓展速度的重要因素，而且成活率與種子最大飛散距離的認識有助於瞭解族群的擴張程度。一個成功的入侵者通常對短與長距離的散布都具有良好的適應，短距離的散布擴張了原有的族群，而長距離的散布有助於拓展至距入侵地區更遠的新區域中。

我們常觀察到入侵植物的拓展也許比較緩慢，而且起初在新環境中出現於較低階層的地方，然後忽然間族群遽增。造成這種現象的原因如下：

1、事實上族群數量是呈指數擴張的，但是當族群數量很少時，往往不會被注意到。

2、由於早期階段外來植物族群數量少而未被紀錄到。

3、原本族群數量難以增加，直到某些狀況發生改變；例如由於傳播者的到達，生育地的干擾與遺傳變異等，使其得以順利適應新的生育地，這個過程也許會花費較久的時間。

4、而原本引進的區域爲次生育地，後來入侵植物散布至最適宜的生育地而大量繁衍。

5、如果擴展情況良好，外來的族群也許很快便增加到一定水準，致使本土的植物與動物幾乎絕種，因此對外來入侵植物的控制計畫是必須的。

（五）與其他動植物的相互影響

外來入侵植物在新的生育地的拓展過程中，它將會遭遇到本土或外來的動物與植物。其間的交互作用結果將決定外來種得以順利入侵或是入侵過程中遭遇本土動植物的競爭。然而不論如何都將對生態系統的作用、組織與結構產生重大影響。儘管如此，在某些案例中，有些本土植物生長於環境極端的區域，因而受到保護而限制了外來植物的分布。

（六）穩定期（stabilization）

某些入侵常呈單一或接近單一種的穩定狀態，然而它往往是不安定的。許多入侵相形之下是比較新發生的，而且這個族群將歷經衰老階段。注意入侵過程群落中單一種的優勢支配情形或許有助於對入侵過程的瞭解，例如類似的演替階段。一個可供選擇的可能是這些大量的入侵象徵一個生態的超越（ecological overshoot），像是19世紀英國的水蘊草入侵，迅速造成水路交通的困擾。

六、入侵模式（modelling invasion）

模式是過程或系統的單純化描述，有時是以數學方程式的方法表呈現，用來幫助瞭解甚至可以估算給定的明確初始狀態來加以預測。大部分植物入侵的模式無法區別介於自然與半自然間的生育地以及干擾或人爲改變。由於考慮到植物入侵者與自然生育地生態的差異使得解釋熱帶植物入侵的特徵與因素相形困難。許多入侵模式論及疾病的傳染，同時也涉及了部分入侵植物與生育地之關係。其中群落動態的模式認爲入侵的主要阻礙如下：

（一）在競爭上受制於本土的物種。

（二）各類型的有害物質，如引發疾病。

（三）缺乏適合的特定互利共生動物以進行傳粉。

（四）入侵者本身密度過低。

其他尚有環境因素，像是氣候的季節交替、火災、自然干擾（風景、本土草食性動物放牧與踐踏與洪水泛濫等）與土壤化性等因素。然而，相似氣候分布的分析是基於分布外觀上適宜的氣候下，一種使用理論來建構入侵植物潛在分布的模型。

利用模式去仿眞入侵（通常用於預測性的目的），常常失敗於階段中入侵程式的仿眞：新生個體的建立與拓展，可以被更深一層的詳盡闡述。然而即使使用非常簡單的模式於生殖假說，藉由參數的改變可以被測試於田野調查中。例如在一個基本的模式中，拓展的比例從指數的一次線型顯示出不同的廣幅，特別是散布格局取決於改變簡單的族群參數。

七、規劃一個控制計畫

有四種方法可以用以控制入侵植物（常被組合使用），分別是物理的、化學的、生物的與環境管理等。控制方法應該細心規劃—當協調控制模式時（整體有害植物管理（IPM））必須考量策略上可行性的評估與技術層面上可達成度的問題，而且一開始就必須明確被確立。

入侵植物控制計畫所考量的是複雜的規劃問題，如同Coblentz的建議，計畫全面清除外來植物的過程中，爲生物保育工作提供了一個良機於科學與保育間的連結。有關入侵植物控制規劃應考量下列要點：

（一）優先考量控制物種

對於優先控制物種的選擇應該意識到早期的介入與預防是最好的控制方法，因此應該把焦點致力於新入侵的植物。因此，控制工作的延遲是危急的，因爲大部分成功的入侵者能夠在極短時間內便大量繁殖開來，例如槐葉萍屬（*Salvinia*）僅僅十天即可拓殖兩倍的數量。

（二）控制與保育

幾乎所有的入侵植物控制計畫都會引起保育問題，這是無法完全兼顧的課題。如果深思熟慮後決定用除草劑，則必須注意非目標個體所受到的影響而考量傷害的範圍與距離。如果面對的是生物控制，則必須考量對動物的危害以及引進個體可能再次引發另一次的入侵危機的困擾。

（三）優先考量的區域

在某些情況下，用一個地理分界的規劃比以單一物種爲基礎的考量還來得適當，特別是一個入侵種的變種正威脅具地方色彩的保留區域。在夏威夷即成功的對一個高保育價值區域進行控制工作——空間生態區域（special ecological areas（SEAs））。在所有規劃中，預先清楚的描述預定的控制方式是很重要的；通常這是對大部分原始的與生物

的重要保留區的一種保護。

在早期入侵階段中，封鎖策略也許是適當的；早期入侵植物的處理是透過區域性的完全撲滅的方式來遏止入侵植物的蔓延，但是也許日後入侵的重心會由中心區向其他地區轉移。因此持續監測是必須的，尤其是預定（保留地）地區的周圍地區。如果一個入侵是可以被控制的，他不僅非常容易處理，而且完全撲滅剩餘者也是可能的。一些自然保留區實際入侵情形較其他地區更為嚴重，這除了考量保留地保留地設計外，也要規劃控制策略。

保留區鮮有再次入侵的事件，所以應把重心放在更重要的事。在紐西蘭95個保護區的調查中發現，大部分的入侵規模很小，大多被封閉於土壤肥沃的狹長（高內緣比）干擾中心區以及道路兩旁。同樣的，已經受到入侵植物強烈傷害的生態系統要復舊原生植被已是不太可能的事，不應該被置於優先考量的地位。

（四）選擇控制方法

種類眾多的除草劑或是機械式的清除是自然保護區內的一種反生產，因為它可能會產生有害的影響於全面性的生態系統、生物多樣性與稀有性。相反的，使用定點式除草劑的控制計畫（仔細挑出目標植物，再施以最少記量之除草劑），可以減低對生態環境的衝擊。對於生態系統的整體考量，可以小心的使用物理或生物控制。

有時入侵植物控制系統會針對特別的植被型而加以設計控制方法，例如Bradley理論發展於澳大利亞的Mosman。然而有時為了保護保留區而小範圍區域性的整體消滅是可以被理解的。在生物控制方面因為龐大的支出使得生物控制不被重視，這是需要政府支援的。使用農藥控制則顯得便宜多了，但是

使用化學控制必需注意涉及對環境傷害與農藥重復處理所支出的成本。

有關常被使用的入侵植物控制方法有下列四種：

1、物理控制（physical control）

物理控制的形式包括以手摘除（通常用於1年生草本與剛發芽的小苗）、剪除（用於藤本、樹苗與喬木）、採掘（用於去除地下部或樹木的再生芽）或割除（用於草本植物），這也許對某些植物特別有用如松科植物。然而許多種類植物無法被這種方法消除，除非輔以化學藥劑於切割口上。使用物理控制方法消除灌木與喬木是非常不易的（費時費工），尤其是大面積控制的時候。其他控制方法如引火焚燒，也許是經濟的方法，但是將使環境管理控制評等降低，同時僅限於不傷及本土動植物的情況下。

物理控制方法對大部分入侵嚴重的物種是有效且經濟的，但是入侵植物對於具有下列特徵者不宜使用，包括切除後迅速再生者、種子可長期貯存者、碎片即能再生者、高生產量的、種子散播速度快者以及蔓性向鄰近地區蔓延者。

有關物理控制部分最重要與著名的是Mauritius的保護稀有植物案例。這個島嶼因為入侵植物危害嚴重，只有少部分高地地區能夠維持天然植被的存在。低地的天然植被除了兩個有引進消除計畫的離島外，其餘地區已經完全消失。WWF協會在Mauritius清除了8個小區塊的雜草，總面積約3公頃，以做為物理控制的試驗，發現本土樹苗在除過草的地區之存活率比未除草的地區更高。儘管如此，最初在部分主要入侵植物其中之一的 *Psidium cattleianum*，對其他入侵植物產生遮蔽效果，如果沒有這層關係，草本的 *Laurentia* 將會入侵，但是現在 *Psidium* 已被清除殆盡，另一種入侵植物便取而代之興盛起

來。因此，輕率的清除入侵種，將可能導致對生態系統的負面影響。

2、農藥控制（chemical control）

農藥像是除草劑可以迅速清除大量的入侵植物，且已經被大量使用，但是使用除草劑於保護區會產生下列幾個問題：

（1）使用除草劑或許可以有效的減少入侵種的數量，但是除非重復使用多次，否則仍然無法限制入侵植物的拓展或再次入侵。

（2）除草劑的傷害程度以及對環境潛在的危機往往難以掌握，而且可能傷害到非目的種外的動植物。

（3）除草劑可能存在環境中很久一段時間，甚至殘留於植物的葉部組織中。

（4）除草劑很昂貴，而且常需反復使用，因此在管理過程中需重復編列大筆預算。

（5）入侵植物可能對除草劑產生抗藥性，如許多木本入侵植物即是如此。

儘管使用除草劑有種種限制情形需要加以考量，然而除草劑常常是唯一可供管理的選擇與防禦的第一線。

3、生物控制（Biological control（biocontrol））

生物控制是利用自然界物種間的相互抑制關係來控制入侵植物，藉以縮減入侵植物族群數量並長時間持續維持的一種手段，因此，生物控制是一種低成本且低危害的入侵植物控制方法。

入侵植物的生物控制關鍵在於生物體媒介的選擇，一般來說無脊椎動物是很好的物件，其優點在於清除效率高，而且對於不同植物（包括目標植物與非目標植物）的測試可以輕易且迅速的完成。儘管如此，生物控制在過去曾經發生過著名的災害，由於引進外來物種欲控制雜草，但該種同時對其他本土植物（非目標種）亦造成危害（包括直接危害或生態習性相近種的排擠效應），因此

現在法令對於檢疫與試驗有極嚴格的限制。

一個成功的生物控制其優點在於清除效率高，對生態系統低危害或完全無害，雖然初始計畫經費較高，但是從長遠眼光來看，它所具有的永久性使其整體成本降低（相對於農藥控制需要重復使用）。然而由於過去曾經因引種不當而發生災害性的生態系統影響，使得生物控制仍然受到許多地區管理組織的反對。Macdonald曾經比較美國北部與非洲南部地區的保留地對生物控制管理的看法，發現非洲南部地區較能夠接受生物控制這項辦法的實施，這可能是因為非洲南部地區入侵情形比較嚴重，如同某些植物的入侵幾乎已經超越可控制的程度，也因此生物控制將日益重要。

生物控制雖然有許多優點，但是實際運作上能有需多困難需要突破，除了要避免引發二次入侵災害外，生物控制還面臨高失敗率的困境。根據統計，大約60～75％的生物控制是無效的，主要原因是在於生物控制程式的瑕疵與整體計畫的完備性。因此，發展出完善的生物控制程式是必須的。一般典型生物控制程式如下：

（1）找到入侵植物的起源區域，這需要涉及分類學與生物地理學。

（2）檢查目標植物（預定受控制植物）在原生育地的生態特性，並確認生物控制採用的物件（像無脊椎動物或細菌）。

（3）統整引種國家與計畫施行國家商量授權事宜（包括委任採集、運送受選引進物種）。

（4）計畫國家建立檢疫單位用來測試與隔離候選物種以增加安全性與成功率。

（5）決定候選引進物種後進行培養計畫以增加其數量。

（6）評估候選物種使用的適宜性。

（7）測試可能候選者的清除效率。

（8）決定候選物種。由科學家、農業機關與地方政府機關組成評審小組，依照測試結果決定之。

（9）生物控制候選物種釋放。一個謹慎的釋放計畫應考量釋放時機、數量與範圍的限制。

（10）監測新引進種與受控制種5～10年的族群變化，以瞭解其對入侵植物的控制成效，同時一併調查非目標種是否受到影響。

4、環境管理控制（environment management control）

藉由環境管理的控制來減少干擾的形成，可以有效降低外來植物入侵的機會與數量，其決定性的關鍵在於孔隙的大小。在非洲的Cape Forest，天然的孔隙（gap）通常非常小，起因於枯死的倒木所致。然而人工所導致的孔隙通常大於0.1公頃，使得微氣候惡化，土壤乾燥，而且長滿了草本植物，當地便不再有本土樹種更新，*Acacia melanoxylon*便乘機入侵該人為干擾後的孔隙。

在許多時候，干擾的預防也許需要衝突事件的解決。在夏威夷，羊與豬的引進是引發干擾的主要原因，但是在美國某些洲利用打獵來管理動物數量。其他像是規劃引進牧草來改善牧場收益，也許所引進的牧草本身不會引發入侵事件，但是在計畫實施過程中的干擾也許會引起其他外來植物的入侵。

在入侵植物的清除方面，特別是由於干擾後呈現大面積單一入侵種的情形，應該把重點擺在森林開墾過程，適時的栽植其他本土種以抑制入侵情形。在澳大利亞便成功的藉由促進*Ligustrum*大量更新而清除了*Tradescantia*。其他的控制技術還包括放牧壓力的調整，維持週期性的火燒或水分調節，例如控制濕地的水閘，如此透過人為方式可以持續壓制入侵植物，然而此類技術需要對入侵植物的生態特性有相當完整的知識。

八、小花蔓澤蘭及其防治

（文：徐玲明，照片：陳富永）

（一）小花蔓澤蘭簡介

台灣原產蔓澤屬的植物只有蔓澤蘭（*Mikania cordata*（Burm. f.）B. L. Rob.）一種，分布於全省各地，但生長勢弱，對農林作物的危害不大。小花蔓澤蘭（*Mikania micrantha* H.B.K.）（圖29）為原產於中南美洲的菊科植物，1950年以後被引入南亞及東南亞作為地被植物；近幾十年來已由引種地區向外擴散，在南亞、東南亞、大陸廣東、大洋洲島嶼及澳洲北部等地區造成高度危害。至於小花蔓澤蘭是何時及以何種方式侵入台灣，目前尚不清楚。根據中央研究院和台灣大學植物標本館的記錄，台灣最早是在1986年屏東縣採集的。2000年5月間媒體報紙報導於花蓮發生現嚴重危害林木，類似蔓澤蘭的「薇苷菊」，經由農業藥物毒物試驗所採集、比對、鑑定之後，確定其就是大名鼎鼎的侵入種的雜草——小花蔓澤蘭（*Mikania micrantha* H.B.K.）。

小花蔓澤蘭，中國大陸名為薇甘菊，草本至半木質化的纏繞植物，莖圓或有稜，節間5～20公分長。葉身卵形至三角卵形，2～13公分長，3～10公分寬，自基部延伸出3～7條葉脈；全緣至鈍齒狀，波狀至牙齒狀；基部心形，表面光滑；葉柄1～8公分長，纖細，光滑或具長柔毛。頭狀花序為一繖房圓錐花序3～6公分高，直徑3～10公分；頭花長4～6公釐，總苞片披針形，長2～4公釐，花冠白色至綠色2.5～3公釐長，稍具腺體，管狀花長1～1.5公釐；瘦果黑色，長1.5～2公釐，冠毛剛毛狀33～36個，白色，長2～3公釐。

台灣原產之蔓澤蘭與侵入之小花蔓澤蘭均為蔓性草本植物，兩者之生長習性與莖葉

外觀形態類似，主要之鑑別根據為花器特徵（見表37）。未開花之植株可由植株枝條節間上突起區別之，小花蔓澤蘭為半透明薄膜狀撕裂形突起，蔓澤蘭則為皺褶耳狀突起；開花植株則可由頭花之大小明顯地鑑別，蔓澤蘭的總苞、頭花、瘦果、冠毛之長度皆比小花蔓澤蘭大。除了以花器特徵鑑別外，逢機增幅多型性核酸技術可輔助確認兩不同種之蔓澤蘭屬植物，利用不同引子所擴增的核酸條帶型式清晰簡單，可明確區分小花蔓澤蘭及蔓澤蘭，做為種間鑑別之分子標誌，也提供作為在非開花時期之鑑定工具。

小花蔓澤蘭於每春季萌芽、夏季生長、冬季開花，花期自10月至翌年2月，自然環

表 37. 小花蔓澤蘭和蔓澤蘭之區別

	小花蔓澤蘭	蔓澤蘭
頭花	4-6公釐	6-9公釐
花冠	白色	黃白色
總苞	2-4公釐	5-6公釐
瘦果長	1.5-2公釐	2-3公釐
冠毛數	33-36	40-45
冠毛長	2-3公釐	3-4公釐
子葉形狀	橢圓形	長橢圓形

小花蔓澤蘭危害芒果園

境中,開花結籽之後,地上部的莖葉即枯死。耐蔭,在果樹或林木下蔓延,藉著其莖蔓的伸長,可沿著樹幹快速的爬攀樹冠層,甚至包覆整棵樹木。具無性及種子繁殖能力,多分枝,匍匐莖的節及折斷的葉柄皆可長出不定根,並擴展出新的莖葉系統,使其快速擴張。平面生長可形成數十公分的莖葉層,覆蓋地面,危害低矮作物之生長。

小花蔓澤蘭種子細小,每千粒重約0.15

g,具冠毛,易籍風力傳播,這些繁殖特性促成了小花蔓澤蘭的高生產力,生物量和擴散力。小花蔓澤蘭發芽溫度介於12~32℃,有80%以上的發芽率,溫度大於32℃及小於16℃時,發芽率明顯的降低,台灣初春~夏兩季之溫度則較適合此種草種子之發芽;小花蔓澤蘭種子在pH值5~7的環境中有良好之發芽率,種子之發芽可適應台灣大部份地區偏酸性之土壤條件;埋在土中3公分深之種

1mm

1mm

1mm

1 cm

圖29. 小花蔓澤蘭

小花蔓澤蘭危害柳杉造林地

子不發芽，覆土0～0.5公分者之種子萌芽率最高；小花蔓澤蘭種子發芽隨水分含量減少而降低，即水分不足時發芽率隨之降低，故田間小花蔓澤蘭適合自土表淺層萌芽，由於淺層表土水分易於散失，形成不利種子發芽之環境；春季梅雨或有灌溉補充水分之環境最適小花蔓澤蘭之種子之發芽。

目前小花蔓澤蘭除了在台北縣市、基隆市、新竹縣市、宜蘭縣及離島地區沒有發生外，其他17個縣市之林地及農地上皆有族群發生，以中南部最為嚴重，全省發生的面積超過四萬公頃。根據綜合調查結果，小花蔓澤蘭目前以南投縣發生面積最廣，其次是嘉義縣、屏東縣、高雄縣、花蓮縣、台南縣。普遍發生於1,000公尺以下之中低海拔之林地、坡地、荒廢地、休閒地、果園及道路兩旁，危害的作物包括龍眼、荔枝、檬果、椰子、柑桔、鳳梨、梅、香蕉、甘蔗、檸檬、酪梨、番石榴、蓮霧、釋迦、李、茶、竹、檳榔及苗圃等。小花蔓澤蘭的侵入，干擾果園的管理作業，在管理粗放的園區，攀爬覆蓋於果樹冠層頂部，競爭光照、水分、養分，阻礙植物正常生長。若放任其生長、開花、結種子，小花蔓澤蘭的族群則會逐年擴散。

（二）小花蔓澤蘭的防治與管理方法如下：

1、農田之防治

未發生小花蔓澤蘭的田區，農友除了要認識此雜草外，應瞭解侵入後的危害嚴重性。加強平時的監測，並做好及時剷除的防範措施。

對於已經覆蓋於樹冠的小花蔓澤蘭，比較有效且唯一的方法是人力及機械防除，最好在小花蔓澤蘭開花前，每年9月之前，以人力或鐮刀剷除，割斷莖蔓，割斷後不必將樹上的莖葉拉至地面，避免其莖葉在水分充足的情況下再度以無性繁殖方式生長，任其在樹上自然乾枯。對於在休閒地、荒廢地等平面生長的小花澤蘭，人力及機械剷除的效果並不大。

在沒有涉及到作物的地區，以化學防治之效果最佳。依雜草之發育期，除草劑可分為萌前（pre-emergence）或萌後（post-emergence）施用之兩大類。巴拉刈、嘉磷塞、固殺草等藥劑，屬於非選擇性萌後殺草劑，登記使用於非耕作農地雜草使用，或是防治雙子葉植物的除草劑如2,4-D、氟氯比、三氯比直接噴施於小花蔓澤蘭的莖葉，主要由葉部吸收進入植體，施用後5～10天植株可100%的枯死，在休閒地、荒廢地及休閒農地上可使用萌後除草劑防治小花蔓澤蘭。萌前除草劑必需於小花蔓澤蘭萌芽前或剛萌芽時施用於土壤表面，此藥劑主要經根及幼莖進入植體內，正確的使用可達100%的防治效果，但對3-4葉以上的小花蔓澤蘭效果差，所以必須掌握正確的施藥時期，在坡地的果園及鳳梨園管理可以考慮於初春雜草萌芽時期，應考慮以萌前除草劑防止小花蔓澤蘭的侵入及發生。

2、監測及阻止擴散

目前小花蔓澤蘭的分布及危害局限於中南部，在新竹以北地區，應著重於監測。因為植物侵入之後經過一段時間才會造成嚴重危害，侵入之後的時間長短，依植物繁殖速率而有所不同。小花蔓澤蘭主要以種子繁殖，它的種子非常輕且具有冠毛，容易隨風傳播，發芽率高達80%，在管理防治上除了注意在未開花前將其防除，避免產生大量種子之外，對周圍環境加以觀察，由外地飛入的種子或尚未完全防除之莖節會再度生長擴散。透過定時監測和及時清除的方法，每年4～7月間在小花蔓澤蘭尚未大面積發生時，適時的防除之，才能阻止其繼續蔓延擴散。

九、台灣入侵植物名錄

台灣入侵植物迄今為止統計有67科、225屬、326種及種以下類群，本資料由行政院農委會特有生物研究保育中心植物學組彭仁傑組長、農委會農業藥物毒物試驗所徐玲明小姐、農委會林業試驗所鍾詩文先生共同提供初步資料，加上編著者多年來的蒐集建檔，最後由曾家琳先生參考相關文獻彙整完成。

（一）蕨類植物

1.ADIANTACEAE 鐵線蕨科

Pityrogramma calomelanos（L.）Link
粉葉蕨

2.PARKERIACEAE 水蕨科

Ceratopteris thalictroides（L.）Brongn.
水蕨

3.SALVINIACEAE 槐葉蘋科

Salvinia molesta D. S. Mitchell 人厭槐葉蘋

（二）雙子葉植物

4.ACANTHACEAE 爵床科

Blechum pyramidatum（Lam.）Urban. 賽山藍

Hygrophila difformis（Linn. F.）E. Hossain 翼葉水莨衣

Thunbergia alata Sims 黑眼鄧伯花

Thunbergia fragrans Roxb. 碗花草

5.AMARANTHACEAE 莧科

Alternanthera bettzickiana（Regel）Nicholsen 毛蓮子草

Alternanthera philoxeroides（Mart.）Grisb. 長梗滿天星

Alternanthera paronychioides St. Hil.匙葉蓮子草

Amaranthus lividus L. 凹葉野莧菜

Amaranthus patulus Betoloni 青莧

Amaranthus spinosus L. 刺莧

Amaranthus viridis L. 野莧菜

Celosia argentea L. 青葙

Gomphrena celosioides Mart. 假千日紅

6.ANACARDIACEAE 漆樹科

Rhus succedanea L. var. *dumoutieri* Kudo et Matsura 安南漆

7.APOCYNACEAE 夾竹桃科

Vinca rosea L. 日日春

8.ASCLEPIADACEAE 蘿藦科

Asclepias curassavica L. 馬利筋

9.ASTERACEAE 菊科

Ageratina adenophora（Spreng.）R. M. King & H. Rob. 假霍香薊

Ageratum conyzoides L. 霍香薊

Ageratum houstonianum Mill. 紫花霍香薊

Ambrosia elatior L. 豬草

Aster ageratoides Turcz. subsp. *ovatus*（Fr. ex Sau.）Kitam. 小紺菊

Aster subulatus Michaux 帚馬蘭

Bidens bipinnata L. 鬼針

Bidens biternata（Lour.）Merr. & Sheriff ex Sherff 鬼針舅

Bidens chilensis DC. 大花咸豐草

Bidens pilosa L. 三葉鬼針

Bidens pilosa L. var. *minor*（Blume）Sherff 咸豐草

Calyptocarpus vialis Less. 金腰箭舅

Centratherum punctatum Cass. ssp. 菲律賓鈕釦花

Chromolaena odorata（L.）R. M. King & H. Rob. 香澤蘭

Chrysanthemum leucanthemum L. 法國菊

Cosmos bipinnatus Cav. 大波斯菊

Crassocephalum rabens（Juss. ex Jacq.）S. Moore 昭和草

Elephantopus mollis H. B. K. 毛蓮菜

Erechtites hieracifolia（L.）Raf. ex DC. 饑荒草

Erechtites valerianaefolia（Wolf）DC. 飛機草

Erigeron annuus（L.）Pers. 白頂飛蓬

Erigeron bonariensis L. 野塘蒿

Erigeron canadensis L. 加拿大蓬

Eupatorium adenophora Veldk. 具腺澤蘭

Eupatorium catarium 貓腥草

Gaillardia pulchella Foug. 天人菊

Galinsoga parviflora Cav. 小米菊

Galinsoga quadriradiata Ruiz & Pav. 粗毛小米菊

Gymnocoronis sp.（cf. spilanthoides?）光葉水菊

Gynura bicolor（Willd.）DC. 紅鳳菜

Mikania micrantha H. B. K. 微甘菊（小花蔓澤蘭）

Parthenium hysterophorus L. 銀膠菊

Pseudoelephantopus spicatus（Juss.）Rohr 假地膽草

Pluchea carolinensis（Jacq.）G. Don 闊苞菊

Pluchea sagittalis（Lam.）Cabera 翼莖闊苞菊

Senecio vulgaris L. 歐洲黃菀

Solidago altissima L. 北美一枝黃花

Soliva anthemifolia R. Br. 假吐金菊

Soliva pterosperma（Juss.）Less. 翅果假吐金菊

Spilanthes acmella（L.）Murr. 金鈕扣

Taraxacum officinale Weber 西洋蒲公英

Tithonia diversifolia A. Gray 王爺葵

Tridax procumbens L. 長柄菊

Vernonia elliptica DC. 光耀藤

Vernonia gratiosa Hance 過山龍

Wedelia triloba L. 三裂葉蟛蜞菊

Xanthium strumarium L. var. *japonica*（Widder）Hara 蒼耳

10.BASELLACEAE 落葵科

Anredera cordifolia（Tenore）van Steenis 洋落葵

Basella alba L. 落葵

11.BOMBACACEAE 木棉科

Bombax malabarica DC. 木棉

12. BORAGINACEAE 紫草科

Myosotis arvensis (L.) Hill

13. BRASSICACEAE 十字花科

Coronopus didymus（L.）Smith 臭濱芥

Lepidium virginicum L. 獨行菜

Sisymbrium irio L. 拂娘蒿

14.CABOMBACEAE蓴科

Cabomba caroliniana A. Gray 白花穗蓴

15.CACTACEAE 仙人掌科

Cereus peruvianus（L.）Mill. 六角柱

Hylocereus undatus（Haw.）Br. et R. 三角柱

Opuntia dillenii（Ker）Haw. 德氏團扇仙人掌

16.CALLITRICHEACEAE 水馬齒科

Callitriche peploides Nutt. 凹果水馬齒

17.CAMPANULACEAE 桔梗科

Hippobroma longiflora（L.）G. Don 許氏草

Triodanis biflora（Ruiz & Pav.）Greene 卵葉異檐花

18.CAPPARIDACEAE 山柑科

Cleome rutidosperma DC. 成功白花菜

19.CARYOPHYLLACEAE 石竹科

Arenaria serpyllifolia L. 無心菜

Spergula arvensis L. 大爪草

20.CHENOPODIACEAE 藜科

Chenopodium ambrosioides L. 臭杏

21.CLUSIACEAE 金絲桃科

Hypericum monogynum L. 金絲桃

Hypericum patulum Thunb. ex Murray 金絲梅

22.CONVOLVULACEAE 旋花科

Ipomoea alba L. 天茄兒

Ipomoea aquatica Forsk. 空心菜

Ipomoea batatas（L.）Lam. 甘藷

Ipomoea cairica（L.）Sweet 槭葉牽牛

Ipomoea hederacea（L.）Jacq. 碗仔花

Ipomoea hedrifolia L. 心葉鳥蘿

Ipomoea nil（L.）Roth. 牽牛花

Ipomoea wrightii A.Gray 槭葉小牽牛

23.CRASSULACEAE 景天科

Bryophyllum pinnatum（Lam.）Kurz 落地生

根

Kalanchoe tubiflora（Harvey）Hamet 洋吊鐘

Sedum bulbiferum Makino 珠芽佛甲草

Sedum mexicanum Britt. 松葉佛甲草

24CRUCIFERAE 十字花科

Coronopus didymus（L.）Smith 臭濱芥

Lepidium virginicum L. 獨行菜

Nasturtium officinale R. Br. 豆瓣菜

25.CUCURBITACEAE 瓜科

Coccinia grandis（L.）Voigt 紅瓜

Melothria pendula L. 垂果瓜

Momordica charantia L. var. *abbreviata* Ser. 短角苦瓜（小苦瓜）

Sechium edule Sw. 佛手瓜

26.EUPHORBIACEAE 大戟科

Chamaesyce hyssopifolia（L.）Small紫斑大戟

Chamaesyce maculata（L.）Small 斑地錦

Chamaesyce serpens（H. B. & K.）Small 匍根地錦

Croton spiciflorus Thunb. 穗花巴豆

Croton tiglium L. 巴豆

Euphorbia cyathophora Murr. 猩猩草

Euphorbia heterophylla L. 白苞猩猩草

Euphorbia tirucalli L. 綠珊瑚

Phyllanthus amarus Schum. & Thonn. 小返魂

Phyllanthus debilis Klein ex Willd. 銳葉小返魂

Phyllanthus tenellus Roxb. 五蕊油柑

Ricinus communis L. 蓖麻

Sapium sebiferum（L.）Roxb. 烏桕

27.FABACEAE 豆科

Aeschynomene americana L. 敏感合萌

Albizzia lebbeck（L.）Benth 大葉合歡

Alysicarpus rugosus（Willd.）DC. 皺果煉莢豆

Astragalus sinicus L. 紫雲英

Calopogonium mucunoides Desv. 擬大豆

Canavalia ensiformis DC. 關刀豆

Cassia occidentalis L. 望江南

Centrosema pubescens Benth. 山珠豆

Chamaecrista mimosoides（L.）Green 假含羞草

Chamaecrista nictitans（L.）Moe. ssp. *patellaria*（Col.）Ir.&Bar. var. *glabrata*（V.）Ir.&Bar. 大葉假含羞草

Clitoria falcata Lam. 鐮刀莢蝶豆

Clitoria ternatea L. 蝶豆

Crotalaria bialata Schrank 翼莖野百合

Crotalaria incana L. 恆春野百合

Crotalaria micans Link 黃豬屎豆

Crotalaria triquetra Dalzell 砂地野百合

Crotalaria zanzibarica Benth. 南美豬屎豆

Dalbergia sissoo Roxb. 印度黃檀

Desmanthus virgatus（L.）Willd. 多枝草合歡

Desmodium intortum（DC.）Urb. 西班牙三葉草

Desmodium scorpiurus（Sw.）Desv. 蝦尾山螞蝗

Lablab purpureus（Linn.）Sweet 鵲豆（扁豆）

Leucaena leucocephala（Lam.）de Wit.銀合歡

Macroptilium atropurpureus（DC.）Urban 賽芻豆

Macroptilium lathyroides（L.）Urban 寬翼豆

Medicago polymorpha L. 苜蓿

Medicago lupulina L. 天藍苜蓿

Melilotus indicus（L.）All. 印度草木犀

Melilotus officinalis（L.）Lam. 黃香草木犀

Mimosa diplotricha C. Wright ex Sauvalle 美洲含羞草

Mimosa pigra L. 刺軸含羞木

Mimosa invisa Mart. 美洲含羞木

Mimosa pudica L. 含羞草

Mucuna puriens（L.）DC. var. *utilis*（Wall. ex Wight.）Burck 虎爪豆

Neonotonia wightii（Wight & Arn.）Lackey 爪哇大豆

Pachyrhizus erosus（L.）Urban 豆薯

Psoralea corylifolia L. 補骨脂

Senna hirsuta（L.）Irwin & Barneby 毛決明

Sesbania cannabiana（Retz.）Poir 田菁

Sesbania sesban（L.）Merr. 印度田菁

Stylosanthes guianensis（Aubl.）Sw. 筆花豆

Tephrosia candida（Roxb.）DC. 白花鐵富豆

Trifolium dubium Sibth. 黃菽草

Trifolium pratense L. 紅花三葉草

Trifolium repens L. 白花三葉草

Trigonella hamosa Forssk. 灣果胡蘆巴

Vicia hirsuta（L.）S. F. Gray 小巢豆

Vicia sativa L. subsp. *nigra*（L.）Ehrh. 野豌豆

Vigna radiata（L.）Wilczek 綠豆

Vigna umbellata（Thunb.）Ohwi & Ohashi 米豆

28.GERANIACEAE 牻牛兒苗科

Erodium cicutarium（L.）L'herit. ex Ait. 芹葉牻牛兒苗

Erodium moschatum（L.）L'herit. ex Ait. 麝香牻牛兒苗

Geranium carolinianum L. 野老鸛草

29.HALORAGACEAE 小二仙草科

Myriophyllum aquaticum（Vell.）Verdc. 粉綠狐尾藻

30.LAMIACEAE 唇形花科

Ajuga decumbens Thunb. 匍匐筋骨草

Hyptis rhomboides Mart. & Gal. 頭花香苦草

Sideritis lanata L. 鐵尖草

31.LYTHRACEAE 千屈菜科

Ammannia coccinea Rathb. 長葉水莧菜

Cuphea carthagenensis（Jacq.）Macbrids 克非亞草

Rotala ramosior（L.）Koehne 美洲水豬母乳

32.MALVACEAE 錦葵科

Abutilon crispum（L.）Medicus 泡果苘

Abutilon striatum Dicks. 風鈴花

Malva neglecta Wall. 圓葉錦葵

Malva sinensis Cav. 華錦葵

Malvastrum coromandelianum（L.）Garcke 賽葵

Malvastrum spicatum（L.）A. Gray 穗花賽葵

Malachra capitata（L.）L. 旋葵

Sida rhomboidea Roxb. 擬金午時花

33.MYRTACEAE 桃金孃科

Psidium guajava L. 番石榴

34.NYCTAGINACEAE 紫茉莉科

Mirabilis jalapa L. 紫茉莉

35.NYMPHAEACEAE 睡蓮科

Nymphaea lotus L. var. dentata（Schum. Et Thonn.）Nichols. 齒葉夜睡蓮

36.ONAGRACEAE 柳葉菜科

Ludwigia decurrens Walt. 方果水丁香

Oenothera biennis L. 月見草

Oenothera glazioviana Micheli in Martius 黃花月見草

Oenothera laciniata Hill 裂葉月見草

Oenothera stricta Ledeb. ex Link 待宵草

Oenothera tetraptera Cav. 四翅月見草

37.OXALIDACEAE 酢醬草科

Oxalis corymbosa DC. 紫花酢醬草

38.PAPAVERACEAE 罌粟科

Argemone mexicana L. 薊罌粟

39.PASSIFLORACEAE 西番蓮科

Passiflora edulis Sims. 百香果

Passiflora foetida L. var. *hispida*（DC. ex Triana & Planch.）Killip 毛西番蓮

Passiflora suberosa L. 三角葉西番蓮

40.PHYTOLACCACEAE 商陸科

Phytolaca americana L. 美洲商陸

41.PIPERACEAE 胡椒科

Peperomia pellucida（L.）Humboldt, Bonpland & Kunth 草胡椒

42.PLANTAGINACEAE 車前草科

Plantago lanceolata L. 長葉車前

43.PLUMBAGINACEAE 藍雪科

Plumbago zeylanica L. 烏面馬

44.POLYGALACEAE 遠志科

Polygala paniculata L. 圓錐花遠志

45.POLYGONACEAE 蓼科

Antigonon leptopus Hook. & Arn. 珊瑚藤

Polygonum aviculare L. 萹蓄

46.PORTULACACEAE 馬齒莧科

Portulaca oleracea L. var. *granatus* Bailey 馬齒牡丹

Portulaca pilosa L. 毛馬齒莧

Talinum paniculatum（Jacq.）Gaertn. 土人參

47.RUBIACEAE 茜草科

Borreria laevia（Lamk.）Grieseb. 小破得力

Borreria latifolia K. Schum 闊葉破得力

Diodia virginiana L. 大鈕扣草

Richardia scabra L. 擬鴨舌黃

Sherardia arvensis L. 雪亞迪草

Spermacoce articularis L. f. 鴨舌黃舅

Spermacoce assurgens Ruiz & Pavon 光葉鴨舌黃舅

Spermacoce latifolia Aublet 闊葉鴨舌黃舅

48.SAPINDACEAE 無患子科

Cardiospermum halicacabum L. 倒地鈴

49.SCROPHULARIACEAE 玄參科

Digitalis lutea L. 黃花毛地黃

Digitalis purpurea L. 毛地黃

Lindernia dubia（L.）Pennell 美洲母草

Lindernia dubia（L.）Pennell var. *anagallidea*（Michaux）Pennell 擬櫻草

Scoparia dulcis L. 野甘草

Veronica arvensis L. 直立婆婆納

Veronica peregrina L. var. *xalapensis*（H. B. K.）Penn. 毛蟲婆婆納

Veronica persica Poir. 台北水苦賈

50.SOLANACEAE 茄科

Datura metel L. 曼陀羅

Datura stramonium L. var. *tatula*（L.）Torr. 番曼陀羅

Datura suaveolens Hamb. & Bonpl. ex Willd. 大花曼陀羅

Lycium chinense Mill. 枸杞

Lycopersicon esculeutum Mill. 番茄

Physalis angulata L. 燈籠草

Physalis peruviana L. 秘魯燈籠草

Solanum aculeatissimum Jacq. 刺茄

Solanum capsicastrum Link. 瑪瑙珠

Solanum elaeagnifolium Cav. 銀葉茄

Solanum saeforthianum Ander. 星茄

Solanum sisymbriifolium Lam. 二裂星毛刺茄

51.TILIACEAE 田麻科

Corchorus olitorius L. 山麻

Muntingia calabura L. 西印度櫻桃

52.TRAPACEAE 菱角科

Trapa natans L. var. *bispinosa* Nakino 菱角

53.UMBELLIFERAE 繖形花科

Cryptotaenia canadensis（L.）DC. 鴨兒芹
（山芹菜）

54.URTICACEAE 蕁麻科

Boehmeria nivea（L.）Gaudich. 苧麻

Pilea microphylla（L.）Leibm. 小葉冷水麻

55.VERBENACEAE 馬鞭草科

Clerodendrum paniculatum L. 龍船花

Clerodendrum paniculatum L. forma *albiflorum*
（Hemsl.）Hsieh 白龍船花

Clerodendrum philloppinum Schauer 臭茉莉

Duranta repens L. 金露花

Lantana camara L. 馬纓丹

Stachytarpheta cayennensis（L. C. Rich.）
Vahl. 藍蝶猿尾木

Stachytarpheta jamaicensis（L.）Vahl. 長穗木

Verbena bonariensis L. 柳葉馬鞭草

56.VIOLACEAE 堇菜科

Viola acuminata Led. 野生堇菜

（三） 單子葉植物

57.ARACEAE 天南星科

Acorus calamus L. 菖蒲

Amorphophallus paeoniifolius（Dennst.）
Nicolson 疣柄魔芋

Colocasia esculenta Schott 芋頭

Colocasia gigantea Hook. f. 白芋

Pistia stratiotes L. 大萍

Typhonium roxburghii Schott 金慈姑

58.CANNACEAE 美人蕉科

Canna indica L. 白蓮蕉花

Canna indica L. var. *orientalis*（Rosc.）Hook.
f. 美人蕉

Canna warscewiczii Otto 紫葉美人蕉

59.COMMELINACEAE 鴨跖草科

Setcreasea purpurea Boom 紫錦草

Tradescantia fluminensis Vell. 巴溪水竹葉
（花葉水竹草）

Zebrina pendula Schnizl. 吊竹草

60.CYPERACEAE 莎草科

Cyperus alternifolius L. subsp. *flabelliformis*
（Rottb.）Kukenthal 風車草

Eleocharis dulcis（Burm. f.）var. *tuberosa*
（Roxb.）T. Koyama 甜荸薺

61.HYDROCHARITACEAE 水鱉科

Elodea canadensis Michx. 美國水蘊草

Egeria densa Planch 水蘊草

Vallisneria americana Michaux 美洲苦草

Vallisneria sprialis L. 苦草

62.IRIDACEAE 鳶尾科

Crocosmia × *crocosmiiflora*（V. Lemoine ex
E. Morr.）N. E. B. 射干菖蒲

Sisyrinchium atlanticum Bickn. 庭菖蒲

Sisyrinchium iridifolium Kunth 黃花挺菖蒲

63.JUNCACEAE 燈心草科

Juncus sp. 高桿燈心草

64.POACEAE 禾本科

Alopecurus myosuroides Huds. 大穗看麥娘

Anthoxanthum odoratum L. 香黃花茅

Arrhenatherum elatius（L.）Presl var. *bulbosum*（Willd.）Spenner *forma variegatum* Hitchc. 斑葉燕麥草

Avena fatua L. 野燕麥

Avena sativa L. 燕麥

Axonopus affinis Chase 類地毯草

Axonopus compressus（Sw.）P. Beauv. 地毯草

Brachiaria mutica（Forsk.）Stapf 巴拉草

Briza minor L. 銀鱗草

Bromus catharticus Vahl. 大扁雀麥

Cenchrus echinatus L. 蒺藜草

Chloris barbata Sw. 孟仁草

Chloris virgata Sw. 虎尾草

Dactylis glomerata L. 鴨茅

Dichanthium annulatum（Forsk.）Stapf 雙花草

Dichanthium aristatum（Poir.）C. E. Hubb. 毛梗雙花草

Digitaria sanguinalis（L.）Scop. 馬唐

Eragrostis ciliaris（L.）R. Br. 毛畫眉草

Festuca arundinaceae Schreb 葦狀羊茅

Holcus lanatus L. 絨毛草

Lolium multiflorum Lam. 多花黑麥草

Lolium perenne L. 黑麥草

Melinis minutifora Beauv. 糖蜜草

Oryza sativa L. 水稻

Panicum dichotomiflorum Michx. 洋野黍

Panicum maximum Jacq. 大黍

Paspalidium flavidum 黃穗類雀稗

Paspalidium punctatum 類雀稗

Paspalum dilatatum Poir. 毛花雀稗

Paspalum fimbriatum H. B. K. 裂穎雀稗

Paspalum paniculatum L. 多穗雀稗

Paspalum urvillei Steud. 吳氏雀稗

Paspalum virgatum L. 粗桿雀稗

Pennisetum cladestinum Hochst. ex Chiov. 舖地狼尾草

Pennisetum purpureum Schumach. 象草

Pennisetum setosum（Sw.）L. C. Rich. 牧地狼尾草

Phalaris arundinacea L. 鷸草

Phalaris canariensis L. 加拿麗鷸草

Phyllostachys pubescens Mazel ex H. de Leh. 孟宗竹

Polypogon monspeliensis（L.）Desf. 長芒棒頭草

Rhynchelytrum repens（Willd.）C. E. Hubb. 紅毛草

Setaria geniculata（Lam.）Beauv. 莠狗尾草

Sorghum halepense（L.）Pers. 詹森草

Zoysia japonica Steud. 結縷草

Zizania latifolia（Griseb.）Stapf 茭白筍

65.LILIACEAE 百合科

Aloe vera（L.）Webb. var. *chinese* Haw. 蘆薈

66.PONTEDERIACEAE 雨久花科

Eichhornia crassipes（Mart.）Solms 布袋蓮

67.ZINGIBERACEAE 薑科

Curcuma domestica Valet 鬱金

Hedychium coronarium Koenig 野薑花（穗花山奈）

洪丁興、沈競辰、李遠欽、陳明義. 1993. 歸化的綠美化植物. 中華民國環境綠化協會.

徐玲明、蔣慕琰. 2002. 台灣主要除草劑防治小花蔓澤蘭（*Mikania micrantha* Kunth）之效果. 中華民國雜草學會會刊23(2)：73-81.

許再文、曾彥學. 2003. 台灣新歸化的茄科有害植物－銀葉茄. 特有生物研究5(1)：49-51.

陳富永、徐玲明、蔣慕琰. 2002. 小花蔓澤蘭與蔓澤蘭型態區別及RAPD－PCR分析. 植物保護學會會刊44：51-60.

陳燕珍、陳進霖、黃生. 1997. 台灣的新歸化物種－裂葉月見草*Oenothera laciniata* Hill（Onagraceae）的遺傳變異分布情形. 師大生物學報32(1)：33-41.

彭少麟、向言詞. 1999. 植物外來種入侵及其對生態系統的影響. 生態學報19(4)：560-569.

彭鏡毅、胡玲安、高木村. 1988. 台灣新歸化有毒雜草－銀膠菊（菊科）. 台灣省立博物館41(2)：95-101.

蔣慕琰、徐玲明、陳富永. 2002. 入侵植物小花蔓澤蘭（*Mikania micrantha* Kunth）之確認. 植物保護學會會刊44：61-65.

蔣慕琰、徐玲明. 2000. 外來植物在台灣之野化、影響及管理. 2000年海峽兩岸生物多樣性與保育研討會論文集：399-412.

鄭雅芳、蔡進來. 1999. 記台灣植物誌未曾記述之種類－擬金午時花. 中華林學季刊 32(2)：131-134.

顏仁德. 2000. 不速之客－淺談外來種問題. 大自然70：20-28.

Carey, J. R., Moyle, P. B., Rejmanek, M. & Vermeij, G.（eds.）1996. Invasion biology. Biological Conservation Volume 78, Numbers 1-2.（Proceedings of a Workshop at the University of California, Davis, USA, May 1994）Elsevier, Amsterdam, The Netherlands.

Chen, S. H., Tseng, Y. H., Wu, M. J. & C. Y. Liu 1996. *Plantago lanceolata* L., a newly naturalized plant in Taiwan. Taiwania 41(3)：180-184.

Chen, S. H., Wu, M. J. & S. M. Li 1998. *Centratherum punctatum* Cass. ssp. *fruticosum*, a newly naturalized sunflower species in Taiwan. Taiwania 44(2)：299-305.

Chiang, M. Y. & T. Y. Ku 2000. Exotic weeds in seeds and crop products imported into Taiwan. Proceedings of 15th Asian-Pacific weed science society conference, Tsukuba, Japan.

Chiu, S. T. 1996. *Erodium cicutarium*（L.）L'herit.（Geraniaceae）－a newly naturalized plant in Taiwan. Bull. Natl. Mus. Nat. Sci. 7：121-126.

Cronk, Q. C. B. & Fuller, J. L. 1995. Plant invaders：The threat to natural ecosystems. 241 pp. Chapman & Hall, London, UK.

Drake, J. A.（eds.）1989. Biological invasions：A global perspective. John Wiley & Sons, Chichester, USA.

Groves, R. H. & Burdon, J. J.（eds.）1986. Ecology of biological invasions. Cambridge University Press, Cambridge, UK.

Hsu, T. W., Chiang, T. Y. & J. C. Wang 2002. *Myosotis arvensis*（L.）Hill（Boraginaceae）, a naturalized species in Taiwan. Taiwania 47(2)：159-163.

Hsu, T. W., Peng, J. J. & H. Y. Liu 2001. *Melothria pednula* L.（Cucurbitaceae）, a newly naturalized plant in Taiwan. Taiwania 46(3)：193-198.

Kuoh, C. S. & C. H. Chen 2000. New naturalized grasses in Taiwan. Taiwania 45(4)：328-333.

Kuoh, C. S., Liao, G. I. & C. C. Wu 1998. *Paspalidium* Stapf（Poaceae）in Taiwan. Taiwania 43(1)：64-71.

Kuoh, C. S., Liao, G. I. & M. Y. Chen 1999. Two new naturalized grasses in Taiwan. Taiwania 44(4)：514-519

Macdonald, I. A. W., Kruger, F. J. & Ferrar, A. A.（eds.）1986. The ecology and management of biological invasions in South Africa. Oxford University Press, Cape Town, SA.

Mack, R. N. 1985. Invading plants：Their potential contribution to population biology. In：White J.（ed.）：Studies on plant demography：A festschrift for John L. Harper. Academic Press, London, UK. pp. 127-141.

Ou, R. Z. & M. T. Kao 1991. *Psoralea corylifolia* Linn.（Leguminosae）－a newly naturalized medicinal plant for Taiwan. Taiwania 36(1)：23-25.

Ou, R. Z. & M. T. Kao 1993. *Erodium moschatum*（L.）L' her.（Geraniaceae）－ a newly naturalized plant for Taiwan. Taiwania 38(1/2)：19-21.

Peng, C. I. & K. C. Yang 1998. Unwelcome naturalization of *Chromolaena odorata*（Asteraceae）in Taiwan. Taiwania 43(4)：289-294.

Peng, C. I., Chen, C. H., Leu, W. P. & H. F.Yen 1998. *Pluchea* Cass.（Asteraceae：Inuleae）in Taiwan. Bot. Bull. Acad. Sin. 39(4)：287-297.

Peng, C. I., Chung, K. F. & W. P. Leu 1998. Notes on three newly naturalized plants（Asteraceae）in Taiwan. Taiwania 43(4)：320-329.

Ramakrishnan, P. S.（ed.）1991. Ecology of biological invasions in the Tropics. International Scientific Publications, New Delhi, India.

Shigesada, N. & Kawasaki, K. 1997. Biological invasions：Theory and practice. 224 pp. Oxford University Press, Oxford, UK.

Stirton, C. H.（ed.）1980. Plant invaders：Beautiful but dangerous, second edition. Department of Nature and Environmental Conservation of the Cape Provincial Administration, Cape Town, SA.

Stone, C. P., Smith, C. W. & Tunison, J. T.（eds.）1992. Alien plant invasions in native ecosystems of Hawaii：Management and research. University of Hawaii Cooperative National Park Resources Studies Unit, Honolulu, USA.

Tseng, Y. H. & C. H. Ou 2002. *Thunbergia fragrans* Roxb.（Acanthaceae）：a newly naturalized plant in Taiwan. 特有生物研究 4(2)：59-62.

Tseng, Y. H. & C. H. Ou 1999. *Sherardia arvensis* L., a newly naturalized plant in Taiwan. 林業研究 21(1)：61-63.

Vitousek, P. M. 1990. Biological invasions and ecosystem processes：Towards an integration of population biology and ecosystem studies. Oikos 57(1)：7-13.

Vitousek, P. M., Loope, L. L. & Stone, C. P. 1987. Introduced species in Hawaii：Biological effects and opportunities for ecological research. Trends in Ecology and Evolution 2(7)：224-227.

Waal, L. C. de, Child, L. E., Wade, P. M. & Brock, J. H. 1994. Ecology and management of invasive riverside plants. John Wiley & Sons.

Wang, C. M. & C. S.Wu 1997. *Coccinia grandis*（Cucurbitaceae）, a newly naturalized weed in Taiwan. Bull. Natl. Mus. Nat. Sci. 9：117-121.

拾陸。 平地帶老樹在台灣植被帶區劃／歸屬上的意義

（Implication of the Aged Trees in Vegetation Zonation of Lowland Taiwan）

拾陸、平地帶老樹在台灣植被帶區劃／歸屬上的意義

（Implication of the Aged Trees in Vegetation Zonation of Lowland Taiwan）

自台灣北部至南部各地所發現的老樹種類共43種，包括人工栽植的6種，其中以榕樹、茄苳及樟樹數量最多。除了耐旱性強的榕樹及相思樹外，落葉樹的種類為數亦不少，共有16種。

這些樹齡老大的落葉或常綠樹種均為地帶性植被的殘留重要組成份子，其於乾旱季節的落葉性（物候特性）或樹種本身的耐旱性均顯示出台灣平地帶氣候與特定植被帶的關連性，即季風對天然植被的影響而導致植被組成中落葉樹與常綠樹之比例極高，具體反映了受季風影響（一年之中有乾、濕季節交替出現）的植被狀況。具有這些物候特性而零散分布於台灣平地帶各處的這些老樹種類加以逐一分析後，均指向將台灣平地帶（扣除島中央的山地帶部分）的原生植被視同以「熱帶常綠季節林」為代表的地帶性植被，其熱帶性在水平南、北部分存在著過渡性程度不同的分異。

一、前言

台灣經過三、四百年來的拓荒開墾，尤其低海拔平地帶是漢人先民囤墾世居之處，大面積的原生樹林也因此幾乎砍划消失殆盡。僅分散於各地的寺廟、公園或古宅的若干老樹因為各種理由而被保存下來。這些上百年以上至數百年樹齡的老樹可說是台灣平地開發史的活見證。

這些樹齡老大的落葉或常綠樹種均為地帶性植被的殘留重要組成份子，而其於乾旱季節的落葉性（物候特性）或樹種本身的耐旱性均顯示出台灣平地帶氣候與特定植被帶的關連性，即季風對天然植被的影響而導致植被組成中落葉樹與常綠樹的比例，具體反映了受季風影響（一年之中有乾、濕季節交替出現）的植被狀況。

「季雨林」又稱「季雨常綠闊葉林」或「南亞熱帶常綠季雨林」，是南亞熱帶低山、丘陵、台地的地帶性典型植被，具有熱帶季雨林和中亞熱帶常綠闊葉林之間的過渡類型特點。

辛伯爾（Schimper, A. W. F.）於研究東南亞熱帶季風氣候區域的天然森林時，發現其與雨林不同，有周期性的乾濕季節交替，為了與雨林區別而提出了季雨林的概念。比爾德（Beard, J. S.）在研究中、南美洲熱帶森林時，也闡述了同一性質的季節性森林。許多學者都同意把這些區域相對穩定的原生森林稱為「季雨林」。

根據王獻溥（1984），季雨林主要分布在南、北緯10°到回歸線附近的大陸東岸，呈不連續性的分布。由於東南亞和南亞的季風最為盛行，所以印度、緬甸、泰國和中南半島一帶分布較廣，加里曼丹、蘇拉威西、伊里安、帝汶等島嶼，澳洲北部以及美洲、非洲受熱帶季風影響的地方也有分布。台灣及廣東、廣西、雲南和西藏等的南部，地處熱帶北緣，也是熱帶季風氣候區，這部份地區受季風和青藏高原的影響，雨量還較多，因而屬雨林範疇的季節性雨林分布較廣，在局部更為乾旱的區域才有季雨林出現。但是，其究竟屬原生的還是次生的，還需進一

步研究。

　　季雨林的分布地區年平均溫度大致爲20～25℃，最冷月（1月）均溫10～13℃以上，絕對最低氣溫有時可達2～5℃，偶爾也有0℃低溫和輕霜出現。一般年雨量800～1,500公釐，或更高，季節分配不均，一般5～10月的雨量約佔全年總雨量的80%以上，其餘月份降雨很少，乾濕季明顯。土壤爲磚紅壤性紅壤、紅棕壤及各種石灰土。

　　季雨林最突出的特點是群落主要由熱帶性的落葉闊葉樹組成，大多數林木於旱季落葉，以適應不利的環境。落葉在乾旱年分一般提前，而在雨水多的年分有所推遲；但葉子開放並不與雨季出現相關聯，而是和雨季來臨之前溫度升高相關聯，即使在旱季，只要土壤中保持的水分，可滿足其放葉的需要仍可放葉。因此，它的形相也就具有明顯的季節性變化：旱季，上層喬木多數落葉，林冠稀疏；雨季，林冠濃密，整個季相由黃褐色轉爲綠色。群落結構上，在大多數情況下喬木層有兩層植物，少數情況下有三層或只有一層。一般第一亞層林木高15公尺左右，少數可達20公尺以上，生長比較稀疏，樹冠雖大，常不連續，樹幹分枝較低，枝椏彎曲，樹皮較厚而粗糙，落葉闊葉樹多於常綠闊葉樹。第二亞層林木高4-10公尺，常綠闊葉樹多於落葉闊葉樹，生長受上層林冠疏密的影響。板根不發達，老莖幹上生花現象較少，大型木質藤本和樹幹附寄生植物種類都不及雨林那樣豐富和發達（見圖31；表39）。

　　根據落葉樹種的數量和落葉的程度，可分半常綠季雨林和落葉季雨林兩類。半常綠季雨林在南亞和東南亞的季風區域發育最好，常直接與雨林鄰接，形相上與雨林差異不明顯，但是仔細檢視之，不僅種類不同，而且區系組成也少得多。半常綠季雨林中，常綠闊葉樹多由一些榕樹（*Ficus* spp.）、麵

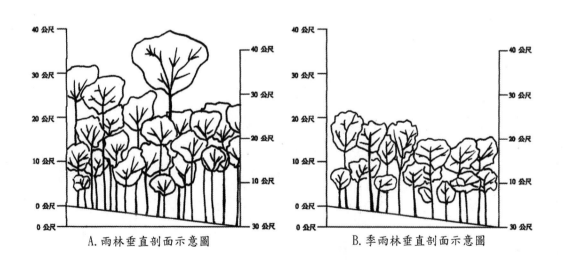

A. 雨林垂直剖面示意圖　　　　B. 季雨林垂直剖面示意圖

圖30. 雨林和季雨林垂直剖面示意圖　A.雨林　B.季雨林

（引自王獻溥，1984）

九芎老樹：雲林縣古坑鄉草嶺村石壁（黃英塗提供）

表 38. 雨林和季雨林的主要區別表

對比項目 ＼ 類型	雨　　林	季　雨　林
地理分布	大致佔南、北緯10°範圍以內。	南、北緯10℃到回歸線範圍的大陸東岸，呈不連續分布。
生境特點	高溫多雨靜風的環境。全年溫度高而溫差小，年均溫度20-28℃，各月平均溫度大多也在這個幅度之內，絕對最低溫度極少低於10℃，年雨量多在2,500-4,000公釐之間，分配比較均勻。土壤主要爲磚紅壤。	熱帶季風氣候。年平均溫度20-25℃，最冷月（1月）平均溫度10-13℃以上，絕對最低溫度有時可達2-5℃，年雨量多在1,000-1,500公釐之間，分配不均勻，乾濕季明顯。土壤多爲磚紅壤性土。
群落形相	由革質、單葉、中型葉爲主的常綠闊葉大高位芽植物所決定。	由草質、單葉、中、小型葉爲主的落葉闊葉大高位芽植物所決定。
群落結構	喬木層植物可劃分爲三個亞層，上層林木高30-40公尺，林冠上層還常有高50-60公尺的巨樹零星分布。樹幹上的附、寄生植物繁多，藤本植物發達，林木板根和幹生花現象普遍。	喬木層植物一般有兩個亞層，少數情況下可劃分爲三個亞層，上層林木高20公尺左右，樹幹上的附、寄生植物較少，藤本植物不像雨林那樣發達，林木板根和幹生花現象比較少見。
群落種類組成	群落種類組成複雜，1公頃範圍內常有50-100種，優勢種不明顯。	群落種類組成相對地較少，優勢種比較明顯。

（引自王獻溥，1984）

包樹（*Artocarpus* spp.）、蒲桃（*Syzygium* spp.）、蘋婆（*Sterculia* spp.）等組成，有些地方也有青皮（*Vatica astrotricha*）的分布。落葉季雨林在東南亞一帶以柚木（*Tectona grandis*）林、鈍葉娑羅雙（*Shorea robusta*）林最爲典型。毛欖仁樹（*Terminalia tomentosa*）、柿（*Diospyros melanorylon*）也是常見的建群種。落葉闊葉樹常見有大葉山棟（*Aphanamixis grandifolia*）、麻棟（*Chukrasia tabularis*）、翻白葉樹（*Pterospermum heterophyllum*）等。不同地區由於環境不同，種類組成差異很大。海南島西部和雲南南部乾旱河谷，常見的主要建群種有木棉（*Bombax malabarica*）、楹樹（*Albizia chinensis*）等。落葉季雨林的林相還

是非常繁茂的，只在旱季葉子逐漸脫落才是另一幅景象（王獻溥，1984）。

中國地區的季雨林見於大陸南部乾季明顯的地帶，與典型季雨林相比，台灣地區的季雨林中具有較多的常綠成分，甚至主要是常綠樹種，故係半常綠季雨林。這類季雨林在濕度條件較優之處，則逐漸向熱帶雨林過渡。

旱季時因極端乾旱缺水而呈現半落葉或全部落葉（即乾落葉，相對於冷落葉）植被形相的一種氣候極盛相森林稱之爲季風林（monsoon forest）。其樹木大多在旱季落葉以儘量大幅降低乾旱季節水分蒸散的損耗，而仍能在終年高溫地區度過蒸發量極高的低雨量季節。

Schimper定義的季風林指眾多或優勢種個體於季風區的乾旱季節有落葉趨勢的一種氣候極盛相森林（乃指地帶性植被）。同一地區的原生植被破壞干擾後形成的次生林於乾旱季節亦呈現顯著落葉形相。

依王獻溥（1984）定義的季雨林與澳洲植被學者常稱的「monsoon rain forest」所指冬季無雨的常綠桉樹高林有所不同。其用法雖有爭議，但用來區別與熱帶雨林相異的常綠程度（反映旱季土壤缺水程度）和耐陰附生植物豐富程度（反映大氣相對濕度）等不同的植被外觀，不失爲一權宜稱法。尤以在台灣地區用來稱呼相異於典型熱帶雨林的、因受季風影響而有季節性乾濕交替、導致呈現具乾旱落葉現象的林相（在很多情況下係常綠闊葉樹爲主），稱呼其爲季雨林比季風林應該較爲恰當。

台灣南端恆春低平地的原生半常綠林受干擾或砍伐後，由大量先驅性落葉樹如黃荊、銀合歡等和具有假葉的耐旱相思樹所取代而形成次生林。此一具有季節性落葉形相的林型乃爲次生性者，有值得強調的必要。

二、台灣的氣候特色

台灣位居亞洲大陸東陲，在地球上的地理位置相當獨特，境內又有數列南北縱走而高聳的大山脈形成山體屏障，氣候因而變化。以下4點可茲說明台灣氣候的特色：

（一）北迴歸線的橫越：南、北迴歸線間的地帶爲太陽一年中可直射的範圍，亦爲地球熱量最高的熱帶地區。其中北迴歸線正好西起嘉義，東至花蓮一線橫越台灣中部，使得台灣南、北部年積溫產生明顯差異，以北屬於溫濕的「亞熱帶氣候」；以南則屬高溫的「熱帶氣候」。

（二）陸地與海洋的雙重影響：台灣爲四週環海島嶼，深受海洋性氣候影響，加上太平洋親潮、黑潮的交匯與印度洋洋流的延伸，使得台灣的氣候更爲複雜。西邊則與地球上最大的陸地—亞洲大陸僅隔台灣海峽，故亦同時受到陸地、海洋的雙重影響。

（三）山脈屏障影響：台灣南北縱走的數列巨大山體，對季風盛行的台灣地區造成氣候上戲劇性的影響，山脈形成高大屏風阻擋來自北面的強烈東北季風，也同時阻擋了大量水氣，造成台灣冬季西乾東濕的現象，西南季風則受山體影響較小，在夏季時濕潤了整個寶島。

（四）山地垂直氣候帶明顯：台灣由於山體高聳，溫度自平地到高山變化相當大，也因此整個垂直氣候帶的分異極大，構成了台灣複雜的垂直氣候類型。

以上一至三點提供平地帶南北氣候不同的解釋。而山地帶氣候則獨立自成一區，因爲山地區域氣溫顯著下降，和平原地帶有明顯的差異。

三、台灣平地帶氣候區劃

全島各處平地帶的氣候在夏半年差異並不大，故平地帶氣候的區劃殆以冬季者爲準。全島平地帶大致可以分爲：西岸、南端西側（恆春半島）、東北岸及東岸（包括南端東側的大武、九棚等地）四處（沈中桴，1997）。此與陳正祥（1957）根據桑士偉氣候分類法劃分的氣候區扣除中部山區後的其餘平地帶氣候區劃類似。

曾昭璇（1993）的台灣氣溫區域，特別強調季風的影響，尤其是東北冷季風季節時，在冬季將全島全年高溫的性質打破。全島的冬季都因東北季風襲來，氣溫大減，尤其是北部和東北部最爲明顯。

季節分配是單由氣溫來決定，月均溫10

℃以下做冬季的界限，20℃以上做夏季的界限，10～20℃之間爲春秋季節。由緯度看來，全島都是在熱帶區域，不過若由柯本氏分類來看，全年在熱季範圍的只有南端恒春區域和淡水河東側谷地一狹小地域。但是年均溫在20℃以上的地方，除了山地之外，全島都可到達。所以台灣平地帶可說是全年高溫的熱帶地方。年中在20℃以上的月份，即在北部東北冷風吹襲地帶也有8個月（4～11月），到了台南便加到10個月。除山地外最低平均溫度沒有一處在10℃以下，除卻山地極端平均低溫也沒有超過這個數字，霜雪不見。因此，全島可以說沒有冬季霜期零下的記錄（只有極端記錄下台北在1901年2月有-0.2℃和7日的霜期），所以季節變化只限於秋、春和夏季的交替，沒有冬月，這和熱帶的意義是符合的。本島氣溫垂直分布可分三帶：平原的熱帶，中等山地的亞熱帶，高山頂部的溫帶和寒帶。全島的季節區分大致上也可分成四個區域：

（一）**南部長夏區域**。台南以南，東部台東以南，全年各月溫度都在18℃以上，相當Kppen氏的A帶。

（二）**北部秋春季顯明區**。回歸線以北的地帶便是屬於這一區。春秋月在台中有四個月，台北有五個月，零下的極端溫度偶然可見。

（三）**東海岸溫和區**。和第二區一樣，只有春秋月氣溫較溫和，夏季也比第一區爲暖。

（四）**山地區域**。這區的季節分配是由海拔高度而分成熱、溫、寒三帶。

據此曾昭璇將台灣的氣溫區域分成5區（平地帶爲1～4區）（見表40）。本島平原地帶只有暖月溫月的交替，即是只有秋、春、夏三季，而沒有冬季。高山地區夏季不存在，所以四季皆備的只有2,000公尺以下的山

地。大屯山雖然只有1,000公尺，也具有四季如前述。日較差卻是顯著，這是山地的特性。阿里山年均溫12.7℃，丹大山8.9℃，最大在11月，阿里山有15℃，最小在2月也有11℃。

曾昭璇由地理環境和從氣候因子分析，例如由氣溫和雨量的分區，再將山地帶除外的台灣平地帶氣候劃分爲四區，如表41。

根據雨量之變異性，蘇鴻傑（1985，1992）將台灣分爲七大地理氣候區（如表42），分屬兩種主要氣候型，其中東北區及蘭嶼區代表恆濕性氣候（everwet climate）；其餘之東部區（南北段）、西北區、中西區、西南區及東南區屬夏雨型氣候（summer rain climate）。山地垂直帶植被類型之劃分不能簡單地僅僅根據山體的海拔高度，更不宜把一個地區如熱帶地區由山麓至高山山頂出現的垂直分布類型籠統地視作沿緯度依次出現的熱帶、溫帶、寒溫帶、寒帶植被的簡單重覆。山地垂直植被類型宜取決於該山地所在地理位置聯繫著的大氣水熱和太陽輻射的綜合狀況，以及季風、寒流、逆溫、坡向、土壤等地區性自然環境特點的綜合影響。

台灣地區的氣候條件爲影響森林植物的林型與分布的主要區分標準。金恆鑣（中華林學會，1993）根據蘇鴻傑（1992）的地理氣候區將台灣劃分爲七大氣候區（如表43）：東北區（近海區與內陸區），東岸區（北區段與南區段），西北區（近海區與內陸區），中部區（近海區與內陸區），西南區，東南區，離島區（蘭嶼、綠島與澎湖列島）；東北區及東岸區屬恆濕型氣候，其餘爲夏雨、季風型氣候。

表 39. 台灣的氣溫區域表

氣溫區域	分 區 特 色
東北部冬暖區	1. 本區包括台北至宜蘭區域。以夏熱冬和爲特色。 2. 冬季有四個月均在20℃以下，最冷的2月溫度也有16℃以上；7月溫度爲最高，高達到28℃；9月以後氣溫便開始急降，春季下降也很快。陸性率在28%以上，是全島最大的記錄，但係爲全中國最小區域之一。 3. 最高均溫夏季常在32℃以上，冬季也在18℃左右。換言之，本區全年可能到夏季或熱帶的範圍。最低均溫的1月也在10℃以上，即是本區僅有春、秋季，而無冬季。 4. 日較差方面以台北爲代表，平均有7.6℃，最高在夏季（7月）有8.9℃，2月最低只有6.5℃。
南部長夏區	1. 本區包括高雄、台東以南的長夏區域， 2. 最冷月的溫度也有18℃以上。全年屬夏季。每年由4-11月氣溫在24℃以上。最高溫度不及北部，然仍可達到28℃以上，所以年較差特別小。恒春只有7.2℃，比東沙島8℃還少，爲全中國最小年較差的地方。陸性率也最少（19.2%）。 3. 春秋季風轉變時期，氣溫曲線仍有急速下降和上升的情形。本區在回歸線以南，太陽年中停留在天頂時期較長，因此夏季較長，提早出現是沒有疑問的。最高均溫全年在24℃以上。在5-9月且達32℃以上。最低均溫全年在15℃以上，最高24℃， 4. 本區日溫差爲全中國最小地方。恒春平均日溫差6.4℃，4月最高7.4℃，最低爲12月的5.9℃。
東部海岸溫暖區	1. 東海岸區包括宜蘭以南到台東一帶，氣溫以溫和爲特色， 2. 最高在7月，但不超過28℃。最低在1月，卻又在16℃以上。陸性率在22%上下。年較差也少，只有8、9度。24℃以上的夏季只有半年。不過在這狹長南北延展地帶也有南北的分別。 3. 北部宜蘭春秋季有四個月，到新港只有兩月。春秋溫差不大，年溫曲線呈對稱型式，和南部相似。平均高溫也不到32℃，不及前二區的溫度。最冷的1月已降至18℃，不過最低均溫全年又可在14℃以上。最高在24℃以上，表示氣溫變化和緩。 4. 日溫差也是全中國最小的一區。日較差最高8月有8℃，最低爲12月的6.5℃。
西部夏熱區	1. 新竹以南到台南一帶是界乎北部冬和區和南部長夏區的中間型。 2. 暖月由台中有三個半月，到台南減到兩個月。春溫也比較北部要高出2度，秋溫下降急速，和北部一致。最熱月在7月有28℃，最冷卻退至1月，和南部長夏區相似。台中1月爲15.5℃，台南增至17℃。這長條形南北分布的帶狀地帶，顯然近北部和北部相似，近南部卻又和南部相似。台中陸性率是29.4%，台南是27.7%，年較差也相當大，在10—12℃之間。 3. 日溫差以台中爲代表，年均溫爲9.4℃，乾季1月最高爲10.6℃，5月最低爲8.5℃。
山地溫和區	1. 山地區域由於地形的影響，氣溫情形近似海洋性質，所以陸性率特小，在20—21%左右，年較差亦少，在7—9℃之間，可以稱爲全中國最小年較差區域之一。 2. 山區氣溫有一特點，就是實際溫度隨海拔高度分爲寒、溫、熱三帶，2,000公尺以上地域，便沒有夏季存在。至3,000公尺全年可算冬季了。日溫差也很大。

（整理自曾昭璇，1993）

表40. 曾昭璇台灣氣候分區表

氣候分區	分區特色
北部冬雨溫暖區	台灣北部包括台北、基隆、宜蘭等地，冬雨顯明，但夏雨仍多，故沒有乾季。冬雨量多少，每與東北季風強盛成正比，即風速越大，雨量越多，這是北部海岸多三角灣地形（或喇叭口地形）的影響。本區包括了柯本分類的Cfa、Cfb、Cfs三個類型。宜蘭年平均相對濕度達85%，大屯山更達95%。淡水、基隆的開發較遲，即與不良天氣有關。日照時數因雲量大而大減，本區雲量在11月至3月之五個月間，雲量平均為8以上。基隆日照率為12%。但是霧卻少見發生，海面上春季才見有峰面霧的形成，但日數亦不多，在15日以下，這是由於其正當東北強風吹拂的原因。溫暖氣候則表現在冬日見霜，大致三年可見兩次。
西部夏雨炎熱區	台灣西部平原，由台中盆地到台南平原（又稱嘉南大平原）均歸入本區。其以強風出名的新竹台地和北部冬雨溫暖區相隔。這個強風台地一則台地地勢特高，無從掩蔽而使風力加強，但主要原因則為台灣海峽的「狹管」效應。海峽兩旁高1—2公里山地挾著，形成一冷風通路，新竹台地正當三角灣（或喇叭口）入口，氣流被地形迫使輻合而加強。由於冬春雨多而使台地仍歸入北部區。西部平原對東北季風來說是過山風性質，故冬旱是顯明的。氣溫又因偏近回歸線而使太陽年中有正照時刻，氣溫特高，加上颱風每引起焚風越中央山地下來，急速增溫。平時則海陸風和山地風同時發生，使風力在沿岸也不少。雨量集中於夏季西南風期，故5-9月五個月中，集中了全年雨量的90%，而冬月雨量可不足10公釐。炎熱的特徵9也見於夏季最高溫的記錄上，台北盆地只有38.6℃記錄，而台中盆地卻達39.3℃。台南不常於冬日見霜，年中只有4次。這種熱帶性氣候，使甘蔗、鳳梨和香蕉都以台中以南為中心產區。此期日照率高達60%。
南部長夏冬旱區	高雄以南，包括恒春半島到東岸新港，是全島最熱地區。本區不少地方已可種椰子樹。全年基本無霜，四時皆是夏季天氣，包括了Af及Aw氣候區。台北1月為14.8℃，而恒春卻仍在20.5℃，相差5.7℃。由於氣溫全年都高，而冬季雨量又少，冬旱極為嚴重。因為東北季風吹到台灣南部已成過山風性質，相對濕度特小，如台東和大武兩地可低至25%。枋山、東港雨量在12月份，可在5公釐以下。風力強大使本區海岸和港口難於建設，因為海陸風和山谷風的合作而使本區各地成為風口，如不少地名即以「風」為名，例如楓港實即「風港」之意。海口亦因風大而不能建成港口。而颱風過境時，本區受害也極強烈。因為在台灣南面海面通過的機會較多，年中可有18次之多，因而也使這裡風力加強，海岸上，巨石拋過防波堤而堆積於港口，也不見奇怪。
東岸溫和夏雨區	台東縱谷和花蓮港沿岸都歸入於本區。本區內氣候溫和為特點。原因是暖流的影響顯明。年平均溫度花蓮比台中高出2℃，但是夏季卻不很熱，8月平均溫度27.1℃，而西岸則達27.5℃。冬天又較溫暖，2月平均溫度為18.5℃，而西岸為18.4℃。台中冬天為16.1℃，而花蓮港為17.7℃；夏天台中為27.2℃，而花蓮為26.8℃。這就說明台東受暖流影響之故，因為按常理西部平原日照長，又為東北季風冷氣流的背風坡，冬天應較暖於東岸。本區正當東北強風吹襲，雲量大，濕度較大，應該冬日較冷才對。但是，東岸暖流水溫冬季高達23℃，而西岸水溫卻冷至17.5℃，相差5.5℃。東岸水溫高於當地氣溫5—6℃，而西岸水溫只高於當地氣溫1-2℃，故台東暖水影響使東岸氣溫比西岸還高。夏季則相反，氣溫比西岸反低。東岸由於風大，也使霧難於形成，台中盆地霧日可達15—25天，而花蓮只有1—2天。這也因暖水的影響，使輻射霧難於形成。東部夏雨集中也是特點之一。這是地形影響和颱風雨眾多之故。這使年雨量曲線產生兩個高峰，一在7月，一在9月，但是本區冬天雨量還不少，因此不能稱為「冬旱」。最多月和最少月雨量之比不到10：1。

（整理自曾昭璇，1993）

表 41. 蘇鴻傑台灣地理氣候區劃分表

Major climate type 主要氣候型	Major region 主要分區	Region and code 氣候分區及代碼	
		Code 代碼	Region 分區
Everwet climate 恆濕性氣候	Northeast 東北	NEC NEI	Northeast coastal region 東北近海區 Northeast inland region 東北內陸區
	Lanyu 蘭嶼	LAN	Lanyu region 蘭嶼區
Summer rain climate 夏雨型氣候	East 東部	EN ES	East region north section 東部區北段 East region south section 東部區南段
	Northwest 西北	NWC NWI	Northwest coastal region 西北近海區 Northwest inland region 西北內陸區
	Centralwest 中西	CWC CWI	Central west coastal region 中西部近海區 Central west inland region 中西部內陸區
	Southwest 西南	SW	Southwest region 西南區
	Southeast 東南	SE	Southeast region 東南區

（引自蘇鴻傑，1985, 1992）

台灣紅榨槭，為台灣特有種溫帶落葉樹種

表 42. 台灣地理氣候區劃分表

地理氣候分區	分 區 特 色
東北區	位居台灣本島之東北角，分佔台北縣與宜蘭縣各一部份，東臨太平洋，北倚大屯山，西鄰台北盆地、李棟山（1,760公尺）、桃山（3,390公尺），南界南湖大山（3,797公尺）、飯包尖山（1,681公尺），面積約3,500平方公里。此區地當東北季風之衝，終年多雨，高度潮濕，屬恆濕性氣候。平均年雨量常爲3,000公釐，山地有超過4,000公釐乃至5,000公釐者。本區無明顯的乾濕季之分野，冬季雨量可佔全年雨量之過半，亦可說是冬季雨量常較夏季爲多，此爲本區雨量分布之最大特徵。蘇鴻傑教授以植群與地理氣候區的概念，將東北區再分爲兩區；東北近海區與東北內陸區。東北近海區爲靠北的古基隆河（今基隆新店丘陵）及宜蘭平原，面積約佔1,200平方公里的丘陵與平原地帶，雨量更豐富，屬恆濕性氣候，年均雨量超過2,500公釐，最高可達7,500公釐，冬季雨量佔全年的50%以上，年均溫介於17到23℃之間，屬於亞熱帶氣候區；區內溪谷北坡較南坡潮濕，植群屬於楠櫧林帶。東北區近內陸地區爲山坡地，面積約2,300平方公里，年雨量較近海區爲低，年平均約在2,700公釐左右，有時亦可高達4,000公釐，冬季雨量亦比近海區略少，亦不若近海區之極端化。
東岸區	指中央山脈以東的狹長陸地，北接東北的南界，南迄知本主山（2,369公尺）的北坡，全長約210公里，平均寬約40公里，面積約爲8,200平方公里，約佔全省面積之23%。因爲本區的地形狹長，南北的氣候有相當大的差異，而且北迴歸線通過本區中段，故以北段區氣候較接近東北區，而南段區氣候則較接近東南區（見東南區）。東岸區的年雨量主要介於2,000公釐與3,000公釐之間，本區北段靠近中央山脈的中段，奇萊主山（3,544公尺）、能高山（3,252公尺）與合歡山（3,394公尺）附近，則年雨量增至4,000-5,000公釐；本區南段靠近中央山脈（3,715公尺）與卑南主山（3,304公尺），則年雨量降爲3,000—4,000公釐左右。東部海岸山脈與花蓮、台東縱谷，是本區段雨量最少的地區，年雨量不及2,000公釐。本區的氣溫，自海岸往西的山區（與海岸線平行的濱海縱走山脈）遞減，自年平均溫22℃至中部山區（海拔1,000公尺以上）可遞減至16℃以下，其主要控制因素爲海拔高的遞增（氣溫之垂直遞減率每100公尺爲0.45-0.50℃）；本區西界山區，高海拔有冬雪發生。
西北區	約當中央山系雪山山脈之北段：從大屯山起往南，經插天山、南湖大山迄合歡山等陵線之西，再自合歡山峰，往西經八仙山，向西北延伸到後龍溪以東之三角形地帶，面積約5,200平方公里。此區包括近中央山脈的內陸山岳地區及近海峽的西北部盆地及台地。內陸區主要包括雪山群、基隆新店丘陵，而近海區則包括台北盆地與桃園、中壢台地。本區有效溫度屬亞熱帶，年雨量在1,500公釐與2,500公釐之間，夏雨多於冬雨，惟近海區之冬雨比例較內陸區爲高，雨量變差亦大。冬季期間，大陸性極地氣團南下之時經過本區，故冬季氣溫頗低，最冷月之月均溫可低於15℃。
中部區	位於台灣中部，中央山脈以西至台灣海峽，面積約9,200平方公里，佔全省面積的1/4。本區北接西北區，東壤東岸區，南鄰西南區。本區又可再劃分爲內陸之山岳丘陵區與近海之平原盆地區，平原盆地區指嘉南海岸平原的北半區，南以朴子溪爲界。中部地區地形複雜，盆地與丘陵交互出現，因之年等溫線與年雨量線亦較雜亂無序。中部區年雨量自近海區之1,500公釐，往東向內陸的中央山脈，可增至3,000公釐以上。自西向東進入內陸山區時，雨量因局部山勢地形而變，年雨量分布比較複雜，如阿里山的年雨量超過4,000公釐。氣溫亦受地形與海拔高度的影響，近海區的平原與淺山，年均溫在24℃左右，往山區氣溫遞降，年均溫在16℃上下。氣候變化與雨量變化有相同的趨勢，亦受制於海拔高的影響，例如日月潭（1,015公尺）、阿里山（2,406公尺）與玉山（3,952公尺）之年均溫分別爲19.3、10.7與3.9℃，而本區最內陸的中央山脈氣溫，最低可降至零下15℃。
西南區	朴子溪以南，中央山脈以西的倒三角地帶劃爲西南區，亦即北迴歸線以南的熱帶氣候區，面積約有8,400平方公里。即嘉南海岸平原與屏東沖積平原，以及內陸區南部中埔、玉井丘陵地，中央山脈南段西向斜坡面，其中丘陵地及中央山脈是重要的森林帶。本區屬熱帶氣候區，西部近海的年雨量往往低於1,500公釐，往東至丘陵地亦不過2,000公釐，較全島年均雨量（約2,500公釐）均低，進入中央山脈的本區西部，年雨量便升至4,000公釐。本區氣候的另一特徵爲夏季之雨量佔全年雨量80%以上，故冬季乾燥，旱災之頻率亦高。本區近海區平原年均溫爲24℃，進入山區後，由於坡度遞升，氣溫亦遞降爲年均溫16℃。

（續下表）

表 42 台灣地理氣候區劃分表（續）

地理氣候分區	分　　　區　　　特　　　色
東南區	位於本島的東南角，濱太平洋的恆春丘陵地，面積約1,500平方公里。本區之西北角包括知本主山（2,369公尺）及大武山（3,232公尺），並以此與東岸區及西南區為界。本區年雨量近海處約為2,000公釐，自海岸往中央山脈南端可增至4,000公釐。年雨量分布極不均勻，夏期雨量佔全年的90%，雨量集中夏期的比例超過西南區，冬期乾旱及季風的影響，致其「位蒸發量」為全省之冠。年均溫介於24°至16℃之間，近海地帶較近山岳地區為溫和。
離島區（蘭嶼、綠島與澎湖列島）	蘭嶼與綠島位於台灣東南海洋中，屬熱帶性氣候。此區雖然靠近恆春丘陵地，但其雨量與東南區之恆春丘陵頗有不同，而為終年多雨，年雨量約3,500公釐。澎湖群各島為台灣海峽中之列島，其氣候與東部蘭嶼、綠島亦自有別而略同於中部沿海地帶，但降水量卻少得多，年雨量僅1,000公釐左右，其中80%集中在夏期，加上季節強風，位蒸發量頗大，並非重要的森林植物區。離島區中的蘭嶼與綠島氣候相近而與澎湖列島有相當大差異，惟因佔全島面積比例太小，故不予以分別成二區，此與蘇鴻傑教授的分區法略不同。

（整理自金恆鑣於中華林學會，1993）

四、台灣平地帶植被帶區劃方案

　　植被帶的界線未必和氣候帶或其它自然帶的界線完全一致。植被帶的分帶主要應根據植物生態學觀點，而不能根據氣候學統計的觀點（Numata, 1984）。植被帶的劃分必須根據植被本身的特徵─即構成植被的群落類型，尤其是能夠反映氣候條件的地帶性類型。同一個植被帶內不僅在地域上要連成一片，植被帶內的各個類型，包括自然的和受干擾的，以及人工植群（即構成該地區所特有的生物群落（植群）集（biocoenosis assemblage）），都存在著一定的關聯（宋永昌，1999）。極盛相植群（及其衍生的類型和相關群落）是劃分植被帶（vegetation zone）或植被區（vegetation region）的主要根據。

　　跨越北迴歸線的台灣島，面積不大，其陸地範圍卻橫跨了二個氣候帶及植被帶。全島的植被帶又可依生物群落集觀念再劃分為三個亞帶，如第拾章圖20及表21所示。

　　台灣地區的地理位置，同時受到緯度地帶性規律及經度地帶性規律不同程度的影響。全島四周環海，位居亞洲大陸棚的東側邊緣，受到海洋性氣候（海洋性季風及洋流（或暖流））與海陸交互的影響，全島以森林植被為主。又因所位居的緯度關係，全島天然植被主要以山地帶亞熱帶常綠闊葉林植被類型佔最優勢，平地帶熱帶氣候及植被雖然存在（尤其在低海拔地區），但並不明顯（因為原生植被殘留不多），或具有過渡性質。

　　亞洲大陸的東部以亞熱帶地段最為遼闊，橫跨北緯22°～33°之間，在氣候帶的劃分上，一般分為北亞熱帶、中亞熱帶及南亞熱帶。自然帶之間的熱量和水分條件的變化是逐漸的，因之地帶性植被的交替變化並非截然的，導致其兩兩之間常形成過渡性的植被類型。在北亞熱帶的常綠闊葉林中，殆混生一定的夏綠林層片，而南亞熱帶的常綠闊葉林中，也常混生著一定的雨林層片。通常情況下，亞熱帶常綠闊葉林和熱帶雨林之間，也常存在著交錯過渡帶，例如雲南地區。過渡帶亦可稱之為群落交錯帶（zonoecotone）（Walter, 1979），兩種植被類型並排出現在同一大氣候條件之下，並處於激烈競爭狀態中。而該兩種植被類型的棲居立足地取決於局部地形造成的微氣候條件或

土壤質地，結果出現了兩種不同植被類型的散亂混雜或鑲嵌的組合。

台灣島面積雖小，但緯度地帶性植被的過渡性卻相當明顯而重要。台灣北部的北插天山及銅山一帶的常綠闊葉林中混生台灣水青岡夏綠林層片，而南部恆春及台東的山地常綠闊葉林谷地中混生以白榕為代表的季雨林象徵。蘭嶼的熱帶林雖較為明顯突出，但仍具有與常綠闊葉林之間的過渡特性。

（一）熱帶植被

宋永昌（1999）提出較新的中國東部植被帶的劃分意見，其中對應熱帶濕潤、半濕潤地區的地帶性植被類型為「熱帶雨林季雨林帶」（tropical rain forest and monsoon forest zone），位於廣東、廣西、雲南、西藏和台灣南部以及海南島和南海諸島嶼。此一植被帶的地帶性植被類型為熱帶雨林向熱帶季雨林過渡的類型，也是Ellenberg and Muller-Dombois（1967）所稱的「熱帶常綠季雨林」，相當於《中國植被》（1980）的「季節雨林」。由於此一植被帶內生境條件複雜而多樣，植群類型歧異度大。原生植被中除了地帶性的熱帶常綠季節林外，在濕度較大的地區分布有熱帶雨林，在乾旱的生境中分布有熱帶季雨林和半常綠闊葉林，或分別稱之熱帶適雨林、熱帶乾旱落葉林以及熱帶半落葉林。淤泥質海岸有紅樹林，珊瑚礁上有珊瑚礁植被，在石灰岩山地上還有熱性刺灌叢等。整體形成的特有生物群落集（biocoenosis / biocenosis assemblage）棲居於各種特定生境（biotopes）而在全區內形成鑲嵌（mosaic）組合景觀（見圖32）。

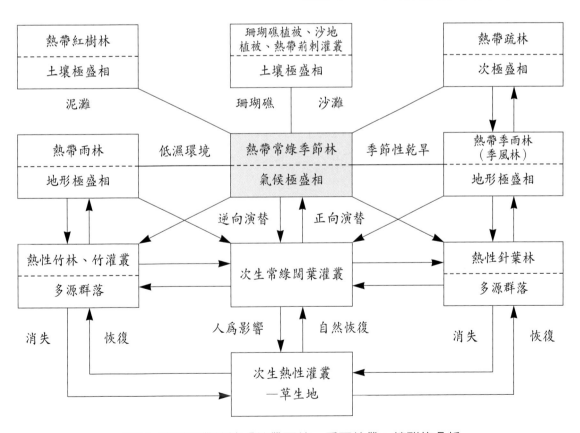

圖31. 典型熱帶植被「熱帶雨林、季雨林帶」植群集分析

（仿宋永昌，1999）

台灣恆春半島的最南端、台東外海的離島蘭嶼及海南島南部位於熱帶雨林季雨林帶的南亞帶,面積較小,其地帶性植被稱爲「半常綠季雨林」。在乾熱的生境則分布著「落葉季雨林」;在迎風坡的河谷丘陵地也有「濕潤雨林」的分布;而南海的珊瑚礁群島上則分布有特殊的「熱帶珊瑚礁植被」。熱帶雨林季雨林的北亞帶緊鄰本南亞帶,位處季風熱帶的北緣,植群的熱帶特徵不如其南部顯著。這些熱帶地區大部分爲海洋包圍,陸地面積不大,又因地處熱帶邊緣,雨林植被的發育並不典型,加之因受到季風影響,而常具有明顯季節性。又因爲特定群落生境(biotope)條件複雜,如前所述,熱帶雨林和季雨林可同時存在於不同的地形部位上,並存在著它們之間的過渡類型。

值得吾人特別留意的是,熱帶森林應只分布在平地,低谷和山麓地帶,且已受嚴重干擾破壞,殘留不多。恆春半島地區南仁山、里龍山、老佛山、高士佛山及萬得里山的天然林位於較高海拔山丘,爲亞熱帶常綠闊葉林,屬垂直帶的一部份,並不能代表恆春半島的水平地帶的植被,換句話說,山地植被並不具有地帶性意義。若將這些天然林群落認係地帶性植被而將之劃爲亞熱帶的一部份(即南亞熱帶),而將殘留在谷地的熱帶林看做是受到局部地形影響發育而成的非地帶性植被,實爲對地帶性植被的一種誤解。

世界熱帶雨林研究權威Whitmore(1975, 1984)在其專論《遠東地區的熱帶雨林》一書中,均將台灣排除於熱帶雨林分布範圍之內,可能未考慮到位居該熱帶雨林範圍邊陲地帶的台灣南端恆春半島與蘭嶼的特有植群集實際狀況。IUCN及WCMC(1990)出版的《亞洲及太平洋邊緣地區的熱帶森林地圖》,則已將台灣南端列入「熱帶雨林」,而台灣南端以外地區則列入「熱帶季風林」範圍(另參考Collins et al., 1991)。

(二)亞熱帶植被

氣候的區劃(張寶堃,1959, 1965)的六個熱量帶,實際上可認爲是二個帶的六個亞帶,其中赤道帶、熱帶、亞熱帶可作爲熱帶的三個亞帶,而暖溫帶、溫帶及寒溫帶是溫帶的三個亞帶。一般認爲亞熱帶殆爲熱帶和溫帶的過渡帶。但是因爲全中國的亞熱帶在世界上佔有獨特的地位(丘寶劍,1993),此乃由於西藏高原的影響和季風的強盛等因素。而所謂典型亞熱帶氣候的地中海氣候,呈冬濕夏乾,此與中國地區的季風氣候爲雨熱同季大爲不同。竺可楨(1958)論及「中國的亞熱帶」時指出,亞熱帶南界橫貫台灣的中部和雷州半島的北部,但他在1973年《物候學》又指出,南嶺是中國亞熱帶的南界,南嶺以南便可稱爲熱帶,其劃界的準則是以終年無冬,熱帶植物的明顯分布,且熱帶作物可正常生長發育等爲主。

因此,如何認定亞熱帶便成爲氣候帶區劃的關鍵。若亞熱帶的範圍和界線一經確定,則熱帶的界限便可迎刃而解。目前所知將南亞熱帶劃出的學者較多,雖然許多西方學者不承認亞熱帶的存在(例如柯本氏氣候分類就沒有亞熱帶,其熱帶界線定在最冷月平均18℃,而最冷月平均溫度-3~18℃之間稱爲暖溫帶)。而熱帶北界的確定也漸歸納出趨向偏南的意見,公認以雷州半島北部爲界線(丘寶劍,1993),向東延伸至台灣南部的恆春半島與蘭嶼、綠島(Hämet-Ahti et al., 1974)。

台灣的亞熱帶與熱帶分界線西起高雄岡山附近,經大埔至台東的成功(宋永昌,1999),大致與高位隆起珊瑚礁分布地區的北界符合。

台灣的大部分地區位居「亞熱帶常綠闊

葉林帶」的南亞帶（宋永昌，1999），亦即《中國植被》（1980）的「南亞熱帶季風常綠闊葉林地帶」，向東延伸至福建南部及廣東、廣西的中部。地帶性植被類型中含有較多而顯著的熱帶成分，《中國植被》（1980）稱之為「季風常綠闊葉林」，《福建植被》（1990）另稱之為「南亞熱帶雨林」，係熱帶雨林、季雨林向中亞熱帶常綠闊葉林（照葉林）的過渡類型，分布於「亞熱帶常綠闊葉林植被區域」東部亞區域（《中國植被》，1980）的最南地區，種類的組成中含有較多熱帶性成分，群落結構較複雜，具有一定的熱帶雨林特徵和形相外貌。

五、台灣平地帶老樹種類與分布之調查分析

老樹代表一種人類文明的象徵。保護老樹，將其認為是一種傳世的珍貴遺產及家園的一部份，後代不忍將之砍伐利用以終結其生命，並妥善保存做為歷史的見證。台灣經三、四百年來的拓荒開墾，尤其低海拔平地帶是漢人先民囤墾世居之處，大面積的原生樹林也因此幾乎消失殆盡。僅分散於各地的寺廟、公園或古宅的若干老樹因為各種理由而被保存下來。這些上百年以上至數百年樹齡的老樹可說是台灣平地開發史的活見證。

近年來台灣省政府及各地方縣市政府因推動生態保育政策而重視各地珍貴老樹的調查與保護。經在全島各地分頭進行，已獲致具體豐碩成果。平地帶的老樹種類及分布經調查整理並加以分析後，可以發現若干有趣的事實。自台灣北部至南部各地所發現的老樹種類（見表44）共43種，包括人工栽植的6種，其中以榕樹、茄苳及樟樹數量最多。除了耐旱性強的榕樹及相思樹外，落葉樹的種類為數亦不少。

六、結論──平地帶老樹種類與分布在台灣植被帶區劃／歸屬上的意義

自古流傳繁茂的低海拔平原及丘陵地上的原生森林植被因為密集的開墾而多不復見，碩果僅存的這些相同生境上的高齡老樹正好提供業已消失的原生植被的可靠推測根據，其理由如下：

（一）這些老樹在台灣各地星散分布，有些種類其單一種的數量頗多，且因樹齡年長而胸徑粗大，樹型壯高，推想必為當時原生植物社會中地帶性植被或演替極盛相的優勢種類或其後裔無疑。

（二）耐旱性或落葉樹種類為數頗多。耐旱的種類有榕樹、相思樹；冬季冷落葉樹種有楓香、櫸榆、無患子及櫸；旱季乾落葉的樹種以雀榕最為常見，其次有大葉赤榕、茄苳（半落葉）、苦楝、朴樹、刺桐、黃連木及九芎等。

綜合觀之，這些樹齡老大的落葉或常綠樹種均為地帶性植被的殘留重要組成份子，而其於乾旱季節的落葉性（物候特性）或樹種本身的耐旱性均顯示出台灣平地帶氣候與特定植被帶的關連性，即季風對天然植被的影響而導致植被組成中落葉樹與常綠樹的高比例極為突顯，具體反映了受季風影響（一年之中有乾、濕季節交替出現）的植被狀況。具有這些物候特性而零散分布於台灣平地帶各處的這些老樹種類加以逐一分析後，均指向將台灣平地帶（扣除島中央的山地帶部分）的原生植被視同以「熱帶常綠季節林」為代表的地帶性植被，其熱帶性在水平南、北部分存在著過渡性程度不同的分異。

「熱帶常綠季節林」於季風盛行的地區因為季節性的乾旱導致植被產生旱季落葉的適應，形成「熱帶季雨林（季風林）」的地形極盛相（如圖31）。台灣平地帶的原生植被

雀榕老樹，雲林縣古坑鄉

台灣梭欏樹花謝後果實近照（許再文提供）

楓香老樹，台中大坑

台灣梭欏樹，南投縣鹿谷鄉初鄉村（劉儒淵提供）

茄苳老樹：雲林縣古坑鄉（沈競辰提供）

老榕樹，台中縣清水鎮（沈競辰提供）

老樟樹，台中縣后里月眉（沈競辰提供）

表 43. 台灣地區平地老樹調查表

樹種中名	樹種學名	常綠／落葉	分佈地點			
			西岸	南端西側（恆春）	東北岸	東岸
茄苳	*Bischofia javanica* Blume	落葉	●	●	●	●
楓香	*Liquidambar formosana* Hance	落葉	●		●	●
雀榕	*Ficus wightiana* Wall. ex Benth.	落葉	●		●	●
大葉赤榕	*Ficus caulocarpa*（Miq.）Miq.	落葉			●	●
九芎	*Lagerstroemia subcostata* Koehne	落葉			●	
台灣梭欏樹	*Reevesia formosana* Sprague	落葉	●			
苦棟	*Melia azedarach* L.	落葉	●			
榔榆	*Ulmus parvifolia* Jacq.	落葉	●			
四照花	*Cornus kousa* Buerg. ex Miq.	落葉				●
朴樹	*Celtis sinensis* Personn	落葉			●	●
刺桐	*Erythrina variegata* L. var. *orientalis*（L.）Merr.	落葉	●			●
黃連木	*Pistacia chinensis* Bunge	落葉	●			
櫸	*Zelkova serrata*（Thunb.）Makino	落葉				●
無患子	*Sapindus mukorossii* Gaertn.	落葉	●		●	
破布子	*Cordia dichotoma* Forst. f.	落葉	●			
木棉	*Bombax malabarica* DC.	落葉	●			
榕樹	*Ficus microcarpa* L. f.	常綠	●	●	●	●
樟樹	*Cinnamomum camphora*（L.）Nees & Eberm.	常綠	●		●	●
銀葉樹	*Heritiera littoralis* Dryand.	常綠		●		
澀葉榕	*Ficus irisana* Elmer	常綠			●	
紅楠	*Machilus thunbergii* Sieb. & Zucc.	常綠			●	
九丁樹	*Ficus nervosa* Heyne	常綠	●		●	●
白榕	*Ficus cuspidato-caudata* Hay.	常綠		●		●
土沈香	*Excoecaria agallocha* L.	常綠	●	●		●
青剛櫟	*Cyclobalanopsis glauca*（Thunb.）Oerst.	常綠	●			
台灣肖楠	*Calocedrus formosana*（Florin）Florin	常綠	●			
毛柿	*Diospyros discolor* Willd.	常綠			●（龜山島）	
象牙樹	*Diospyros ferrea*（Willd.）Bakhuizen	常綠	●			
長尾柯	*Castanopsis carlesii*（Hemsl.）Hay.	常綠	●			
克蘭樹	*Kleinhovia hospita* L.	常綠	●			
薄姜木	*Vitex quinata*（Lour.）F. N. Williams	常綠				●

（續下表）

表 43. 台灣地區平地老樹調查表

樹種中名	樹種學名	常綠／落葉	分佈地點			
			西岸	南端西側（恆春）	東北岸	東岸
大葉山欖	*Palaquium formosanum* Hay.	常綠				●
台東蘇鐵	*Cycas taitungensis* Shen, Hill, Tsou & Chen	常綠				●
白肉榕	*Ficus variegata* Bl. var. *philippinensis*（Miq.）Corn.	常綠				●
楊梅	*Myrica rubra* Sieb. & Zucc. var. *acuminata* Nakai	常綠	●			
相思樹	*Acacia confusa* Merr.	常綠	●			
烏來柯	*Castanopsis uraiana*（Hay.）Kaneh. & Hatus.	常綠	●			
銀杏	*Ginkgo biloba* L.*	落葉			●	
龍眼	*Euphoria longana* Lam.*	常綠			●	
芒果	*Mangifera indica* L.*	常綠	●			
梅	*Prunus mume* Sieb. & Zucc.*	常綠	●			
蘇鐵	*Cycas revoluta* Thunb.*	常綠	●			
羅漢松	*Podocarpus macrophyllus*（Thunb.）Sweet*	常綠	●			

* 栽培種

（本書整理自陳明義、楊正澤，1996；心岱，1999；沈競辰，1999；施天樞、游清松，2000；
葉品好，2000；中華民國自然生態保育協會，2001）

中老齡落葉樹種（尤其是落葉榕類）的比例不低，應可以尋出這一思考上的線索。若將台灣平地帶上的地帶性植被視為亞熱帶「常綠闊葉林」，則季節性的乾旱及終年熱量條件將導致其植被朝向「硬葉林」（sclerophyllous scrub / forest，指生育於地中海型的冬季溫和濕潤而夏季少雨或無雨的海岸氣候下的一種植群型，分布於地中海沿岸、美國加利福尼亞州和澳洲等地）極盛相發展（見圖33），則與台灣平地帶的植被類型不符。

「熱帶雨林」（tropical rain forest）是在高溫多雨的熱帶氣候條件下由終年常綠的樹種構成，樹木高大，組成和結構十分複雜，幾乎很難區分層次，幹生花、板根、豐富的大型木質藤本及附生蕨類極其顯著。中國地區距赤道較遠，屬於熱帶的北緣，且受季風明顯的影響，並未發展成濕熱多雨的典型雨林，而只有在一些熱帶地區的局部生境，例如迎風的山地低處、溝谷因終年潮濕的條件下形成，而在受季風氣候影響下，乾濕季分明，於各季乾旱季節，森林植群不再是完全常綠而發生物候季相變化，呈現多多少少落

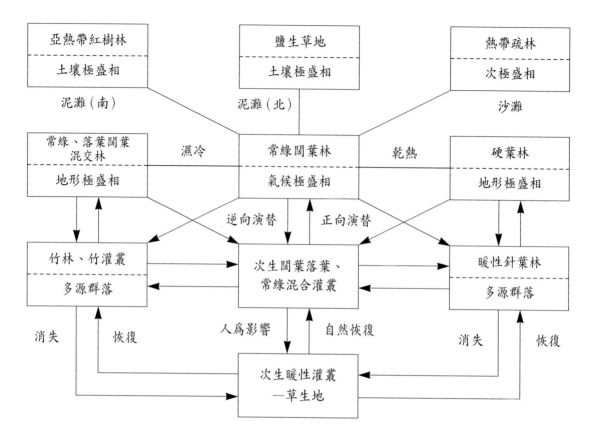

圖32. 亞熱帶「常綠闊葉林帶」植群集分析

（仿宋永昌，1999）

葉或部分落葉以至全部落葉。這種特殊植被類型統稱之爲「熱帶季雨林（tropical monsoon rain forest）」，亦有稱爲「季節雨林（tropical seasonal rain forest）」，雖然亦具有熱帶雨林的幹生花、板根和豐富附生植物的特徵，但不及熱帶雨林那樣顯著，其落葉樹成分的比例亦有程度上的不同。

　　台灣平地帶以榕屬（*Ficus* spp.）爲優勢的熱帶季雨林遭受干擾破壞後，就會朝向以落葉性成分爲主的落葉季雨林的趨勢發展。低平地目前相思樹（*Acacia confusa*）分布普遍，並有逐漸擴大蔓延的趨勢，形成獨特相

思林景觀，對台灣低海拔平地或山坡地的綠化與水土保持居功不小。這是因爲低平地自然演替遭受不斷的人爲或天然干擾，土壤逐漸退化或惡化，相思樹因爲耐旱且根部具有固氮自行製造養分的作用，競爭力強，在演替過程中漸居優勢。

中華民國自然生態保育協會. 2001. 重返龜山島. 大自然雜誌社.

中華林學會. 1993. 中華民國台灣森林誌. 中華林學叢書936號. 行政院農委會、林務局.

心岱. 1999. 台灣老樹之旅. 時報文化出版企業股份有限公司.

王子定. 1962. 育林學原理. 台灣大學叢書.

王伯蓀等. 1987. 香港島森林群落的數量分析－模糊聚類. 相互平均與R型主分量分析. 中山大學學報（自然科學版）4：66-73.

王獻溥. 1984. 季雨林. 植物雜誌3：13-14, 19.

丘寶劍. 1993. 關於中國熱帶的北界. 地理科學13(4)：297-305.

吳征鎰（主編）（中國植被編輯委員會）. 1980. 中國植被. 科學出版社.

宋永昌. 1999. 中國東部森林植被帶劃分之我見. 植物學報41(5)：541-552.

沈中桴. 1997. 台灣的生物地理：2.一些初步思考與研究. 台灣省立博物館年刊40：361-450.

沈競辰. 1999. 台灣巨木、老樹百選. 人人月曆股份有限公司.

林鵬（主編）. 1990. 福建植被. 福建科學技術出版社.

竺可楨. 1958. 中國的亞熱帶. 科學通報8(17)：524-528.

施天樞、游清松. 2000. 台灣百名樹初探. 環境綠化33：17-24.

柳榗. 1968. 台灣植物群落分類之研究（Ⅰ）：台灣植物群系之分類. 林試所研究報告第166號.

柳榗. 1970. 台灣植物群落分類之研究（Ⅲ）：台灣闊葉樹林諸群系及熱帶疏林群系之研究. 國科會年報4(2)：1-36.

柳榗. 1971a. 台灣植物群落分類之研究（Ⅱ）：台灣高山寒原及針葉林群系. 林試所研究報告第203號.

柳榗. 1971b. 台灣植物群落分類之研究（Ⅳ）：台灣植物群落之起源發育及地域性之分化. 中華農學會報（新）76：39-62.

張蕙芬. 2002. 台灣老樹地圖：台灣老樹400選. 大樹文化.

張寶堃. 1959. 中國氣候區劃. 中國科學會自然區劃工作委員會. 科學出版社.

張寶堃. 1965. 中國氣候區劃. 國家自然地圖集地圖說明. 國家地圖集編纂委員會.

陳正祥. 1957. 氣候之分類與分區. 台大實驗林叢刊第7號.

陳明義、楊正澤. 1996. 台灣鄉間老樹誌. 台灣省農林廳.

陳銘賢. 1990. 台灣西南部荖濃溪流域低海拔區域之植群分析. 台灣大學森林學研究所碩士論文.

陸陽. 1987. 廣東省黑石頂與台灣省南鳳山常綠闊葉林的初步比較研究. 生態科學：128-144.

曾昭璇. 1993. 台灣自然地理. 廣東省地圖出版社.

雲南大學生物系（編）. 1980. 植物生態學. 人民教育出版社.

葉品妤. 2000. 老樹巡禮-台北縣珍貴樹木. 中華民國自然與生態攝影學會.

錢崇澍、吳征鎰、陳昌篤. 1956. 中國植被區劃草案. 中國科學院植物研究所.

蘇鴻傑. 1985. 台灣天然林氣候與植群型之研究（Ⅲ）：地理氣候區之劃分. 中華林學季刊.

18(3)：33-44.

蘇鴻傑. 1992. 台灣之植群：山地植群帶與地理氣候區. 台灣生物資源調查及資訊管理研討會論文集：39-53. 中央研究植物研究所專刊第11號.

Collins, N. M., J. A. Sayer & T. C. Whitmore（eds.）1991. Conservation Atlas of Tropical Forests. Asia and the Pacific. Macmillan Press, London.

Ellenberg, H. & D. Mueller-Donbois 1967. Tentative physiognomic-ecological classification of the main plant formations of the Earth. Ber Geobot Inst ETH Stiftung Riibel（Zürich）37：21-55.

Hämet-Ahti, L., T. Ahti & T. Koponen 1974. A scheme of vegetation zones for Japan and adjacent regions. Ann. Bot. Fenn. 11：59-88.

IUCN & WCMC. 1990. Tropical Forests of Asia and the Pacific Rim. IUCN & WCMC.

Miyawaki A., K. Suzuki, T. C. Huang & C. M. Kuo 1981. Pflanzensoziologische Untersuchungen in Taiwan（Republic of China）, Erster Bericht：Kusten-Vegetation und immergrune Laubwalder auf dem Berg Nan-Fong-San. Hikobia Suppl. 1：221-233.

Numata, M. 1984. The relationship between vegetation zones and climatic zones. 日生氣誌 21(1)：1-10.

Walter, H. 1979. Vegeation of the earth.（3rd Eng. Transl. by J. Wieser）. Springer. New York.

Wang, C. K. 1957. Zonation of vegetation on Taiwan. M. Sc. Dissertation, New York State University College of Forestry.（unpublished）

Whitmore, T. C. 1975. Tropical Rain Forests of the Far East. Oxford University Press. New York.

Whitmore, T. C. 1984. Tropical Rain Forests of the Far East. 2nd. ed. 352 pp. Clarendon Press. Oxford.

拾柒。台灣檜木林棲地生態特性與
保育
〔Habitat Ecology and Conservation of the
Chamaecyparis Forests in Taiwan〕

拾柒、台灣檜木林棲地生態特性與保育

（Habitat Ecology and Conservation of the *Chamaecyparis* Forests in Taiwan）

　　檜木林是台灣地區的特有林型，座落於山地垂直植被帶的霧林帶（海拔1,500-2,500公尺）。本文探討這一特殊林型的立地條件、天然更新及演替，並提出保育策略的討論。

一、前言

　　台灣之檜木林係由柏木科（Cupressaceae）扁柏屬（*Chamaecyparis*）的紅檜與扁柏所組成之森林，分布海拔1,400～2,600公尺之間（柳榗，1975）。紅檜與扁柏分布區域並非完全重疊，在水平分布上，北部地區檜木以扁柏為主，紅檜分布較少，愈往南則扁柏相對減少，紅檜則隨之增加。若從海拔垂直分布來區分，根據郭寶章（1995）、柳榗（1975）對檜木林分布之敘述，紅檜在南部生長的海拔為2,200～2,500公尺，北部則為900～2,500公尺；扁柏在南部的海拔分布為2,400～2,500公尺，北部則為1,500～2,600公尺。事實上，台灣扁柏分布與紅檜殆為一致，只是一般扁柏分布海拔在同一地區中較紅檜約高200～500公尺（郭寶章，1995）。洪富文等（2000）則針對台灣原生檜木林的面積提出估算。

檜木林

二、檜木林型之立地條件

（一）方位：方位對環境之影響主要為光照與微氣候差異，進而影響土壤養分與水分控制。檜木林多分布於北北東至南西南之範圍內，亦即由正北順時針方向25°～250°之間，而扁柏則為南南西至北北西之範圍內，亦即23°～350°之間（柳榗，1975；郭寶章，1995）。

（二）地形：紅檜與扁柏皆見於5-80%以上之坡地，但是扁柏多分布於山坡之上部、中部與山脊上，紅檜則分布於山坡之中部、下部或側坡上（柳榗，1966, 1975）。此外，就地形平坦度而言，紅檜多生長於窪地（平坦處及高地亦可見），扁柏則分布在較平緩之處，但亦可見於窪地與高地上（郭寶章，1995）。茲分析何以紅檜多分布於山腹、山谷坡度陡峭之地，而扁柏則多分布於山脊、山稜之處如下：

1、長期生存競爭在演化上使紅檜的分布適應山谷、山腹之特殊環境。

2、紅檜分布於坡度陡峭之區域或許可降低闊葉數之競爭，同時增加干擾機率以提供天然更新環境。坡度陡峭其土壤層通常淺薄。而檜木淺根容易風倒而造成孔隙更新，此乃長期演化結果。此現象並非意味紅檜喜好淺薄土壤，其可能是長期演化適應之結果。

3、氣候：台灣檜木林生長地區之年平均溫度為10.6～12.7℃，年降雨量為2,980～4,360公釐，相對濕度為81～94%且在具有盛行的雲霧籠罩地帶（郭寶章，1995），因此可知台灣檜木林其生育地須有較低溫度（柳榗，1985）、較高的降雨量與較高的相對濕度（郭寶章，1995）。

4、土壤：紅檜常見於土層厚度中庸至淺薄的濕潤地，且為灰化土或棕色森林土（柳榗，1975）。台灣扁柏生育地之土壤常較紅檜生育地的土壤淺薄及粗重，且灰土化與潤濕程度亦較紅檜林者為低（郭寶章，1995）。

陳玉峰（1995）提出河川向源侵蝕理論與檜木林之分布有關。他認為台灣山地不斷升高與河流向源侵蝕、迅速切割作用大面積地滑等反覆創造裸地，提供形成檜木純林的有利條件。檜木林之更新大抵係山谷不同坡向地交互跳躍的延續方式，單獨一片森林往往無法長久圖存……。部分現存之紅檜零星巨木可證明其可能原本為純林，後來為闊葉樹取代造成。

連續性小規模干擾可能為檜木林天然更新之主要機制，而大規模干擾將使紅檜林為闊葉樹所取代，理由如下：

（一）因檜木種子飛散距離有限，大規模的干擾只會使其它的闊葉樹種入侵而取代之。

（二）強光100%光度下，紅檜幼苗難以存活。

（三）林地干擾之後，林下層常被五節芒與玉山箭竹所盤據，此類矮竹灌叢或高草層不利檜木幼苗發芽。但紅檜幼苗可在赤楊、松樹林下生長。

（四）溪流附近（溪谷）本來就陡峭而容易崩塌，自然可形成紅檜演替機制，只不過是冠上「河川向源侵蝕」一詞而已。

（五）陳文提及檜木林並非永久存在某一處而是動態變化的。可見陳亦認同部分檜木林會被闊葉樹所取代。總而言之，檜木林會因演替而發生動態移動。

（六）溪谷所形成之共同特殊生境如土壤、坡度、光度、濕度等綜合因子極為相近，且可能與紅檜生境重疊，因之多分布於溪谷，故河川向源侵蝕一說，或許僅與諸多因子之一不謀而合而已。

三、檜木林型之天然更新

（一）種子結實

檜木之結實有明顯豐歉之差異（陳清梅，1985；彭令豐，1988），結實年之1-3年後，其結實情形就不好，尤其是豐收之次年必定歉收，但是一般結實水準之結實年約2-3年就有一次（坂口勝美，1971），郭寶章（1995）亦認為台灣扁柏結實概以三年為一豐年之週期。種子落下時期，依地區、海拔高、年度而有差異，但其最盛期出現在秋末至冬季之間（陳清梅，1985），12月至2月為種子飛散最盛時期（彭令豐，1988）。柳榗（1975）於1974年12月至1975年3月在大雪山林區設置種子蒐集箱，以測定檜木種子飛散量與季節之關係，結果發現12月初即見種子飛散，1、2月為最盛期，自3月後即行減少。

（二）種子飛散距離

一般而言，種子飛散距離與地形、風等狀態息息相關。陳清梅（1985）提出檜木種子有效飛散距離約同於母樹之高度，超過此一距離則種子飛散量相對減少。郭寶章（1976）根據松浦作治郎；筆者之自行觀察心得，以及林業試驗所進行之研究，均認為紅檜種子飛散距離較保守之估算應以100公尺以內為準。由此可知，檜木林的天然更新與母樹種子飛散有效涵蓋範圍息息相關。

（三）種子之發芽

紅檜結實之年齡，最幼者無資料可查，最老者依台大實驗林之種木推定，樹齡為一千八百年仍可結實，一般以一百至三百年生之種木種子發芽率為最高（郭寶章，1976）。

（四）檜木幼苗生長

一般檜木林之幼樹多出現於樹冠破裂處或火災、山崩、路旁等土壤裸露區域（柳榗，1975），松浦作治郎（1942）亦提出檜木良好更新條件為林下草燒失地，露出地、根張處、倒木幹、木片及苔蘚著生之樹皮上，同時並認為最佳之更新處理方式為整理露出地。由此可知，適當的天然檜木苗床取決於適當的光度與土壤裸露。洪良斌（1975）、羅卓振南等（1989）等對於天然檜木林更新研究中亦指出，經過整地處理使土壤裸露之區域檜木幼苗數量較其它未經處理或粗放處理之區域為多，且幼苗分布亦較均勻，而雜草的入侵是妨礙林下更新的重大因子。

在光度方面，台灣檜木林其成木的耐陰性居於陽性松類與陰性冷杉之中間習性（郭寶章，1995）。林下相對光度與幼苗之生長成正比，亦即強度擇伐區之光度較強，幼苗生長較佳，反之則生長較差（羅卓振南等，1989）。洪良斌、羅卓振南（1984）進行紅檜幼林需光度研究認為90%的光度對紅檜在林下造林生長之結果為最佳，且林地之光度至少需50％以上，否則紅檜不易成林。林渭訪等（1958）認為紅檜播種後，給光度應為64％，苗木增大需光度亦順次遞增，一般於高海拔地區者較低海拔地區之需光度為高。整體而言，檜木從幼苗至成樹過程中，所需光度是不同的，尤其是幼苗時期，光度過強或弱皆不宜。雖然不同研究結果在幼苗需求光度上有些微差異，唯可能是調查環境上的差異以及對象幼苗林齡不同所致。

四、檜木林伐採後之演替

台灣早期之高山可能為玉山箭竹所佔據，之後則有台灣杉（亞杉）與香杉入侵（章樂民，1963）。由於台灣杉與香杉不耐

陽光照射，在天然狀態下更新復見困難，一旦林地遭受破壞而使林相產生孔隙（gaps），日照射入，逐漸變為喜愛陽光的台灣扁柏林，然紅檜又較台灣扁柏喜好陽光，因此紅檜又有取代台灣扁柏的趨勢（章樂明，1961）。楊勝任（1995）認為闊葉樹種乃為紅檜、台灣扁柏林鬱閉後產生孔隙的侵入種，逐漸構成紅檜、台灣扁柏林極明顯之第二層樹冠，受紅檜、台灣扁柏樹冠之抑制。在不受干擾的天然狀態下，現時成長之紅檜、台灣扁柏乃為氣候支配下之氣候極盛相植物社會，然不能保持久遠，縱使現存森林不施以伐採作業而終其天年，其林相亦將有所變遷。陳玉峰（1995）亦認為若無崩塌等干擾，單獨一片森林往往無法長久圖存。檜木林一旦遭受採伐、火災或天然地震、洪水、崩塌等干擾，首先侵入者為玉山箭竹、台灣赤楊、懸鉤子屬、五節芒屬等，之後才為闊葉樹入侵，再經由競爭與交互反應作用之結果，將變為闊葉樹林，使得紅檜、台灣扁柏零星或塊集出現，極少可保持現狀者。

引起二次演替（secondary succession）因子甚多，如火災、開墾、伐木、風暴（windthrow）等，而以伐木與火災為改變森林組成的重要因素（劉棠瑞、蘇鴻傑，1983）。早期紅檜、台灣扁柏林之伐採多採用皆伐，在加集材之影響，對林地之破壞甚鉅（章樂民，1963）。紅檜、台灣扁柏林在未經伐採前，其主要林下植物有：1）玉山箭竹灌叢，呈大面積分布；2）草本植物主要有冷水麻、三葶冷水麻、阿里山冷清草；3）蕨類植物如緻脈鳳尾草。此類草本植物大多屬耐陰性，適於濕潤環境，而玉山箭竹適應環境力強，能耐陰亦能耐陽光所照射，故森林亦經砍伐後，玉山箭竹則在初期迅速生長且密覆於全部林地，而原有的地被植物，則逐漸消滅。因此在採伐初期因林地暴露，土壤遂由濕潤變成乾燥，含水量降低，再加上

大氣濕度銳減、表土流失、根系外露，致使玉山箭竹逐漸死亡而減少，高山芒則趁機入侵，玉山箭竹逐漸由高山芒所取代，且相伴發生高山灌叢如台灣懸鉤子、苦懸鉤子等呈團狀聚集，及陽性小喬木如山胡椒、台灣鴨腳樹、鐵雨傘等，此外尚有草本植物及蕨類植物相繼發生。一般而言，初期所發生之植群乃以高山早期草本及灌木佔最多，但此類植群其維持時間極短，甚至與本區代表性闊葉樹如長葉木薑子、錐果櫟、豬腳楠等，同時入侵而發生，且其初期侵入發生順序並無一定方向與方式，故非為漸進而是紛亂的。

伐採5～10年之林班，因時間較久故區域性之闊葉樹逐漸入侵，除初期約5年中所見之闊葉樹外，尚有雲葉、青剛櫟、阿里山楠等之幼樹，此時生育地已有改善，土壤含水率增加，林內濕度增高，在初期所見之草本及灌木雖仍存在，但高山芒與懸鉤子則分布面積減少而逐漸枯死。

伐採15年之林地與伐採10年之林地並無顯著差異，所不同僅為高山芒與懸鉤子類此時已完全絕跡，由此可知，此類草本植物乃為絕對需光性植物，故在闊葉樹侵入成林後，因林下日照不足而遭淘汰。

伐採20年以上之林地，由於闊葉樹入侵，初期所見之陽性草本及灌木，因不適自身生存之環境而漸次消滅，取而代之的闊葉樹林林下草本及灌木則多屬耐陰性，其主要闊葉喬木有木荷、森氏櫟、長尾柯、錐果櫟、白花八角等。灌木類則有森氏杜鵑、鐵雨傘、華八仙等，而草本植物則有威靈仙屬、姑婆芋、水鴨腳等。此時林下多為耐陰性草本、蕨類植物與優勢樹相同之幼苗，故顯示此林地條件漸趨陰濕且植被變遷已至後期，漸趨極盛相，形成溫帶常綠闊葉樹林相。

綜合上述，由於紅檜、台灣扁柏及鐵杉為長時期安定之森林且達極盛相，若此林分

鬱閉良好且在不受干擾之天然狀態下，闊葉樹會呈被壓狀態即為被壓木（over-topped tree）而難與針葉樹競爭。一旦林相鬱閉破裂，則闊葉樹得以生長形成混交林，而紅檜、台灣扁柏及鐵杉林相雖可維持相當時期，但卻不能永保長遠，即使是不施以伐採作業，其林相最終亦會改變。再從林木分布上的觀點來看，紅檜、台灣扁柏之分布高度，恰為溫帶常綠闊葉樹林範圍內，故闊葉樹極易入侵而成長，雖鐵杉較闊葉樹發生來的早，但其仍屬後期侵入者，所以只有少數混生於紅檜、台灣扁柏所形成第一層之樹冠，但也因其林木衰老快速而易遭淘汰，再加上紅檜、台灣扁柏於天然林鬱閉狀態下其自行更新困難，若又施行皆伐作業法，將會被闊葉樹取代，而變為常綠闊葉樹林（見圖33）。

紅檜更新主要受限於種子飛散距離，適於土壤裸露處發芽以及幼苗發育相對光度50～80%等因子，當林內發生風倒木或小崩塌產生孔隙地，則可符合上述因子進行天然更新，然而這樣小區域的更新方式恐怕尚不足以維繫整個紅檜林之延續。

若發生大面積崩塌時，崩塌地邊緣（林緣）種子可飛散處，光度較適合，可著生檜木幼苗，其餘地區雖土壤裸露，然而因超過紅檜種子飛散距離以及日照過強不適紅檜幼苗生長而成為赤楊優勢社會，此時赤楊林下大致以五節芒為優勢，若無干擾發生，將朝闊葉樹極盛相演替。

儘管如此，在坡度較陡之區域，歷經大

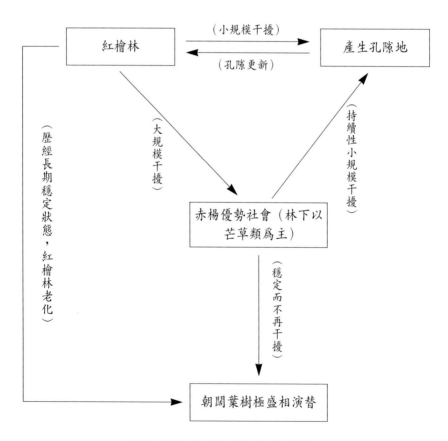

圖33. 紅檜林型自然演替趨勢推論

規模崩塌後，往後數年間往往還會陸續產生小崩塌，因此在透光度適中的赤楊林中產生許多土壤裸露之小孔隙造就了紅檜更新的機會，相信這是大面積紅檜更新的基礎，亦顯示出為何許多紅檜林分布於坡度陡峭區域的緣故。

倘若紅檜林長期（千年以上或更久）處於安定無干擾狀態下，則可能因林齡老化且更新不繼而為闊葉樹所取代。因此紅檜演替上的特性在於以長壽的特徵等待適當崩塌地出現，進行下一代紅檜林的延續。若此一觀念屬實，則紅檜林的分布將動態變化於原生育地四周，而原本紅檜母樹林終將因林內無法自行更新而為闊葉樹取代。

檜木幼株主根無法伸入倒木木質部，側根發達

五、粗木質物殘體（CWD）的腐朽速率對檜木林天然更新的影響

倒木、枯立木（站幹，snag）等粗死木質物（Coarse Woody Debris, CWD）是森林生態系統的重要組成部分，尤其倒木往往是CWD中最主要者，在生態系統結構和功能方面，起著極為重要的作用。它們一般可在系統內存在幾十年至數個世紀，因此粗死木質物的生態影響與活樹相比並不遜色。在森林生態系統內，它們具有減少水土流失，影響土壤發育，貯存營養和水分，供給物流和能流，提供動植物生境等功能，而且CWD也是生態系統中被人忽視的重要碳庫（陳華、徐振邦，1991）。

觀測林地內的粗木質物殘體（CWD）之邊、心材腐朽速率，養分循環系統是否因之造成障礙，天

然更新苗木的發育是否因之受阻，檜木幼苗在倒木邊材腐爛後根系是否能繼續深入因富含精油而不腐的心材內定根生長等等，均與檜木林的天然更新息息相關。

一般木質物殘體（倒木、枯立木）高出地面，受光量較大，有利於樹種的種子降落萌發。其腐爛程度一般可劃分成五級（Maser, 1978）：

1級：新產生的倒木，木材新鮮，樹皮完整，樹幹完好。

2級：樹皮完整，材色改變，但木材機械性能及使用價值未受影響。

3級：樹皮部分脫落，邊材開始腐爛。

檜木倒木心材木質部長年不朽，其硬如石，影響檜木的天然更新甚鉅

下種於岩石表面的檜木幼株枯死狀，有如下種於不腐朽的倒木一般

下種於檜木根部的幼株因而無法繼續獲得養分而枯死

倒木上的檜木幼株將因長年不朽的心材而無法繼續獲得養分而枯死

4 級：樹皮大部分脫落，材質鬆軟，苔蘚覆蓋度達80％以上，植物根系穿透木質部。

5 級：木材粉碎失去原有形態，被雜木種類所覆蓋。

然而檜木木材極耐腐爛，3級倒木向4級過渡需要時間極長（數百甚至上千年）。不同腐爛級別的倒木或枯立木，可由單位面積上幼苗數或覆蓋度判定。易腐爛的樹種，進入4級後則由於孔隙過多，濕度大，易分解，養分豐富而含氮量高，故天然更新幼苗生長迅速。

倒木的分解一般是呼吸、淋溶和自然粉碎綜合作用的結果，倒木的分解速率常數也就是呼吸、淋溶作用引起的分解（礦化）速率和自然粉碎作用常數之和。

溫度、水分、材質和倒木胸徑大小等因子都影響倒木的分解。花旗杉及檜木類的木材中含有難於分解的多酚類（林肇威，1979；許志明，1973），故比其它樹種的倒木分解緩慢（表38）。而檜木類的倒木直徑普遍比其它者為粗，故亦是倒木分解緩慢的原因之一。

表 44. 倒木分解模型

樹種 Species	分解模型 Decaying model	分解速率 K Decay rates	50%乾重分解掉的時間 Year of 50% dry weight loss
紫椴 *Tilia amurensis*	$Y=0.45e^{-0.0275t}$	0.0275	25
紅松 *Pinus koraiensis*	$Y=0.37e^{-0.0162t}$	0.0162	43
異葉鐵杉 *Tsuga heterophylla*	$Y=0.35e^{-kt}$	0.0156 - 0.0192	44 - 38
花旗松 *Pseudotsuga menziesii*	$Y=0.39e^{-kt}$	0.005 - 0.010	140 - 70
檜木 *Chamaecyparis*	—	—	估計約數百上千年

（修改自陳華等，1992）

王松永等（1980）利用室內接種腐朽菌以研究十八種台灣產木材之耐腐性。其結果顯示白腐菌以紅檜、扁柏、台灣杉、相思樹、柚木等樹種耐腐性較強；褐腐菌則以紅檜、台灣二葉松、台灣杉、苦扁桃葉石櫟等耐腐性較強。扁柏、相思樹、柚木、櫸木等樹種耐腐性最強。心材較邊材耐腐性強。

六、檜木林的保育策略芻議

眾所皆知，森林乃是一個具有社會公益（如國土保安、涵養水源...等）、人文歷史意義及經濟價值的再生性的資源，而隨著時代的進步，知識水準的提伸，人們對它的價值認同亦隨之加深，因此森林的保育及永續經營的話題亦不斷的在各種環境資源研討中被提出。

檜木——台灣森林組成中重要的一份

子,因它的木材不易腐朽與芳香氣味的特性而一直廣爲人類所偏好與利用,尤其台灣因其氣候與地形特性,所產生的檜木品質皆較其他世界各地優良,而數量亦多,因此檜木對國人而言已因長期廣泛的生活利用與相伴,而漸漸對其產生一股依賴的情懷。以台灣爲例,因爲歷史的因素,致使成熟的檜木林在早期遭受大量的砍伐,因此現今檜木林的保育與永續經營課題,更是重要而被重視。而如何才能使這一具有特殊意義的資源永存,我們提出以下幾點策略以供參考。

(一) 對檜木林進行「永續經營的保育」而非「單純的保護」

根據Dasmann（1984）定義保育乃爲「對某事物之一種小心保存（perser333）與保護（protection），尤其是對自然資源有計畫的經營,以防止濫用、破壞或忽視」。因此,由此可知對一環境資源的保育,應是脫離不出永續其生物多樣性且確保供給人類長久福祉之自然基礎。換句話說,保育即對自然資源加以有計畫性的妥善保護、適當培育及明智之利用,以使其可以永續不斷,生生不息的留存且爲人類所利用。

而因森林是一種動態生態系,其演替不是優生性變化即爲劣生性變化,故造成某種基因資源消失非不無可能,再加上本文前面所述檜木林型之立地條件與天然更新之生態特性,若對檜木林只加以消極的單純保護,讓它隨著自然時間演替,相較於濫砍的殘忍,這是一種忽視的無情,而封存後的檜木林是否會滅絕?亦無人能知,恐龍的滅絕即是一種自然因素的結果,而這對檜木林懷抱有深厚依賴的我們,情何以堪去面對這樣的可能性。因此以生態性永續經營的方式來保育及善用檜木木材資源才是明智的。

(二) 以「生態系的經營」爲準則

「生態系的經營」是一種時代趨勢,這種長遠的理想與目標應用在森林中乃是強調生物的多樣性、森林的更新與林地的生產力,故須在生態、社會及經濟三大主軸均衡下進行,因此在基因多樣性及永續經營之前提下,採取「適應性經營方式」和尊重當地居民之「共識性的經營計畫」是有其必要的。

(三) 劃定「檜木林自然永續經營區」

根據洪富文等（1999）文中提到台灣目前檜木林生機旺盛,族群大,且適生區域仍然相當普遍,並非有瀕臨絕種的趨勢,因此在符合生態原則下,適度的供給檜木木材或枯立倒木應是被允許的。然而因人們對檜木依賴情感的過深,所產生恐其滅絕的不安全感,使得不斷有如何保存檜木林的相左意見與不同聲音的出現。因此本文建議以蒐集科學證據,建立公正性之精神,將台灣部份檜木林劃定爲「檜木林自然永續經營區」,並在其中規劃出「封存保護區」（完全封存,不予任何人爲操作）、「保育經營區」（依循自然法則,進行人爲輕度之干擾與幫助）及「經營管理區」（如同森林遊樂區之人爲經營方式,開放民眾親近）等三種完全不同之保存經營方式,並以經濟學角度來分析其「效益與風險」、「效益與成本」及「成本有效性」等結果,以做爲經營檜木林之對照及評估準則。

(四) 永續經營的保育作業

檜木之枯立倒木的產生與其生態之淺根、木材不易腐朽之特性及颱風、雷電……等自然危害因素,形成一種循環、息息相關的現象,因此造成天然檜木林之易損傷、苗木生長於倒木上的不穩定性（有文指出因有

枯立倒木的橫陳林地，可使檜木形成踩高蹺形具較生長在淺薄土層穩定之板根，但亦如本文前所述坡度陡峭其土壤層通常淺薄，而檜木淺根容易風倒而造成孔隙更新，此乃長期演化結果，此現象並非意味紅檜喜好淺薄土壤，其可能是長期演化適應之結果。故換個角度想，檜木在枯立倒木上形成踩高蹺板根，乃不得不的演化結果，且若生長在枯立倒木上之檜木較生長在土層裡穩定性高，為何在檜木林中有許多二代木、三代木甚四代木的出現？此乃因林地無空隙供檜木天然更新下種，故檜木種子不得不於枯倒木上發芽生長形成二代木，但也因二代木的不穩健，枯倒後又產生三代木，如此週而復始可能終將使得檜木林相不成熟穩健而遭入侵破壞，此種自然演替風險比予以人工輕度干擾更令人擔憂。）與天然更新的困難，在在皆使林業從業人員憂心其永續之風險，故在種種林業專業之研究報告中指出移除小部份枯立倒木之整理作業而不破壞檜木林的前提下，以師法自然之方式如移除枯立倒木整理出林地空隙以利檜木林母樹天然下種更新、小面積塊狀或帶狀擇伐、由技術熟練之人員進行避免伐倒損傷生立木之作業、採取架空索道或直昇機（尤為環境敏感區）或氣球集材等方式之的保育作業來永續經營檜木林殆為可行之道。

再者人類對檜木之利用已產生一種依賴性的情感，因此在為永續檜木林的存在以移除其枯立倒木之目的下，將其加以利用，乃是對其最卑微的求取方式，一點也不為過，且亦符合人類為生態系的一份子，有權在不阻斷生物元素循環的原則下，與生態系中的其他生物形成互利結合，因此在檜木的天然林中遵行它的自然遊戲規則，加入人為善意的操作，以確保其永續的存在而同時供給利用殆有其必要。

（五）嚴格地監測經營及執行的成效以建立全民共承之意識

保育檜木林，切不可因噎廢食，如同不可因刀子會傷人，即將刀子的功用一律抹殺，我們要監測的是使刀的人，規範的是用刀的法則；故深奧的學術理論、超高的理想與長遠的目標，皆遠不如真正落實與嚴格監測執行來的令人信服。因此保育經營檜木林，除了是將生態過程的嚴格監測與適應性的經營納入，使其經營作業更加謹慎與完整外，得到全民的信賴與重視並共承協助此一永續經營之長久責任，亦是當務之急。

王松永. 1980. 木材劣化性質之研究（第四報）生產木材之耐候性與耐腐性. 台灣大學農學院森林系.

王松永、邱志明、陳瑞青. 1980. 木材劣化性質之研究（第二報）─十八種省產木材之人工促進耐腐性實驗. 中華林學季刊. 13(1)：55-93.

李凌浩、黨高弟、汪鐵軍、趙雷剛. 1998. 秦領巴山冷杉林粗死木質殘體研究. 植物生態學報 22(5).

李新鐸（譯）. 坂口勝美（原著）. 1971. 柳杉與檜木之育林. 中華林學季刊5(3)：41-60.

林渭訪、林維治、呂枝爐. 1958. 紅檜幼苗需光度試驗. 台灣省林試所報告第55號.

林肇威. 1979. 檜木油的成分分析與利用. 台灣大學研究所.

柳榾. 1966. 台灣產松柏類植物地理之研究. 台灣省林試所報告第122號.

柳榾. 1975. 台灣檜木林之生態. 台灣林業1(13)：24-27.

柳榾. 1985. 環境、苗齡與種源對三種檜木及鐵杉葉部阻力之影響. 現代育林1(1)：5-17.

洪良斌. 1975. 石門水庫上游天然生檜木保安林經營方法之初步研究. 中華農學會報92：87-111.

洪良斌、羅卓振南. 1984. 紅檜幼齡需光度之研究. 林相改良論叢─農委會林業特刊第5號.

洪富文、馬復京、張乃航、游漢明、林光清、黃菊美、許原瑞、杜清澤、陳永修. 1999. 台灣檜木林保育的科學基礎. 枯立木與資源研討會論文集：125-164.

洪富文、馬復京、游漢明、許原瑞、張乃航. 2000. 台灣原生檜木林面積的估算與其對保育的意涵. 中華林學季刊33(1)：143-154.

許志民. 1973. 紅檜樹皮之成分研究. 台灣大學化學研究所.

郭寶章. 1976. 檜木類之天然更新. 台灣林業1(12)：12-16.

郭寶章. 1995. 台灣貴重針葉五木. 中華林學會.

陳玉峰. 1995. 台灣植被誌. 第一卷. 玉山出版社.

陳清梅. 1985. 檜木林之天然更新. 台灣林業11(2)：12-18.

陳華. 1992. 溫帶森林生態系統粗死木質物動態研究─以中美兩個溫帶天然林生態系統為例. 應用生態學報. 3(2)：99-104.

陳華、徐振邦. 1991. 粗木質物殘體生態研究歷史、現況和趨勢. 生態學雜誌10(1)：45-50.

章樂民. 1961. 大元山植物生態之研究. 台灣省林業試驗所報告70號.

章樂民. 1963. 紅檜台灣扁柏混交林生態之研究. 台灣省林業試驗所報告第91號. pp.1-24.

彭令豐. 1988. 棲蘭山檜木天然更新造林之實施及現況. 現代育林3(2)：20-23.

劉棠瑞、蘇鴻傑. 1983. 森林植物生態學. 台灣商務印書館.

羅卓振南、鍾旭和、邱志明、周朝富、羅新興. 1989. 天然檜木林擇伐更新之研究. 林業試驗所研究報告季刊4(4)：197-217.

松浦作治郎. 1942. 稚樹稚苗消長環境要素關係. 台灣總都府林業試驗所報告第五號. pp.191.

Dasmann, R. F. 1984. Environmental Conservation. Illustrations By John Balbalis with the

Assistance of the Wiley Illustration D

Jonsson, B. G. 2000. Availability of woody debris in a boreal old-growth *Picea abies* forest. Journal of Vegetation Science 11：51-56.

Maser, C. et al. 1981. The Seen and Unseen World of Fallen Trees.Portland. Oregon.

后記：

1. 我於1975年由台灣中華書局出版《台灣植物總覽》後，立即被台灣大學植物學系的黃增泉叫去無緣無故無理地訓斥了一番，謂不是教授怎能出這樣的書云云。現在我寫這一本《台灣的植物》望能多予指教，並對所有後學者要多鼓勵，不要有忌妒打壓迫害的情事發生是幸。

2. 靜宜大學楊國楨先生：你在網路上硬拗台灣杉起源自六千五百萬年，並粗魯無理地口出惡言惡語。你的學術錯誤和無知，我很耽心會誤人子弟！台灣杉的化石最早發現於日本、俄羅斯西伯利亞及新西伯利亞群島的白堊紀（距今一億多年以前），在第三紀曾廣泛分布於歐洲及東亞地區。一開始我是從常識判斷，裸子植物都是相當古老的，在地質年代上比被子植物出現還要早，大都開始出現於晚石炭紀，於中生代或至第三紀後期茂盛發展，到了第三紀古新世或始新世時開始衰退，我質疑你沒有任何化石佐證資料，便斬釘截鐵斷言你關於台灣杉起源年代的說法。我查閱了文獻，得知有關台灣杉古老化石的事實，本來好意不想出你洋相，但你實在愈拗愈不像話，又發揮你一向企圖轉移焦點的技倆，胡言亂語攻擊這個批判那個，像極了井底下的自大權威狂蛙一般，不斷吹噓和叫囂別人永遠是錯的，毫無知識分子治學謙虛嚴謹風度，也不理會我善意提供的相關參考文獻，我一直在內心中替你搖頭嘆息不已！你若有風度和教養，科學證據和真理之前，請在公開場合向全台學術界道歉你的傲慢和無知！請注意！再繼續硬拗下去，你學養膚淺的馬腿和馬腳都將一切曝露無遺了。有目共睹，大家自有公斷，你在網路上的歪曲言論還真可以拗成一篇〈論現代欺世胡說八道學〉呢！各位看官請看看我下載你在網路給我的「教導」文句的一部分，如下：

> 已故的柳榰教授（柳榰，1971）以當時對地質的錯誤了解，推演
>
> 很多台灣植被起源與演化的想法！Canright, J. E.（1972）的文章
>
> 當然也是重要的錯誤源頭！〈引自BDG May 01, 2002 1:34 PM〉

綜結一下你上面的謬論。你既然堅持硬拗台灣杉起源自六千五百萬年，但我已注意到你後來在「台灣杉生態特展」92/3/3－3/27廣告中趕快又改口稱台灣杉誕生得更早，有「六千萬至上億年的演化歷練」了，為台灣地史的活見證……云云。朝三暮四，顛三倒四，什麼樣的話、正、反兩面的話你都可以說，真是活見鬼！更扯的是，根據你一知半解的地區性板塊構造理論（你一向認為只有你懂，別人完全沒聽過，請注意至今其重要關節部分仍尚未得到公認的圓滿解決），堅稱台灣島地體演化的短暫二百多萬年歷史，再欲巧妙地將台灣杉的起源銲接到你始終弄不懂的整體古植被生成歷史上，又自吹自唱要替台灣地史作活見證，說也說不明白地大大自我矛盾一番。怎麼你的盤古六千五百萬年的台灣杉忽然又奇蹟似地「降落」

在新近誕生的「嬰兒」台灣島地體上了呢？你的錯亂思維到底在那裡出了差錯呢？我想問題的答案已經浮現出來了。你的謬論去騙小孩或去唬外行人吧！

你與陳玉峰（1995）共同落入相同的可笑盲點在於：未確實深入瞭解台灣植物區系最早起源的時間和地區，和台灣晚近植物區系的形成背景兩者之間的關聯性；也沒有關於台灣植物區系有一種新老成分並存且共同發展的顯著特徵的任何概念。經區系學比較，目前公認台灣植物區系與中國大陸的區系關係最為密切，無疑是大陸植物區系的一部分。

台灣杉屬的台灣杉（*Taiwania cryptomerioides*）為台灣特有，大陸同屬的禿杉（*T. flousiana*）則分佈於雲南西部怒江和瀾滄江流域以及鄂西、黔東一帶和緬甸北部。由台灣杉屬之台灣杉與禿杉之間斷分佈以及同屬之親緣關係來看（是雙種屬的小地區間斷所形成的對應種現象），兩者遠古時期可能同源而後因地理間隔而各自演化。近來在福建發現了禿杉後，學者已將禿杉和台灣杉歸併為同一種。它們顯然與世界爺屬（*Sequoiadendron*）、水杉屬（*Metasequoia*）同屬於第三紀古植物區系的現今東亞孑遺分子。

檢討過去台灣與鄰近陸地或島嶼相連的因素，大致可分為地質因素與冰河時期氣候因素，這兩個因素雖然都使台灣與鄰近地區相連，但是在植物分佈遷徙上卻有著大相逕庭的意義。根據路安民（2001）對台灣20科63屬181種原始被子植物的分析中發現，中國大陸與台灣現存的原始被子植物的科、屬在區系上是共同起源的，起源的時間和地區可以追溯到中生代一億數千萬年前的華夏古陸。同樣情形，台灣擁有許多北極（寒帶）第三紀古植物群（Arcto-Tertiary geoflora），和孤立或原始的孑遺裸子植物的科、屬，在在都足以佐證台灣植物區系發源的古老性。

台灣與大陸分離又相連，使得兩岸植物的遷移與分佈能在相連時不斷進行，相互間的關係與聯繫密切。由於島嶼孤立的環境及地形和氣候條件的多樣化，島上原有植物種類不斷演化和發展，形成了大量的新種與變種，這些新種與變種又成為本區的特有種。因此，本區不僅擁有大量的古老成分和孑遺植物，而且還擁有豐富的特有種類。但因本區在地質歷史上後來真正孤立的時間不長，植物區系的特有屬並不多見。

第四紀以來冰河的進退特別是更新世的末次冰期，中國植物區系中又形成了一些避難所和新的分化中心。台灣晚近的植物區系就是在這樣的背景下形成。相對於冰期之前就在地層中沈積的古植物區系的化石植群，第四紀以後可說是台灣晚近現生植物區系的形成孕育分化最重要的階段，尤其是台灣山岳冰河雪線上下移動之際，氣溫降低導致的山體植被帶發生的高低分佈變遷。冰河南下之際，北方溫帶性物種往南遷移；當冰河北退，寒冷乾燥的氣候逐漸回暖，雪線或森林界線逐漸往山體高海拔上移，北方寒溫性物種亦隨之上移，造成上下植被帶分佈之變遷。

冰期－間冰期的全球氣候波動變化，山岳冰河時進時退，影響植物的上下分佈。冰期來臨時，氣溫普遍降低，使得雪線及森林界線下降，許多高山常年積雪，北方寒冷植物興盛。台灣海拔3,000公尺以上均受到第四紀冰河作用，因而山區環境複雜，不僅使古特有成分找到避難所得以保存和發展，而且新的特有成分又在新的生境中得以次生形成。這種新老成分並

存共同發展可以說是台灣山區植物區系的顯著特徵。

在台灣植物區系中台灣被子植物特有屬只有4屬，而台灣被子植物特有種卻十分豐富，約有1,053種，佔全部種數的29 %。但其中的中國特有種只有205種，約佔全部種數的5.6 %。這種台灣本地特有種比例遠高於出現該地區的中國特有種比例的現象，似乎表明台灣植物區系是一個古老區系，在多次地質事件嚴重侵襲並在第四紀冰期後又趨活化的歷史演變的結果。

再根據台灣種子植物非特有種在鄰近地區地理分佈的分析結果，可以獲得台灣植物區系與中國大陸的區系關係最為密切，是大陸植物區系的一部分的結論。考慮台灣植物區系的形成和發展，需要認識台灣植物區與大陸、日本和菲律賓植物區系之間的關係。與三者比較，台灣植物區系與大陸植物區關係最緊密，因為台灣與菲律賓，特別是與呂宋島的分離在上新世（五百萬年）以前，與日本分離也早於與大陸分離，而在上新世末（大約二百萬年前）時台灣依然與大陸相連。

以上是我引申柳榗教授觀點的多方面詮釋，老前輩柳榗教授並未誤解，而是你老兄領悟不夠（功力不夠是主要原因！）。水杉自晚白堊紀至第三紀曾廣泛分佈於歐洲、北美洲及東亞地區，這一殘遺種目前僅分佈於中國大陸四川東部、鄂西南和湘西北。Canright, J. E.（1972）於台北縣石碇鄉煤礦中採到中新世中期（約一千五百萬年以前）石底層的水杉枝條、毬果及花粉化石。

再下載你在網路上給我的另一封措詞充滿挑釁的「教誨」信如下（很多情形幼稚園小朋友都想挑戰大人，因為初生之犢不畏虎嘛！）：

賴教授：

文章內容那麼多可以挑，為何獨挑對你最不利又不內行的地質

與植物相關的問題來講！

不懂！

楊國禎 Kuoh-cheng Yang 〈引自BDG April 4, 2002 AM 08:56〉

你的自大和不自量力，目中無人，不知天有多高，地有多厚，無形中讓我洞穿了你的斤兩，確信你大概沒有看幾本書就在賣弄。所以我下決心從此不再浪費寶貴時間和你對話。因為你的錯誤、無知已無可救藥！學養如此，令人鄙視！我正在籌辦一個「台灣植物區系與植被的特徵與問題」研討會，希望你有優質的論文提出發表，但注意，在公開場合要表現君子風度和擁有度量接受學術公斷。

3.無辜的台灣植物竟也怪異地不幸被用來作政治性意識形態的鬥爭工具。陳玉峰（1995）《台灣植被誌，第一卷，p. 31》謂：『從陸橋觀點，筆者（陳玉峰）寧願採取四次冰河的可能性大遷移，而放棄傳統台灣學界認定的「自古與中國相連；植物史七千萬年，甚或第三紀」

等浮誇或政治性的臆測』。他和楊國禎共同落入相同的盲點也是未確實深入瞭解台灣植物區系最早起源的時間和地區，和台灣晚近植物區系的形成背景兩者之間的關聯性；也沒有關於台灣植物區系有一種新老成分並存且共同發展的顯著特徵的任何概念。檢討過去台灣與鄰近陸地或島嶼相連的因素，可分為地質因素與冰河時期氣候因素，這兩個因素雖然都使台灣與鄰近地區相連，但是在植物分佈遷徙上卻有著大相逕庭的意義。路安民（2001）（他是中國科學院植物研究所前所長，學術的權威性無庸置疑吧？他的報告在發表以前應該經過嚴格把關審查）的上述意見─中國大陸與台灣現存的原始古老植物的科、屬在區系上是共同起源的，起源的時間和地區可以追溯到中生代一億數千萬年前的華夏古陸─應該可以封你的口〔可再參考Axelrod, Al-Shehbaz & Raven, 1996；陳文山（2000）《台灣1億5000萬年之謎》〕。自己學識膚淺搞錯，一知半解，還硬辯別人浮誇不對，但最讓我不明白的是為什麼又要批判柳榗教授（1971）的說法是政治性的臆測？他若還活著，一定會告陳玉峰毀謗他。

　　新生代至今的劇烈造山運動在太平洋中推擠出高聳的山脈，而台灣島形成後的這二百多萬年，正好是繼第三紀之後的新生代更新世冰河期和冰河後期的地質年代。目前存留於台灣的裸子植物都是冰河時期最好的活見證。這些松、杉、柏類針葉裸子植物是溯自冰河時期歷經浩劫存留至今的溫帶植物，目前出現在1,800公尺至高海拔的山地，而且和常綠闊葉樹種類混生，形成台灣植物的特色。

　　冰河時期發生的海侵海退，台灣與大陸多次相連、分離（在第四紀早更新世的鄱陽冰期，中更新世的大姑冰期，晚更新世的廬山冰期，以及晚更新世後期的大理冰期，台灣海峽由於海退而上升，台灣與大陸連成一片，而在這四次冰期之間的間冰期，由於海進台灣與大陸又分離）。台灣海峽最後一次海進發生在第四紀最後一次冰期結束後（全新世中期以後），海面又回升，台灣與大陸才最後分離至今。台灣與大陸分離又相連，使得兩岸植物的遷移與分佈能在相連時不斷進行，相互間的關係與聯繫密切。這數次冰河時期以18,000年前（大理冰期最盛時期）為距今最近的一次（特稱LGM, Last Glacial Maximum）。

　　這些古老的裸子植物例如檜木屬、台灣杉和許多的原始被子植物一樣都是和華夏植物區系共同起源的，它們盤古數千萬乃至上億年世代的後裔，歷經冰河時期氣候的巨變，在最後一次冰期撤退後，阻斷了與中國大陸的連繫。它們雖然最後被滯留於蕞爾小島台灣，但是在血源上這些於冰期陸地相連時遷移過來的後裔仍然清楚標記其與華夏植物區系的密切親緣關係。依據最新（1998，2002）中華古果─古果科重大發現的事實，華夏植物區系的發源為距今約1.45億年久遠的侏羅紀晚期，甚至比以往所認定的白堊紀還更早。台灣植物的身世之謎也就因之真相大白。而這也是深入瞭解台灣植物的發源、形成與特色的最基本認識。本書中也不厭其煩地詳加分析著墨。

　　植物「台獨」人士竟然可笑地否認台灣植物的這一血源發生事實。陳玉峰在網路散布一則「台灣地史、檜木史與棲蘭案之答覆」，謂：『（1998年）12月26日賴明洲君在中國時報時論廣場版提出台灣檜木林歷史問題，暴露少數低等植物研究者對台灣自然史的無知與盲點，賴君所言第三紀、數千萬年、一億多年、白堊紀，干台灣植物何事？……云云』。荒謬

而強辭奪理的論點實在令人鄙視，學術眞理不容誣衊。我也眞替這位常自稱爲本土的生態專家汗顏。這樣錯誤的學術水平，學術界大大稱奇。爲學不專精嚴謹者，將被丟入神聖學術殿堂前的垃圾桶，並遭受批判齒笑！難不成檜木林可以在台灣島形成後的這二百多萬年間，天方夜譚似地在分離的自我環境中獨立演化形成？檜木屬裸子植物是古老的成分，出現在地球上自老第三紀始新世迄今已經歷盤古4～5千萬年勿庸置疑。陳玉峰你也錯得太離譜了吧！這些孑遺的古老植物檜木、台灣杉如何出現在新生的台灣地體上，現在你知道了嗎？你的錯誤和盲點在書本中均可以找到解答。

柳榗（1966）認爲現今扁柏屬植物可能爲第三紀始新世（距今四至五千萬年以前）廣泛分佈之族群殘留，我也翻查文獻得知中國大陸於始新世上層曾有化石記錄。這至少說明了有關扁柏屬的華夏植物區系盤古起源問題。我沒有理會回應當年陳玉峰在書報文章上針對台灣植物生成問題對我的脫離學術常軌、強辭奪理、尖銳毀謗式的謾罵，對一個急於造勢出名的人，就像當年他發動對保守而敬業的林業界不講道理的攻擊和歪曲事實、小題大作轉移焦點、藉機煽動誤導、蠱惑大眾盲目跟從所謂「綠色救援行動」、「守護台灣山林，爲森林而走」等激情而光晃堂皇的生態悲歌賣力演出鬧劇，清醒的林業專家和教授們很自覺、自我約束、理性地任他去胡鬧一樣*。人們的眼睛是雪亮的，沈默的大眾自會提出公斷。他偏離、扭曲眞理的言論自有被拆穿的一天。我不時可以聽到社會上的正義之聲，內心稍感安慰外，對當年這位受教過的學子失望頂透！！

＊我當年時常接到從一些無聊瘋子寄來像這樣莫名其妙的傳眞挑戰書給我：

給營林派人士的每日一問

正本：任何營林派人士

行政院農業委員會、行政院退除役官兵輔導委員會

台大森林系郭寶章、楊榮啓、林文亮、廖志中

林試所洪富文

中興森林系許博行、王巧萍

文化森林系吳俊賢

東海景觀系賴明洲

副本：各大媒體、BBS環境版、全國搶救棲蘭塊檜木林聯盟成員

在此向營林派人士提出挑戰，請針對以下問題從學理、事實進行闡述，就題直接回答，切勿閃躲迴避問題，建立爭議性議題良好的討論機制與模式。回答請以傳眞或是e-mail回覆，將公佈於網站與BBS環境討論板上，供各界公平論斷。並歡迎提出單一主題之問題。（1999年2月2日）

我的回答是：呸！便將傳眞扔進垃圾桶內（誰都沒有美國時間去理會瘋子，去他的自導自編好好去自摸自爽吧！不奉陪也）。

可悲有人不但對台灣植物區系最早起源的時間和地區，和台灣晚近植物區系的形成關聯

昆欄樹─古老的孑遺植物

背景一知半解，尤其誤解過去台灣與鄰近陸地或島嶼相連的因素分為地質因素與冰河時期氣候因素，這兩個因素雖然都使台灣與鄰近地區相連，但是在植物的分佈遷徙上卻具有著大相逕庭的意義。若有人治學不夠嚴謹也就算了，最可惡的是還將學術研究泛政治化，不敬地向故世的老學者戴意識形態紅帽子。什麼時代了？大陸的植物都是那麼的臭不可當，難到我們一定要避之唯恐不及，趕緊去拍馬認同現在某些偏激的去中國化思想，立刻和它一刀兩斷才爽？這種學術上的政治污染，盼有良知的學術界人士早日糾正之，以免其繼續為害和誤人子弟。

4.畢業於森林系的我，對森林自有濃厚的感情，對於林業施業亦受過正確的基本的訓練。有鑒於林業經營被有心人士嚴重扭曲、顛倒是非，我秉持知識分子的學術良心，本著正義與不平，毅然挺身而出迎頭痛擊、嚴厲駁斥聲討之，不料竟被打成"營林派"（這批人專門製造對立，醜化對手，胡亂施加罪名）。下面的《棲蘭檜木林枯立倒木的作業與森林生態保育真的是重大衝突嗎？》是我在國會的公聽會和學術研討會公開發表的具名駁斥文件，而第拾柒章《台灣檜木林的棲地生態特性與保育》則是針對同一問題的學理論證（曾公開發表於「2001中台灣自然保育研討會」）。我至今仍未聽到被我擊中要害的這一批人的任何回嘴，而當年與會者有許多人當場拍手叫好！這些都會是留供歷史評斷的存證信函。

棲蘭檜木林枯立倒木的作業與森林生態保育真的是重大衝突嗎？

1999年8月17日立法委員周錫瑋辦公室促進棲蘭山森林資源保育公聽會

枯立木與資源保育研討會論文集：186-200. 1999年10月28日

（另參見本書第拾柒章）

事件的開端，荒唐鬧劇的序幕——激情的生態悲歌賣力演出與生態短路之悲嘆。請看光冕堂皇，歪曲事實且可怕誤導的所謂「綠色救援行動」危言聳聽的偏激口號：棲蘭檜木林正被屠殺滅絕中，請求上天垂憐，國人搶救！

一、前言

隨著經濟的發展與科技的進步，人類對資源與環境的利用能力與影響範圍亦日漸擴大。接二連三的環保抗爭事件持續發生，例如五輕、六輕、七輕、海渡電廠、核四廠、拜爾化工…等，顯示國民對自己生活環境的重視與關心。近來棲蘭山枯立倒木處理一案更成為各方關注的焦點話題之一，管理單位、學術單位及環保團體各自為其立場與意見辯護，各大報章媒體亦大篇幅報導此事。就管理單位而言，大體與林業相關學者看法一致，而部分環保團體則有另一套不同的看法。看見國內環保人士對大自然的愛護與關心，當中包括各行各業的廣大族群，一則喜、一則以憂。欣慰的是社會廣大階層願意對環境保護能夠不遺餘力，感憂的則在於滿腔熱血背後對於環境價值的判斷與個案學理上的瞭解程度是否正確？尤其是日前部分環保團體的文宣，將處理"枯立倒木"與"偷砍生立木"兩件事混為一談，模糊了整個事件的焦點與訴求。盜採伐除生立木以牟利，想當然爾法理不容，無須贅言。至於處理枯立倒木一事，日前有人提出地質學上的"河川向源侵蝕"假說，並以三代木共存之事實，斬釘截鐵地將假設當結論推斷檜木林天然更新無虞等論點，似乎少了一些學理上的依據並缺乏學術的嚴謹態度。有感於此，我從檜木林的生態、檜木材質的特殊性、林業施業上的干擾與自然恢復力、枯立倒木與野生動物等問題切入棲蘭檜木林事件的主題，表達我對這一事件長期觀察思考後的看法與意見。

保育森林資源，並非是將森林加以封鎖（封山），保持原始不用的狀態。相反地，一些蓄積低劣，林相殘缺的原始林，必須予以適當的更新經營，才能增進林地的生產力，發揮森林的功能。

二、檜木林的生態

檜木林常出現於海拔高度1,600-2,400公尺之地，其年平均溫度在10-20℃之間，年雨量為2,900-4,200公釐，為台灣山區雨量最豐富之地帶。主要之樹種為紅檜及台灣扁柏，兩者之生態環境略有不同，扁柏喜好山脊上側稍乾燥而排水良好之處，大多為東、東南及南向山坡，

且其分佈較高，上部已侵入冷溫帶；紅檜則偏好西向或西北向之陰濕山谷及山坡下側，當濕度適中時，則多混交成林。檜木林之更新，除位於乾燥高地之扁柏略有幼苗發現以外，其餘林分幼苗不多，不足以維持其優勢，反觀檜木之幼苗，常發生於路旁、山崩地及火災跡地，足見其略具陽性樹之特性，故理論上檜木林並非極盛相，惟因檜木壽命長，生長期可達數千年，在此期間，次優勢之闊葉樹已經歷數代，此種情況之森林，可以準極盛相（quasiclimax）稱之。當檜木老朽後，終爲闊葉樹所取代，而檜木林須藉火災及山崩等因子才得以永久持續。其演替階段，當干擾因子發生後，初有草原（箭竹或鬼芒）形成，繼有二葉松進入，較高之海拔又出現扁柏及鐵杉，低海拔則有紅檜及其他針闊葉樹出現，並趨向針闊葉樹混交林。以下引述兩位學者（柳榗，1975；郭寶章，1992）對台灣紅檜林生態研究的總結意見：

（一）台灣省林業試驗所技正柳榗先生於1975年對台灣紅檜林分佈、組成及其生育地環境因子狀況做了一些相關研究，其主要結論如下：

1. 植物群落：根據調查60個樣區之中，台灣檜木林可分爲紅檜林（佔28區）、扁柏林（佔29區）與二者之混生林（僅佔3區）；扁柏與紅檜又因其下層植物群落爲高山箭竹或灌木類與蕨類而又可以分爲兩類，但混生林皆以高山箭竹爲下層群落，具60個樣區統計，其中紅檜林具高山箭竹與灌木類、蕨類下層植物群落各14區，扁柏林具高山箭竹下層群落者有8區，扁柏林具灌木類與蕨類下層植物群落者有15區，其中扁柏林屬演替初期者之群落有6區，主林木概爲幼樹，其下層植物群落既非高山箭竹亦非一般扁柏林下之灌木與蕨類，多爲草原或空曠地之先驅不耐陰之植物。由此可知本省檜木林多各自分別形成純林。

2. 天然林更新與微生育地：在林內所見之檜木幼苗或幼樹多見於倒木上或因倒木所造成之土壤翻動處，自然亦爲樹冠鬱蔽破裂處，且倒木多爲檜木。此亦可由較大之幼樹在林中常呈直線排列及略較隆起之根部以證實之。另外，在林中所見之幼樹、幼苗發生之生育地，主要爲遭受火災或沖蝕而將地表枯枝落葉層除去，土壤得以裸露之地，且在其附近具有成熟之檜木林，其次則爲路旁因開路而切方與塡方所造成之土壤裸露之處，以及山崩地區。由此可知，檜木更新之適當生育地必爲土壤裸露之處。在配合其更新與樹冠鬱閉之關係，吾人可知檜木更新適當之環境爲開闊而土壤裸露之處。

紅檜與扁柏二者天然更新能力差異極大，據調查資料顯示，扁柏天然更新似乎無間斷，而檜木林天然更新則甚爲少見，以扁柏而言，林下植物爲高山箭竹或灌木亦有相當之差異，在灌木型中更新之數量約爲高山箭竹型之3至5倍，此極可能由於高山箭竹中枯枝落葉過厚之故，以致於缺乏暴露之礦物質土壤。紅檜林之更新狀況，依據資料顯示，其林下層爲高山箭竹型與灌木型二者無甚大差異，二者數量皆甚少，無法作可靠的分析。

（二）台大森林系教授郭寶章先生1992年有關天然檜木林演替與枯立倒木之相關見解如下：

1. 檜木林之枯死概況：台灣檜木林多屬過熟林相，所謂過熟林其林木已超逾伐期林，其生長及價值均急速下降，木材陷於腐朽者。林木之枯死情形已成爲資源保育上特別是森林永續經營上嚴重的問題，此問題已發生在全省各檜木林分佈林區，正迅速增加中。此外，台灣

高山冷溫帶與亞寒帶地區所分佈之冷杉、雲杉、鐵杉與檜木類均應列爲較高齡及長壽之針葉樹種，並多已達到過熟之階段，均亦有不同程度之枯死現象。成過熟林（over-mature forest）的生長勢大多衰退、病腐、風折、枯損嚴重，且枯損量大於生長量。

2. 檜木枯死原因之臆測：檜木枯死之原因目前上缺少基本之研究。作者就檜木之生長習性、生育環境及環境逆壓（environmental stress），及引用有關資料提供初步推測之探討。

Spurr及Barnes（1981）謂造成樹木枯死之原因乃由於極端性逆壓所致，有強烈之乾旱、低溫、病蟲危害，以及其中若干因子交互影響。在台灣之檜木枯死原因可能以土壤條件與颱風因子較爲顯著。文中引述蔣先覺（1991）個人意見，稱台灣在海拔1400~2800公尺中、高海拔冷溫帶林區，森林土壤可能有極育土（ultisol）、淋餘土（alfisol）及灰化土（spodosol）之特性，其土壤中含高量之鋁及鐵之氧化物，含水量較高，質地較具黏性，通透性不良，還原作用盛行，土壤之酸鹼度偏低，腐強酸性，依日本森林土壤分類爲濕性鐵型灰化土（Pwi）者，分佈之針葉樹種如檜木類、鐵杉、香柏、冷杉等，林木根群生育在絕對土壤深度中，則受制於林木生理的土壤深度，林木根部不易伸長達到較深之土層，因此在這種土壤下生長之高齡林木，特別在衝風地帶因遭受颱風及落山風之吹襲，常爲強風搖撼而枯死形成白木林，有謂白木林爲野火所造成者，可能只是部分正確。翠峰湖自然保護區位於羅東林區管理處，海拔1890公尺爲本省最大之高山湖泊，湖泊四周爲大片天然檜木林，第一代林木因遭受火災焚燒，殘存枯幹形成聳立之白木林，天然更新之次帶檜木幼林漸漸成長，蔚成森林。

3. 枯立倒木與育林：在實施天然下種更新之際，單位面積必保留若干株成熟之檜木供爲母樹或種木，以供撒播種子之用。然而在多風之區天然種樹保留必使呈群狀分佈，俾藉著林木間之相互保護而防風害。沈克夫（1952）即建議，檜木樹種生長緩慢，亦當多多注重其更新，在高山地區探求其天然更新之可能性。

枯立木對天然更新之下種作用已無重要性，若枯死木一旦倒伏，因樹體巨大，不但會壓死幼苗、幼樹，同時因密佈林床，將使天然下種之種子無法著土，即或能在倒木之苔蘚層上發芽暫時生長，因苗木無法入土終至無法成林，故倒木殘株之存在不利天然更新之事實，已極明顯。此外，森林中的大量枯立倒木之分佈，在乾季時尤易引起電擊或成爲延燒野火之乾燥材料，在美國西部有均將枯木伐除移去以預防野火。台灣有檜木巨木遭雷擊而燃燒（拉拉山）及巨木被擊碎（棲蘭林區）之實例。

三、檜木材質千年不腐，分解慢

一般森林林地內的粗木質物殘體（簡稱CWD），即枯立枝樁、倒木、根系等死木質物的總稱，於數年或數十年內即完全分解形成森林生態系中的養分庫，這時CWD對保持生態系中的養分平衡及生態系統的重建將起極爲重要的作用，而且CWD又往往是許多樹種的更新苗床。

比較其他闊葉樹及針葉樹木材，檜木的木材內因含有特殊精油成分而極不易腐朽，留置林地上可歷經數百上千年仍堅硬不爛（推測數千年後由於物理風化，有如頑石母岩風化成土

一般），其CWD分解速率緩慢，長期浪費了巨大生物量轉換為養分系統的潛力及占據天然更新苗床的空間，反而妨害了檜木林的天然更新過程。

　　台灣地區的檜木林極可能因為大量留置CWD無法於短期內有效轉移為養分庫，以致天然更新受阻，導致優勢闊葉樹入侵而最終演替為常綠闊葉樹林極盛相，在未來反而使檜木林被自然所淘汰。

　　檜木林內CWD人工整理，除可加速枯枝落葉層之有效分解以維持森林生態系的養分平衡及養分庫之迅速轉移外，如再以人工補植方式並行，由森林撫育觀點來看，均有利檜木林之更新。

四、干擾（disturbance）與自然的恢復力

　　根據以上有關檜木林生態之敘述，可知其天然之更新不易的問題，而部分環境保團體質疑枯立倒木移除作業對生立木與林下天然闊葉樹造成傷害。事實如此嗎？在探討此一問題之前，吾人先做一簡單舉例，醫生為病患進行手術治療時，勢必就藉由手術刀從表皮、真皮、肌肉、層層劃開，以達到病疾之處加以治療。此一過程勢必對病患造成傷害，然而在毒瘤除去後，藉由病患自身細胞的再生與修補能力漸漸康復。生態體系就如同一個巨大複雜的有機體，有承受干擾與復原的能力，至於恢復的時間與程度，則必須視干擾的強度（intensity）、空間大小（size）、和持續時間（duration）而定。而就干擾類型亦可分為人為所致與天然因素之干擾；關於森林之各類行干擾理論與文獻相當多，其中包括國外對干擾的測試實驗…在此不多贅言，以下就幾個常見、具代表性的干擾類型加以敘述：

　　（一）　倒木是所有森林的一個自然現象，當樹木超過一定年齡，生長、生產、代謝均降低，大體呈現老化現象。此時林木易遭受疾病或昆蟲傷害，最後終將死亡、枯倒。在倒落過程中，即會對周遭與林下其他植物造成傷害，並在森林中形成一個小的開放空間亦即所謂的林窗。像這樣的小干擾不致影響森林土壤的肥力與生產力，干擾結束後，同時林窗下的苗木因為樹木枯倒後光照、養分的大量供給而快速生長，填補林窗。故可之此一干擾現象為輕度、小型、短期的干擾並可以迅速恢復。

　　（二）　颱風：颱風或暴風有時會為森林帶來大量倒木。1979年颱風侵襲加勒比海的多明尼加。對當地林木造成空前的傷害，其中42％立木嚴重受損。儘管如此，大量的生物再生卻是快速的。颱風雖然吹倒了大樹，破壞似乎很大，他們對立地生產力和森林更新卻是很輕微的。至於留在影響波及的林窗區域內之幼木，其生長率則有增加的可能。同時，林窗內的土壤肥力沒有受到影響，而種子庫和土壤菌根也不曾受到影響（趙榮台譯，1997）。

　　（三）　坍塌地：因為地勢、重力、土質等多項因素，在連日大雨後常形成大小不等的坍塌地形，甚至土壤沖蝕嚴重，岩石裸露。儘管如此，許多先驅陽性樹種，尤其具有菌根的樹木，便會於坍塌地迅速萌生，接著進入演替階段，迅速成林。

　　（四）　野火（wild fire）：在自然情況下，雷擊常常形成森林火災，有時延燒數日，損失上千公頃，一旦火熄滅後，則干擾結束。此等類型之干擾對森林之損失雖然較大，但許多學

者也認為森林火災雖然對森林造成傷害，但在森林更新與物種演替上亦有其正面的意義。非洲中南部草原，每年春天到來之前，閃電引火燎原，接著連日大雨撲滅了災害，挾著火燒後遺留的養分與雨水的滋潤，綠油油的草原快速復甦。如此先閃電後下雨的機制，使地利得以循環，物種數量得以控制，孕育了草原上形形色色的生物。

（五）農墾：森林皆伐後進行農耕，為一長期重度干擾，如梨山果園、高冷蔬菜栽培等，對於水土保持、土壤流失以及土壤肥力之耗損頗大，即使干擾（農墾）停止，雖然終究會回復到森林狀態，但是遭受強度、長期（視農墾類型而有差別）干擾後的森林恢復速度比輕度、短暫干擾慢得多。

從上述五個例子中，可以看出干擾在自然界存在的事實與影響程度。接著可將焦點回到棲蘭山整理枯立倒木對林中常綠闊葉樹的影響，在搬運枯木材過程勢必對生立木造成不同程度的傷害，相信這是無法避免的，但是這種輕度、小型、短期的干擾，一旦干擾停止後便可迅速恢復。因此，在必要的情況下，以輕度、短暫之干擾，換取天然檜木林之更新，熟重熟輕？再者，短暫、輕微的人工處理，一旦施業結束，則檜木林得以永續，有上千年的時間林內生態可以自然演替，相信這樣的檜木林依然是天然檜木林！

五、枯立倒木與野生動物

所謂天生我才必有用，森林中的一草一木自有其對環境的價值，諸如養分的固定；氧氣、二氧化碳循環再生…即使生理機能停止運作後，所遺留下來的植物殘體，亦為許多野生動物所利用。甲蟲、馬陸、蛞蝓、蚯蚓、白蟻等昆蟲穿梭期間，鳥類、蜥蜴、穿山甲、野兔、蜥蜴、蛇、山椒魚…等前來覓食或尋求棲息住所，森林中的野生動物大會在未預期中悄悄上演，枯立倒木儼然成為森林中許多野生動物的生命舞台。

野生動物對枯立倒木的利用是不容置疑的，但是根據許多研究顯示，野生動物對枯立倒木之利用與其大小、種類息息相關，例如許多昆蟲或其幼蟲對枯木種類的蛀食是有選擇性的，有些鳥類也會選擇樹材較鬆軟或經過真菌、昆蟲寄生等物理、化學作用過後的枯木築巢；小型哺乳類也會選擇大小適中的腐心樹洞棲息，洞太小，不足以掩體，洞太大則不足以抵擋掠食者。彷彿刻意巧妙安排下，野生動物得以適"材"其所，與枯木間編織出密不可分的關係。

既然野生動物對枯立倒木的利用與其種類、大小有關，那麼單就移除檜木枯立倒木同時對當地野生動物的影響為何呢？有哪些野生動物會利用檜木林枯立倒木？利用模式是否可為其他不同樹種之枯立倒木取代？對不同樹幹徑的枯立倒木在利用上有何差距呢…？在談棲蘭山檜木林枯立倒木移除對野生動物的影響時，這一連串的問題是有待釐清的。依吾人淺見，可先對棲蘭山檜木林內枯立倒木於當地生態上之影響作一系列相關研究，以作為日後移除枯立倒木之依據，例如是否保留部分枯立倒木，要保留多少？同時應考量地景生態概念，是要集中保留；或是呈小嵌塊狀分散保留；抑或呈帶狀保留，讓棲蘭山檜木林更新與棲地環境保護上取得一平衡點。

六、行動風險與管理單位的困境

對於一個事件，旁觀者可以由事件的表徵，過去的經驗與學理加以臆測，表示自己的看法與批判。然而對於整個事件，旁觀者是不需負任何責任的。相對於旁觀者，當事人對於事件內容是無法迴避的，而且還具有一定程度的責任，這就是當事人與旁觀著在面臨事件時的差別。

退輔會森林保育處為棲蘭山檜木林事件的主角之一，擔負起棲蘭山檜木林的保育工作。當棲蘭山檜木林呈現大量枯立倒木而不易分解腐爛時，檜木苗有天然更新之虞，而枯立倒木亦有遭受雷擊甚至引發森林火災的可能（該處枯立木曾遭受雷擊），故需移除枯立倒木以促進檜木林天然更新與降低火災風險。嚴格來說，這樣的敘述只是一種假說，因為它可能缺少足夠的實驗支持。但是選擇一個被懷疑的假說固然有風險，這種風險應與根本不行動的風險加以權衡以明其害，也就是考量行動與不行動的風險。因為忽略這樣的假設可能使檜木林遭受危害，若不幸真的因雷殛引發火災，管理者可能必須接受監察單位調查是否失職，這便是管理單位所面臨行動與不行動的困境。

七、勿讓棲蘭山檜木林事件成為制訂公共政策過程的錯誤示範—公共政策制訂過程的缺失與檢討

近年來台灣地區公共政策的運作不斷出現失調現象，接二連三的街頭示威和自立救濟事件，使得政府的政策及公權力的行使窘境層出不窮。正邁向已開發國家的我國，在公共政策的制訂過程上極為重視民意和民眾參與的模式。然而少數醉心街頭造勢活動者或標榜個人英雄主義的狂熱份子卻趁機利用崇高的「生態保育」口號及訴求，背後操縱或蠱惑一般民眾及青年學生認同其經過歪曲變造的不實理由，藉機打擊破壞政府的威信及盡心盡力為民服務的公務員，製造社會的動盪不安。本事件的檢討及省思如下：

（一）保育的正確觀念是合理利用，尤其是可再生性的自然資源，保育人士被強烈誤導。民眾參與的出發點是善意的，但極容易被操縱及利用。正確的保育觀念極待學校或政府機關由上而下及由下而上的雙向強化，透過學校教育或社會教育加強宣導，提升國民對環境保護的素養。

（二）政府的林業政策極迫切且必要重新檢討本省的木材利用需求，以及東南亞木材原料持續供應的危機感，考量我們適當的木材自給率。日本已達20％以上，而我們台灣卻僅僅不到1％。

（三）台灣林業研究成果及林業相關專家學者不容被一筆抹殺或侮辱。可悲目前學術理論被歪曲不顧，學者被點名叫陣或挑戰辱罵，焦點議題被刻意模糊。學界人士一般較為謙虛或保守，但沒有聲音或者其他沈默的絕大多數並非沒有意見參與。帶頭抗爭者以不足的專業素養及偏頗觀念包裝崇高的「生態保育」外衣，發動操縱環保團體及宗教界人士進行造勢活動。全國的人士應該明辨譴責之。

驗，而青山綠水依舊襯托著寶島台灣的美好未來。美中不足的是蒡民濫墾濫伐，開闢果園、菜園與檳榔園，終將全台低海拔平地及山坡地原有的天然植被啃噬吞食殆盡，依賴著南亞熱帶高溫多濕氣候的優勢，由植物社會的自然演替恢復部分的雜木闊葉林及相思林，稍微掩飾了被疏忽去除的綠色景觀。的確，在今日木材自給率低於1 %以下的局面，依賴進口約99.5 %的木材，而將東南亞的資源保育問題很缺德地忽視不見。對此，如何審慎思考取得平衡點，以制訂相關林業政策，林業先進們亦不乏諸多睿智的高見與著述。

我希望大家針對保育生物學、保育管理學、生態監測等觀點切入主題，將學界對所謂「全國搶救棲蘭山檜木林運動」事件的看法作一平衡報導，嘗試讓社會大眾明瞭真正的自然生態保育作法，採取正確的生態保育措施，更健康理智的看待這一事件的始末。沈默的學術界及林業界應該反思反省，擔負起對社會公佈真相的責任，學術真理也得以保障！如果大家都很理性的對待，學術真理應該是愈辯愈明。學術絕對不是一言堂！

台灣寶貴的檜木林生態保育應該著重在監測階段的工作，經由林業專家、學者針對整個檜木林的森林生態系選取監測指標進行長期積極的永久樣區監測。諸如此一長命千歲的準極盛相檜木林未來的演替趨勢，濕度指標苔蘚類的覆蓋度，林地內的粗木質物殘體（CWD）之邊、心材腐朽速率，養分循環系統是否因之造成障礙，天然更新苗木的發育是否因之受阻，檜木幼苗在倒木邊材腐爛後根系是否能繼續深入因富含精油而不腐的心材內定根生長等等，在在需要吾人深入探究，以保護其永續滋長繁衍，不被大自然淘汰出局。由扁柏屬現今的分佈推斷，其自數千萬年以前起源出現於地球後，歷經浩劫退縮滅絕呈現目前的侷限發展分佈狀態，必然事出有因！

賴明洲 （具名）

前美國華盛頓國立植物標本館研究員

中華民國自然生態保育協會前學術委員

台灣省自然保育文教基金會常務董事

東海大學景觀系教授

民國八十八年八月

紅檜神木──樹齡1,400年，台灣中部
大雪山森林遊樂區

筆筒樹

作者簡介

賴明洲 （1949年7月17日生）

一、學歷

國立台灣大學森林學系學士、碩士（森林生物學、樹木學, 1971, 1973年）

芬蘭國立赫爾辛基大學博士（植物學、生態學、區系學，1981年）

二、經歷

■1975～1978年，國立台灣大學植物學系助教、講師。

■1978～1979年，美國國會國際學者交換獎學金，於華盛頓Smithsonian Institution擔任 Research Fellow。

■1985年～，東海大學景觀學系副教授、教授。

■1987年～，芬蘭國立赫爾辛基大學客座教授。

■1988年，中國科學院中國孢子植物志編委。

■1989年，香港中文大學理工學院客座副研究員。

■1989秋～1992年夏，輔仁大學景觀設計學系系主任。

■1991年～，上海自然博物館植物學組客座研究員。

■1994年～，上海華東師範大學生物學系顧問教授。

■2000年～，上海師範大學生命與環境科學學院兼職教授。

■1997年～，中國科學院應用生態研究所客座研究員。

■1996年～，台灣區域發展研究院研究員兼生態暨資源保育研究所所長。

■2000年～，泰國曼谷Ramkhamhaeng大學生物系客座教授。

■台灣省自然保育文教基金會常務董事

■台灣樹木種源保育基金會常務董事

國家圖書館出版品預行編目資料

台灣的植物／賴明洲著. －－初版. －－台中市：
晨星，2003〔民92〕
　　面；　　公分. －－
含參考書目：

ISBN　957-455-523-2（精裝）
1.植物-台灣

375.232　　　　　　　　　　　　　　92015257

台灣的植物

作　　者	賴 明 洲
文字編輯	林 美 蘭
內頁設計	林 淑 靜
封面設計	林 淑 靜

發行人	陳 銘 民
發行所	晨星出版有限公司
	台中市407工業區30路1號
	TEL:(04)23595820　FAX:(04)23597123
	E-mail:service@morning-star.com.tw
	http://www.morning-star.com.tw
	郵政劃撥：22326758
	行政院新聞局局版台業字第2500號
法律顧問	甘 龍 強 律師
製作	知文企業（股）公司　TEL:(04)23581803
初版	西元2003年10月31日

總經銷	知己實業股份有限公司
	〈台北公司〉台北市106羅斯福路二段79號4F之9
	TEL:(02)23672044　FAX:(02)23635741
	〈台中公司〉台中市407工業區30路1號
	TEL:(04)23595819　FAX:(04)23597123

定價 1200 元
（缺頁或破損的書，請寄回更換）
ISBN-957-455-523-2
Published by Morning Star Publishing Inc.
Printed in Taiwan

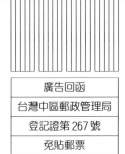

廣告回函
台灣中區郵政管理局
登記證第 267 號
免貼郵票

407
台中市工業區 30 路 1 號

晨星出版有限公司

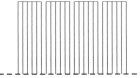

更方便的購書方式：

(1) **信用卡訂購** 填妥「信用卡訂購單」，傳眞或郵寄至本公司。

(2) **郵政劃撥** 帳戶：晨星出版有限公司　帳號：22326758
在通信欄中填明叢書編號、書名及數量即可。

(3) **通信訂購** 填妥訂購人姓名、地址及購買明細資料，連同支票或匯票寄至本社。

◉ 購買 1 本以上 9 折，5 本以上 85 折，10 本以上 8 折優待。

◉ 訂購 3 本以下如需掛號請另付掛號費 30 元。

◉ 服務專線：(04)23595819-231　FAX ：(04)23597123

◉ 網　　址：http://www.morning-star.com.tw

◆讀者回函卡◆

讀者資料：

姓名：＿＿＿＿＿＿＿＿　　性別：□ 男　□ 女

生日：　／　／　　　　身分證字號：＿＿＿＿＿＿＿＿＿

地址：□□□＿＿＿＿＿＿＿＿＿＿＿＿＿＿＿＿＿＿＿＿

聯絡電話：　　　　　　（公司）　　　　　　（家中）

E-mail ＿＿＿＿＿＿＿＿＿＿＿＿＿＿＿＿＿＿＿＿＿＿

職業：□ 學生　　　□ 教師　　　□ 內勤職員　□ 家庭主婦
　　　□ SOHO 族　□ 企業主管　□ 服務業　　□ 製造業
　　　□ 醫藥護理　□ 軍警　　　□ 資訊業　　□ 銷售業務
　　　□ 其他＿＿＿＿＿＿＿＿＿

購買書名：＿＿＿＿＿＿＿＿＿＿＿＿＿＿＿＿＿＿＿＿

您從哪裡得知本書： □ 書店　　□ 報紙廣告　　□ 雜誌廣告　　□ 親友介紹

□ 海報　　□ 廣播　　□ 其他：＿＿＿＿＿＿＿＿＿＿＿＿＿

您對本書評價：（請填代號 1. 非常滿意　2. 滿意　3. 尚可　4. 再改進）

封面設計＿＿＿＿＿版面編排＿＿＿＿＿內容＿＿＿＿＿文／譯筆＿＿＿＿＿

您的閱讀嗜好：

□ 哲學　　　□ 心理學　　□ 宗教　　□ 自然生態　□ 流行趨勢　□ 醫療保健
□ 財經企管　□ 史地　　　□ 傳記　　□ 文學　　　□ 散文　　　□ 原住民
□ 小說　　　□ 親子叢書　□ 休閒旅遊　□ 其他＿＿＿＿＿＿＿＿＿＿

信用卡訂購單（要購書的讀者請填以下資料）

書　　　　名	數　量	金　額	書　　　　名	數　量	金　額

□ VISA　　　□ JCB　　　□ 萬事達卡　　□ 運通卡　　□ 聯合信用卡

•卡號：＿＿＿＿＿＿＿＿＿　•信用卡有效期限：＿＿＿年＿＿＿月

•訂購總金額：＿＿＿＿＿＿元　•身分證字號：＿＿＿＿＿＿＿＿＿

•持卡人簽名：＿＿＿＿＿＿＿＿（與信用卡簽名同）

•訂購日期：＿＿＿年＿＿＿月＿＿＿日

填妥本單請直接郵寄回本社或傳真 (04) 23597123